풍력 에너지 독본

wind energy

성안당

日本鷗社·성안당 공동출간

編　者

牛山　泉(足利工業大学)

집필자 및 담당 부문

石原　孟	(東京大学)	chapter 3
魚崎　耕平	(財団法人　日本気象協会)	chapter 11
牛山　泉	(足利工業大学)	chapter 1, chapter 9(9.1~9.4)
小川　晋	(社団法人　日本電機工業会)	chapter 8(8.2), chapter 12(12.1)
窪田　新一	(財団法人　新エネルギ-財団)	chapter 12(12.2)
斉藤　哲夫	(富士電機システムズ株式会社)	chapter 8(8.3)
杉谷　照雄	(千代田化工建設株式会社)	chapter 3
勝呂　幸男	(三菱重工業株式会社)	chapter 6
鈴木　章弘	(有限会社　風力エネルギ-研究所)	chapter 10
鈴木　和夫	(株式会社　日立エンジニアリングサービス)	chapter 8(8.1)
鈴木　靖	(財団法人　日本気象協会)	chapter 2
関　和市	(東海大学)	chapter 5
中尾　徹	(イー・アンド・イーソリューションズ株式会社)	chapter 3
永尾　徹	(富士重工業株式会社)	chapter 6
根本　泰行	(足利工業大学)	chapter 4, chapter 9(9.5)
松坂　知行	(八戸工業大学)	chapter 7
村上　光功	(日立造船株式会社)	chapter 8(8.4)

풍력 에너지 독본

Original Japanese Edition
Furyoku Enerugy Dokubon
by Izumi Ushiyama, et al.
Copyright ⓒ 2005 by Izumi Ushiyama, et al.
Published by Ohmsha, Ltd.
This Korean language edition co-published by ohmsha, Ltd.
and SEONG AN DANG Publishing Co.
Copyright ⓒ 2012
All rights reserved.

머리말

"신(新) 풍력 에너지 독본"이 발행되었다. 본서는 1980년대 초, 일본의 풍력 에너지 이용 요람기에 풍력 에너지 이용의 교과서로서 높이 평가되었던「풍력 에너지 독본」(옴사, 1979)의 21세기 리바이벌판이라 할 수 있다.

초판「풍력 에너지 독본」의 편자였던 혼마 타쿠야(本間琢也) 선생(당시 전자기술종합연구소)의 '머리말'의 일부를 인용하자면 다음과 같다. 거기에는 일본의 풍력 에너지 연구개발이 국가적 프로젝트로서 탄생했을 당시의 모습을 엿볼 수 있다.

"…1977년 대학과 국립연구소, 그리고 민간기업, 민간단체로부터 10명 남짓한 연구자가 모여 풍력 에너지 이용의 가능성에 대한 연구가 시작되었다. 일본에 있어 풍력 자원의 잠재량, 바람의 특성, 풍차의 설계 조건, 나아가 풍력 에너지의 이용 방법과 그것을 실현하기 위한 에너지 변환 시스템 등 연구 과제는 상당히 광범위하게 걸쳐 있었다. 그리고 연구를 진행하면서 풍력발전을 실용화하기 위해 접근했던 사람들도 의외로 많았고 풍력 에너지 이용의 실용화가 일본에 상당히 중요한 의미를 갖는다는 것이 명확해졌다.

우리들이 1년간의 연구를 마쳤을 때, 마침 선샤인 계획에서 풍력 에너지 이용 기술의 실현 가능성 스터디가 정식으로 채택되었지만, 여기서 획득한 지식과 새로운 지혜를 한 권의 책으로 정리해 두는 것이 사회에 다소나마 공헌할 수 있는 길이라 생각해 이 책을 출판하게 되었다. 따라서, 이 책은 풍력 에너지 이용 기술에 대한 완성된 체계라고 하기보다는 앞으로의 개발을 위한 출발점이라고 하는 것이 옳을 것이다. 향후 풍력 에너지 이용에 관심을 갖게 되거나 혹은 그 실용화를 목적으로 한 연구 개발 활동에 참여하게 될 사람도 점점 늘어날 것이다. 풍력 에너지에 대한 전망을 이 책을 통해 찾아볼 수 있다면 편자로서 그 이상의 기쁨은 없을 것이다."

초판 발행 이래 약 4반세기가 흐른 지금 환경 문제가 붉어지고, 한편에서는 풍차 산업과 풍력발전 사업이 부흥기를 맞아 풍력 에너지는 지구 재생을 위한 큰 희망이 되고 있다. 이 책은 풍력 에너지 이용의 실용화 시대가 요구하는 참고서로서 발행되었다. 풍력 이용 요람기에는 6인의 공저로 집필되었으나 풍력 에너지 이용의 실용화 시대에는 매우 광범위한 학제적인 조직이 필요하게 되었다. 본서는 일본의 풍력 에너지 이용 관련 각 분야의 대표적인 16인의 공동 집필로 완성되었다.

본서는 에너지 관련 분야의 전문고교생, 대학생, 대학원생을 비롯해 기업, 연구 기관 등의 연구자, 기술자, 경영·관리 부문의 실무자, 나아가 자치체의 환경·에너지 관련 기획·정책 담당자 등, 폭넓은 독자층을 두루 만족시킬 만한 내용이라 자부한다.

필자는 본서는 물론 초판 집필에도 참여했던 사람이며, 초판의 편자인 혼마 선생으로부터 본서의 종합 정리라고 하는 매우 중요한 역할을 명받았다. 공저자가 여러 명이고, 게다가 각각이 제일선에서 활약하고 있는 바쁜 분들이었음에도 불구하고 입안에서부터 약 1년간 세계적이라고 평가할 만한 최선의 참고서가 완성된 것은 놀랄만한 일이며, 집필에 대한 열의와 협력에 깊은 감사를 표하고 싶다.

본서가 환경의 세기, 풍력 에너지 이용의 실용화 시대에 맞춰 풍력 이용에 관심을 갖는 분들에게 다소나마 보탬이 되길 바란다. 특히, 미래를 짊어질 젊은이들이 본서를 통해 풍력 에너지의 위대함을 깨달아 지속 가능한 사회의 실현을 위한 상상력을 발휘해주길 바란다.

Ushiyama Izumi(牛山 泉)

풍력 에너지 독본

CHAPTER 01 풍차와 풍력발전의 역사적 전개

1.1 20세기 이전의 풍력 이용 기술 ·· 3
1.2 풍력발전의 역사 ·· 4
    1. 풍력발전 탄생의 배경 ··· 4
    2. 풍력발전의 선구자들 ··· 5
    3. 덴마크를 중심으로 발전한 풍력발전 ······································ 6
    4. 20세기 풍차 기술의 진전 ··· 8

CHAPTER 02 바람의 특성과 풍력 자원

2.1 바람의 스펙트럼 ·· 15
2.2 풍속의 고도(高度) 분포 ·· 17
    1. 대수 법칙 ·· 17
    2. 거듭 제곱 법칙(지수 법칙) ·· 18
2.3 풍속의 도수 분포 ··· 19
2.4 풍력 에너지 ··· 20
2.5 지형과 바람 ··· 21
    1. 일본 각지의 국지풍 ··· 21
    2. 해협과 곶의 강풍 ·· 22
    3. 산을 넘는 기류 ·· 23
2.6 풍황맵 ·· 24
    1. 국소적 풍황 예측 모델 LAWEPS ······································· 24
    2. 풍황맵 ·· 25
    3. 풍속의 경년 변화 ·· 26

CHAPTER 03 풍차의 부지 선정

- 3.1 바람과 바람의 에너지 ·· 32
- 3.2 바람의 특징 ··· 33
  - 1. 해륙풍 ··· 33
  - 2. 산곡풍 ··· 34
  - 3. 계절풍 ··· 34
  - 4. 저기압·고기압에 의한 바람 ··· 35
  - 5. 태풍 ··· 35
  - 6. 지역적인 국지풍 ··· 35
- 3.3 바람의 통계적 성질 ·· 36
  - 1. 시간·월·연평균 풍속 ··· 36
  - 2. 풍속의 풍향별 빈도 분포 ··· 37
  - 3. 풍속의 계급별 빈도 분포 ··· 38
  - 4. 와이블 분포 ·· 38
  - 5. 풍력 에너지 밀도 ··· 39
- 3.4 연간 발전량 ··· 40
- 3.5 풍황 데이터의 이용 ·· 42
  - 1. 바람 관측기관 ·· 42
  - 2. 전국 풍황맵 ·· 44
- 3.6 풍황에 영향을 주는 여러 가지 요인 ··· 46
  - 1. 지표면 조도(粗度) ·· 46
  - 2. 지형 ··· 47
  - 3. 장해물 ··· 48
- 3.7 풍황 예측 ··· 48
  - 1. 바람 관측 데이터에 기초한 풍황 예측 ····································· 49
  - 2. 기상 시뮬레이션에 기초한 풍황 예측 ······································ 51

CHAPTER 04 풍차의 기초 이론

- 4.1 풍차의 종류와 특징 ·· 59
  - 1. 풍차의 분류 ·· 59
  - 2. 수평축형 풍차 및 수직축형 풍차 ··· 59
  - 3. 양력형 풍차와 항력형 풍차 ·· 60

차례

4.2 풍차의 회전 원리 ·· 60
    1. 양력과 항력 ··· 60
    2. 양력형 풍차 ··· 62
    3. 항력형 풍차 ··· 63
4.3 풍차의 성능평가 ·· 63
    1. 파워 계수(출력 계수) ·· 63
    2. 토크 계수 ·· 64
    3. 추력 계수 ·· 64
    4. 주속비(周速比) ·· 64
    5. 솔리디티(solidity) ·· 65
4.4 풍차의 이론상 최대 효율 ··· 66
    1. 양력형 풍차의 최대 파워 계수 ··· 66
    2. 항력형 풍차의 최대 파워 계수 ··· 68

CHAPTER 05 풍력 터빈의 공기역학

5.1 풍차의 기초 이론 ··· 73
5.2 수평축 풍차 ·· 75
    1. 수평축 풍차의 특성 해석 방법과 작동 원리 ··························· 75
    2. 직경 20m의 수평축 풍차 ·· 79
    3. 수평축 풍차의 설계 ··· 80
5.3 수직축 풍차 ·· 81
    1. 수직축 풍차의 분류 ··· 81
    2. 수직축 풍차의 특성 ··· 82
    3. 풍차 성능의 추정과 공기역학 ··· 83
    4. 풍차 성능에 영향을 주는 요소 ·· 87
    5. 수직축 풍차용 날개형 ··· 89
    6. 풍차 주위 흐름의 거동 ·· 90
    7. 수직축 풍차의 설계 ··· 93

CHAPTER 06 풍력발전 시스템의 설계

6.1 개념 설계 ·· 97
    1. 풍차의 형식 ··· 97

  6.2 설계 시 고려할 사항 ·· 102
    1. 표준 규격 ··· 102
  6.3 안전성·신뢰성 ·· 106
    1. 제어 장치와 안전 시스템 ································ 107
    2. 그 외의 안전에 관한 검토 ······························· 108
    3. 용장성 ··· 108
    4. 안전 시스템이 작동한 경우 기기의 운전 복귀 ········ 108
    5. 보안 장치 ··· 109
  6.4 하중 ··· 110
    1. 해석 조건 설정 ·· 110
    2. IEC 하중에 기초한 해석 ·································· 111
    3. 태풍 시 풍하중 계산 조건의 구체적인 예 ············· 112
  6.5 풍력발전 시스템의 구성 요소 ······························· 114
    1. 날개의 개요 ·· 114
    2. 허브 ·· 121
    3. 구동 계통 ··· 123
    4. 요 시스템 ··· 131
    5. 날개 피치 가변 기구의 설계 ···························· 133
    6. 발전기 ··· 134
    7. 기타 기기 ··· 139
    8. 타워와 기초의 계획·설계 ······························· 144
    9. 기초 설계 ··· 150
    10. 풍차의 성능 계측 ·· 151

CHAPTER 07

풍력 터빈과 발전기의 제어

  7.1 풍력 터빈 ··· 162
    1. 회전수 제어 ·· 162
    2. 방위 제어 ··· 163
    3. 정지 기능 ··· 164
  7.2 발전기와 운전 방식 ··· 164
    1. 발전기 ··· 164
    2. 운전 방식 ··· 165

7.3 풍력발전 시스템 ·· 167
   1. 풍력 터빈의 출력 계수 ·· 168
   2. 풍력발전기의 출력 제어 ··· 169

CHAPTER 08 풍력발전 시스템

8.1 대규모 계통 연계 ·· 181
   1. 발전 방식과 연계 방식 ··· 182
   2. 계통 연계 기술 요건 가이드라인과 분산 전원 계통 연계
      기술 지침 ··· 186
   3. 고압 연계 ··· 187
   4. 특별 고압 연계 ·· 195
   5. 유럽제 풍차의 특징 ·· 198
   6. 일본의 풍력발전 연계 상황 ·· 202
8.2 소규모 독립 전원 ·· 203
   1. 소형 풍차의 특징 ·· 203
   2. 소형 풍차의 도입 형태 ··· 207
   3. 소형 풍차 도입시 주의 사항 ·· 213
8.3 에너지의 저장과 평준화(전력 안정화 장치) ··························· 215
   1. 주파수 변동 발생 요인 ··· 216
   2. 주파수 변동(유효 전력 변동) 억제책 ···································· 218
   3. 초고속 플라이휠의 특성 ··· 223
   4. 초고속 플라이휠 전력 안정화 장치의 특징 ·························· 225
   5. 앞으로의 과제 ··· 226
8.4 오프쇼어 풍력발전 ·· 227
   1. 오프쇼어 풍력발전의 현재와 미래 ·· 228
   2. 다음 세대를 짊어질 부체형 오프쇼어 풍력발전 시스템 ······ 236
   3. 오프쇼어 풍력발전, 국가 프로젝트로서의 미래 ··············· 245

CHAPTER 09 풍력 이용 시스템

9.1 풍차의 최적 운전 조건 ·· 251
9.2 풍력 양수 펌프의 종류와 특성 ··· 252

         1. 풍차와 펌프의 조합 ································· 253
         2. 양수 성능 ······································· 254
         3. 풍력 양수 시스템의 간이 추정법 ··················· 256
    9.3 풍력의 압축기 구동 ····································· 257
    9.4 풍력의 열변환 ··· 257
         1. 풍력 열변환 방식의 종류와 특성 ··················· 258
         2. 풍력 열변환 시스템의 구체적인 예 ················· 260
         3. 풍력 열교환의 전망 ····························· 262
    9.5 하이브리드 시스템 ····································· 262
         1. 각 하이브리드 시스템의 특징 ····················· 263
         2. 실시 예 ·· 264

CHAPTER 10 풍력 이용의 경제성 평가

    10.1 연간 발전량의 예측 계산 ······························· 276
         1. 빈(bin)법에 의한 발전량 계산 ···················· 276
         2. 와이블 분포에서 발전량 계산 ····················· 275
         3. 실측 데이터의 와이블 분포에서의 근사(近似) ········ 278
         4. 예상 발전량의 수정 ····························· 279
    10.2 장기 풍황 예측 ······································· 281
         1. 평균 풍속의 변동 ······························· 281
         2. 기후 변동 ······································ 283
    10.3 풍속의 연직 분포 견적 ································· 283
    10.4 풍속 센서의 교정(캘리브레이션) ························· 285

CHAPTER 11 풍력 이용의 환경 영향

    11.1 소음 ·· 289
         1. 영향의 현상 ···································· 289
         2. 영향의 회피·저감책 ····························· 291
    11.2 전파 장해 ·· 292
         1. 영향의 현재 상황 ······························· 292
         2. 영향의 회피·저감책 ····························· 295

11.3 생태계 ··· 296
　　1. 영향의 현재 상황 ·· 296
　　2. 영향의 회피·저감책 ··· 301
11.4 경관 ·· 303
　　1. 영향의 현재 상황 ·· 303
　　2. 영향의 회피·저감책 ··· 306

CHAPTER 12 풍력발전의 미래

12.1 풍력발전의 표준화와 인증 ··· 309
　　1. 풍력발전 시스템의 표준화 경위 ··· 310
　　2. 기존 규격의 개요·심의의 경과 ··· 316
　　3. 풍력발전의 인증 ·· 326
12.2 풍력발전의 미래 ·· 334
　　1. 풍력발전의 주요 과제 ·· 334
　　2. 풍력발전의 미래 ·· 337

- **참고 문헌**　342
- **찾아 보기**　349

CHAPTER 01

풍차와 풍력발전의 역사적 전개

01 풍차와 풍력발전의 역사적 전개

풍차는 수차와 더불어 가장 오래된 동력 기기이며, 유럽에서는 제분이나 양수용으로 700년 이상 사용되어 왔다. 19세기 말 각국에서 풍력발전이 탄생하였고 20세기에 덴마크를 중심으로 발전했는데 이것은 대형화와 새로운 설계 개념의 도입에 의한 고성능화의 진척이었다.

특히 1970년대 석유 위기를 계기로 대형 풍차의 재개발이 시작되고 1990년대 이후 환경 문제가 부각되면서 세계적으로 온실가스가 발생하지 않는 풍력발전 도입의 움직임이 활발해졌다.

본 장에서는 먼저 20세기 이전의 양수나 제분을 중심으로 한 풍력 이용 기술에 대해서 약술하고, 19세기 말의 풍력발전 탄생부터 20세기 초의 풍력발전 초창기와 그 후의 발전기부터 최신 기술까지를 서술한다.

1.1 20세기 이전의 풍력 이용 기술

인류는 수천 년에 걸쳐 범선 등 여러 형태로 바람 에너지를 이용해 왔다. 이집트나 중국 등의 문헌에 따르면 풍차는 3000년 이상 전부터 사용되어져 왔다고 한다. 신뢰할 수 있는 문헌과 도면에는 10세기의 동페르시아 시스탄 지역의 바람과 양수 풍차에 대해 기록한 알 마스우디(Al-Masudi)의 것이 있다.

한편, 아라비아의 모험가 이스타크리(Al-Istakhri)는 950년경 지금의 아프가니스탄과 이란의 국경 부근에서 제분에 이용되어진 **그림 1.1**과 같은 수직축 풍차에 대해서 기록하고 있다. 또한 거의 같은 시기에 이집트에서는 풍차가 관개 목적으로 이용되었다고 한다[1].

유럽에서 풍차가 이용된 최초의 증거로는 풍차의 건설 허가에 관한 1105년의 프랑스 문서가 있다. 유럽 최초의 풍차는 관개와 양수라는 목적이었던 것으로 보이고 네덜란드에서 최초 곡물 제분용 풍차가 지어진 것은 1439년이나 되어서였다. 그리고 그 후 몇 세기 동안 풍차의 개발은 급속히 진전되었다.

그림 1.1 아프가니스탄에 현존하는 고전 수직축 풍차

풍차와 관련된 중요 사항으로서는 1500년경의 풍차에 관한 레오나르도 다 빈치의 스케치와 1665년 영국의 서레이에 건설된 회전식 풍차(postmill), 1745년 영국의 에드몬드 리와 1750년 앤드류 메이클이 발명한, 바람의 방향을 따라 풍차의 회전면을 자동적으로 돌리는 팬테일(fantail), 1759년 영국의 로열 소사이어티가 금메달을 수여한 존 스미튼의 풍차 및 수차에 관한 연구가 있다.

19세기 초까지는 네덜란드에서도, 영국에서도 10,000대 이상의 네덜란드형 풍차가 사용되었던 것으로 추정된다. 당시 풍차는 주요 동력원으로서 보급되었고, 풍차의 직경을 20m로 하면 초속 7m 정도의 바람으로 최대 출력 20kW, 연간 평균 출력 10kW 정도를 발생시켰을 것이다[2].

19세기 중반에는 미국에서 개척 농업이나 목축을 위해 공장에서 생산하는 경쾌한 양수용 다익형 풍차가 개발되어 현재도 세계 각지에서 많이 이용되고 있다. 특히 시카고 에어로모터(Aeromotor)사의 다익형 풍차는 20세기 중반까지 80만 대 이상 제조되어 수요의 절반 이상을 점유하고 있었다[3].

1.2 풍력발전의 역사

1 풍력발전 탄생의 배경

19세기 말에 풍력발전이 실현된 것은 공기역학의 성과로서, 종래의 네덜란드 풍차로 대표되는 항력을 이용한 저속, 고토크의 풍차(windmill)를 대신하여 양력을 이용한 고속 풍차(wind turbine)가 실현된 것, 그리고 전기공학의 성과로 풍차에 의해 구동되는 발전기가 실용화되었기 때문이다. 또한 전력을 필요로 하게 된 사회적 배경도 무시할 수 없다.

1831년에 영국의 패러데이가 전자 유도를 발견한 이래 발전기 개발이 시작되고 1873년 빈의 만국박람회는 발전기, 전동기, 전력 수송의 탄생을 알리는 역사적인 사건이 되었다. 이와 같이 19세기 말 세계적인 전력사업의 발흥기에는 항공열(航空熱)도 높아지고 그 근거가 되는 공기역학도 일단 완성 단계에 도달함으로써 이것이 1903년 라이트 형제의 최초 비행과 고속형 풍차의 개발로 연결되었다.

2 풍력발전의 선구자들

풍력발전의 개척자는 덴마크의 P. 라쿠르(Poul la Cour) 교수라는 것이 정설이다. 그는 1891년 덴마크의 아스코우에 풍력발전연구소를 설립하고 풍력발전 왕국 덴마크의 기초를 쌓았다[4]. 그러나 영국의 문헌에는 1887년에 글래스고의 J. 브라이스가 수직축 풍차에 의한 출력 3kW의 발전을 시작해, 이 전력을 축전지에 모아 조명에 사용했다고 알려져 있으며[5], 미국의 문헌에는 1888년 클리블랜드 광장에 C. F. 브러시가 직경 17m의 거대한 블레이드가 144매나 되는 다익 풍차로 12kW의 풍력발전을 함으로써 350개의 백열전등을 밝히고, 1908년까지 20년간이나 사용했다고 한다[1]. 한편, 당시의 기술 선진국인 프랑스에서도 1887년에 샤를 드 고와이욘 공작이 개발한 직경 12m의 다익 풍차로 2개의 발전기를 구동하는 시스템이 루아부르 근방에서 실험되었지만 성공하지는 못했다[6].

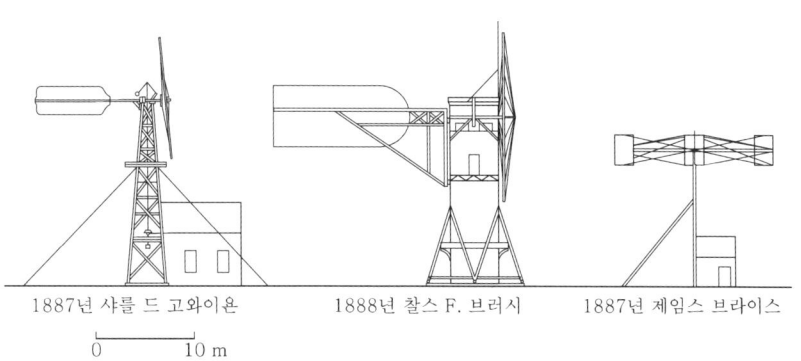

그림 1.2 〉〉〉
프랑스, 미국, 영국 각국의 개척자들의 풍력발전기

1887년 샤를 드 고와이욘   1888년 찰스 F. 브러시   1887년 제임스 브라이스

그림 1.2는 라쿠르 외 3명이 개발한 풍력발전기를 나타낸 것이다. 이들 풍력발전기는 모두 항력 이용 저속 풍차로 발전기를 가동하는 고

전적 풍차와 풍력 터빈과의 중간 단계의 것이었다. 이에 비하여 풍력 발전을 위한 고속 풍차를 개발한 사람이 덴마크의 P. 라쿠르였다.

3 덴마크를 중심으로 발전한 풍력발전

풍력발전의 창시자 P. 라쿠르는 1891년에 정부로부터 보조금을 받아 아스코우에 그림 1.3과 같은 반경 5.8m의 최초의 풍력발전용 4매 블레이드 시험용 풍차를 설치하였다. 1897년에는 직경 22.8m의 대형 풍력발전기도 설치하였다. 풍차의 변동 출력은 라쿠르가 고안한 크래트스탯이라고 하는 조속 장치로 2대의 9kW 직류 발전기를 구동하여 1대는 150V×50A로 축전지의 충전에 사용, 다른 1대는 30V×250A로 물의 전기 분해에 사용해 수소를 발생시켰다.

전력 저장은 오늘날에도 큰 과제이지만, 라쿠르는 고가의 축전지를 대신하여 물을 전기 분해함으로써 수소와 산소를 발생시켰다. 아스코우 국립고등학교에 설치된 수소 가스에 의한 조명 시스템은 1895년부터 7년에 걸쳐 사용되었다[4].

그림 1.3 〉〉〉
P. 라쿠르의 시험용 풍력발전기

라쿠르는 발전용 고속 풍차 회전자(rotor)를 설계하기 위하여 1896~1899년에 걸쳐 평판 날개, 곡판 날개, 굴절 날개 등 각종 날개와, 이들 블레이드의 매수 변화에 따른 풍동 실험(wind tunnel test)을 반복하여 그 성과를 전문지에 발표하였다.

라쿠르에 의해 기초가 세워진 덴마크의 풍력발전은 DVES(덴마크 풍력발전협회)의 설립으로 결실을 맺고, 디젤 발전과 병용하는 소규모의 풍력발전회사가 다수 설립되었다. 1908년에는 10~20kW급의 풍력발전 장치 수는 72기에 이르렀고, 1918년에는 120기를 넘었다. 그러나 제1차 세계대전 후에는 교류 발전을 시행할 정도의 규모로서 큰 화력발전회사가 몇 곳 설립되면서 풍력발전은 시들해졌다.

그러나, 제2차 세계대전 중에는 1940년 4월 이래, 덴마크는 독일 나치스의 지배 아래에 놓여 연료 수급이 어려워지자 풍력발전은 부흥기를 맞이했다. 1940년에는 20kW급 16기였던 것이 1944년 봄에는 90기에 이르게 되었다. 이 외에 **그림 1.4**에 나타낸 F. L. 슈미트사에서 제작한 40~70kW급의 F. L. S. 에어로모터(aeromotor)도 18기가 가동되고 있었다[7].

그림 1.4
제2차 세계대전 중의 F. L. 슈미트사의 풍력발전기

제2차 세계대전 후에는 연료 사정이 호전되어 풍력발전은 다시 시들해졌지만 라쿠르와 함께 큰 공헌을 한 그의 제자 J. 율(J. Juul)이 등장한다.

전력회사 SEAS의 기사였던 율은 1947년에 교류 풍력발전을 기존의 전력망에 접속하는 계통 연계 방식을 제안하였고 실험용 풍차로 실증 시험을 하였다.

율의 풍력 터빈은 고정 피치 블레이드로, 그 실속(失速) 특성을 이용해서 풍차의 출력을 제어한다. 이 성과를 기반으로 1957년에는 게슬 풍력발전기(직경 24m, 정격 출력 200kW)가 건설되어, 1967년까지 10년간 가동됨으로써, 연간 평균 35만kW·h의 전력을 생산했다[8].

이것이 현재의 실속 제어 방식 풍력 터빈의 기초 데이터를 제공하고, 1970년대 후반에 성립된 덴마크 풍차 산업의 콘셉트에 큰 영향을 주었다. 현재 덴마크의 대규모 풍력발전 프로젝트는 1977년에 시작되어 매년 설치 용량을 늘려감으로써 오늘날에 이르렀다.

4 20세기 풍차 기술의 진전

19세기 말부터 20세기 초에 걸쳐 풍력발전이 실현되었지만, 전부 직류 발전으로 소규모였다. 그래서 20세기 전반기에는 풍차의 대형화와 공력 성능(空力性能) 향상에 따른 출력 증대를 도모하게 되었다.

(1) 대형 풍차의 모색

풍력발전의 유용성이 실증되면서 더 많은 바람 에너지를 얻고자 풍차를 대형화하는 움직임이 각국에서 구체화되었다. 대형 풍차의 제1호는 1931년에 흑해 연안의 바라크라와에 건설된 러시아의 100kW기이다. 연간 발생 전력은 28만kW·h 정도이며, 발생한 전력은 35km 떨어진 2만kW의 화력발전소로 보내지고 있었다[8].

그림 1.5 〉〉
세계 최초의 MW급 풍력발전기(스미스 패트넘 1,250kW기)

1941년에는 미국 버몬트주의 그랜드파산 정상에 그림 1.5와 같은 세계 최초의 MW급 풍차인 스미스 패트넘 풍차가 건설되었다. 출력은 1,250kW, 직경 53m의 스테인리스제(製) 블레이드 2매이며, 각 블레이드의 중량은 8t이나 되었다. 시험 운전 후 1945년 3월에 영업 운전을 개시하였지만 1개월 만에 블레이드 설치부가 꺾여져 파손되었다. 더구나 전쟁으로 인해 재료 확보에 어려움이 있어서 개발이 중단되었다[9].

이외에도 1930~1960년대까지 상용 전력망과 연계된 출력 100kW 이상의 대형 풍력발전 시스템의 연구 개발은 10건 이상 이루어졌지만 독일의 휴터 풍차(100kW)[10]와 앞서 말한 덴마크 게슬 풍차 이외는 모두 성공하지 못한 채로 끝났다.

그리하여 1960년대 중반에 대형 풍차의 개발은 일단 멈추었지만 그 후 10년 정도의 공백기를 거쳐 석유 위기 이후 1970년대 후반부터 다시 대형 풍차의 개발이 시작되었다.

1980년대에 와서는 각국에서 정부 주도의 대형 풍차가 시험 운전을 시작했지만, 성과가 좋지만은 않았다. 이에 비해 중소규모의 상업용 풍차부터 시작한 덴마크에서는 민간 차원의 풍차의 대형화가 착실하게 성과를 거두며, 1990년대 말에는 1,000kW부터 1,500kW의 상업용 풍차가 제작되었다.

(2) 새로운 풍차의 모색

미국에서는 그 광대한 농목업 지대에 배전선을 설치할 수 없었기 때문에, 1910년대부터 소형 풍차에 의한 발전이 성행했었다. 이것은 1930년대에 성립된 「농촌 및 산간 전화(電化)법」에 의해 점차 감소했지만, 전쟁 후인 1950년대까지 계속되었다. 당시 미국의 농촌에서 가장 많이 이용된 것이 **그림 1.6**과 같은 제이콥스 풍차이다. DC-32V의 2.5kW기와 DC-110V의 3kW기가 있으며, 1925~1957년까지 거의 1만 대가 제작되었다[11].

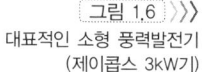

그림 1.6 대표적인 소형 풍력발전기 (제이콥스 3kW기)

또한 풍차나 풍력발전에 관한 많은 연구자와 기술자도 배출되고 다수의 귀중한 아이디어와 우수한 이론이 체계화되었다. 이론 면에서는 풍차에 의해 얻을 수 있는 힘의 최대치는 바람이 가진 이론적인 힘의 59.3%라는 것을 영국의 F. W. 란체스터(1915년)와 독일의 A. 베츠

(1920년)가 밝혀냈다[12].

항력을 이용한 수직축 풍차는 핀란드의 S. 서보니우스가 1924년에 특허를 냈다. 이 풍차는 2개의 반롤러 모양 수풍(受風) 버킷을 마주보게 하고, 기울여서 설치한 형상이다[13].

또한 양력을 이용한 수직축 풍차로서 독특한 형상으로 알려진 다리우스형 풍차도 1926년에 프랑스에서 G. J. M. 다리우스가 특허를 냈다. 이 풍차의 굽은 날개 형상은 회전 시 원심력에 의한 휨 변형이 블레이드에 생기는 것이 아니고, 인장응력만이 작용하는 듯한 트로포스키엔(troposkien, 줄넘기 로프 형상) 형상으로 되어 있다. 풍향에 관계없이 회전할 수 있을 뿐만 아니라 시스템 전체의 구조가 간단하여 발전기 등의 중량물을 지상 가까이에 둘 수 있는 이점이 있다[14].

(3) 풍차의 신기술[15]

풍력발전기는 1980년대 이후 급속히 보급되면서 경제성을 추구하게 되었고, 그 성과로서 상용 기기의 대형화가 추진되어 1990년대 말에 이르러 MW급 풍차를 제조하는 회사도 나타났다. 또한 풍차 설치 장소의 환경도 평탄한 연안 지대뿐만 아니라 산악 지대나 바다 위로 그 부지를 확대해 갔다. 게다가 발전 방식도 유도 발전기에 의한 정속도 실속 제어 계통 연계 방식에서, 가변 속도 직교 변환 계통 연계 방식이 점점 증가했다. 그리고 발전 비용도 점차 저감되고 풍황 상태가 좋은 부지에서는 화력 발전과 나란히 늘어서고 있다.

(a) 대형화

풍차의 로터(rotor) 직경과 출력 규모는 해마다 대형화되어 21세기에 들어서는 로터 직경 60~80m, 출력 1,000~2,000kW가 주류를 이루고 있다. 오프쇼어(offshore)용에서는 더욱 대형화가 진행되고 있다.

(b) 출력 제어

풍차 이용의 초창기에는 덴마크 풍차가 주류였고 구조의 단순함에서 오는 높은 신뢰성과 보수비의 저렴함 등으로 인해 고정 피치의 실속 제어 방식이 지배적이었지만, 풍차의 대형화와 MW급 기기의 상업화에 따라 피치 제어 방식이 증가하고 있다. 소음 문제 때문에라도 피치 제어는 유리하다.

(c) 가변속 로터(rotor)

종래에는 유도 발전기를 전력 계통에 직결시키고 발전기의 주파수는 강력한 계통 주파수에 따라 결정되어 로터는 일반적으로 정속 회전했다. 그러나 전력 계통과 발전기의 주파수를 인버터 시스템을 통하여 분리하고, 로터를 가변속 회전시키는 것이 증가하고 있다. 이것은 넓은 범위에 걸쳐 풍속이 고효율을 유지하고 에너지 취득량도 높일 수 있다.

(d) 다이렉트 드라이브(direct drive)

종래의 표준적인 풍력발전기는 풍차 로터와 발전기의 사이에 증속기(增速機)가 끼어 있기 때문에 중량이 증가하고 소음이 발생되는 결점이 있었다. 이것에 비하여 증속기를 풍차 로터로 직접 다극(多極) 저회전(低回轉) 발전기를 구동하는 다이렉트 드라이브(direct drive) 방식이 나왔다. 이 방식은 소음이 적고 에너지 취득 효율도 높다.

(e) 풍차의 이론적 성능 해석

풍차의 이론 계산은 항공 분야에서 발전한 공기역학에 의한 지식과 경험을 응용한 것이다. 지금까지 풍차의 이론에 기초한 계산법은 익소(翼素)/운동량 이론, 소용돌이(渦) 이론, 국소(局所) 순환법, 가속도 포텐셜(potential)법 등을 들 수 있다.

가장 간단한 익소(翼素)/운농량 이론은 날개 주위의 국소적 움직임에 대해서는 설명할 수 없기 때문에 날개 폭 방향의 양력 분포나 유도 속도의 분포를 계산할 수 없다. 이 때문에 반 경험적인 관계로부터 유도 속도를 어림잡아 산출하게 된다.

소용돌이 이론은 날개가 만들어 내는 소용돌이에 의하여 날개면 위에 유기(誘起)되는 유도 속도를 직접 산출한다.

또한, 국소 순환법은 운동량 이론의 결점을 보충하는 것으로 소용돌이 이론의 복잡함과 계산상의 문제점을 없애기 위해 유도 속도의 산출 과정에 단순화의 가정(假定)이 도입된 근사(近似) 해법이다.

가속도 포텐셜법은 속도 포텐셜을 대신하는 압력을 받아들이는 운동(섭동 : 攝動) 포텐셜에 관하여 라플라스 방정식을 점근(漸近) 전개법을 이용하여 푸는 방법이다. 점근 해석의 수치적 해법은 적분 방법을 이용한다. 이와 같은 계산법은 최근에 고성능 컴퓨터로 쉽게 처리할 수 있게 되었다.

(f) 풍차 전용 날개형과 블레이드

 풍차용 블레이드의 날개 형태는 초기에는 항공기용 날개 형태를 약간 변형한 것에서, 최근에는 풍차 전용 날개 형태를 사용하게 됨으로써, 풍차의 블레이드가 서로 만나는 저(低) 레이놀즈 수(數) 영역에서 높은 양항비(揚抗比)가 얻어지므로 정격을 벗어난 운전 영역에서 성능 저하가 적은 날개 형태가 완성되었다. 항공기용 날개 형태와 비교해서 두꺼운 것이 특징이며, 이것은 블레이드 구조의 강도 면에서도 좋다고 할 수 있다.

(g) 오프쇼어(offshore) 풍력발전

 땅이 좁은 유럽의 여러 나라를 중심으로 장래의 풍차 부지로서 바다 위가 유력한 후보지로 꼽히고 있다. 1990년대 이후 덴마크, 스웨덴, 네덜란드에서는 오프쇼어 풍력발전이 순조롭게 이루어지고 있다.

 일본 또한 오프쇼어 풍력발전이 유망하다. 조선, 해양 구축물 등의 제조 기술이 세계적 수준이라 할 수 있으므로, 오프쇼어 풍력발전은 유망하다고 할 수 있다.

CHAPTER
02

바람의 특성과 풍력자원

02 바람의 특성과 풍력 자원

풍력 에너지를 효과적으로 이용하기 위해서는 기상학적인 바람의 특성을 충분히 이해해 두는 것이 중요하다. 본 장에서는 풍황지도로 대표되는 지역적인 바람의 특성부터, 지형이나 고도에 따른 풍속의 변동 등에 대해서 기본적인 특성을 소개한다.

2.1 바람 스펙트럼

지표 부근의 바람은 고·저기압, 태풍, 전선, 해륙풍, 뇌우, 회오리나 작은 규모의 기상 현상이 원인이 되어 항상 여러 가지의 시간 스케일로 변동하고 있다. 이 변동을 여러 주기 성분파의 중첩으로서 표현하고 각각의 성분파 에너지 스펙트럼을 조사할 수 있다. 그림 2.1은 지상 125m의 관측탑에서 얻은 풍속의 장기 변동 스펙트럼이다.

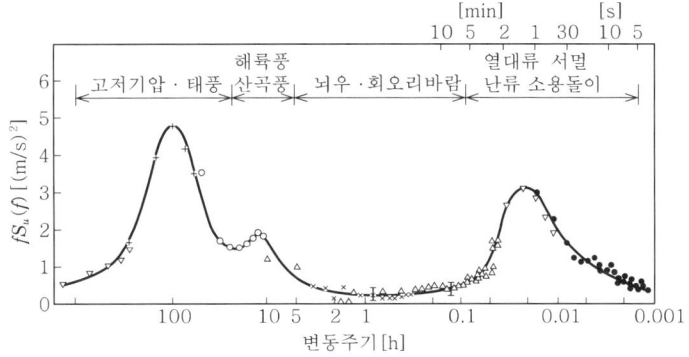

그림 2.1 지상풍의 장기 변동 스펙트럼[1]
미국의 브루크헤븐 국립연구소의 지상 125m의 풍속 변동 스펙트럼에 시간 눈금에 대응하는 대표적인 기상 일기 분포를 더했다.

그림과 같이 크게 세 개의 피크가 있다. 약 4일 주기는 고저 기압이나 태풍 등, 약 반일 주기는 해륙풍이나 산곡풍 등의 하루 변화, 약 1분 주기는 대기 경계층 내의 지형이나 식생에 의해 흐트러지거나 열대류 상승 온난 기류로 인한 소용돌이 때문이다.

평균 풍속으로서 10분간의 평균 시간이 이용되고 있지만 10분의 풍속 변동은 스펙트럼의 골짜기 사이에 있기 때문에 10분 평균 풍속은 그것보다도 우측의 흐트러짐에 의한 풍속 변동이 제거되어, 고저기압이나 해륙풍 등에 따르는 풍속 변동을 대표하고 있음을 알 수 있다. 약 1분 주기의 풍속 변동 에너지가 큰 것은, 풍력발전의 단기(短期) 출력 변동의 원인이 되기 때문에. 풍력발전의 출력 안정화 기술이 다방면으로 연구 개발되고 있다.

해상의 바람은 관측 시설을 설치, 운용하는 것이 곤란하기 때문에 관측 데이터가 적다고 하는 문제점이 있다. 그러나 해상의 바람 특성을 조사해 두는 것은 앞으로 해상 풍력발전의 전개를 위해 필수적이다.

나가이(永井, 2002)는 오사카(大阪)만에서 해면상 17m의 풍속 변동 스펙트럼을 조사했다(그림 2.2). 그 조사에 따르면 약 1일 주기의 일변화가 크고, 이어서 수 일에서 10일 주기의 풍속 변화가 커지고 있다. 그러나 **그림 2.1**의 육상 스펙트럼에서 보이는 약 1분~수 분 주기의 변동 에너지는 해상에서 매우 작아지고 있음을 알 수 있다. 해면은 육상에 비해 평탄하기 때문에 흐트러짐이 적다는 것, 또한 해면 온도의 변화는 지면 온도의 변화에 비하여 작기 때문에 열대류 서멀(thermal : 상승 온난 기류)이 발생하기 어려운 것 등이 원인이라고 생각된다. 그러므로 풍력발전의 단기(短期) 출력 변동을 억제해 안정화시킨다는 점에서, 해상 풍력발전은 큰 이점이 있다고 할 수 있겠다.

단, 일본의 모든 해역에서 동일한 경향이 있는지에 대해서는 확실하지 않으며, 파도나 해면 온도 등의 조건이 다른 해역에서의 해상풍 관측 데이터 해석이 요구된다.

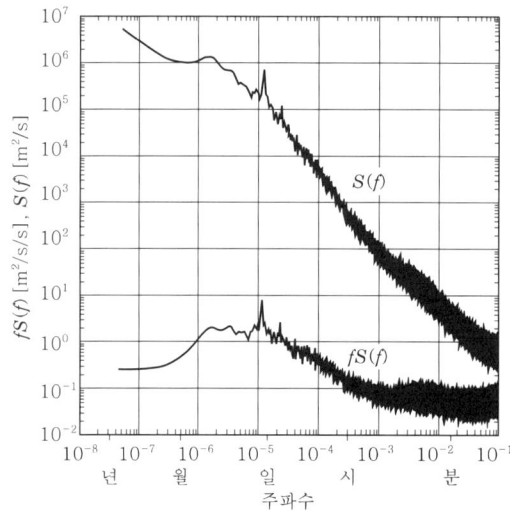

그림 2.2
해상풍의 변동 스펙트럼[2)
2000년 연중 관측(0.5초 샘플링에 의한 해면 위 17m의 풍속 변동 스펙트럼

2.2 풍속의 고도(高度) 분포

풍력 에너지를 이용하기 위해서는 지표로부터 100m 정도 높이의 대기 경계층 내 풍속 고도 분포를 아는 것이 중요하다. 특히 풍차의 대형화에 따라 허브 높이도 점차 높아지는 경향이 있으며 허브 높이의 풍속을 추정할 때에 풍속의 고도 분포가 어떻게 파라미터에 의존하며, 얼마나 오차가 발생하는지 알아두는 것은 발전량 추정을 위해 매우 중요하다.

그림 2.3에 대기 경계층에서의 풍속의 고도 분포를 모식(模式)적으로 나타냈다. 자유 대기의 바람 U_G는 기압 경도력(傾度力)과 지구의 자전 효과에 의한 코리올리(corioli)력에 따라 달라지지만, 대기 경계층의 바람은 지표의 마찰이나 대기의 안정도 등에 좌우된다.

대기의 안정도는 안정, 중립, 불안정의 세 가지로 나뉘는데, 안정 시에는 중립보다 풍속이 약해지고 불안정 시에는 중립보다 풍속이 강해진다. 그러나 풍력발전에 영향을 주는 강풍 시의 대기 안정도는 중립 상태에 가까워지기 때문에 중립의 경우를 생각하면 충분하다.

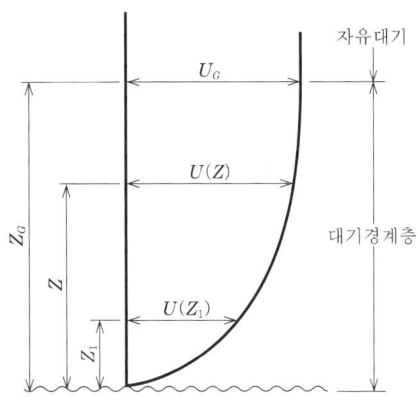

그림 2.3 대기 경계층에서의 풍속 고도 분포

1 대수 법칙

대기 안정도가 중립일 경우에는 평균 풍속의 고도 분포에 대해서 다음의 대수 법칙이 성립하는 것이 이론적, 실험적으로 밝혀져 있다.

$$U(Z) = \frac{u_*}{\kappa} \ln \frac{Z}{z_0} \tag{2.1}$$

여기서, $U(Z)$: 지상 높이 Z에서의 평균 풍속
u_* : 마찰 속도

κ : 카르만(Karman) 정수(대략 0.4)
z_0 : 조도(粗度) 길이

이며 지표면 마찰의 크기에 대응하고 있다.

조도(粗度) 길이 z_0 값은 지표면의 상태에 따라 달라지며 대략 표 2.1에 나타난 수치가 된다.

조도(粗度) 길이는 수치가 커질수록 지면의 마찰이 크다는 것이 나타나 있다. 또한 지표가 삼림 등으로 둘러싸인 경우에는 식 (2.1)의 높이 Z 대신에 삼림 등의 평균 높이 H를 써서

$$U(Z) = \frac{u_*}{\kappa} \ln \frac{Z-H}{z_0} \qquad (2.2)$$

가 이용된다.

표 2.1 여러 가지 지표면 조도 길이의 개략치[3]

지표면 상태	z_0[m]
대도시	1~5
전원	0.2~0.5
삼림	0.3~1
밭이나 초지	0.01~0.3
수고(樹高) 4m의 과수원	0.5
벼높이 0.1~0.8m의 논	0.005~0.1
풀높이 0.1~1m의 목초지	0.01~0.15
해빙이나 적설면	10^{-4}~10^{-2}
평탄한 적설면	1.4×10^{-4}
수면(U_{10}=2m/s)	0.27×10^{-4}
수면(U_{10}=12m/s)	3.3×10^{-4}
평탄한 나지(裸地)	10^{-4}

복수(複數) 고도에서의 풍속이 구해진 경우, 높이 $\ln Z$와 풍속 $U(Z)$의 관계를 직선으로 적용함으로써 마찰 속도 u_*와 조도 길이 z_0을 관측치로부터 구할 수 있으며, 풍속의 고도 분포를 정밀하게 추정할 수 있게 된다.

2 거듭 제곱 법칙(지수 법칙)

대수 법칙은 이론적으로 뒷받침하는 관계식이 있지만, 마찰 속도 u_*와 조도 길이 z_0, 이 두 가지의 파라미터를 적절하게 평가할 필요가 있다. 그 때문에 실용적으로는 거듭 제곱 법칙 또는 지수 법칙이라 불리는 다음의 경험식이 이용되는 경우가 있다.

$$\frac{U(Z)}{U(Z_1)} = \left(\frac{Z}{Z_1}\right)^{1/n} \qquad (2.3)$$

여기서, $U(Z_1)$: 기준 고도 Z_1에 있어서 풍속치
$1/n$: 지수

식 (2.3)에 의해 풍속의 고도 분포를 추정할 경우, 기준 고도를 구하는 방법과 지수의 값을 결정하는 방법이 중요하다. 지수는 지표면의 조도(粗度)에 따라 변한다. 관측치는 대략 **표 2.2**에 표시된 수치이다.

그러나 지수값은 **표 2.1**의 조도(粗度) 길이에 비례하여 관측 상황에 따라서 변동폭이 크다. 특히 식 (2.3)에서 고도 방향에 풍속을 외부 삽입하는 경우에는 추정 오차가 크므로 이에 대한 주의를 요한다.

표 2.2 거듭 제곱 법칙의 지수 n 개략치[4]

지표면 상태	n	$1/n$
평탄한 지형의 초원, 해안 지방	7~10	0.10~0.14
전원	4~6	0.17~0.25
시가지	2~4	0.25~0.5

2.3 풍속의 도수 분포

일정 기간 내에 풍속이 풍속 단계마다 몇 회씩 출현하는가를 나타낸 것이 풍속의 도수 분포이다. 상대 도수는 단계마다 출현 횟수를 전체 출현 횟수에 대한 비율[%]로 나타낸 것이다. 상대 도수를 풍속이 적은 쪽부터 가산한 것을 상대 누적 도수(相對累積度數)라고 하며, 풍속과 상대 누적 도수의 관계를 그림으로 나타낸 것을 풍황(風況) 곡선이라고 한다.

도수는 보통 1시간에 1회의 관측치를 1년간 통계내는 경우가 많지만 관측치를 그대로 이용할 경우, 출현 빈도가 적은 도수의 샘플링 오차가 커진다. 그래서 모집단(母集團)의 도수 분포를 추정하기 위해서 관측치로부터 얻어진 도수 분포를 특정 함수에 적용하게 된다.

풍속의 도수 분포는 좌우 비대칭으로 도수의 최대치는 약한 바람 쪽으로 쏠려있다. 현재 가장 많이 사용되는 것은 와이블 분포(weibull distribution)이며 다음 식과 같이 나타낸다.

$$f(U) = \frac{k}{c}\left(\frac{U}{c}\right)^{k-1} \exp\left[-\left(\frac{U}{c}\right)^k\right] \tag{2.4}$$

여기서, $f(U)$: 풍속 U가 출현하는 확률 밀도 계수
c : 척도 정수
k : 형상(形狀) 정수

그림 2.4에는 형상(形狀)정수 k의 변화에 따라서 확률 밀도 계수 $f(U)$의 변화를 나타냈다. $k=1$인 경우는 지수함수가 되며, $k=2$인 경우는 레일리 분포(rayleigh distribution)가 되고, $k=3.5$인 경우는 정규 분포에 가깝다.

또한 와이블 분포의 누적 확률 분포 함수는 다음 식과 같다.

$$F(U) = 1 - \exp\left[-\left(\frac{U}{c}\right)^k\right] \tag{2.5}$$

여기서, $F(U)$: 풍속이 U 이하의 누적 확률

풍속 U가 와이블 분포를 따를 때 실용상 편리한 관계식은 다음과 같다.

$$\text{평균 풍속 } \overline{U} = c\Gamma\left(1 + \frac{1}{k}\right) \tag{2.6}$$

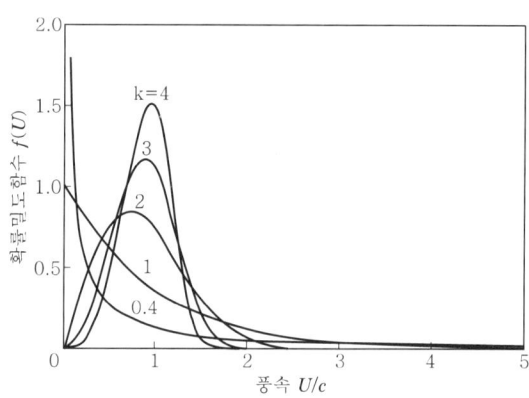

그림 2.4 여러 가지 형상 정수 k에 대한 와이블 분포 함수

$$\text{풍속의 3승 평균 } \overline{U^3} = c^3\Gamma\left(1 + \frac{3}{k}\right) \tag{2.7}$$

여기서, Γ : 감마(gamma) 계수

형상 계수 k는 일본에서는 대개 0.8~2.2의 범위이다. 연평균 풍속이 5m/s 이상인 장소에서는 1.5~2.2인 경우가 많다.

2.4 풍력 에너지

자연에 존재하는 바람의 에너지를 나타낸 것을 풍력 에너지의 부존량이라고 한다. 풍력 에너지의 부존량은 바람의 운동 에너지로 계산된다. 바람의 단위 체적당 운동 에너지 K는 다음 식으로 나타낸다.

$$K = \frac{1}{2}\rho U^2 \tag{2.8}$$

여기서, ρ : 공기 밀도
U : 풍속

풍차의 수풍(受風) 면적을 A로 하고, 단위 시간에 통과하는 체적 AU에 바람의 운동 에너지를 고려할 때 그것이 면적 A에 미치는 풍력은 P이다.

$$P = K \times AU = \frac{1}{2}\rho AU^3 \tag{2.9}$$

따라서 평균 풍력 $\overline{P}$ 는

$$\overline{P} = \frac{1}{2}\rho A \overline{U^3} \tag{2.10}$$

으로 나타낸다.

풍속의 도수 분포가 와이블 분포에 따르는 경우에 평균 풍력 $\overline{P}$ 는 다음과 같은 식으로 나타낸다.

$$\overline{P} = \frac{1}{2}\rho A c^3 \Gamma\left(1 + \frac{3}{k}\right) \tag{2.11}$$

여기서, c, k : 와이블 분포의 매개 변수
Γ : 감마(gamma)계수

2.5 지형과 바람

1 일본 각지의 국지풍

야마가타(山形)현의 타치가와마찌(立川町)(2005년부터 아마루메마찌(余目町)와 합병하여 쇼나이마찌(庄內町)가 됨)는 가장 높은 냇가 농촌 평야에 흐르는 지협(地峽)부에 위치한다. 옛날부터 '키요가와(淸河) 다시'라고 하는 지협부에서 불어오는 강풍으로 고민하고 있었다. 강풍에 찬 기운을 수반한 냉해로 인하여 벼 농작물에 피해를 주므로 바람은 재해의 근원이라 여겼다. 그러나 강풍 상습 지역은 풍력발전에 최적이기 때문에 타치가와마찌는 풍차를 심벌로 하여 1993년부터 풍차 마을 계획을 추진하여 윈드 팜(wind farm)에 의한 풍력발전 사업으로 마을의 부흥을 도모하고 있다.

'키요가와다시'는 태평양으로부터 불어오는 동풍이 오우(奧羽) 산맥을 넘을 때에 표고가 낮은 깊은 골짜기에 모여 강풍이 되어 불어나가는 것이다. 장마철에 높새바람이 불 때나 동해로부터 저기압 접근 시에 발생하기 때문에 겨울철뿐만 아니라, 여름철에도 강풍이 된다. 그 때문에 연간 강풍이 계속되어 풍력발전에는 최적지가 된다.

그림 2.5 》》
일본 각지의 국지풍 분포[5]

일본 각지에서는 '키요가와다시' 이외에도 국지풍이 불기 쉬운 지역이 많이 있고 여러 가지의 호칭이 붙어 있다. 그림 2.5에 일본의 국지풍 분포를 나타냈다.

2 해협과 곶의 강풍

스츠초다시가제는 오샤만베(長万部)에서 스츠초(寿都町)에 걸친 남남동에서 북북서로 향하는 지협(地峡) 지역으로 바람이 통과하기 때문에 발생하며, 연간 강풍이 불고 있다. 스츠초에서도 1989년부터 풍력발전이 시작되었다. 히다카시모카제나 라우스카제(羅臼風)는 산맥을 우회하는 바람이 모여 강풍이 되어 발생한다. 산이나 산맥을 우회하는 바람에는 두 가지의 큰 특징이 있다.

해협이나 곶에서 강풍이 되기 위해서는 바람이 산을 넘지 않고 우회할 필요가 있다. 산을 넘을지 우회할지는 상공의 기온 분포에 따라 달라지는 것으로 알려져 있다. 일반적으로 상공의 기온은 올라갈수록 떨어지지만 지상 부근이 야간의 방사 냉각(放射冷却)으로 차가워지거나 한기가 대기하층으로 진입했을 때에는 하층이 차가워지고 상층이 따뜻해지는, 기온이 역전되는 현상이 생길 수가 있다. 기온이 상승하고 있는 역전층이 상공에 존재함으로써 역전층을 낀 상하의 대류가 억제되고, 그 결과 산에 부딪친 바람은 산을 넘지 못하고 우회하고, 바람이 수평으로 모아져 강풍이 된다.

또 한 가지 특징은 산에 부딪친 바람은 산의 좌측을 우회하려는 경향이 있다. 이것은 지구의 자전 효과가 일으키는 코리올리의 힘에 의한 것이다. 코리올리의 힘은 북반구에서는 진행 방향 우측으로 움직이는 힘으로 그 크기는 풍속에 비례한다. 바람이 불 때에는 진행 방향 좌측을 향해 기압 경도력이 작용하고 그것이 진행 방향 우측을 향하는 코리올리의 힘과 균형을 이루고 있다. 바람이 산에 부딪쳐 풍속이 약해지면 코리올리의 힘이 약해져 기압 경도력이 작용하고 있는 좌측으로 진행 방향이 바뀌는 것이다. 그래서 산과 산맥에 부딪친 바람은 산의 좌측을 우회하게 된다.

3 산을 넘는 기류

에히메(愛媛)현의 야마지카제는 시코쿠(四国) 산맥의 호쿠로쿠(北麓)에 2월부터 10월에 걸쳐 부는 바람으로, 동해에서 저기압이 발달했을 때 발생하며 최대 풍속이 30m/s에 달하는 것도 있다. 오카야마(岡山)현의 히로토카제나 오로시카제와 같이 산을 넘는 기류가 산맥의 바람 아래에서 대규모의 산악파(山岳波)라고 하는 파동이 되어 상공의 강풍이 지상 부근까지 끌어내려짐에 따라 발생한다는 해석이나, 산악파가 상층의 경계면에서 부서짐으로써 흐트러짐이 발생하고, 거기에서 반사되어 아래쪽에 미치는 파장과 지면에서 반사되어 위쪽으로 향하는 파장이 공명(共鳴)해서 강한 오로시카제가 발생하게 된다는 해석도 있다.

산을 넘는 기류가 강풍이 되는지의 여부를 결정하는 산악파의 성질은 산의 형태와 크기, 대기의 안정도, 풍속과 그 고도 분포 등의 기상 조건에 크게 영향을 받는다. 산의 형상을 변환한 수치 시뮬레이션에 따르면 바람 아래에서 급경사를 이루는 산이 종 형상의 산보다도 오로시카제를 발생시키기 쉽다는 결과가 나온다[6]. 야마지카제 등의 강한 오로시카제가 발생하는 지역은 그러한 지형 조건을 갖추고 있다.

푄(Föhn)도 산을 넘는 기류이지만 기류가 산을 넘을 때에 강우를 동반하면 바람 위쪽에서는 비가 내릴 때 기온의 하강폭이 작고, 바람 아래쪽에서 건조된 공기가 산을 내려갈 때의 기온 상승폭이 커짐에 따라 바람 아래쪽이 온도가 높은 것이 특징이다.

2.6 풍황맵

풍력발전에 적절한 곳을 선정하기 위해서는 전국 각지의 연평균 풍속 분포를 알 필요가 있다. 지금까지는 기상청이나 AMeDAS(Automated Meteorological Data Acquisition System : 일본의 지역 기상 관측 시스템)의 풍속 관측치를 토대로 통계적인 지형인자 해석을 실시하여 관측점 이외의 풍속 분포를 추정해서 얻어진 풍황맵을 이용해 왔다.

그러나 2003년에 NEDO에서 새로운 풍황맵이 공개되어 종래보다도 미약한 500m 메시로 고도 70m까지의 연평균 풍속, 풍배도, 풍황 곡선, 와이블 파라미터 등의 정보를 이용할 수 있게 되었다.

1 국소적 풍황 예측 모델 LAWEPS

LAWEPS(Local Area Wind Energy Prediction System)는 1999년부터 2002년에 걸쳐 NEDO가 연구 개발한 국소적 풍황 예측 모델이다[7].

LAWEPS는 일본과 같이 기복이 심하고 복잡한 지형에서도 정밀도 높은 풍황 예측을 하기 위해 수치유체역학(CFD)을 근거로 개발된 비선형(非線型) 풍황 모델이다.

5km 메시의 1차 영역 모델부터 10m 메시의 5차 영역 모델까지가 네스팅 수법에 의해 접속되고, 5차 영역 모델에서는 난류(亂流) 모델과 식생 모델의 고정밀도화를 추구하고 있다.

그림 2.6은 복잡한 지형에 따른 여러 가지 난류 과정을 나타낸 것이다. 해안부의 언덕지형 가까이에는 언덕에 충돌한 기류가 흩어지고, 언덕 가까이에서는 기류가 순환하며, 극단적인 경우에는 풍향이 정반대로 될 때도 있다. 이들 난류 과정을 정밀하게 계산함과 동시에 식물에 미치는 영향도 고려한 **표 2.3**의 정밀도 검증 결과처럼, 관측치가 매우 적은 지역에서도 연평균 풍속의 추정 오차가 10% 이내로 나타나고 있다.

그림 2.6
LAWEPS로 예측된 여러 가지 난류 과정

표 2.3
일본 각지의 풍황 관측치에 의한 LAWEPS의 정밀도 검증 결과

검증 지점	와카야마현 시오노미사키 NTT 철거지	와카야마현 시오노미사키 초등학교 철거지	오키나와현 이제나섬	이와테현 스미타초	가고시마현 네지메초
관측치[m/s]	5.31	4.29	6.09	6.07	6.70
예측치[m/s]	5.51	4.17	6.16	6.37	6.51
오차[%]	+3.8	-2.8	+1.2	+4.7	-2.8
지형 특징	반도 해안부보다 70m의 언덕 위	반도 해안부보다 복잡 지형	외딴섬 내의 평탄부	북상(北上) 산지내륙의 복잡 지형	시오노미사키(潮岬)보다 가파른 복잡 지형
지형 구배[%] (평균/최대)	-3.7/-9.3	-5.8/-12.8	-2.5/-7.6	-17.0/-46.9	-9.5/-12.1

2 풍황맵

새로운 풍황맵은 LAWEPS 500m 메시의 전국 계산 결과를 토대로 작성되고 있으며, 종래의 1km 메시보다도 상세하다. 사전에 이상이 있는 연도를 검증하여 풍속 분포가 가장 평균적이라고 생각되는 2000년의 1년간을 대상으로 하고 있다. 전국 계산은 방대한 계산기 자원을 필요로 하기 때문에 6일마다 4시간 간격으로 효율적으로 계산했다.

그림 2.7은 LAWEPS에 기초한 풍황맵을 나타낸 것이다. 이미 풍력발전이 많이 도입되어 있는 홋카이도나 동북 및 남서 제도는 풍속이 강한 것 또, 해안부나 산악부에서 풍속이 강한 것 등, 전국의 연평균 풍속 분포 특징이 잘 나타나 있다.

풍황맵의 오차 기준을 나타내는 것으로서 기상청의 관측치와 계산치와의 차이를 조사한 결과, 계산치는 500m 메시의 대표치이기 때문에, 지형이 어느 정도 평활화(平滑化)되어 있다. 풍속차가 현저한 지점이 몇 개 있지만, 대략 풍속차는 1m/s 정도이며, 풍황맵이 충분한 정밀도를 가지고 있음을 알 수 있다.

이 풍황맵은 홈페이지를 통해 열람할 수 있도록 되어 있으며(그림 2.8 참조), NEDO 홈페이지에서 열람이 가능하다(http://www2.infoc.nedo.go.jp/nedo/top.html).

또한 일본기상협회(http://www.jwa.or.jp/laweps.html)에서 CD 를 구입할 수도 있다.

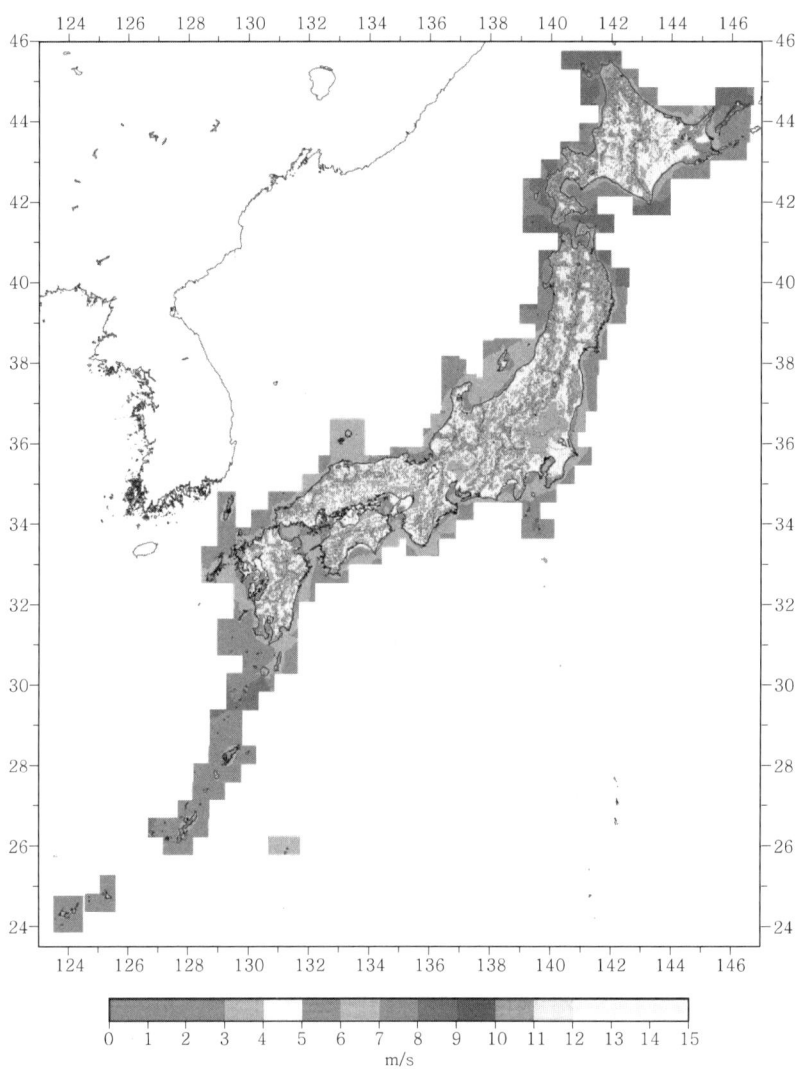

그림 2.7
고도 30m에서의
500m 메시 풍황맵
LAWEPS에 의한 2000년의 계산 결과로부터 연평균 풍속을 계산했다.

3 풍속의 경년 변화

풍황맵은 이상(異常)년도를 검정하여 2000년을 대상으로 계산된 것이지만, 연평균 풍속은 해마다 변동하고 있다. 겨울철의 시베리아에서 불어오는 찬바람의 강약이나 여름철 태평양 고기압의 강약, 태풍의 내습 빈도 등이 매년 변화하는 것으로 생각되며 지구 온난화에 의한 기후 변동의 영향이 현저히 나타날 가능성도 있다.

풍력발전은 10년 이상의 운용 기간으로 채산성을 평가할 필요가 있기 때문에 풍속의 경년 변화에도 주의하여 풍황 관측이나 풍황 시뮬레이션을 통해 대상 연도의 특성을 사전에 충분히 검토해야 한다.

그림 2.8
LAWEPS 풍황맵 표시 시스템의 개요

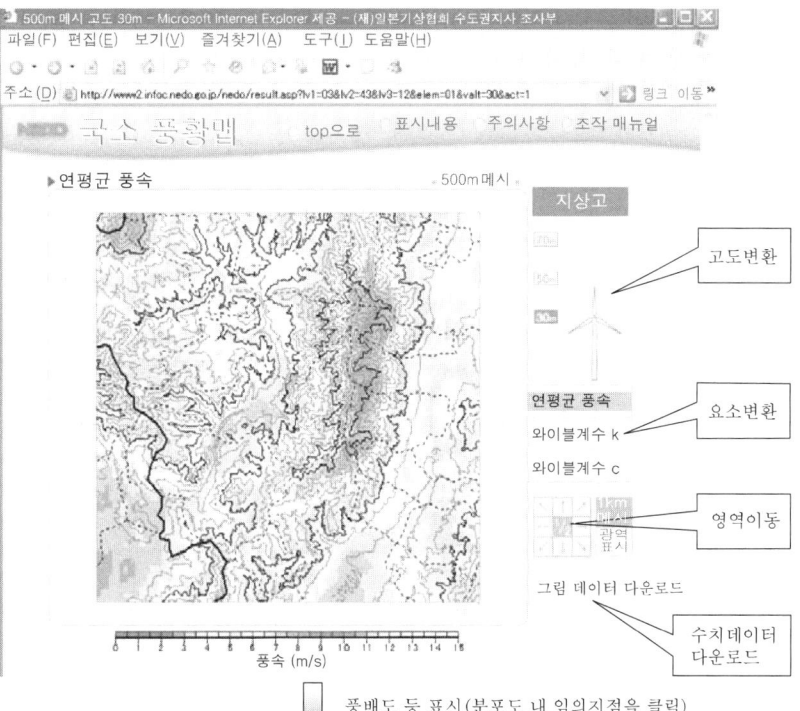

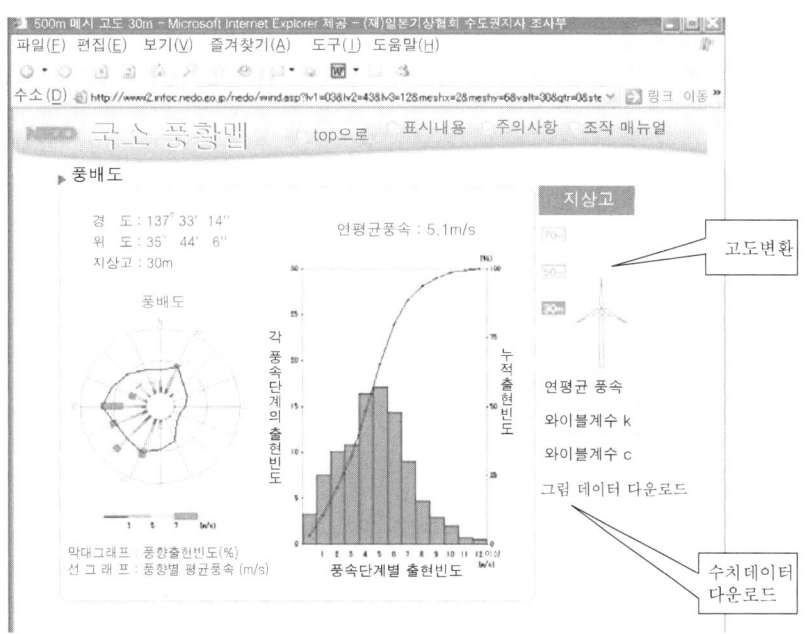

MEMO

# CHAPTER 03

풍차의 부지선정

풍차의 부지 선정

풍차(풍력발전)를 도입할 때는 사전에 입지 조건에 관련된 항목을 검토하여 계획을 세울 필요가 있다. 주요한 검토 항목을 자연 조건과 사회 조건으로 구분해서 **표 3.1**에 나타냈다. 이들 검토 항목을 자세히 검토하여 풍력발전의 사업성을 확인하는 것이 풍차의 부지 선정에 필요하다.

본 장에서는 앞에서 기술한 검토 항목 중 풍차의 부지 선정에 있어서 기본이 되는 '풍황'에 대해서 서술한다.

표 3.1 풍차의 부지 선정을 위한 주요 검토 항목

분류	검토 항목	유의 사항
자연 조건	풍황(풍향/풍속)	풍력발전의 사업화를 위해서는 연평균 풍속이 5~6m/s 이상(지상 높이 30m)의 부지가 바람직하다. 단, 태풍의 내습 빈도가 높은 지역은 유의해야 한다.
	바람의 흐트러짐	복잡한 지형에 기인하는 난류가 우세한 지점은 유의할 필요가 있다. 풍차를 복수기 건설할 경우, 배치로 인한 웨이크(풍차 간의 상호 간섭)에도 유의해야 한다.
	낙뢰(특히, 겨울철 낙뢰)	주로 동해 측에서 발생하는 겨울철 낙뢰는 방전 에너지가 매우 크고 방전 계속 시간이 길어지므로 다발 지역에서는 유의해야 한다.
	착설·착빙	산악 지역 등 높은 곳이나 위도가 높은 지역에서는 착설, 착빙에 유의해야 한다.
	염해	연안 지역, 해상 등에서는 염해에 유의해야 한다.
	모래 먼지	해안 지역 등에서는 모래 먼지(비사(飛砂))에 유의해야 한다.
	지반·지형 구배	지반이나 지형 구배에 유의해야 한다.
사회 조건	구획 지정	자연 공원, 자연 환경 보전 지역 등의 구획 지정에 유의해야 한다.
	토지 이용	토지 이용 상황(지목(地目))에 유의해야 한다.
	송·배전선, 변전소	송·배전선, 변전소의 위치에 유의해야 한다.
	도로	도로 상황(유무, 폭원(幅員), 커브의 곡률 등)에 유의해야 한다.
	소음	민가와의 거리에 유의해야 한다.
	전파 장해	중요 무선 통신 시설 등과의 거리, 방향에 유의해야 한다.
	생태계	동식물에 미치는 영향에 유의해야 한다.
	경관	경관에 미치는 영향에 유의해야 한다.

풍력발전량은 풍속의 3승에 비례한다는 것으로부터 풍황의 좋고 나쁨이 풍력발전 사업에 주는 영향은 크다. 그렇기 때문에 풍력 개발을 실시할 때에는 먼저 개발 대상 지역에 있는 1, 2군데에서 적어도 1년간 풍황을 관측하고 그 관측 데이터들을 토대로 풍황 예측 모델을 이

용함으로써 풍차 설치 지점에서 풍황 및 연간 발전량을 예측하고 풍력 발전 사업의 채산성을 평가한다. 최근에는 수치 유체 해석과 일기 예보 기술을 융합함으로써 부지에서 바람 관측에 의존하지 않고 풍황 예측이 가능하며, 풍황 예측 기술은 비약적으로 진보하고 있다.

여기서는 바람과 바람의 에너지, 바람의 특징, 바람의 통계적 성질, 연간 발전량, 풍황 데이터의 이용, 풍황에 영향을 주는 여러 요소에 대해 소개하고 풍력발전 사업에 있어서 빼놓을 수 없는 풍황 예측 수법에 대해서 서술한다.

3.1 바람과 바람의 에너지

바람은 공기의 흐름이며 바람의 에너지는 바람이 가진 운동 에너지이다. $V[\text{m/s}]$를 풍속, $\rho[\text{kg/m}^3]$을 공기 밀도라고 하면, 단위 부피당 공기의 운동 에너지는 $(1/2)\rho V^2$이다.

예를 들어 수풍(受風) 면적 $A[\text{m}^2]$인 풍차를 예로 들면 단위 시간당 이 면적을 통과하는 바람의 에너지(wind power) $P[\text{W}]$는 다음과 같은 식으로 나타낸다.

$$P = \frac{1}{2}\rho V^2(AV) = \frac{1}{2}\rho A V^3 \qquad (3.1)$$

본 장에서는 단위 시간당의 바람 에너지를 풍력 에너지라 한다. 또한 단위 면적당 풍력 에너지를 풍력 에너지 밀도(wind power density) $PD[\text{W/m}^2]$라 하며, 다음과 같은 식으로 나타낸다.

$$PD = \frac{P}{A} = \frac{1}{2}\rho V^3 \qquad (3.2)$$

그림 3.1에 풍속과 풍력 에너지 밀도의 관계를 나타냈다(세로축은 1/1000으로 하고 있다). 또한 공기 밀도 ρ 값은 기온이나 기압에 따라 변하지만, 여기서는 1.225kg/m³(기압 : 1기압, 기온 : 15℃)를 사용했다.

이와 같이 풍력 에너지는 바람을 받는 면적에 비례하고, 풍속의 3승에 비례한다. 풍속이 2배가 되면 풍력 에너지는 8배가 된다. 그러므로 풍력 에너지를 활용할 경우에는 바람이 강한 곳을 찾아내는 것이 중요하다.

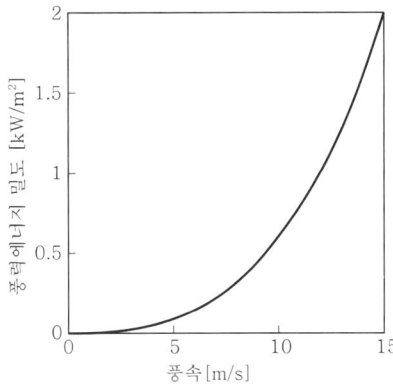

그림 3.1 풍속과 풍력 에너지 밀도의 관계

3.2 바람의 특징

바람은 대기의 순환에 의해 발생한다. 대기의 순환에는 편서풍이나 무역풍으로 불리는 지구적인 대규모의 것, 고·저기압에 의한 중규모의 것, 국지적인 소규모의 것이 있으며, 여기서는 풍력 개발에 관련된 몇 개의 중요한 대기의 순환을 소개한다.

1 해륙풍

해륙풍은 그림 3.2에 나타난 것처럼, 해안 지역에서 바다와 육지와의 온도차에 의해 생긴 기압차가 원인이 되어 부는 바람이다. 낮 동안에는 일조(日照)에 의해 따뜻해진 육지가 바다보다 온도가 높아 저압이 되고, 바다에서 육지를 향해서 해풍이 분다. 야간에는 육지 쪽이 찬 고압이 되며, 육지에서 바다로 육풍이 분다. 풍향이 바뀌는 아침과 저녁에는 풍속이 약해 바람이 멎고 파도가 잔잔해진다. 해륙풍은 지형이나 날씨에 큰 영향을 주지만 일반적으로 해풍은 5~6m/s 정도, 육풍은 2~3m/s 정도로, 온도차가 큰 해풍이 강하고 내륙 20~40km에까지도 미치는 경우도 있다. 해륙풍은 상공의 일반풍과 겹쳐져 강해지는 경우도 있다.

해안 가까이에 건설되어 있는 풍력발전소는 이 해륙풍을 잘 이용하고 있는 것이다.

그림 3.2 >>>
해풍 · 육풍의 모식도[1]

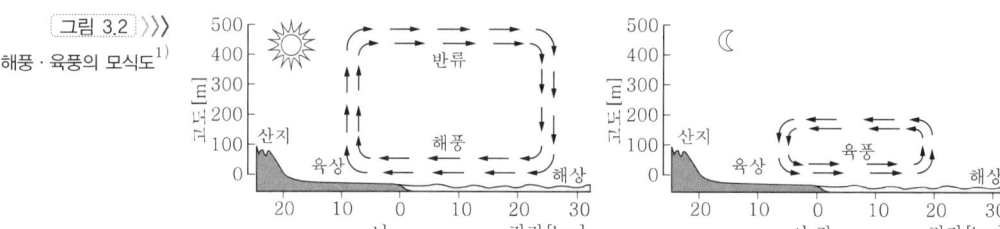

2 산곡풍

산곡풍도 해륙풍과 같이 기온차로 일어나는 바람으로 밤낮의 풍향이 반대로 된다. 낮에는 산의 경사면이나 정상이 골짜기 공기보다 따뜻해져 저압이 되며, 골짜기에서 산으로 바람이 분다. 밤에는 산 쪽이 차가운 고압이 되어 산에서 골짜기로 산바람이 분다. 산골짜기에서 부는 바람은 넓은 의미와 좁은 의미의 두 가지로 쓰인다. 넓은 의미로는 그림 3.3의 가는 화살표로 나타낸 것처럼 산의 경사면을 따라 부는 바람이며, 좁은 의미로는 그림의 두꺼운 화살표로 나타낸 것처럼 낮 동안은 골짜기의 줄기를 따라서 산으로 상승하고, 야간에는 골짜기의 줄기를 따라서 내려오는 바람이다.

그림 3.3 >>>
계곡풍 · 산풍의 모식도[2]

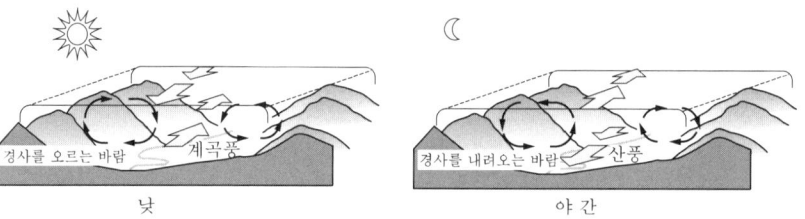

3 계절풍

계절풍은 해륙풍을, 사계절을 통하여 해양과 대륙의 규모에 적용한 바람으로서 계절에 따라서 대륙과 해양의 일조(日照)량에 따라 따뜻해지는 지역의 차이에서 발생하고 여름과 겨울에는 상대적인 온도차가 반대로 되어 풍향이 변한다.

여름은 대륙 쪽이 따뜻해지기 쉬운 저압이 되어 해양에서 대륙으로 바람이 불고, 겨울에는 반대로 해양이 저압이 되어 대륙에서 해양으로 바람이 분다. 일본에서는 크게 보면 여름은 태평양에서 남동풍, 겨울은 대륙에서 북서풍이 계절풍에 해당한다.

4 저기압·고기압에 의한 바람

저기압이나 고기압에 의한 바람은 저·고기압의 크기나 위치 관계에 따라 풍속이나 풍향이 변화한다. 일반적으로 기압차가 큰 곳일수록 바람이 강하다.

북반구에서는 저기압의 바람은 반시계 방향으로 바깥쪽에서 중심으로 불고, 고기압의 바람은 시계 방향으로 중심에서 바깥쪽으로 분다. 저기압이 통과하기 전에는 남풍, 통과 후에는 북풍이 불며 전선이 통과할 때에 강풍이 분다. 일본에서는 봄과 가을에 3~4일 주기로 저기압과 이동성 고기압이 서로 번갈아 나타난다.

5 태풍

태풍은 열대 저기압 중에서 최대 풍속이 17.2m/s 이상인 것을 말하며, 전선을 동반하지 않는다. 태풍은 직경 100~1,000km로 중심 부근의 직경 수십 km는 태풍의 눈이라 부르며 바람이 약한 맑은 지역이지만, 중심에서 50~150km에서 가장 강해진다. 태풍의 바람은 반시계 방향으로 바깥에서 중심으로 분다.

풍속은 태풍 자체의 소용돌이 풍속과 진행 속도가 합성되기 때문에, 진행 방향의 우측은 태풍 자체의 풍속보다 강하고, 좌측은 약해진다. 태풍이 불 때 강풍은 때로는 풍차에 큰 타격을 주는 경우도 있다. 풍력발전소를 계획할 때에는 건설 대상 지점에 있어서 50년에 1회 부는 강풍을 파악해 둘 필요가 있다.

6 지역적인 국지풍

특수한 지형에서 어떤 특정한 기압 배치가 이루어진 경우에 그 지역 특유의 바람을 형성하는 경우가 있다. 이 국지풍은 그 발생 요인이 지형에 따르기 때문에 비교적 풍황이 안정되어 있다.

복잡한 지형의 일본에서는 각지에서 발생하며, 가늘고 긴 협곡의 개구부에서 평야나 바다를 향해 불어 나가는 바람은 '오로시', 산에서 불어 나가는 바람은 '다시'라고 부르고 있다. 안정적으로 불고 있는 국지풍은 풍력 개발에 있어서 적절하다. 3.7절에서 소개할 닷피(竜飛) 윈드 파크는 쓰가루(津軽) 해협에서 부는 국지풍을 잘 이용한 풍력발전소의 하나이다.

3.3 바람의 통계적 성질

바람은 항상 변화하며, 그 풍향·풍속은 끊임없이 변동한다. 그렇기 때문에 어느 지점의 풍황을 나타내기 위해서는 시간·월·연평균 풍속, 풍속의 풍향별 빈도 분포, 풍속 단계별 빈도 분포가 이용된다. 그 외에 풍력발전에 있어서는 풍력 에너지 밀도의 분포도 이용된다.

1 시간·월·연평균 풍속

바람은 단시간에 끊임없이 변화하지만 바람이 부는 원인 등에 따라 시간·월·연평균 풍속은 다양한 경향을 보인다. 이하에 1시간 평균 풍속의 일변화, 월평균 풍속의 계절 변화, 연평균 풍속의 경년 변화의 특징에 대해서 서술한다.

그림 3.4에는 닷피곶 등대에서의 1시간 평균 풍속의 일변화를 나타냈다. 낮 동안에는 풍속이 세진 것을 알 수 있다. 이것은 낮 동안에 지표 부근의 공기가 따뜻해져서 대기가 불안정해진 상층의 공기와 섞여 만나기 때문에 일어나는 것으로, 특히 해안 지역에서는 봄부터 가을에 걸쳐 낮 동안에 강한 해풍의 영향도 있고, 이와 같은 경향을 나타내는 경우가 많다. 풍속의 계절 변화는 월평균 풍속의 변화로 나타낼 수 있다. 그림 3.5에는 닷피곶 등대에서 월평균 풍속의 계절 변화를 나타냈다. 이 예에서 나타난 것처럼 월평균 풍속은 겨울에 세지는 경향이 있다. 이것은 겨울의 계절풍에 의한 것이다.

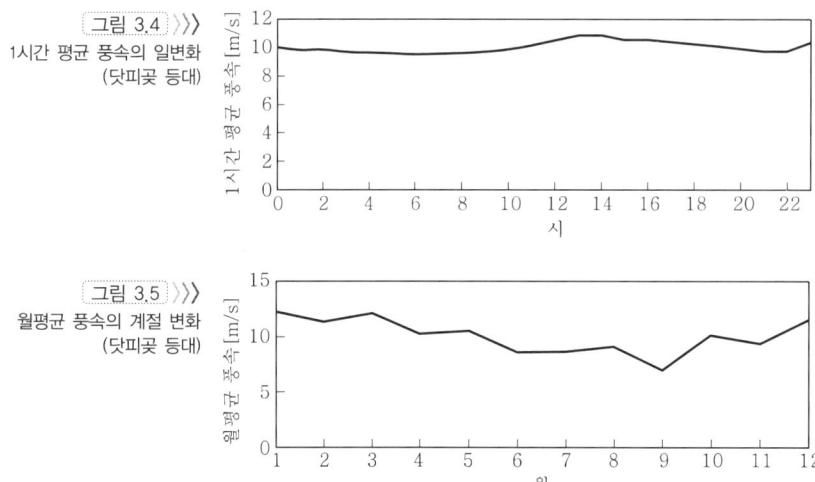

그림 3.4 1시간 평균 풍속의 일변화 (닷피곶 등대)

그림 3.5 월평균 풍속의 계절 변화 (닷피곶 등대)

닷피곶 등대에서는 월평균 풍속의 계절 변동은 작으며 1년 내내 안정되고 강한 바람이 불고 있는 것을 알 수 있다. 이것은 쓰가루 해협에서 여름에 부는 국지풍에 의한 것이다.

풍속은 일·월의 시간 눈금 변동과 함께 그림 3.6에서 나타난 것처럼 비교적 장기적인 연평균 풍속에 대해서도 똑같이 변동한다. 이것은 매년 날씨의 변화나 기후 변동에 따르는 것이며, 일반적으로 평년치(30년간의 평균치)의 대략 ±10% 범위 내(점선)에서 변화한다고 생각된다[4].

연평균 풍속이 매년 변화하고 있는 것은 풍력발전 사업에 있어서 중요한 것이다. 풍력발전량은 풍속의 3승에 비례하기 때문에 10%의 연평균 풍속 변화는 무시할 수 없는 것이다. 일반적으로 풍력발전 사업을 위한 풍황 조사는 1년 동안 시행하는 사례가 많기 때문에, 조사로 얻은 연평균 풍속은 평년치와 다른 경우가 있고, 그 때문에 장기간 바람 관측이 이루어지는 기상청에서 얻은 연평균 풍속을 이용해 보정할 필요가 있다.

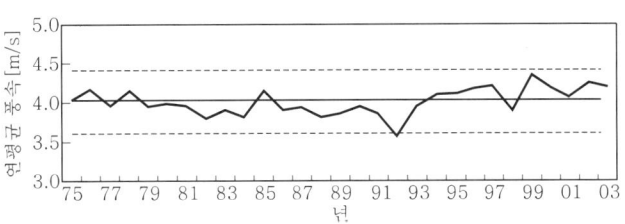

그림 3.6 >>>
연평균 풍속의 경년 변화
(마쿠라자키(枕崎))

2 풍속의 풍향별 빈도 분포

일정 기간 동안 풍향별 출현 빈도를 방사상의 그래프로 나타낸 것을 풍배도(wind rose)라고 한다. 그림 3.7에 풍속의 풍향별 빈도 분포, 즉 풍배도의 예를 나타냈다. 1년간 빈번하게 나타나는 풍향을 탁월(卓越) 풍향이라 하며 그림 3.7의 왼쪽 그림의 예에서는 남동 및 북서가 이에 해당한다. 또한 180°의 위치 관계에 있는 2방위에 인접한 방위를 더한 6방위를 풍축(風軸)이라고 하며, 이 풍축에 포함된 풍향의 출현율 합계가 클수록 풍력발전에 있어서는 안정된 풍향 조건이라 할 수 있고, 여러 대의 풍차를 풍축에 직각 방향으로 배치할 수 있는 지형에서는 유리한 조건이 된다.

오른쪽 그림의 예에서는 서풍이 비교적 적고, 북풍이 다소 많지만 풍축은 명확하게 나타나 있지 않다.

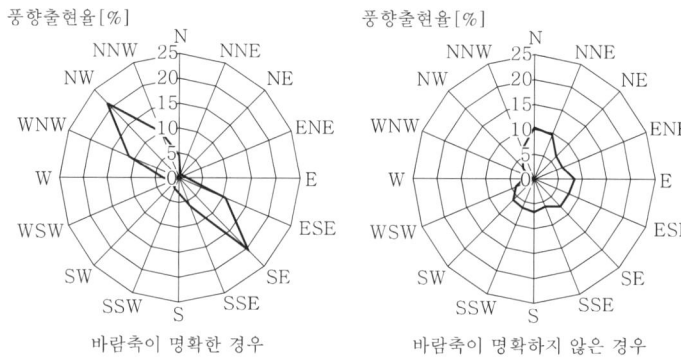

그림 3.7
풍속의 풍향별 빈도 분포

바람축이 명확한 경우 / 바람축이 명확하지 않은 경우

3 풍속의 계급별 빈도 분포

일정 기간 동안 풍속 계급마다 출현 빈도를 풍속의 계급별 빈도 분포라고 하며, 그림 3.8에 닷피곶 등대에서 풍속의 계급별 빈도 분포를 나타냈다. 그림으로 알 수 있듯이 좌우 비대칭으로, 출현율의 최대치는 약한 바람 쪽으로 기울어져 있다. 닷피곶 등대에서는 풍속 15m/s를 넘는 강한 바람이 높은 빈도로 관측되고 있음을 알 수 있다.

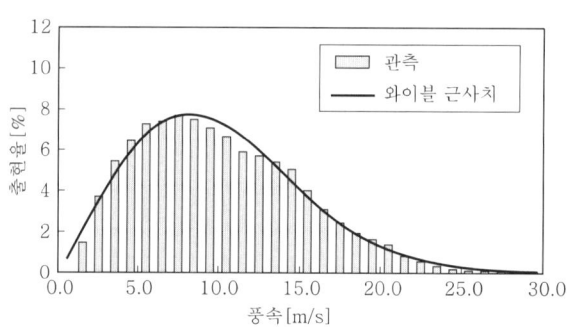

그림 3.8
풍속의 계급별 빈도 분포[3]

4 와이블 분포

풍속의 출현 빈도 분포는 다음에 나타낸 와이블 분포로 근사치에 가까워질 수 있다고 알려져 있다.

$$f(V) = \frac{k}{c}\left(\frac{V}{c}\right)^{k-1} \exp\left\{-\left(\frac{V}{c}\right)^k\right\} \tag{3.3}$$

여기서, $f(V)$: 풍속 V의 출현 빈도
 c : 척도 계수
 k : 형상 계수

그림 3.9에는 평균 풍속 6m/s의 경우 형상 계수 k의 여러 수치에 대한 와이블 분포를 나타냈다. k값이 커질수록 꼭대기가 날카로워진

다. 풍력발전에서는 동일한 평균 풍속에서도 형상 계수와 풍차의 발전 성능 곡선에 따라 발전량이 달라지기 때문에 주의를 요한다.

척도 계수 c는 위의 관계식에서 풍속이 약한 쪽으로부터 누적 출현율이 63.2%가 되는 곳의 풍속 V와 동등하다. 형상 계수 k는 일본의 경우, $k=0.8\sim2.2$ 정도이며, 연평균 풍속이 셀수록 커지는 경향이 있다. 연평균 풍속이 5m/s 이상인 경우, $k=1.5\sim2.2$ 정도이다.

와이블 분포에 있어서, 특히 $k=2$인 경우를 레일리 분포라고 하며, 다음과 같은 식으로 나타낸다.

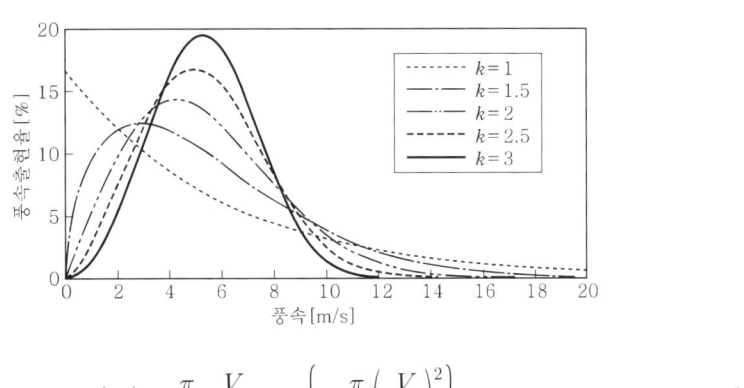

그림 3.9 〉〉〉
평균 풍속 6m/s의 경우의 와이블 분포

$$f(V) = \frac{\pi}{2}\frac{V}{\overline{V}^2}\exp\left\{-\frac{\pi}{4}\left(\frac{V}{\overline{V}}\right)^2\right\} \tag{3.4}$$

와이블 분포는 적합성이 좋지만 척도 계수와 형상 계수를 알 필요가 있다. 한편 레일리 분포는 평균 풍속을 알면 풍속 출현율 분포를 추정할 수 있고 간단하기 때문에 자주 쓰인다.

5 풍력 에너지 밀도

풍력 에너지 밀도(잠재적인 풍력 에너지량)의 산출은 레일리 분포나 와이블 분포를 가정한 간이적인 방법과 풍황을 관측한 연간 1시간치(8,760데이터=24시간/일×365일)에 기초한 방법이 있다. 후자의 풍속 실측치에 기초한 산출식을 식(3.5)에 나타냈으며, 이것은 식(3.2)의 정의와 다르지 않다. 또한 공기 밀도는 근방의 기상청 데이터를 이용해 기온, 고도(高度) 보정을 실시하고 관측 지점의 연간 평균치를 이용한다.

$$PD = \frac{1}{2}\frac{\rho \Sigma V^3}{N} \tag{3.5}$$

여기서, PD : 풍력 에너지 밀도[W/m^2]
ρ : 공기 밀도[kg/m^3]

V : 1시간 평균 풍속[m/s]
N : 대상 기간의 시간수

전방위를 대상으로 계산한 연간의 풍력 에너지 밀도가 지상 높이 30m에서 240W/m² 이상이 되는 것을 사업화의 목적으로 하고 있다.

또한 그림 3.7에 나타난 것과 같이 지점의 풍향별 풍력 에너지 밀도 출현 빈도를 그림 3.10에 나타내었다. 왼쪽 그림은 풍축이 명확한 지점이고, 각 방위별로 풍력 에너지 밀도 출현율 분포의 축이 풍배도와 같이 명확하게 되어 있지만 풍배도와 비교하면 남동방향에서의 풍속이 약함을 알 수 있다.

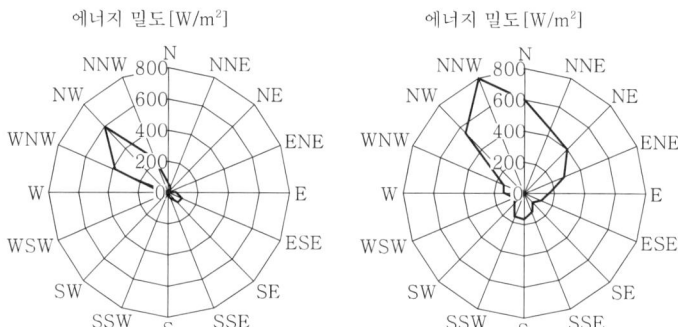

그림 3.10 풍력 에너지 밀도의 풍향별 출현 빈도

한편 오른쪽 그림은 풍축이 명확하지 않지만, 풍력 에너지 밀도 출현율 분포로부터는 북북서 방향의 풍력 에너지 밀도가 높음을 알 수 있다. 여러 대의 풍차를 계획하는 경우에는 풍배도와 더불어 풍력 에너지 밀도 출현율 분포를 고려해서 배치 계획을 세우는 것이 효율적이다. 단, 현장의 풍력 에너지 밀도의 산출은 컷아웃(cut out) 풍속 이상의 풍속도 포함되어 있기 때문에, 컷인(cut in) 풍속에서 컷아웃(cut out) 풍속 간의 에너지 밀도로 평가하는 것이 바람직하다.

3.4 연간 발전량

풍차의 연간 발전량 AEP(Annual Energy Production)는 그림 3.11에 나타난 풍차의 출력 곡선(power curve)과 풍차의 허브 높이에서의 풍속 출현 빈도 분포를 이용하여 다음 식으로부터 구한다.

$$AEP = \sum_{k=1}^{m}[p(V_k) \times f(V_k) \times 8,760] \tag{3.6}$$

여기서, AFP : 연간 발전량[kW·h]
$p(V_k)$: 풍속 V_k의 발생 전력[kW]
$f(V_k)$: 풍속 V_k의 출현 빈도
8,760 : 연간 시간수(=365×24)
m : 풍속의 상한치(예를 들면, 30m/s)

즉, bin의 폭 1m/s의 풍속 범위에 대한 각 풍속의 연간 출현 시간수를 얻을 수 있으므로 그 풍속에 대응하는 풍차의 파워를 구할 수 있다. 각 bin(풍속 범위)의 연간 발전량을 구하기 위해서는 이것을 적산한다.

이와 같이 풍차의 허브 높이에서의 풍속 출현 빈도 분포를 구하고 이 풍속 분포와 풍차의 출력 곡선으로부터 연간 발전량을 추정할 수 있다. 그러나 풍차는 보수와 점검 때문에 시간 가동률이 0.90~0.96 정도이다. 이 때문에 연간 발전량도 감소한다.

풍차의 출력 특성은 정격 출력과 몇 개의 대표적인 풍속값을 이용해 나타낸다.

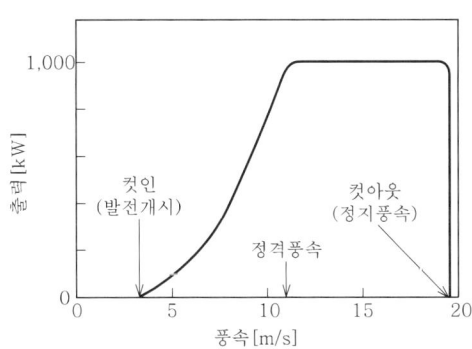

그림 3.11 풍속과 출력의 관계

정격 출력은 설계상의 최대 출력을 나타내며 정격 출력을 얻을 수 있는 풍속을 정격 풍속이라 한다. 정격 출력은 일반적으로 풍속의 출현 빈도 분포로부터 연간 전체 풍력 에너지를 최대한 산출하는 것으로 풍속을 설정하는데 보통 12~14m/s 정도이다.

풍차가 운전을 개시할 때의 풍속을 컷인 풍속, 풍속이 높아져서 풍차의 안전을 확보하기 위해 발전을 정지할 때의 풍속을 컷아웃 풍속이라 한다. 컷인 풍속은 3~5m/s, 컷아웃 풍속은 25m/s 정도로 설정되어 있다.

풍차의 정격 출력에 대한 이용률은 설비 이용률 CF[%](Capacity Factor)로서 다음 식으로 나타낸다.

$$CF = \frac{AEP[\text{kW}\cdot\text{h}]}{RP[\text{kW}]\times 8,760[\text{h}]}\times 100[\%] \quad (3.7)$$

여기서, AEP : 연간 발전량[kW·h]
RP(Rated Power) : 풍차의 정격 출력[kW]
8,760 : 연간 시간수

　설비 이용률은 전력의 취득 총량을 계산하는 중요한 지표로서 널리 이용되고 있다. 일반적으로 풍차의 설비 이용률은 20% 이상이 바람직하다. 설비 이용률과 같은 의미로 다음 식에 나타낸 설비 이용 시간 UT[h](Utiliazation Time)을 사용하기도 한다.

$$UT = \frac{AEP[\text{kW} \cdot \text{h}]}{RP[\text{kW}]} \tag{3.8}$$

3.5 풍황 데이터의 이용

1 바람 관측기관

　풍력 에너지를 활용한다면 바람이 강한 곳을 선택하는 것이 중요하며 일찍이 풍속의 풍향별 빈도 분포나 풍속 계급별 빈도 분포가 중요한 인자가 되기 때문에 4계절을 포함한 1년 이상의 풍황 데이터 수집이 필요하게 된다. 풍황 데이터는 기상 데이터 중 하나이며, 인간의 사회 생활과 크게 관계되기 때문에 몇 개의 기관에서 관측을 시행하고 있다. 이하에 풍황 관측을 시행하고 있는 주요 기관을 나타냈다.

- 기상청 : 전국의 기상대 · 측후소 · AMeDAS를 통해 기상관측을 실시한다.
- 해상보안청 : 선로표식사무소(등대)에서 항로 안전을 위해 풍향 · 풍속 등을 관측한다.
- 소방청 : 각 시 · 군의 소방서에서 재해의 예측이나 대책용으로 관측한다.
- 국토교통부 : 항만, 도로, 하천, 댐 등의 관리 · 공사사무소에서 재해 방지를 위해 관측한다.
- 농림수산부 : 농업, 원예, 임업시험장에서 기상과의 관련을 조사하기 위해 관측한다.
- 방위청 : 자위대의 훈련장, 비행장 등에서 안전을 목적으로 관측한다.
- 지방자치단체 : 환경 · 대기 보전 등의 목적으로 관측한다.

- 대학연구소 : 연구·실험에 이용할 자료로서 관측하고 있는 곳도 있다.
- 전력회사 : 발전소나 댐·송전 철탑에서 재해 방지를 위해 관측한다.
- 민간회사 : 레저 지역에서는 로프웨이(cable way), 리프트 등의 안전을 위해 관측한다.

이 기관들 중에서 기상청은 장기간의 관측을 시행하며, 관측 자료를 통계적으로 정리해 쉽게 열람할 수 있도록 하고 있다. 기상청의 풍황 데이터는 주로 전국 약 150군데의 기상대 및 관측소와 전국 약 1,300군데의 지역 기상 관측 시스템(AMeDAS : Automated Meteorological Data Acquisition System, 21km 사방에 1개소) 중, 약 800군데에서 풍향·풍속을 관측하고 있다. 풍향을 16방위, 풍속을 0.1m/s 단위로, 매 정시의 10분 전부터 10분 동안의 평균치를 관측한다(기상청).

기상대에서의 풍황 관측은 평탄한 지형, 지상 10m의 높이가 기준으로 되어 있지만, 장해물 등으로 인해 실제는 빌딩 옥상 등 10~75m 정도의 높이에서 관측되고 있다.

한편, AMeDAS 관측소에서는 지상 높이 6.5m가 기준으로 되어 있다. AMeDAS는 강수량의 관측을 주목적으로 하고 있기 때문에 풍황 관측 지점으로서의 입지 조건(주변 장해물 등의 관계)을 만족하지 않는 지점도 많고, 데이터 이용을 위해 사전에 입지 지점을 평가할 필요가 있다. 기상대 및 AMeDAS 관측소의 배치도 및 관측 데이터는 일본 기상청 홈페이지에 게재되어 있다.

한편, NEDO에서는 1995년도~1999년도에 걸쳐 '풍력 개발 필드 테스트 사업(풍황 조사·시스템 설계·설치, 운전 연구)' 중심으로 풍황 관측을 실시했다.

2000년도부터는 '풍력발전 현장 테스트 사업(풍황 조사)'이라는 새로운 명칭으로 계속되어 오늘날에 이르렀다. 여기에서 실시된 풍황 조사 지점수는 2005년 현재 495군데(가운데 2005년도 실시 중인 것은 48군데)에 이른다. 풍황 조사의 개요는 다음과 같다.

① 관측 주기 : 1년간
② 관측 고도(지상 높이)
- 20m와 10m의 2층(1995년도~1997년도)
- 20m와 10m의 2층(1998년도와 1999년도)
- 30m와 20m의 2층(2000년도~2004년도)

- 50m class : 50m, 40m, 30m의 3층(2005년도)
- 40m class : 40m, 30m, 20m의 3층(2005년도)

③ 관측 항목
- 풍향(10분간 평균 풍향)
- 풍속(10분간 평균 풍속)
- 풍속 표준 편차

풍황 조사 결과는 보고서로 정리되어 지금까지 NEDO 자료실 및 홈페이지에서 열람할 수 있다. 앞으로는 풍향·풍속의 로 데이터(raw data)를 정리하여 NEDO 홈페이지에 공개할 예정이다.

2 전국 풍황맵

전국 풍황맵은 풍력발전의 도입 촉진을 목적으로 각종 풍황 관측 데이터를 근거로 해서 지도상의 메시에 풍속 계급을 나타낸 것이며 풍력 개발이 진행되고 있는 각국에서 작성되어 유망 지역을 선정하거나 부존량을 산정하는데 이용되고 있다. 일본의 초기 전국 풍황맵은 1993년도 NEDO에 의해 각종 풍황 관측 데이터를 근거로 해서 지형인자법에 의해 작성되었다.

그리고 1999~2002년도까지 4년에 걸쳐 NEDO에 의한 '국소적 풍황 예측 모델의 개발'이 이루어졌다. 이 연구 개발의 목적은 일본과 같은 복잡한 지형 조건에서 특히, 바람의 흐트러짐이 두드러지는 지역에서도 충분한 예측 정밀도를 얻을 수 있는 계산 유체 역학에 기초한 풍황 예측 모델(LAWEPS : Local Area Wind Energy Prediction System)의 개발이다.

LAWEPS 모델은 기상 모델(메소 스케일 모델)과 공학 모델을 조합하여 5단계의 모델로서 작성된 것이다(**그림 3.12**).

고저기압·해륙풍·대규모 지형 등을 고려하는 기상 모델은 1~3차 영역(스케일 500~50km 사방)으로 구성되며, 본 모델의 출력은 소규모 지형·식생·지표면 상태 등의 영향을 고려하는 4~5차 영역(스케일 10~1km 사방)의 공학 모델에 네스팅(접속)함으로써 고정밀도 모델이 구축되어 있다.

이 풍황 예측 모델에서 3차 영역의 결과물로서 50km 사방을 10,000 분할하여 새로운 500m 메시의 전국 풍황맵이 작성되었다(**그림 3.13**).

그림 3.12 >>>
5단계의 모델과
네스팅 수법의 개념도[8]

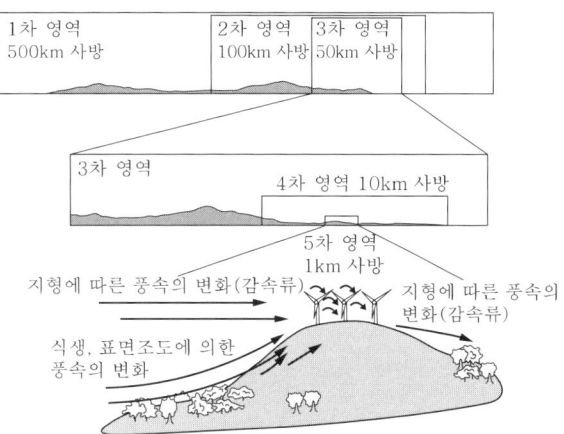

1~3차 영역(기상모델): 고저기압·해륙풍·대규모 지형 등의 영향을 고려
4~5차 영역(공학모델): 소규모 지형·식생·지표면 상태 등의 영향을 고려

지금까지의 지형 인자법에 의한 전국 풍황맵을 대신하는 새로운 전국 풍황맵은 메시 폭이 이전의 것보다도 절반 정도로 되고, 정밀도도 높아졌다. 이 전국 풍황맵은 풍력발전의 유망 지역을 선정하는 도구로서 활용할 수 있으며, NEDO 홈페이지에서 쉽게 열람할 수 있다.

그림 3.13 >>>
일본 전국 풍황맵[5]

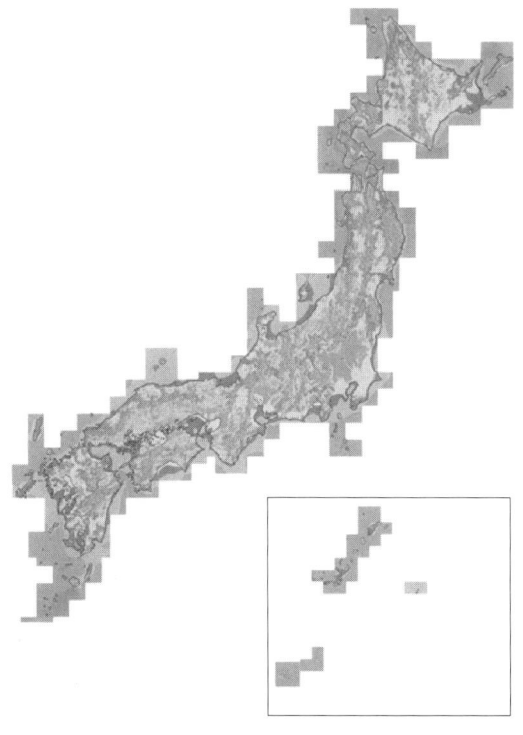

단, 500m 메시에서는 미세 지형의 효과를 고려할 수 없기 때문에 지역 선정 기준으로서 사용하는 것이 바람직하다. 풍력발전 사업의 채산성이나 윈드 팜 내의 풍차 배치 등을 검토할 때에는 다음에 기술하는 풍황 예측 수법을 이용할 필요가 있다.

3.6 풍황에 영향을 주는 여러 가지 요인

1 지표면 조도(粗度)

공기의 운동은 지구의 자전에 의한 전향력, 지표의 마찰 등에 좌우되며, 풍속과 고도의 관계를 고려하는 경우는 그림 3.14와 같은 대기의 구조를 고려한다. 지표 마찰의 영향이 미치는 고도 1,000m 정도까지의 범위를 대기경계층이라 하며, 대기경계층의 윗부분을 자유대기라고 한다. 대기경계층은 지표에서 100m 정도까지의 접지경계층과 그 위의 상부마찰층으로 분류된다. 접지경계층에서는 마찰의 효과가 크고, 지구의 자전에 의한 전향력은 무시할 수 있다. 상부마찰층에서는 지표 마찰과 전향력의 효과는 같은 정도이다.

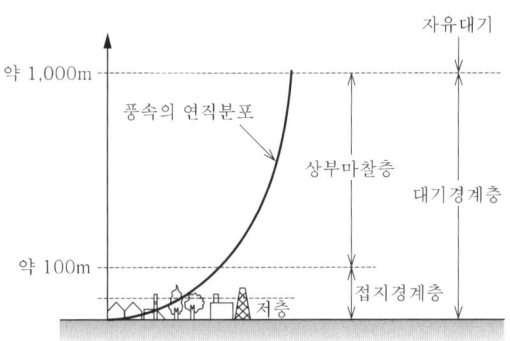

그림 3.14 대기경계층[5]

바람은 지표의 식물, 건물 등의 영향을 받기 때문에 지표에 가까워질수록 약해진다. 식물, 건물 등의 거친 정도를 표면의 조도라고 하며 거칠수록 바람이 약해진다. 더욱이 맑고, 몹시 쌀쌀한 밤 등에 지표의 대기 밀도가 상공보다 높을 때에는 대기가 안정되어 있고 상층에서 바람이 강해도 하층에서는 바람이 약해지지만, 반대로 대기가 불안정(한여름의 한낮 등)하면 대류가 발달하여 상층의 강한 바람 운동량이 하층까지 가서 하층에서도 바람이 강해진다. 대기의 성층은 중립(대기의 높이 방향의 밀도 구배가 적다.)에 가까운 경우가 많고, 풍속이 5m/s 이상인 경우에는 날씨에 의존하지 않고, 대략 중립 상태라 보아도 된다.

풍차가 설치되는 높이는 접지경계층으로, 그 층 내의 풍속 고도 분포에 대해서는, 대기가 중립 상태인 경우에도 경험칙으로서는 거듭 제곱 법칙에 의해 나타낸다. 거듭 제곱 법칙은 적용 가능한 범위가 넓으며, 다음 식으로 나타낸다.

$$V = V_1 \left(\frac{z}{z_1}\right)^\alpha \tag{3.9}$$

여기서, V : 지상 높이 z 에서의 풍속
V_1 : 지상 높이 z_1 에서의 풍속
α : 지수

거듭 제곱 법칙으로 상공의 풍속을 추정할 경우, 지수 α 값은 지표의 조도(粗度)에 따라 변하며, 평탄한 해안 지역 등에서는 $\alpha = 0.15$, 내륙에서는 $\alpha = 0.2$ 정도가 이용된다. 지수는 2점 이상의 관측 고도 실측치에서 최소 2승법을 이용해 산정할 수 있다. 이 경우, 방위별로 산정하며, 방위별 지표 상태의 α 값을 비교하고 검토할 수도 있다. 단 거듭 제곱 법칙은 평탄한 장소에서만 이용이 가능하며 복잡한 지형상의 풍황을 구할 때에는 다음에 기술한 풍황 예측 수법을 이용하는 것이 바람직하다.

2 지형

지표 부근 바람의 흐름은 지형 조건이나 지상 구조물 등의 장해물에 따라 여러 가지 변화를 나타낸다. 지형에 의해 변화하는 바람은 기본적으로 지형에 따라 흐르지만, 지형의 변화에 따라 흐름이 흩어지거나 모일 수도 있다. 비교적 평탄한 지형상의 완만한 사면에서는 바람이 사면을 따라 흐르며, 완만한 언덕 위에서는 흐름의 단면적이 감소(收束 : 모아지다)함에 따라 풍속이 강해진다.

그림 3.15에 복잡한 지형과 풍황 분포의 모식도(模式圖)를 나타냈다. 사면이 고르게 나뉘어져 경사가 몹시 가파른 곳이나 벼랑은, ① 그 윗부분에서 바람이 모아져 흐름이 빨라지므로 풍속이 증대하며, ② 벼랑 하부에는 충돌에 의한 난류 영역, ③ 벼랑 상부에서는 흩어지는 순환 영역이 발생한다. ④ 벼랑의 끝부터 후방 부분의 바람이 재부착하는 지역이 형성된다. 또한 ⑤ 바람 아래에 경사가 몹시 가파르거나 언덕이 있는 경우는 흩어지는 순환 영역이 발생하고, ⑥ 그 하류에서는 재부착 지역이 형성된다. 순환 영역의 크기는 풍속에 따라 달라지기 때문에 재부착 지점도 이동하게 되어 풍황도 매우 복잡해진다.

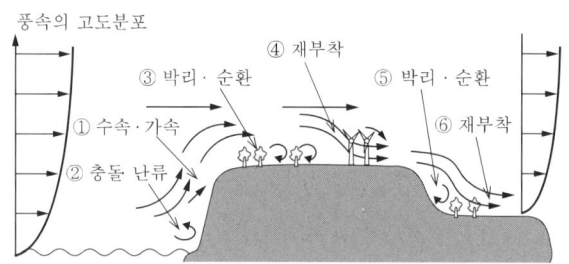

그림 3.15 복잡한 지형과 풍황 분포의 모식도[5]

3 장해물

건물이나 구조물이 풍황에 미치는 영향은 건물이나 구조물의 차폐 효과에 의한 풍속의 감소이다. 건물은 불투과성을 가지고 있기 때문에, 그 주변에는 불규칙한 흐름의 영역이 형성되고, 그 영역은 바람 상측에 건물 높이의 2배, 바람 아래 측에 건물 높이의 10~20배, 높이 방향에 건물 높이의 2배의 범위에 미친다. 바람의 방향에 대해서 폭이 넓은 건물(폭이 높이의 4배 이상)의 경우, 바람은 수평 방향으로는 넓어지지 않고, 대부분이 건물 상부를 통과하기 때문에 바람 아래 측의 불규칙한 흐름 영역의 거리는 길어진다.

한편 폭이 좁은 건물의 경우 바람은 수평 방향으로도 넓어지기 때문에 바람 아래 측의 불규칙한 흐름 영역의 거리는 짧아진다.

이와 같이 자연의 장해물인 수림 지역 등도 바람에 대해 차폐 효과가 있고, 풍속의 감소가 발생한다. 단 수림 지역은 투과성이 있고 바람은 수림 지역을 관통하는 것이 가능하기 때문에 수림 지역의 영향 범위가 작아진다.

수림의 밀도가 높은 경우에 불규칙한 흐름 영역은 바람 아래 측에서 높이의 5~15배 정도이다.

3.7 풍황 예측

여기에서는 아오모리(青森)현 닷피(竜飛)곶에 있는 닷피 윈드파크를 예로 들어, 바람 관측 데이터와 기상 시뮬레이션에 기초한 풍황 예측의 2가지 방법에 의한 예측 결과를 소개한다.

1 바람 관측 데이터에 기초한 풍황 예측

바람 관측 데이터를 토대로 관측 지점 주변의 풍황을 예측하기 위해, 풍황 예측 모델이 이용되고 있다. 풍황 예측 모델로서는 유럽에서 개발된 선형 풍황 예측 모델[9]과 박리(剝離)를 포함한 복잡한 지형상의 흐름을 정밀하게 예측할 수 있는 비선형 풍황 예측 모델[10]~[13]이 있다.

선형 풍황 예측 모델의 특색으로는, 유체역학의 기초 방정식인 나비에-스톡스(Navie-Stokes) 방정식을 선형화함으로써 지형, 지표면 조도(粗度)에 따른 풍속의 증감 효과, 건물 등의 장해물 차폐 효과를 선형적으로 평가하는 것을 가능하게 하고, 적은 계산 시간으로 안정된 풍황 예측을 실현하고 있는 점이다. 그러나 선형 풍황 예측 모델은 덴마크와 같은 비교적 평탄한 지형상의 풍황 예측을 상정하고 있기 때문에 일본과 같은 험준하고 복잡한 지형에 적용한 경우에 그 예측 정밀도는 현저히 떨어진다.

한편 비선형 풍황 예측 모델은 유체역학의 기초 방정식인 나비에-스톡스 방정식을 선형화하지 않고, 직접 풀어냄으로써 박리를 포함한 복잡한 지형상의 흐름을 정밀도 높게 예측할 수 있고, 더욱이 지형, 지표면 조도(粗度), 삼림 등의 식물 캐노피(canopy)가 흐름에 주는 영향을 평가할 수 있다.

그림 3.16에 비선형 풍황 예측 모델(MASCOT : Microclimate Analysis System for Complex Terrain)[14),15)]로 구한 고립봉(孤立峰) 주위 바람의 3차원 움직임을 바람 위 측으로 방출한 흰 입자에 의해 가시화한 결과를 나타냈다.

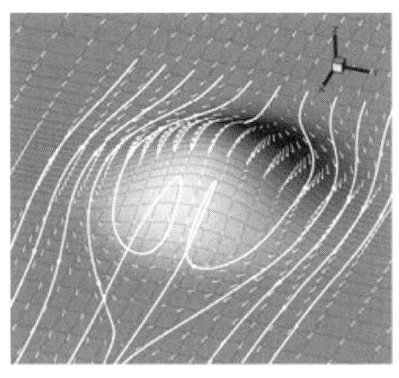

그림 3.16 〉〉
고립봉 주변 바람의
3차원 움직임[10]

고립봉의 바람 위 측 지표면 부근에서 방출한 입자는 산 뒤쪽에서 모아진다. 더욱이 고립봉의 바람 아래 사면에 생긴 상승류를 타고 산 정상까지 올라간 뒤에 아래 방향으로 흘러가는 것을 알 수 있다.

이와 같이 비선형 풍황 예측 모델을 이용함으로써 고립봉 주변에 바람이 모아져 풍속이 증대하고 고립봉 바람 아래에서는 흩어지는 순환류의 발생을 정량적으로 평가할 수 있다.

다음으로 비선형 풍황 예측 모델을 이용해서 실제 윈드 팜(wind farm) 내의 복잡한 풍황을 예측한 예를 소개한다. 그림 3.17에 닷피 윈드 파크 내 풍차의 배치를 나타냈다. 풍차 1~10호기의 너셀(nacelle) 위에 풍차형 풍향 풍속계가 설치되어 있어 풍속, 풍향의 10분 평균치를 관측하고 있다. 관측 데이터를 해석해 보면 해발 100m 이상의 지점에 설치된 10기의 풍차 설비 이용률에 큰 차이가 있으며, 설비 이용률이 가장 높은 10호기는 가장 낮은 5호기의 2.6배인 것을 알 수 있다.

여기서, 닷피 윈드 파크에서 1km 떨어진 등대에서 측정한 풍향 풍속 데이터를 기본으로 윈드 팜 내 각 풍차 주변의 기류 분포를 예측하고, 설비 이용률에 큰 차이가 생기는 원인을 조사함과 동시에 연평균 풍속의 예측치와 관측치를 비교함으로써 풍황 예측의 정밀도를 확실하게 한다.

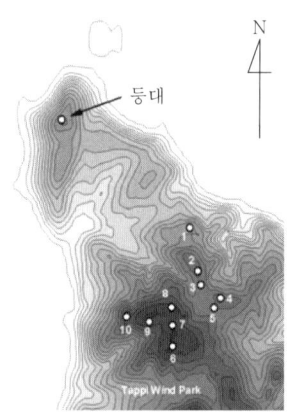

그림 3.17 〉〉〉
윈드파크 내의 풍차 배치도[10]

그림 3.18에 설비 이용률이 가장 낮은 5호기와 가장 높은 10호기의 위치에서 E-W 단면 내의 평균 풍속 벡터를 나타냈다. 5호기는 산 정상의 움푹 파인 지점에 위치하고 있어 풍차 높이에서의 풍속이 크게 감소하고 있다.

한편 10호기는 올라가는 사면의 속도가 증가하는 장소에 위치하고 있기 때문에 풍차 높이에서 평균 풍속이 빨라지고 있다. 닷피곶의 탁월 풍향은 서풍이기 때문에 평균 풍속 분포의 차이가 연평균 풍속에 크게 영향을 준다.

> **그림 3.18**
> E-W 단면 내의 평균 풍속 벡터[10]
> (좌 : 5호기, 우 : 10호기)

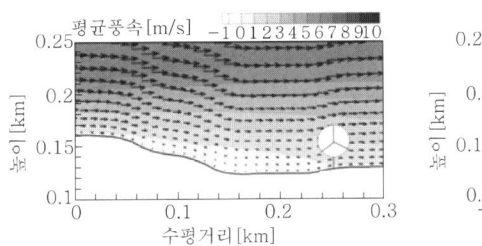
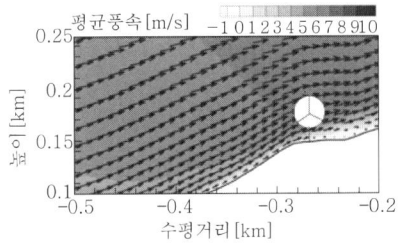

그림 3.19에 연평균 풍속의 예측 결과를 나타냈다. 그림의 검은 사각은 비선형 풍황 예측 모델(MASCOT)에 의한 예측 결과, 검은 삼각은 선형 모델(WAsP)의 예측 결과를 나타낸다. 비선형 풍황 예측 모델에 의한 예측치가 관측치와 일치하고 있는 것에 비해서 선형 풍황 예측 모델은 2~5호기의 연평균 풍속을 과대 평가하고 있다. 2~5호기는 산 정상에서 조금 낮은 장소에 위치하기 때문에 주풍향 W에 비해 상류측 지형의 영향을 받아, 풍속이 감소하고 있다. 선형 풍황 예측 모델의 예측 오차는 10기 평균에서 14.2%인 것에 비해, 비선형 풍황 예측 모델은 4.9%가 된다. 비선형 풍황 예측 모델에 의한 예측 정밀도는 현격히 향상하고 있음을 알 수 있다.

> **그림 3.19**
> 연평균 풍속의 예측 결과[9]

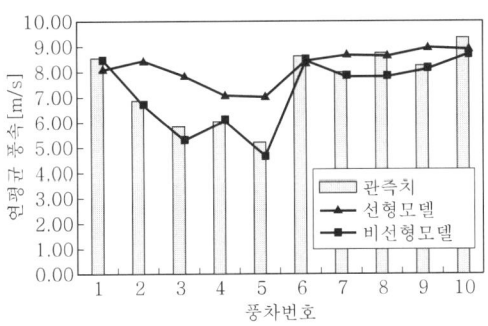

개발 대상 지역 한 곳에서 1년간의 바람 관측 데이터가 이와 같다면, 이 바람 관측 데이터를 기본으로 풍황 예측 모델을 이용해서 풍차 설치 지점에서의 연평균 풍속을 예측할 수 있고, 풍차 설치 장소의 선정이나 풍력발전 사업의 채산성을 평가할 수 있다.

2 기상 시뮬레이션에 기초한 풍황 예측

풍력 개발을 시작할 때에는 사전에 건설 지점의 풍황을 파악하는 것이 중요하다. 그러나 현재 일본 전국을 커버하는 풍황맵은 500m의 해상력 밖에 없기 때문에 국소 지형의 영향이 충분히 반영되고 있지 않다. 그 때문에 실제 풍력발전을 시행할 때에는 바람 관측에 의한 풍황 정밀 조사가 필요하며, 최소 1년의 시간이 걸린다. 풍력 개발의 신속화라는 관점에서 바람 관측만으로는 알 수 없는 정밀한 풍황 예측 수법의 확립이 요구되고 있다.

최근 일기 예보 기술의 진보에 따라 기상 시뮬레이션에 기초한 풍황 예측이 가능해지고 있다. 여기서 기상 시뮬레이션에 기초한 풍황 예측의 예로, 바람 관측 데이터에 기초한 풍황 예측과 같이 닷피 윈드파크를 대상으로 한 예측 결과를 소개한다.

그림 3.20에 기상 시뮬레이션에 기초한 풍황 예측의 흐름을 나타냈다. 먼저 전구(全球) 모델의 객관 해석치를 초기·경계 조건으로 하고, 메소 스케일(meso scale) 기상 모델을 이용해 1년간에 걸친 기상 시뮬레이션을 시행함으로써 수평 1km 정도의 해상도를 가진 1년분의 10분 간격 평균 풍속의 시계열(時系列) 데이터를 얻는다. 이 풍속 데이터에는 해륙풍, 산곡풍 등의 국지 순환, 대기성층에 의한 국지풍, 수평 스케일 1km 이상의 지형이나 지표면 조도(粗度) 변화에 의한 영향이 포함되어 있다. 단, 이와 같이 얻어진 평균 풍속의 시계열 데이터에는 1km 이하의 상세 지형 영향은 포함되어 있지 않다.

다음으로, 기상 모델에 의해 구해진 연간 풍속·풍향의 시계열 데이터를 통계 처리함으로써 풍속의 풍향별 출현 빈도와 풍속 계급별 출현 빈도, 즉 지역 풍황을 구한다. 마지막으로 마이크로 스케일 모델인 비선형 풍황 예측 모델을 이용해, 수평 해상도 1km 이하의 미세 지형 영향을 받아들여, 지역 풍황을 국소(局所) 풍황으로 변환한다.

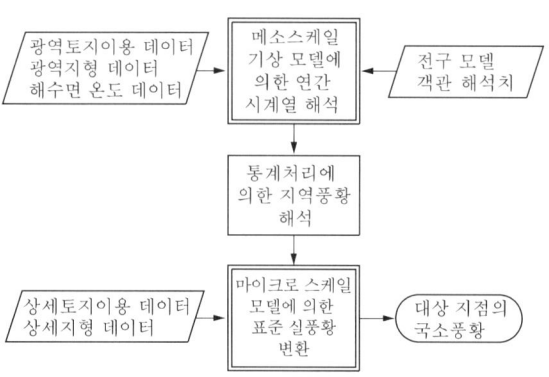

그림 3.20 〉〉
기상 시뮬레이션에 기초한 풍황 예측의 흐름[3]

지역 풍황에는 메소 스케일 기상 모델로 해상(解像) 가능한 1km 정도의 수평 해상도를 가진 거친 지형의 효과가 포함되어 있다. 이 거친 지형의 효과를 제외하고, 실제 미세 지형의 효과를 반영한다. 그림 3.21에 지역 풍황에서 국소 풍황으로의 변환 흐름을 나타냈다.

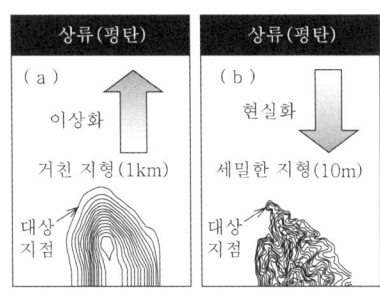

그림 3.21 〉〉
지역 풍황에서 국소
풍황으로의 변환 흐름[3]

먼저 메소 스케일 기상 모델에서 이용한 1km 정도의 수평 해상도를 가진 거친 지형과 지표면 조도를 이용해서, 비선형 풍황 예측 모델에 의한 기류 해석을 시행함으로써 지역 풍황에서 1km 정도 스케일의 지형이나 지표면 조도의 영향을 제외하는 것으로, 조도가 한결같고 지형이 평탄한 상류 영역에서의 풍황을 구한다(그림 3.21(a)).

이와 같이 구한 가상적인 상류 영역에서의 풍황을 표준 풍황이라고 한다. 표준 풍황에는 해륙풍, 산곡풍 등의 국소 순환 효과는 포함되어 있지만, 미세 지형의 효과는 포함되어 있지 않다.

다음으로 10~50m 정도의 수평 해상도를 가진 지형과 지표면 조도, 비선형 풍황 예측 모델을 이용하여, 표준 풍황을 미세 지형의 효과를 포함한 국소 풍황으로 교환한다(그림 3.21(b)).

이와 같이 구해진 국소 풍황에는 흐름의 흩어짐, 지형에 의한 풍황의 변화 등도 고려하게 된다.

그림 3.22에 닷피곶 등대에서의 풍황별 출현 빈도의 예측 결과를 나타냈다. 서풍을 중심으로 서북서, 서남서풍의 출현 빈도가 높고 이들 3가지 풍향을 출현 빈도를 합하면 전체의 반 가까이 차지한다. 또, 동풍의 출현 빈도도 비교적 높고, 동풍과 그 양측, 북동풍과 남동풍를 합한 출현 빈도는 2할 이상이 되고 있는 것이나, 북풍과 남풍이 거의 없는 것 등이 예측에 의해 충실히 재현되고 있다.

그림 3.22 〉〉
풍향별 출현 빈도의 예측치와
관측치 비교[3]

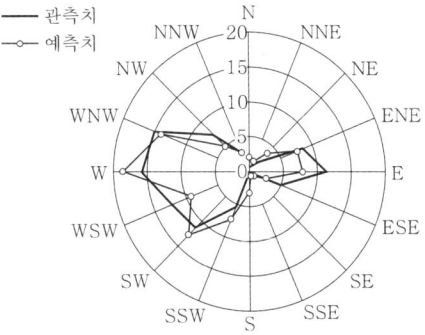

그림 3.23에서 풍속 계급별 출현 빈도의 예측 결과를 나타냈다. 미세 지형의 효과를 고려한 국소 풍황 예측 결과는 각 풍속 계급에 있어서 관측치와 일치하며, 연평균 풍속의 예측 오차는 4.6%인 것을 알 수 있다.

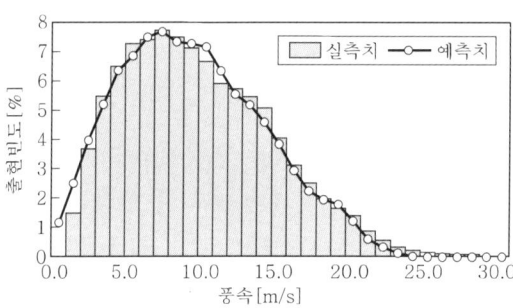

그림 3.23 풍속 계급별 출현 빈도의 예측치와 관측치 비교[3]

그리고 닷피 윈드파크 내의 각 풍차에 대해서 같은 수법을 이용하여 풍향·풍속별 출현 빈도를 구하여, 연평균 풍속을 계산했다. 그 결과는 그림 3.24와 같다. 막대 그래프가 관측치, 실선이 미세한 지형의 영향을 고려한 예측치를 나타낸다. 기상 시뮬레이션에 기초한 풍황 예측은, 5호기의 풍속 감소나 10호기, 등대에서의 풍속 증대 등 풍차 설치 장소에 따른 연평균 풍속의 차이를 정량적으로 재현하고 있다. 또한 연평균 풍속의 예측 오차는 전 풍차의 평균에서 7.6%인 것을 알 수 있다.

이와 같이 기상 시뮬레이션에 기초한 풍황 예측은 바람 관측 데이터에 기초한 풍황 예측과 거의 같은 정밀도를 가지는 것을 알 수 있다. 지역 풍황에서 국소 풍황으로 변환함으로써 미세 지형의 효과를 고려한 국소 풍황을 예측할 수 있으므로 연평균 풍속뿐만 아니라, 풍향별 출현 빈도, 풍속 계급별 출현 빈도, 윈드팜 내에서 풍속의 공간 분포를 정밀하게 재현할 수 있음을 알 수 있다.

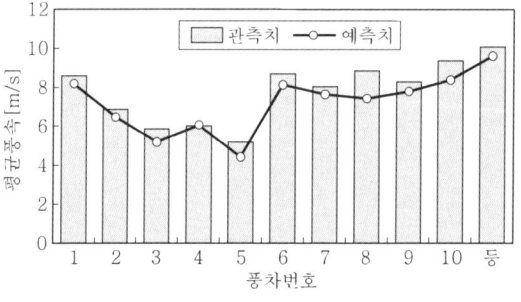

그림 3.24 닷피(竜飛) 윈드파크와 등대에서의 연평균 풍속 예측치와 관측치의 비교[3]

기상 시뮬레이션에 기초한 풍황 예측 수법을 이용하여 풍력발전 사업의 채산성을 평가할 때에는, 풍황 예측의 정밀도가 중요해진다. 신에너지·산업기술종합개발기구(NEDO)의 보고서「풍력발전 도입을 위한 풍황 예측 수법에 관한 검토」[16)]에서는 평균 풍속의 비, 변동 계수의 비, 상관 계수의 비 등 통계치가 이용되며, 각각의 비율이 다음에 나타난 범위 내에 있을 때에는 그 풍황 예측이 의미있는 것으로 간주한다.

$$\text{평균 풍속의 비} : 0.85 \leq \frac{\overline{U_y}}{\overline{U_x}} = \frac{\sum u_{yi}}{\sum u_{xi}} \leq 1.15 \qquad (3.10)$$

$$\text{변동 계수의 비} : 0.85 \leq \frac{\frac{\sqrt{\sum u_{yi}^2}}{\overline{U_y}}}{\frac{\sqrt{\sum u_{xi}^2}}{\overline{U_x}}} \leq 1.15 \qquad (3.11)$$

$$\text{상관 계수의 비} : \rho \leq \frac{\sum u_{xi} u_{yi}}{\sqrt{\sum u_{xi}^2}\sqrt{\sum u_{yi}^2}} \leq 0.8 \qquad (3.12)$$

여기서, $\overline{U_x}$, $\overline{U_y}$: 각각 해당 지점의 바람 관측 및 풍황 예측 기간 내 평균 풍속(예를 들면 연평균 풍속)
u_{xi}, u_{yi} : 바람 관측과 풍황 예측에 의한 10분, 혹은 1시간 평균 풍속

평균 풍속과 변동 계수를 알면 풍속의 출현 빈도 분포를 나타내는 와이블(weibull) 분포가 구해져, 풍력발전량이 결정된다. 그러므로 풍황 예측 수법의 정밀도를 평가하는 경우에는 평균 풍속의 비와 변동 계수 비율의 쌍방을 이용하는 것이 바람직하다.

한편 상관 계수의 비는 풍속의 시계열을 구하는 풍황 예측 수법 이외에 구할 수 없는 것, 또한 평균 풍속의 비율과 변동 계수의 비율이 앞에서 기술한 기준을 만족한 경우에는 상관 계수의 비율도 일반적으로 만족한다는 것으로, 참고 정도로 이용하면 좋겠다.

기상 시뮬레이션에 기초한 풍황 예측 기술은 현재 풍력발전 사업에 있어서의 계획, 실시, 운용의 각 단계에 사용되고 있다[17)~21)].

예를 들면 풍력 에너지의 지역 편재성(偏在性)에 기인하는 풍력발전에 적합한 후보지 부족 문제를 해결하기 위하여 해상 풍력발전을 검토하고 있다. 그 때문에 각 전력회사 지역 내에 있어서의 해상 풍력발전 부존량이나 기술적, 사회적인 제약 조건을 고려한 개발 가능량의 정확한 산정이 필요하게 된다.

그림 3.25에 기상 시뮬레이션에 의해 구해진 관동 지방 연안 지역의 $1km^2$당 연간 발전 가능량을 나타냈다. 종래, 바람이 약하다고 여겨지

는 관동 지방은 해상으로 눈을 돌리면 35%라는 높은 설비 이용률로 대표되는 것처럼, 관동 지역의 해상 풍력 개발에 큰 가능성이 잠재되어 있음을 알 수 있다.

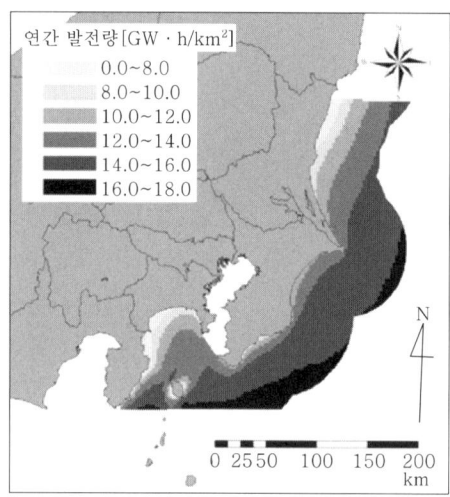

그림 3.25
관동 지방 연안 해역의 1km²당 연간 발전 가능량[20]

또한 풍력 개발의 출력이 풍속에 따라 변동하기 때문에 풍력발전 도입량은 전력 계통의 안정성과 전원의 경제 운용 관점에서 큰 제약을 받고 있다. 수십 분 전부터 1일 전의 풍력발전량을 기상 시뮬레이션에 의해 정밀하게 예측하는 것으로, 풍력발전이 전력 계통에 주는 영향을 줄이고, 결과적으로 풍력발전량의 도입 확대에 공헌하게 된다.

이와 같이 풍황 예측 기술은 풍력발전의 부지 선정이나 풍력발전 계통 안정화 대책에 의한 풍력발전 도입 확대에 있어서 유용한 도구가 된다.

CHAPTER 04

풍차의 기초이론

풍차의 기초 이론

4.1 풍차의 종류와 특징[1)]

1 풍차의 분류

풍차에는 여러 종류가 있지만, 일반적으로 풍향에 대한 회전축의 위치로 수평축형과 수직축형, 그 작동 원리로 양력형과 항력형으로 분류된다(그림 4.1).

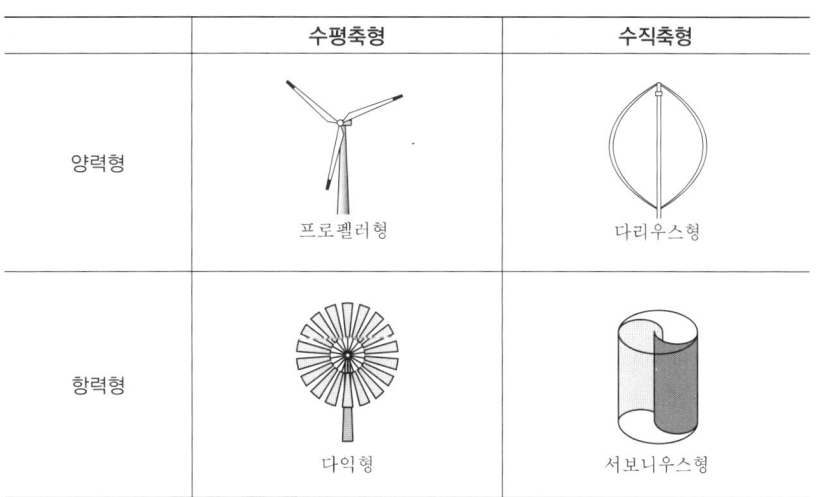

그림 4.1 풍차의 분류

2 수평축형 풍차 및 수직축형 풍차

수평축형 풍차는 풍향에 대해 평행한 회전축을 가지는 풍차이며, 프로펠러형·다익형·네덜란드형·세일윙형 등이 포함된다.

수평축형에서는 풍차의 회전면이 항상 바람이 부는 방향을 향해 있어야 한다.

또한 수평축형 풍차 안에서 회전면이 타워의 풍상(風上)측에 있는 풍차를 업윈드형(up wind type) 풍차라고 한다. 업윈드형 풍차에서는 방위 제어 장치의 움직임에 의해, 그 회전면은 항상 바람의 방향을 향하게 되어 있다.

한편 회전면이 타워의 풍하(風下)측에 있는 풍차를 다운윈드형(down wind type) 풍차라고 한다. 다운윈드형 풍차는 풍향이 변했을 때, 그 회전면이 자동으로 바람의 방향을 향하는 듯한 힘이 작용하기 때문에, 특히 소형 풍차에서는 방위 제어 장치를 필요로 하지 않는 경우가 많다.

수직축형 풍차는 풍향에 대해 직각 방향(지면에 수직인 것이 많다)의 회전축을 가지는 풍차이며, 다리우스형(darrieus type), 직선 날개 수직축형, 서보니우스형(savonious type), 크로스 플로형(cross flow type) 등이 이것에 포함된다. 수직축형 풍차는 어느 방향에서 바람을 받더라도 회전할 수 있기 때문에 방위 제어 장치를 필요로 하지 않는다.

3 양력형 풍차와 항력형 풍차

물체가 바람으로부터 받는 힘을 바람에 수직인 성분과 평행한 성분으로 나누어 생각했을 때, 수직 방향의 성분의 힘을 양력이라고 하며, 평행 방향의 성분의 힘을 항력이라고 한다. 이 중에서 양력의 작용에 의해 회전하는 풍차를 양력형 풍차라고 한다. 프로펠러형, 다리우스형, 직선 날개 수직축형 등이 여기에 포함된다. 양력 작용에 의해 풍속의 수 배~10배라는 높은 주속도를 얻을 수 있기 때문에 발전용 풍차로서 이용되는 경우가 많다. 또한 주로 항력의 작용에 의해 회전하는 풍차를 항력형 풍차라고 하며, 다익형, 서보니우스형, 크로스 플로형 등이 여기에 해당된다. 항력형 풍차는 풍속보다 높은 회전 속도를 얻을 수는 없지만 회전력(토크)이 크기 때문에 양수·제분 등의 동력용 풍차로서 이용되는 경우가 많다.

4.2 풍차의 회전 원리[1)]

1 양력과 항력

앞서 설명한 것처럼, 흐름 가운데에서 물체가 받는 힘 F 중, 수직 방향의 성분의 힘을 양력 L, 평행 방향의 성분의 힘을 항력 D라고 한다(그림 4.2). 다른 크기와 형상의 물체 양력과 항력을 비교할 때에는 다음에 표시된 무차원수(無次元數)인 양력 계수 C_L과 항력 계수 C_D를 이용해서 평가하는 것이 일반적이다.

$$C_L = \frac{L}{\frac{1}{2}\rho A U^2}$$

$$C_L = \frac{D}{\frac{1}{2}\rho A U^2}$$

여기서, ρ : 공기 밀도[kg/m³]
A : 흐름에 대한 물체의 투영 면적[m²]
U : 흐름의 속도[m/s]

그림 4.2 양력과 항력

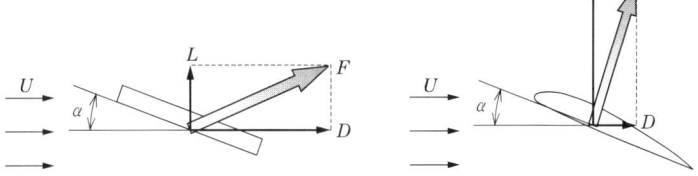

표 4.1 각종 날개형의 영각·양력 계수·양항비

날개형		영각 α[°]	양력 계수 C_L	양항비 L/D
평판	—	5	0.8	10
곡면판 (곡률 10%)	⌒	3	1.25	50
곡면판 (오목한 면에 지지봉)	⌒	4	1.1	33
곡면판 (볼록한 면에 지지봉)	⌒	14	1.25	5
NACA4412	⌒	4	0.8	120

그림 4.3 영각·양력 계수·항력 계수의 관계

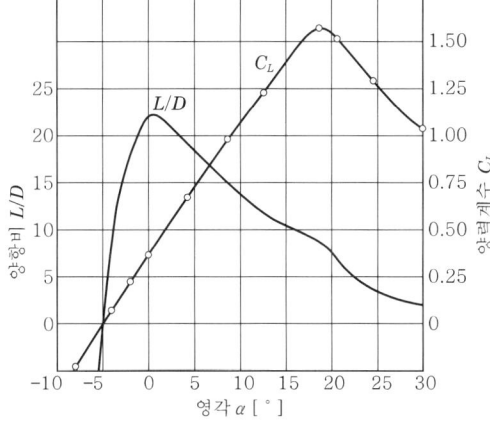

양력 계수와 항력 계수의 크기는 물체의 형상, 물체와 바람 사이의 각도, 흐름의 레이놀즈 수(Raynolds number : 흐름의 속도·물체의 대

표 길이·유체의 동점도(動粘度) 등에 의해 표시되는 무차원수) 등에 따라 달라진다(표 4.1). 또한 물체와 바람이 이루는 각도를 영각 α, 양력 L과 항력 D와의 비를 양항비 L/D라고 한다(그림 4.3).

2 양력형 풍차

프로펠러형 풍차를 예로 들어 생각해보자. 양력형 풍차는 양력의 작용으로 회전하는 풍차이기 때문에 풍차 블레이드에 작용하는 힘으로서는, 수직 방향의 분력(分力)인 양력이 크고 평행 방향의 분력인 항력이 작아지는 것이 바람직하다.

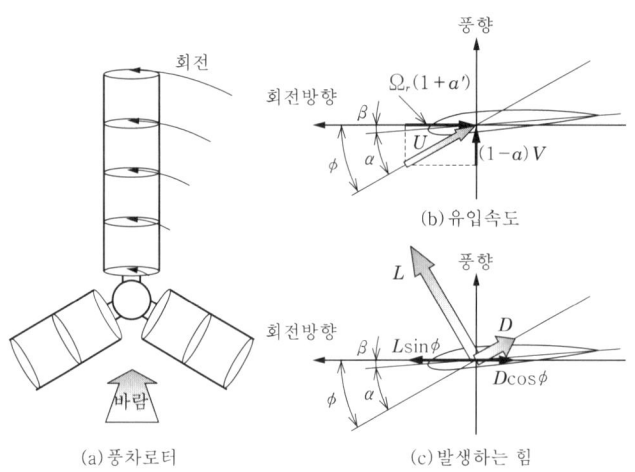

그림 4.4 〉〉〉
프로펠러형 풍차의 작동 원리

표 4.2 〉〉〉
대표적인 물체의 항력 계수

물체 형상		항력 계수 C_D	레이놀즈 수 Re
원주	→○	1.2	$10^3 \sim 10^5$
각주	→□	2.0	$>10^4$
반롤러(오목)	→)	2.3	$>10^4$
반롤러(볼록)	→(	1.2	$>10^4$
타원주(楕圓柱)	→⬭	0.6	$10^3 \sim 10^5$
반구(오목)	→D	1.33	$>10^4$
반구(볼록)	→◖	0.34	$>10^4$
원뿔	→◁	0.53($\alpha=60°$) 0.34($\alpha=30°$)	$>10^4$

프로펠러형 풍차에서 이용되고 있는 유선형의 날개 형태에는 양항비가 100배에 달하는 것도 있다. 이 때문에 날개 형태는 평판이 아닌

유선형인 것이 사용되는 것이다.

프로펠러형 풍차에서는 이들 풍차 블레이드 반경 방향의 각 단면에 있어서 발생한 힘 F(주로 양력 L이 기여)의 회전 방향 분력 F_R ($L\sin\phi - D\cos\phi$)의 총합에 의해 풍차가 회전하는 것이 된다(그림 4.4).

3 항력형 풍차

서보니우스형 풍차를 예로 들어 생각해 보자. 서보니우스형 풍차는 롤러를 세로로 반을 나눈 형상의 수풍 버킷을 서로 마주보게 해서 중심을 조금 옮겨 설치한 형상으로 되어 있다. 버킷의 오목한 부분과 볼록한 부분은 함께 바람의 힘을 받아 항력을 발생하지만, 항력 계수가 달라지기 때문에 풍차가 한쪽 방향으로 회전하게 되는 것이다.

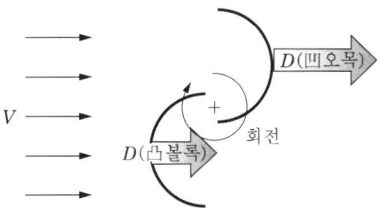

그림 4.5 서보니우스형 풍차의 작동 원리

4.3 풍차의 성능 평가

1 파워 계수(출력 계수)

질량 m, 속도 V의 물체 운동 에너지는 $(1/2)mV^2$이기 때문에, 밀도 ρ, 부피 AL(면적 A×거리 L)의 공기가 속도 V에서 이동할 때의 에너지 E_W[J]은 다음 식으로 주어진다.

$$E_W = \frac{1}{2}\rho A L V^2$$

공기가 거리 L을 시간 t에서 통과할 때, 공기의 속도 V는 $V = L/t$로 나타낼 수 있기 때문에

$$E_W = \frac{1}{2}\rho A V^3 t$$

따라서, 단위 시간에 면적 A를 통과하는 바람의 에너지 P_W[W] ([J·s])는

$$P_W = \frac{1}{2}\rho A V^3$$

가 된다.

여기서 풍차에 의해 얻을 수 있는 단위 시간당 에너지를 파워(출력) P라고 하며, 풍차의 파워 P와 바람의 파워 P_W의 비

$$C_P = \frac{P}{\frac{1}{2}\rho A V^3}$$

를 파워 계수(출력 계수)라고 한다. 즉 파워 계수는 바람이 가진 파워 중 풍차에 의해 얼마나 많은 파워를 얻을 수 있는가를 나타내는 성능 평가 지표인 것이다.

2 토크 계수

풍차를 회전시키려고 하는 모멘트(회전력)를 토크 $Q[\text{N}\cdot\text{m}]$라 하며,

$$C_Q = \frac{Q}{\frac{1}{2}\rho A V^2 R}$$

여기서, R : 로터 반경[m]

를 토크 계수라 한다.

토크 계수는 바람에 의해 발생하기 쉬운 회전력 중, 풍차에 의해 얼마나 많은 토크로 이용할 수 있는가를 나타내는 성능평가지표이다.

3 추력 계수

바람이 풍차를 후방으로 미는 힘을 추력(推力) $T[\text{N}]$이라고 하며,

$$C_T = \frac{T}{\frac{1}{2}\rho A V^2}$$

를 추력 계수라고 한다.

추력 계수는 바람이 미치는 힘 중, 얼마나 풍차를 후방으로 미는 힘으로 작용했는가를 나타내는 성능 평가 지표이다.

4 주속비(周速比)

블레이드 선단속(주속도) $V_R[\text{m/s}]$과 풍속 $V[\text{m/s}]$의 비를 주속비 λ라고 한다.

$$\lambda = \frac{V_R}{V} = \frac{2\pi R n}{V}$$

주속비는 풍차의 종류에 따라 크게 달라지며, 프로펠러형 등의 양력형 풍차에서는 일반적으로 $\lambda = 3 \sim 10$인 것에 비해, 항력형 풍차에서는 $\lambda \leq 1$로 된다. 이 식을 풍차 회전수 $n[\mathrm{rps}]$에 대해 바꿔 쓰면

$$n = \frac{\lambda V}{2\pi R}$$

가 되지만, 이 식으로부터 같은 주속비의 풍차라 하더라도 소형 풍차(R小) 쪽이 대형 풍차(R大)보다 회전수가 높아지는 것을 알 수 있다.

5 솔리디티(solidity)

풍차의 회전면의 면적을 차지하는 블레이드의 투영 면적을 솔리디티 σ라고 하며, 다음 식으로 정의된다.

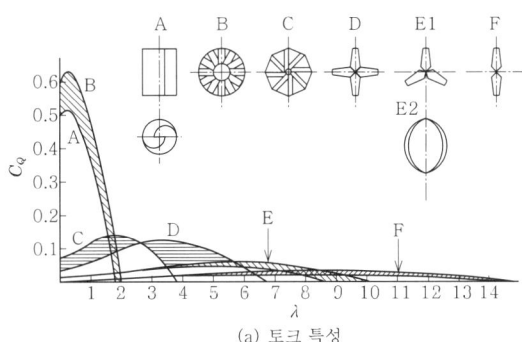
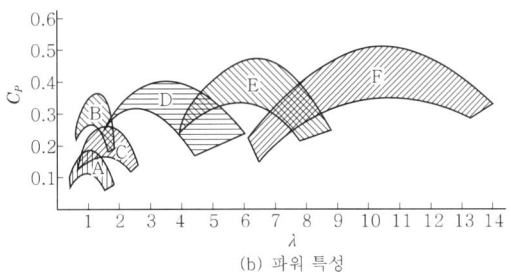

그림 4.6 각종 풍차의 특성 곡선
(a) 토크 특성
(b) 파워 특성

$$\sigma = \frac{BS}{\pi R^2} \quad \text{(수평축 풍차의 경우)}$$

$$\sigma = \frac{BC}{2\pi R} \quad \text{(수직축 풍차의 경우)}$$

여기서, B : 블레이드 매수
S : 바람에 대한 블레이드의 투영 면적[m^2]
C : 블레이드 날개의 길이[m]

> 그림 4.7 솔리디티

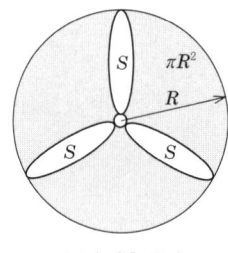
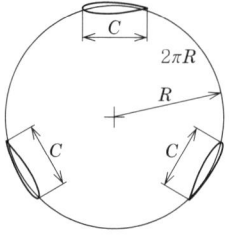

(a) 수평축 풍차 (b) 수직축 풍차

일반적으로, 솔리디티가 작은 풍차는 주속비가 높고, 솔리디티가 큰 풍차는 주속비가 낮다. 이것은 솔리디티가 커짐에 따라 풍차 회전면에 있어서 바람의 통과를 막게 되기 때문이라고 설명할 수 있다.

4.4 풍차의 이론상 최대 효율[1]~[5]

1 양력형 풍차의 최대 파워 계수

운동량 이론을 이용해서 양력형 풍차가 얻을 수 있는 이론상의 최대 효율을 구해보자.

그 전제로서 다음과 같은 가정을 해두자.

- 비압축성 유체
- 마찰 항력이 없다.
- 블레이드 매수가 무한대
- 일정한 흐름
- 로터면 전체에 걸친 일정한 추력
- 회전 없는 후류(後流)
- 로터의 무한 전방(無限前方), 무한 후방(無限後方), 흐트러져 있지 않은 주위의 정압은 동일하다.

그림 4.8과 같은 흐름을 생각하면 질량 보존의 법칙으로부터

$$\rho A_1 V_1 = \rho A V = \rho A_2 V_2$$

공기의 질량 ρ은 일정하기 때문에

$$A_1 V_1 = A V = A_2 V_2 \tag{4.1}$$

그림 4.8 풍차 전후의 흐름

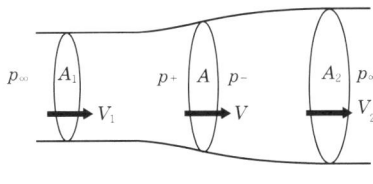

로터에 대한 추력 T[N]은 흐름의 유입과 유출 간의 운동량 변화와 같기 때문에, 다음 식과 같이 된다.

$$T = \frac{dm}{dt}(V_1 - V_2) = \rho A V (V_1 - V_2) \tag{4.2}$$

또한 추력 T는 로터 전후의 정압 변화(靜壓變化)와 면적의 곱과 같기 때문에,

$$T = (p^+ - p^-)A \tag{4.3}$$

여기서 로터의 상류(上流)·하류(下流)의 각각에 베르누이의 식을 적용하면,

$$p_\infty + \frac{1}{2}\rho V_1^2 = p^+ + \frac{1}{2}\rho V^2$$

$$p^- + \frac{1}{2}\rho V^2 = p_\infty + \frac{1}{2}\rho V_2^2$$

따라서

$$p^+ - p^- = \frac{1}{2}\rho(V_1^2 - V_2^2) \tag{4.4}$$

식 (4.4)를 식 (4.3)에 대입하면

$$T = \frac{1}{2}\rho(V_1^2 - V_2^2)A \tag{4.5}$$

식 (4.5)와 식 (4.2)를 등치(等置)하면

$$\frac{1}{2}\rho(V_1^2 - V_2^2)A = \rho A V (V_1 - V_2)$$

그러므로

$$V = \frac{V_1 + V_2}{2} \tag{4.6}$$

이 식은, 로터를 통과하는 흐름의 속도는 상류의 자유 흐름 속도와 후류의 속도 평균치가 되는 것을 나타내고 있다.

여기서, 다음 식으로 정의되는 속도 저감률(축방향 유도 계수) a 를 도입한다.

$$a = \frac{V_1 - V}{V_1} \tag{4.7}$$

식 (4.7)을 식 (4.6)에 대입하면

$$V_2 = V_1(1 - 2a) \tag{4.8}$$

로터에 의해 얻은 출력 $P[W]$는 단위 시간당 운동 에너지의 변화와 같기 때문에

$$P = \frac{1}{2}\frac{dm}{dt}(V_1^2 - V_2^2) = \frac{1}{2}\rho A V(V_1^2 - V_2^2) \tag{4.9}$$

식 (4.6), 식 (4.8) 및 식 (4.9)로부터 출력 $P[W]$는 다음 식으로 나타낸다.

$$P = \frac{1}{2}\rho A V_1^3 [4a(1-a)^2] \tag{4.10}$$

이 때, 바람의 파워는

$$P_W = \frac{1}{2}\rho A V_1^3 \tag{4.11}$$

이기 때문에, 파워 계수 C_P는 다음 식으로 나타낸다.

$$C_P = 4a(1-a)^2 \tag{4.12}$$

파워 계수의 최대치를 얻기 위해, 식 (4.12)를 미분하여 0으로 되는 값을 구한다.

$$\frac{dC_P}{da} = 4(a-1)(3a-1) = 0$$

따라서, $a=1$, $1/3$이 된다. $a=1$은 속도 저감률 100%($V=0$)를 의미하며, 식 (4.12)에서도 $C_P=0$이 된다. 그리고 $a=1/3$을 채용하면, 식 (4.12)로부터 다음 식의 최대 파워 계수를 얻을 수 있다.

$$C_{P\max} = \frac{16}{27} \cong 0.593 \tag{4.13}$$

이 최대 파워 계수의 0.593은 베츠 한계(혹은 란체스터·베츠 계수)라고 한다. 이로써, 이상적인 풍차에서도 바람 에너지의 60% 정도만이 추출될 수 있음을 알 수 있다.

2 항력형 풍차의 최대 파워 계수

풍속 V_r의 흐름 속에 둔 물체에 움직이는 항력 $D[N]$은

$$D = C_D \frac{1}{2} \rho A V_r^2 \tag{4.14}$$

속도 V_1의 바람에 의해, 풍차 날개가 속도 V로 인하여 후방으로 밀리는 경우(그림 4.9)를 생각해보면 상대 풍속 V_r은 $V_r = V_1 - V$로 되기 때문에 식 (4.14)는 다음 식과 같이 고쳐 쓸 수 있다.

$$D = C_D \frac{1}{2} \rho A (V_1 - V)^2 \tag{4.15}$$

풍차의 출력 $P[\text{W}][(\text{N·m/s})]$는 항력 $D[\text{N}]$에 풍차 날개가 밀리는 속도 $V[\text{m/s}]$를 곱하는 것과 같기 때문에

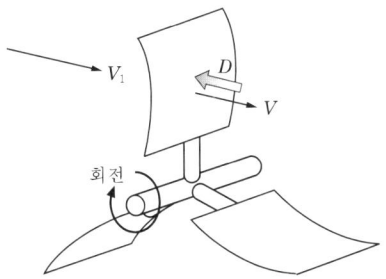

그림 4.9 항력형 풍차에 작용하는 힘

$$P = DV = C_D \frac{1}{2} \rho A (V_1 - V)^2 V \tag{4.16}$$

가 된다.

여기서, 식 (4.7)의 속도 저감률 a를 도입하면 식 (4.16)은 다음 식과 같이 바꿔 쓸 수 있다.

$$P = C_D \frac{1}{2} \rho A V_1^3 a^2 (1-a) \tag{4.17}$$

바람의 파워는 식 (4.11)로 나타낼 수 있으므로 파워 계수는 다음 식으로 구할 수 있다.

$$C_P = C_D a^2 (1-a) \tag{4.18}$$

파워 계수의 최대치를 얻기 위해, 식 (4.17)을 미분하여 0이 되는 값을 구한다.

$$\frac{C_P}{da} = C_D a(2 - 3a) = 0$$

따라서 $a = 0$, $2/3$이 된다. $a = 1$은 속도 저감률 100%($V = 0$)를 의미하며, 식 (4.18)에서도 $C_P = 0$이 된다. 그리고 $a = 2/3$을 채용하면, 식 (4.18)로부터 다음 식의 최대 파워 계수를 얻을 수 있다.

$$C_{P\max} = \frac{4}{27}C_D \cong 0.148C_D \qquad (4.19)$$

이로써 양력형 풍차의 최대 파워 계수가 59.3%인 것에 비해 항력형 풍차는 15% 정도에 지나지 않음을 알 수 있다.

CHAPTER
05

풍력 터빈의
공기 역학

풍력 터빈의 공기역학

최근 지구 환경 문제의 심각화나 에너지 보안의 과제로 인해 고갈되지 않는 에너지로서 풍력 에너지는 다시 한 번 주목받게 되었다. 풍력 에너지 변환 장치인 풍차는 항공기 기술을 토대로 프로펠러형 풍차를 대표로 연구 개발이 진행되어 왔지만, 풍력발전에서 자원으로서의 바람의 움직임, 풍차설계 및 운용 등에 관해서는 아직 해명되지 않은 점도 있어, 앞으로 더욱 연구 개발이 요구되고 있다. 여기에서는 풍력 터빈(풍차)의 바람에 대한 기본적인 공기 역학적 사항을 중심으로 해설한다.

5.1 풍차의 기초 이론

바람은 지표에 상대적인 대기의 이동 혹은 운동이기 때문에 에너지의 형태로서는 운동 에너지이며, 잘 알려진 것처럼 운동 에너지 E_W는 대기의 질량 m과 속도 V에서,

$$E_W = \frac{1}{2}mV^2 \tag{5.1}$$

로 나타낸다.

여기에서, 수평축 풍차에서 착안한 경우에는 그림 5.1과 같이 대기의 질량은 블레이드 회전면인 바람에 맞닿는 수풍(受風) 면적으로 평가된 양이 된다. 그러므로 단위 시간당 일의 양, 즉 역률을 생각하면 대기의 질량 m은 공기밀도를 ρ로 하면 다음 식과 같다.

$$m = \rho A V \, [\text{kg/s}] \tag{5.2}$$

식 (5.1), 식 (5.2)에서 풍차의 수풍 면적 A에 있어서 에너지량 E_W는 다음과 같다.

$$E_W = \frac{\rho}{2} A V^3 \tag{5.3}$$

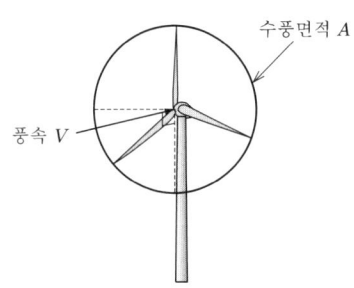

그림 5.1 바람 에너지의 수풍 면적

식 (5.3)으로 분명하게 알 수 있는 것처럼, 바람이 가진 에너지량은 풍속의 3승에 비례하기 때문에 풍차에 유입하는 풍속이 에너지 생성에 있어서 지극히 중요한 것임을 알 수 있다. 여기서 공기 밀도 ρ는 표준 대기(1기압 15℃)를 기초로 약 1.22kg/m^3 정도의 값이기 때문에 간편 계산식으로서 바람 에너지 양 E_W는 다음 식을 이용하면 편리하다.

$$E_W = 0.613 S V^3 [\text{W}] \tag{5.4}$$

위 식은 수풍 면적당 에너지량이며 실제의 풍력 터빈에서는 이 에너지량을 취득하는 것에 해당하는 효율(에너지 변환 효율)을 생각할 필요가 있으며, 풍차 출력으로서 얻어지는 것은 위 식에서 풍차 효율을 곱한 값이다. 이 풍차 효율은 이론상 0.593을 넘지 않는(베츠 한계) 것으로 알려져 있다.

일반적으로 풍차에 의해서 바람으로부터 변환되는 에너지량 E_W는 풍차 효율을 고려하면 다음 식으로 정의된다.

$$E_W = \frac{1}{2} \rho V_\infty^3 A C_P \tag{5.5}$$

여기서, V_∞ : 일정한 흐름의 풍속
A : 풍차 투영 면적
C_P : 풍차 효율(변환 효율)

그림 5.2에서 풍차에 바람이 도달하면 전방에서의 속도 V_∞의 자연풍은 회전면 내에서 V_m으로 감속되며, 게다가 후방에서는 V_d로 감속된다. a는 기류의 감속률로서

V_∞와 V_m의 관계는 다음과 같다.

$$V_m = V_\infty (1-a) \tag{5.6}$$

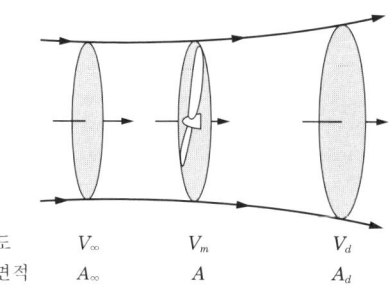

그림 5.2 수풍축 풍차를 통과하는 기류

기류속도 V_∞ V_m V_d
기류단면적 A_∞ A A_d

또한, 풍차에 작용하는 항력 F_X를 운동량 보존의 법칙 및 연속식으로 구하면 다음과 같다.

$$F_X = 2\rho V_\infty^{\;2}(1-a) \tag{5.7}$$

풍차 항력을 날개형의 특성치 등으로부터 산출함으로써, 식 (5.5)~식 (5.7)을 적용하여 수평축 풍차 및 수직축 풍차의 효율, 토크 계수 및 기류의 저감률 등을 구할 수 있다.

5.2 수평축 풍차

1 수평축 풍차의 특성 해석 방법과 작동 원리

수평축 풍차(HAWT : Horizontal Axis Wind Turbine)의 특성 해석이나 설계에는 종래부터 운동량 이론에 의한 방법이 이용되어 왔지만, 그 외에도 소용돌이 이론에 의한 방법 등이 있다. 여기서는 널리 이용되고 있는 운동량 이론에 의한 방법을 중심으로 설명한다. 풍차 회전부를 통과하는 흐름의 축방향 성분에 관해서 운동량 이론을 적용하는 날개 소재·운동량 이론이 일반적이다.

그림 5.1에서 나타난 바람에 맞닿는 에너지 수풍(受風) 면적 A는 이 경우 수평축의 회전 면적과 같으며, 작동 원반(actuator disk)이라고 한다. 작동 원반으로 바람의 에너지량을 얻는 경우 풍차 전후 풍속 변화나 압력 변화를 나타낸 것이 **그림 5.3**이다.

그림에서 유선인 것은 작동 원반의 바깥 둘레를 통과하는 공기에 착안하여 그 전후의 자취를 나타낸 것으로서 이 유선으로 둘러싸인 부분을 유관(流管)이라고 한다.

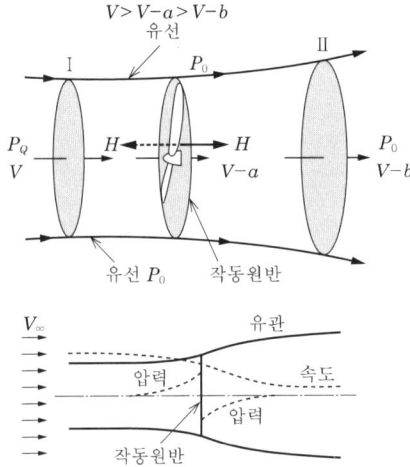

그림 5.3
풍차 전후의 풍속과 압력의 변화

유관 내에서는 반경 방향에 따라 작동 상태가 다르지만, 여기에서는 평균적인 특성을 추구하는 것으로서 반경 방향에 일정하게 풍속이 분포하고 있는 것으로 한다. 또한 기류의 축회전에 대해서는 보통(고성능 풍차에서는) 작으므로 무시되고 있다. 여기서 주목해야 할 것은 유입하는 풍속 V보다 낮아도 작동 원반의 위치에서는(저항의 발생에 의해, 즉 작동 원반 전후의 압력차의 발생에 의해) $V-a$, 그리고 후방에서는 $V-b$로, 유속이 저하하고 있는 경우이다. 앞서 설명한 효율의 이론상 상한의 존재는 사실 여기에서 유래하고 있는 것이다. 이 유관을 단위 시간에 통과하는 공기의 질량 m은

$$m = \rho A(V-a)$$

이며, 공기의 흐름은 위치 I과 II에서는 운동 에너지 E_I, E_{II}를 가지고 있다.

$$\left. \begin{array}{l} E_I = \dfrac{1}{2}\rho A(V-a)V^2 \\ E_{II} = \dfrac{1}{2}\rho A(V-a)(V-b)^2 \end{array} \right\} \quad (5.8)$$

이 양자의 차이는 작동 원반에서 매초 얻고 있는 일, 즉 저항과 직동 원반의 통과 속도의 곱과 같다. 그러므로

$$E = H(V-a) = E_I - E_{II} \quad (5.9)$$

이로써, 다음 식을 얻을 수 있다.

$$H = \dfrac{1}{2}\rho A[V^2 - (V-b)^2] \quad (5.10)$$

한편, 작동 원반에 힘 H를 주는 것은 통과하는 공기에 있어서는(반작용으로서의) 힘 H를 받은 것이 되며, 운동량의 변화가 생긴다. 구간 Ⅰ과 구간 Ⅱ에 대해서

$$H = 운동량\ 변화 = mV - m(V-b)$$
$$= \rho A(V-a)b \tag{5.11}$$

양 식을 등치(等置)하면 속도 a, b에 대한 중요 관계를 얻을 수 있다.

$$a = \frac{b}{2} \tag{5.12}$$

식 (5.9), 식 (5.11), 식 (5.12)로부터

$$E = 2\rho A a(V-a)^2 \tag{5.13}$$

여기서, E를 최대로 하는 a를 구하면

$$\frac{dE}{da} = 2\rho A a(V-a)(V-3a) = 0 \tag{5.14}$$

여기서, $a = V$는 물리적으로는 부적합하기 때문에

$$a = \frac{V}{3} \tag{5.15}$$

를 채용한다. 이 때

$$E = \frac{16}{27} \times \frac{1}{2}\rho A V^3 \tag{5.16}$$

이며, 식 (5.3)과 비교해서 16/27배로 되어 있음을 알 수 있다.

이것이 이론상의 풍차 효율의 상한(59.3%)을 주는 것이다(베츠 한계). 이 운동량 이론으로부터 구해진 각 식을 토대로, 이 이후에 나타난 익소(翼素) 이론과 조합함으로써 수평축 풍차의 블레이드 회전에 관한 공기 역학적 특성을 얻을 수 있다.

실제 풍차에서는 (1매~수 매의) 블레이드가 이 작동 원반에 상당(相當)하는 부분에서 회전하고 있으며, 블레이드 면적의 합계는 고성능 풍차의 경우, 회전 면적의 10% 정도(솔리디티 10%)이다. 그림 5.4는 회전 중의 블레이드에 대해서, 반경 r 위치의 공기력에 대해서 나타낸 것이다.

이 반경 방향 r에 dr의 폭을 가진 영역에 착안해서 공기 역학적 특성을 구한다(익소 이론). 익소는 스스로의 접선 속도 wr과 유입속도 $V-a$의 합성풍 V_r에 의해 공기력 dF를 발생시키고 있다.

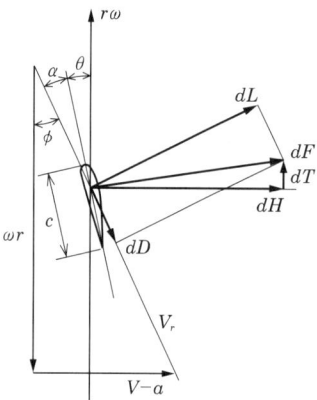

그림 5.4 블레이드 반지름 r 위치에서의 공기력

여기서 공기력의 계수(양력 계수 C_L과 저항 계수 C_D)가 블레이드 영각 α에 의해 주어지면

$$\left.\begin{array}{l} dL = \dfrac{1}{2}\rho V_r^2 C_L c \cdot dr \\[4pt] dD = \dfrac{1}{2}\rho V_r^2 C_L c \cdot dr \end{array}\right\} \tag{5.17}$$

df 회전축 방향 성분 dH를 블레이드 전체에 걸쳐 적분하면

$$H = \frac{\rho}{2}\int_0^R V_r^2 (C_L \cos\phi + C_D \sin\phi) c \cdot dr \tag{5.18}$$

이 되며(n : 블레이드 매수), 풍차 저항 H와 같아진다. 바꿔 말하면, 피적분 함수 중 '−(마이너스)'에 포함되어 있는 a값을 식 (5.18)이 성립하도록 결정하는 것을 의미하고 있다.

익소의 공기력 접선 방향 성분 dT는

$$dT = \frac{\rho}{2} V_r^2 (C_L \sin\phi - C_D \cos\phi) c \cdot dr \tag{5.19}$$

여기에 접선 속도를 곱해서 풍차 전체에 대해 구하면 풍차 출력을 얻을 수 있다.

$$dT = n\frac{\rho}{2}\omega \int_0^R V_r^2 (C_L \sin\phi - C_D \cos\phi) rc \cdot dr \tag{5.20}$$

그림 5.4로 알 수 있듯이 저항 dH는 접선 방향의 구동력 dT를 공기로부터 얻기 위한 대가이다. 여기서 $C_D = 0$이 되는 이상적인 익소를 생각하면 **그림 5.4**로부터

$$\left.\begin{array}{l} dT = dH \tan\phi = dH\left(\dfrac{V-a}{\omega r}\right) \\[4pt] dE = \omega r\, dT = dH(V-a) \end{array}\right\} \tag{5.21}$$

이 되며, 식 (5.19)의 미분형이 되는 것에 주목해야 한다. 여기서 효율 $C_P = E/\widetilde{E}$를 도입해서 식 (5.20)을 정리하면

$$C_P = \frac{n}{\pi} \int_0^1 \left[\left(\frac{\omega R}{V}\bar{r}\right)^2 + \left(1 - \frac{a}{V}\right)^2 \right]$$
$$\cdot \frac{\omega R}{V}(C_L \sin\phi - C_D \cos\phi)\bar{r}^2 \bar{c} \cdot d\bar{r} \qquad (5.22)$$

단, $\bar{r} = \frac{r}{R}$, $\bar{c} = \frac{c}{R}$

식 (5.22) 중의 wR/V는 블레이드 선단 주속도와 풍속비로 일반적으로 주속비(周速比)라고 하며, 풍차의 운전 상태를 지배하는 파라미터로 되어 있고, 보통 λ로 표기한다. 또한, 저항 C_D의 존재에 의해 효율의 최대치는 베츠 한계보다 더욱 낮아져, 고성능 풍차에서도 약 40%이다.

여기서 소개한 것은 익소·운동량 복합이론이라고 하는 것이며, 반경 방향의 속도 변화에 대해서 고려하는 경우에는 **그림 5.3**의 유관을 둥근 고리형 유관의 집합으로 생각하면 된다. 이 때에는 실용상 충분한 정밀도의 답을 구할 수 있다고 알려져 있다.

2 직경 20m의 수평축 풍차

여기서는 수평축 풍차에 대해서 구체적으로 그 성능을 조사해 보자. **그림 5.5**는 1970년대에 미국 ERDA/NASA의 100kW 풍력 터빈 MOD-0 풍차의 형상을 보여주고 있다.

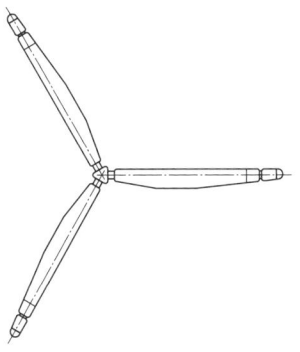

그림 5.5 ERDA/NASA의 MOD-0 풍차

익소의 각도(그림 5.4의 θ)는 0°이며, 주속비에 대한 효율의 관계는 그림 5.6에 나타냈다. 풍차 효율 C_P의 정의에서

$$E = \frac{\rho}{2}\pi R^2 C_P V^3 \qquad (5.23)$$

또한, 주속비 λ는 회전수를 $N[\text{rpm}]$으로 하여

$$\lambda = \frac{2\pi(N/60)R}{V} \qquad (5.24)$$

로 주어진다.

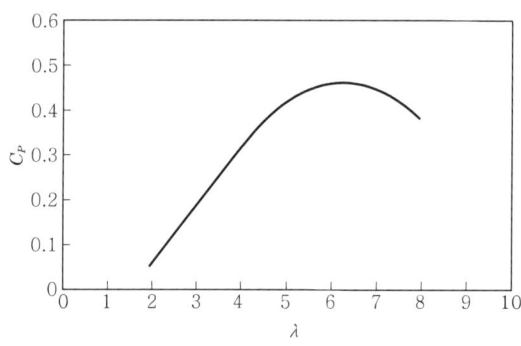

그림 5.6 풍차 효율

풍차 반경 R을 10m로 한 경우, 두 식과 **그림 5.6**에서 회전수와 출력의 관계를 나타낸 것이 **그림 5.7**이며 풍속의 변화가 출력에 큰 영향을 주고 있음을 알 수 있다.

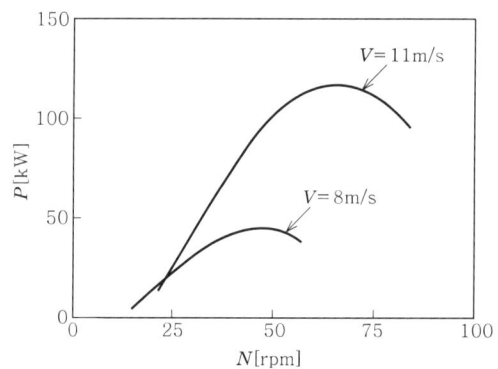

그림 5.7 풍차 회전수와 출력

3 수평축 풍차의 설계

지금까지 풍차 로터에 관한 공기역학에 대해서 설명했다. 실제 설계에서는 풍력 터빈의 공기역학적 사항은 이미 설명한 블레이드의 공기역학적 해석 외에, 풍력 터빈의 최적 블레이드 날개형의 공기역학적 특성 해석도 풍력 터빈의 성능 향상을 위해서 지극히 중요하다. 또한 너셀이나 타워, 여러 대 설치되는 경우 풍력 터빈의 상호 영향, 그리고 주변 지형에 의한 영향 등 여러 가지 관점에서 충분히 공기역학적인 해석을 하는 것이 풍력 터빈의 성능 향상뿐만 아니라, 구조역학적인 안전성에서도 중요하다.

5.3 수직축 풍차

수평축 풍차(HAWT)에 대해 풍력 터빈 대분류의 또 한 가지로 수직축 풍차가 있으며, 일반적으로는 수직축 풍차(VAWT : Vertical Axis Wind Turbine)라고 한다.

발전용 풍력 터빈으로서 수직축 풍차는 여러 가지 우위성이 있지만, 종래 공기역학 및 구조역학적인 기술적 축적이 적고, 대형 실용기의 개발은 늦어지고 있지만, 소형의 양력형 수직축 풍차에 관해서는 오랜 기간 공기역학, 구조역학, 발전 특성의 연구가 계속되어, 실용화되고 있다. 다음에 수직축 풍차의 일반적인 공기역학적 해설과, 풍력 터빈용 수직축 풍차로서 우위성이 높은 양력형 수직축 풍차를 중심으로 공기역학적 성능을 해설한다.

1 수직축 풍차의 분류

수직축형으로 분류되는 풍차로서는 여러 형태의 풍차가 고안되어 있고 분류하는 방법도 몇 가지가 있지만, 그 작동 원리로 항력형 풍차와 양력형 풍차로 나뉜다.

풍차의 회전력(구동 토크)을 주로 해서 작동 요소의 공기 저항으로 얻는 것을 항력형 풍차라 하며 풍배(風杯)형(패들형) 풍차, S형 로터, 크로스 플로형 풍차와 서보니우스형 풍차 등이 있다(그림 5.8).

이들 항력형에는 풍배 등 풍차 구성 요소의 볼록한 쪽과 오목한 쪽의 저항이 달라지고 있는 것을 이용해서 바람에 의한 풍차 요소를 누르는 힘(항력)에 의해 회전력을 얻고 있다.

그림 5.8 〉〉〉
항력형 수직축 풍차의 예

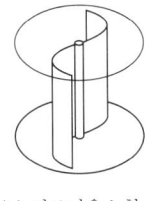

(a) 풍배형   (b) 서보니우스형

양력형 풍차는 풍차 구성 요소로부터 발생하는 양력을 이용해서 회전력을 얻는 형식이며, 비행기의 날개에 이용되는 것과 같은 단면 형상을 한 풍차 구성 요소를 쓰고 있다. 주요 양력형 풍차로는 다리우스형 풍차와 직선 날개형 풍차 등이 있다(그림 5.9).

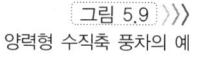
그림 5.9
양력형 수직축 풍차의 예

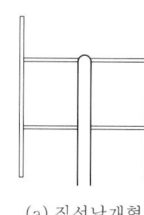
(a) 직선날개형

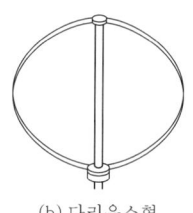
(b) 다리우스형

2 수직축 풍차의 특성

풍차의 이론에서는, 풍차의 회전 상황을 유입 풍속과의 비로 나타내는 것으로 표시한다. 그 중 하나로, 풍차 선단부의 주속 U와 일반풍의 풍속 V_∞와의 비를 주속비 λ로서 정의하는 경우가 많다. 이 풍차 선단부의 주속 U는 회전 반경 R과 회전각 속도 ω로 구한다.

$$\lambda = \frac{U}{V_\infty} = \frac{R\omega}{V_\infty} \tag{5.25}$$

풍차는 바람으로부터 에너지를 얻는 장치이며, 풍차의 성능 평가 중 하나로서 에너지 변환율, 즉 효율을 고려한다. 이 풍차로 얻은 에너지량 P는 풍차의 축 토크 T에 축의 회전각 속도 ω를 곱해서 얻어지는 것으로, 높은 효율을 실현할 수 있기 때문에 높은 회전각 속도로 큰 토크를 얻는 것이 이상적이다. 이 높은 회전각 속도는 유입 풍속이 일정한 경우에는 주속비 λ가 높은 것을 의미한다.

항력형 풍차는 기동 토크가 큰 반면, 주속비가 높은 영역에서는 풍차의 에너지 변환율이 높지 않은 특징이 있다. 한편, 양력형 풍차는 항공기의 주날개 등에 이용되고 있는 날개형에 작용하는 양력과 항력의 비(양항비)가 적절한 조건하에서는 70~90이나 되기 때문에 이 성질을 이용한 풍차이다. 즉 양력은 항력의 70~90배가 되며, 항력보다는 양력으로 풍차를 구동하는 것이 양력형 풍차이다.

그림 5.10
양력형 풍차와 항력형 풍차의 토크계수 변화 예

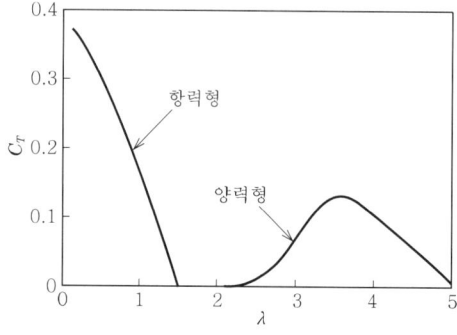

양력형 풍차는 높은 주속비로 큰 토크를 얻고, 에너지 변환율이 높지만, 낮은 주속비에서 토크가 작고, 기동 특성에 대한 과제가 남아 있다(그림 5.10, 그림 5.11).

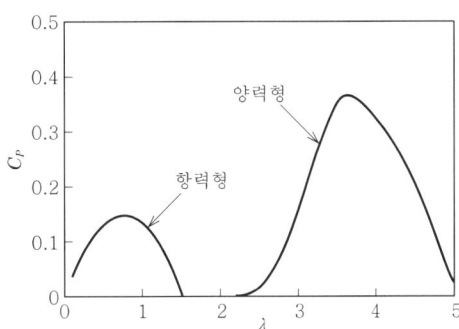

그림 5.11 >>>
양력형 풍차와 항력형 풍차의 파워계수 변화의 예

3 풍차 성능의 추정과 공기역학

수직축 풍차의 공기역학으로서 가장 구성이 간단한 직선 날개 수직축 풍차에 대해서 설명한다(그림 5.12). 수직축 풍차의 공기역학적인 주요소로서는 블레이드와 암(arm)이 있다. 블레이드로부터는 바람의 에너지를 얻고, 암은 주로 블레이드로부터의 회전력을 회전축에 전달하는 역할을 맡고 있다.

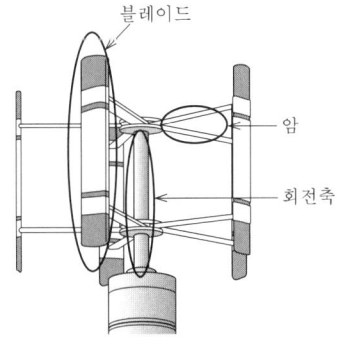

그림 5.12 >>>
수직축 풍차와 풍차 구성 예

풍차 성능을 결정하는 것은 블레이드이지만 수직축 풍차에서는 이 블레이드로 바람의 특징을 파악하는 것이 중요하며, 풍차 내의 풍속을 추정하고, 풍차 성능을 구하는 방법이 일반적으로 이용되고 있다.

풍차를 통과하는 바람의 흐름에 대한 개념은 여러 가지가 있지만, 가장 간단한 것은 일정한 흐름이 그대로 풍차 내를 통과하고, 풍차 후류(後流)도 일정한 풍속이라고 간주하는 것이다(일양류(一樣流) 이론, 그림 5.13).

풍차가 바람 에너지를 자연풍으로부터 얻고 있는 작용의 반작용으로서, 풍차는 흐름에 대해 저항 물체로서 작용한다. 이 때문에 풍차 내의 풍속은 일정한 흐름에서 감속되어, 일양류 이론으로는 정밀한 풍차 특성을 얻을 수 없다.

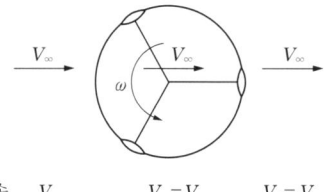

그림 5.13 〉〉〉
풍차를 통과하는 기류 풍속
(일양류 이론)

이 풍차에 의한 에너지 수수(授受)를 고려한 바람의 흐름 추정 방법이 단일유관(單一流管) 이론이다. 풍차 전후의 흐름을 하나의 유관으로 생각하고, 이 유관 내 장소에서 에너지를 교환함으로써 풍차의 공기역학 특성을 구하는 방법이다.

이 외에도 다류관(多流管) 이론, 각(角)운동량 이론, 다중유관(多重流管) 이론 등 여러 가지 방법이 있지만, 여기서는 간략화된 방법으로 풍차 공기역학 특성을 비교적 양호하게 추정할 수 있는 단일유관 이론을 해설한다.

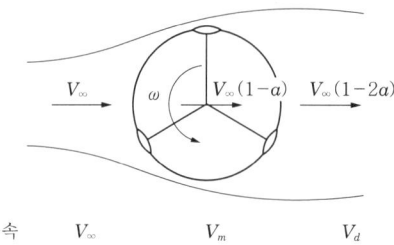

그림 5.14 〉〉〉
풍차를 통과하는 기류 풍속
(단일유관 이론)

풍차는 바람에서 에너지를 얻기 때문에 일정 영역 안에서는 에너지 보존법칙이 성립한다. 그러므로 풍차로 얻은 에너지만큼 바람의 변화가 일어난다고 생각하는 것은 당연하다. 여기서 풍차 전후의 풍속을 다음과 같이 정의한다.

풍차에 바람이 닿으면 일양류 풍속 V_∞는 풍차 회전면 내에서 V_m으로 감속되고, 풍차 통과 후의 풍차 후류(後流)부에서는 V_d가 된다. 여기서 풍차 회전면 내에 기류의 감속률을 a라 하면, 풍차 내 풍속 V_m은 다음과 같다.

$$V_m = V_\infty(1-a) \qquad (5.26)$$

이 기류의 감속률 a를 구하기 때문에 풍차에 작용하는 항력 F_X는 다음과 같이 정의한다.

$$F_X = \frac{1}{2} \rho V_\infty^2 A C_{FX} \qquad (5.27)$$

여기서, ρ : 공기 밀도
V_∞ : 일양류 풍속
A : 풍차 투영 면적
C_{FX} : 풍차 항력 계수

또한 풍차 내의 풍속을 기본으로 풍차에 작용하는 항력 F_X를 운동량 보존의 법칙과 연속되는 식으로부터 도출하면 다음과 같은 식이 나온다. 또한 풍차 항력은 풍차 회전 중에 변화하지만 여기에서는 평균치로서의 항력 계수 C_{FX}로서 취급하고 있다.

$$F_X = 2\rho V_\infty^2 a(1-a)A \qquad (5.28)$$

이 식들로부터 기류의 감속률 a는 다음과 같은 식으로 풍차 항력계수 C_{FX}에서 구해진다.

$$a = \frac{1}{2}(1 - \sqrt{1 - C_{FX}}) \qquad (5.29)$$

다음으로 풍차 항력 계수 C_{FX}를 구하기 위해서는 블레이드에 대한 공기역학적 데이터가 필요하며, 그러므로 블레이드의 상대 유입 풍속 V_R을 설정한다.

일양류의 풍속을 V_∞, 암 반경 R, 풍차 회전각 속도 ω, 일양류(一樣流)와 블레이드에 설치되어 있는 암의 각도를 ϕ, 블레이드와 암의 설치 각도 θ, 블레이드의 유입각(inflow angle) ψ, 블레이드의 영각(angle of attack) α이라고 하면, 그림 5.15와 같이 블레이드의 상대 유입 풍속 V_R과 각속도의 관계를 구할 수 있다.

이 상대 유입 풍속 V_R을 일양류 풍속 V_∞와의 비로서 무차원화(無次元化)한 풍속 $\overline{V_R} = V_R/V_\infty$는, 주속비(周速比) λ를 기류 감속률 a에 의해 보정된 $\lambda^* = \lambda(1-a)$을 사용하여 다음 식으로 구한다.

$$\left. \begin{array}{l} V_R^2 = V_\infty^2(1 - 2\lambda^* \sin\phi + \lambda^{*2}) \\ \therefore \overline{V_R} = (1-a)\sqrt{1 - 2\lambda^* \sin\phi + \lambda^{*2}} \end{array} \right\} \qquad (5.30)$$

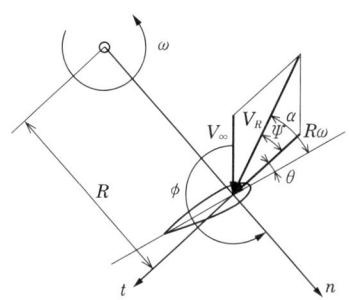

그림 5.15
블레이드로의 바람의 유입
풍속에 관한 개념도

 이 블레이드로의 상대 풍속에서 블레이드에 작용하는 공기력(양력이나 저항)에 대해서, 블레이드 설치 암의 축 방향 성분을 C_{Fn}, 이것에 직교하는 회전면 방향의 성분 C_{Ft}로서 구하고, 블레이드 매수 n, 블레이드 길이 l_B로 한 바퀴 회전한 적분을 함으로써 의해 풍차 항력계수 C_{FX}가 다음과 같이 구해진다.

$$C_{FX} = -\frac{nl_B}{4\pi}\int_0^{2\pi}\overline{V_R^2}(C_{Fn}\cos\phi + C_{Ft}\sin\phi)d\phi \tag{5.31}$$

단, $\quad C_{Fn} = C_L\cos\Psi + C_D\sin\Psi,$

$\quad\quad C_{Ft} = C_L\sin\Psi + C_D\cos\Psi \tag{5.32}$

여기서, C_L : 블레이드의 양력 계수
$\quad\quad\quad C_D$: 블레이드의 저항 계수

식 (5.31)과 식 (5.29)로 풍차부에서의 기류 저감률 a를 구할 수 있다. 마찬가지로 구한 기류 저감률과 주속비를 근거로 한 상대 유입 풍속과, 블레이드 특성의 3분력(양력 계수 : C_L, 저항 계수 : C_D, 모멘트계수 : C_M)에서 블레이드의 토크 계수 C_{TB}를 구해, 풍차의 성능을 검토할 수 있다.

$$C_{TB} = \frac{nl_B}{4\pi}\int_0^{2\pi}\overline{V_R^2}(C_L\sin\Psi + C_D\cos\Psi - C_M l_B)d\phi \tag{5.33}$$

여기서의 블레이드 토크 계수 C_{TB}는 다음과 같이 블레이드에서 발생하는 토크 T_B로 정의된다.

$$\left.\begin{array}{l} T_B = \dfrac{1}{2}\rho V_\infty^2 A \cdot R \cdot C_{TB} \\ C_{TB} = \dfrac{T_B}{\dfrac{1}{2}\rho V_\infty^2 A \cdot R} \end{array}\right\} \tag{5.34}$$

여기서, R : 풍차 회전 반경

풍차 회전에 대해서는, 블레이드 외에 암에 의한 토크 T_A가 발생한다. 이 암에 관해서는 토크도 블레이드와 같이 다음과 같이 정의된다.

$$\left. \begin{array}{l} T_A = \dfrac{1}{2}\rho V_\infty^{\,2} A \cdot R \cdot C_{TA} \\[2mm] C_{TA} = \dfrac{T_A}{\dfrac{1}{2}\rho V_\infty^{\,2} A \cdot R} \end{array} \right\} \qquad (5.35)$$

이들 블레이드와 암의 토크를 합한 풍차 전체의 토크 $T = T_B + T_A$가 되기 때문에 풍차 효율 C_P는 다음 식으로 구할 수 있다.

$$P = \frac{1}{2}\rho V_\infty^{\,3} A C_P \qquad (5.36)$$

$$C_P = (C_{TB} + C_{TA}) \cdot \lambda \qquad (5.37)$$

4 풍차 성능에 영향을 주는 요소

수직축 풍차의 성능에 큰 영향을 주는 요소로 블레이드(날개형)의 공기역학적 특성은 물론이고, 여러 가지 요소들 중에 풍차의 솔리디티(Solidity)에 대해서도 생각해 볼 필요가 있다. 이 솔리디티 σ는 반경 R의 원주 길이($2\pi R$)에 대한 블레이드 현(弦)의 길이의 합($n \cdot c_B$)으로 정의한다. 간단하게 솔리디티 σ로서 블레이드 현의 길이의 합과 반경(半徑)의 비로 나타내는 경우가 많다.

$$\left. \begin{array}{l} \sigma = \dfrac{n \cdot c_B}{2\pi R} \\[2mm] \sigma' = \dfrac{n \cdot c_B}{R} \end{array} \right\} \qquad (5.38)$$

솔리디티와 풍차 효율의 관계는 솔리디티가 커지면 풍차 효율이 최대가 되고 주속비가 작아진다(그림 5.16). 솔리디티가 커지면 풍차의 저항이 커지기 때문에 풍차의 블레이드에 도달하는 풍속이 저하하고 블레이드에서의 높은 회전 토크를 얻을 수 있는 영각(迎角)이 저주속비(低周速比) 측으로 이동하기 때문이다.

양력형 수직축 풍차의 특징으로서 시동과 기동 특성에 일부 과제가 남아 있기 때문에, 그 개선을 위해서 솔리디티를 크게 하는 경우가 있다. 시동과 기동 특성은 높은 솔리디티화에 의해 개선되지만 솔리디티가 커지면 풍차 효율이 높은 주속비의 영역이 좁아진다. 이 때문에 풍차로부터 더욱 효과적으로 에너지를 얻기 위해 보다 정밀한 회전 제어가 요구된다.

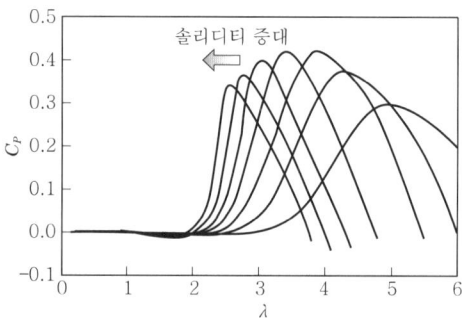

그림 5.16 〉〉〉
솔리디티와 풍차 효율의 변화

이 솔리디티와 풍차 효율의 변화는, 풍차를 통과하는 풍속 거동(擧動)과 관련되어 있다. 솔리디티가 높아지면 풍차 저항이 커지기 때문에 풍차 안을 통과하는 흐름이 저감된다.

이 저항에 따라, 자연풍은 롤러 주위의 흐름처럼 주위를 우회하는 흐름이 촉진되는 것이다(그림 5.17).

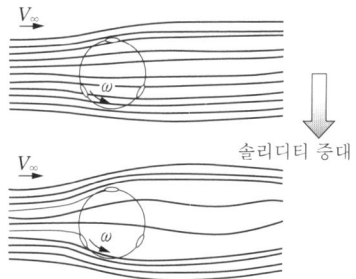

그림 5.17 〉〉〉
솔리디티와 풍차 주변의
유선 변화 계산 예

솔리디티가 풍차에 미치는 영향은 블레이드에 도달하는 풍속 변화로 나타난다(그림 5.18).

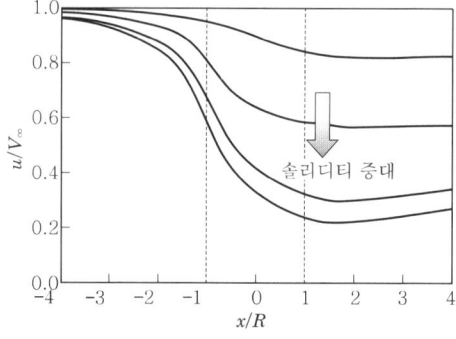

그림 5.18 〉〉〉
풍차를 통과하는 풍속의
계산 예

블레이드에 도달하는 풍속은 자연풍과 회전에 따른 각속도의 합성으로 얻을 수 있지만, 풍차 안으로 풍속이 저하함으로써 블레이드에 유입되는 기류의 영각이 감소하며, 이에 따라 블레이드에서 높은 토크를 얻을 수 있는 영각 범위로 기류가 도달하지 않게 되어 효율이 감소한다(그림 5.19).

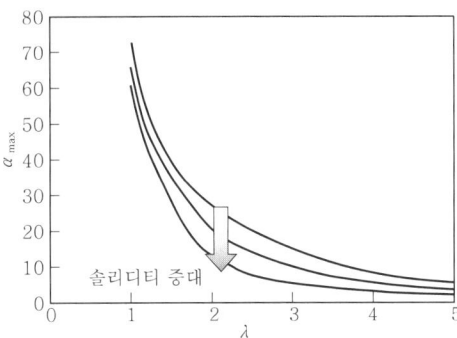

그림 5.19
솔리디티와 최대 영각 변화의 계산 예

또한 솔리디티의 정의는 식 (5.38)과 같으며 솔리디티의 변화는 블레이드 매수, 블레이드 앞 뒤 방향의 길이의 곱에 의해 일어난다. 실용 기기를 생각할 때 솔리디티가 작은 경우, 최대 토크는 커지지만 토크를 유효하게 얻을 수 없는 회전각 범위가 넓어지기 때문에, 특히 시동과 기동 시에는 불안정한 회전 상태가 될 것으로 예상되므로 실용 기기 레벨에서의 솔리디티 평가에서는 시동과 기동 시 및 운용 주속비에서의 유체역학적 영향뿐만 아니라 구조상이나 발전 특성 등을 충분히 감안하여 솔리디티에 대한 평가를 시행하는 것이 중요하다.

솔리디티와 마찬가지로, 풍차 효율에 크게 영향을 미치는 것이 주속비이다. 솔리디티와 함께 주속비에 대해 최적의 풍차 효율을 얻을 수 있도록 배려하는 것도 중요하다.

5 수직축 풍차용 날개형

수직축 풍차에서는 풍차의 회전에 따라 블레이드가 넓은 영각 범위에서 작동하고, 저주속비에서는 ±180도, 고주속비에서는 ±10도 전후의 영각 변화를 한다. 또한 블레이드의 회전각 위치에 따라 자연풍과 회전각 속도, 풍차 내 통과 풍속에 따라 블레이드에서의 동압(動壓)도 주기적으로 변동한다.

이와 같이 복잡한 블레이드에 바람의 변화가 있기 때문에, 수직축 풍차용 날개형의 공기역학적 특성이 풍차 성능에 미치는 영향을 정확하게 파악하기가 어렵다. 토카이(東海)대학에서는 그 해결책으로서 날개형에 무게 함수를 이용함으로써 수직축 풍차에 필요한 날개형 특성을 다음과 같이 밝혔다.

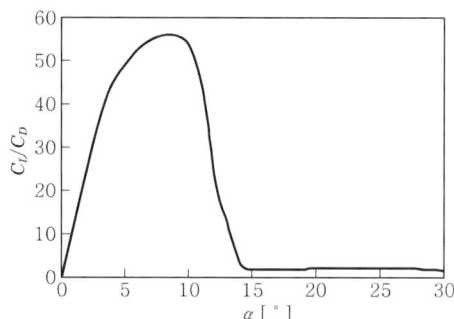

그림 5.20 영각과 양항비(C_L/C_D)(NACA0012, $R_c = 3.6 \times 10^5$)의 예

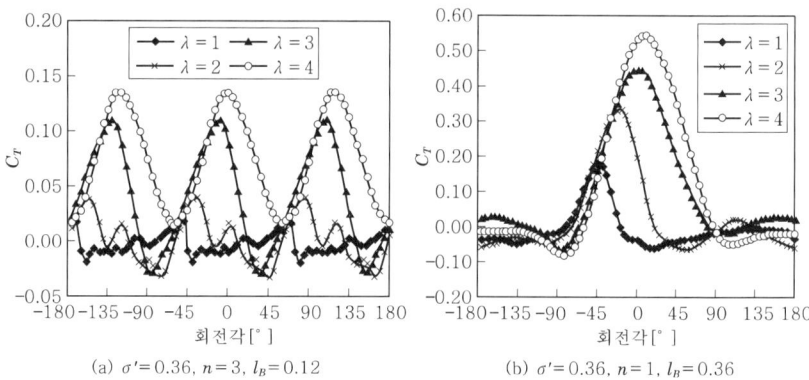

그림 5.21 풍차 회전각마다 토크계수의 블레이드 매수에 의한 변화 계산 예

(a) $\sigma' = 0.36$, $n = 3$, $l_B = 0.12$
(b) $\sigma' = 0.36$, $n = 1$, $l_B = 0.36$

① 양력계수가 클 것
② 항력계수가 작을 것
③ 항력계수가 영(零)양력각에 대해서 대칭인 것
④ 네거티브(-)의 흔들림 모멘트(moment) 계수가 클 것

이 중에서 특히 양력계수의 영향이 큰 것과 양항비(揚抗比)가 중요하다. 수직축 풍차에서는 NACA4 문자계(文字系)의 대칭 날개형(예: NACA0012 등)이 자주 사용되지만 위에 열거한 흔들림 모멘트계수에 관한 특성을 제외하면 좋은 특성이라고 할 수 있다.

6 풍차 주위 흐름의 거동

풍차 내부나 주변부 바람의 흐름을 파악하는 것은 풍차 성능 향상이나 풍차 성능을 파악하는데 중요하다. 종래에는 풍동 실험에 의해 풍차 특성을 파악했지만, 최근에는 컴퓨터 기술의 발전으로 인하여 수치 시뮬레이션으로 흐름의 거동을 파악하는 것이 비교적 쉬워지고 있다. 수직축 풍차에 관해서도 수치 시뮬레이션에 의해 흐름을 해석하고 있고, 여러 가지 유익한 지식과 견해가 나오고 있다. 다음에 그 일부를 나타냈다.

솔리디티와 주속비에 의한 흐름의 변화를 해석한 결과가 **그림 5.22**이며, 낮은 솔리디티의 경우에는 주속비가 높아져도 유선의 변화는 적지만, 솔리디티가 높으면 주속비에 의한 유선의 변화가 커지는 모습이 나타나 있다.

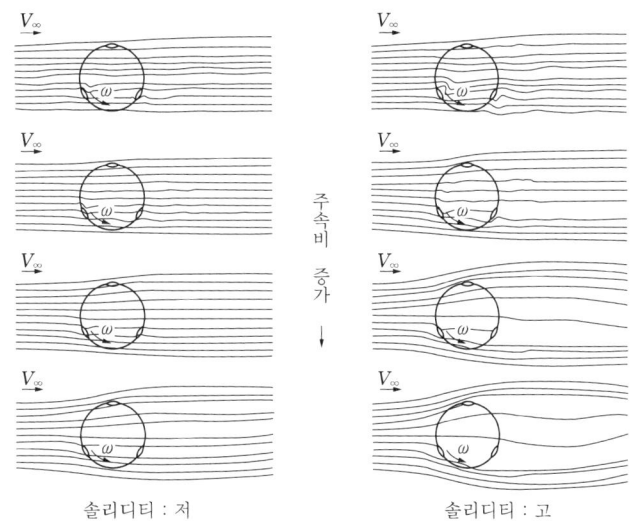

그림 5.22
풍차 주변 흐름의 솔리디티와 주속비에 의한 변화 계산 결과의 예

다음으로, 풍차를 다수 나열하여 이용하는 경우를 참고하여, 풍차 후류부에서 바람의 흐름 영향을 조사한 결과가 **그림 5.23**이다. 이 계산 예는 솔리디티가 낮지만, 풍차 후류부에서 풍속의 회복 위치가 풍차로부터 꽤 떨어져 있는 것을 알 수 있다. 또한 주속비가 높을수록 풍속의 회전 거리가 짧아지고 있다.

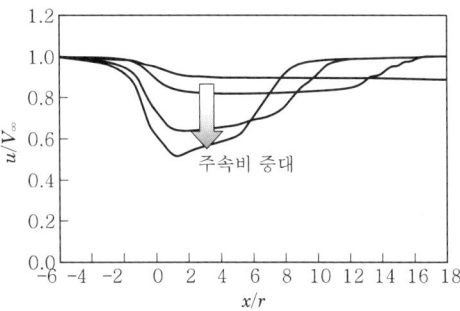

그림 5.23
풍차 후류부에 있어서 바람의 흐름(풍하축(風下軸) 방향 성분) 변화 계산 예

풍차 내 흐름의 거동을 수치 시뮬레이션에 의해 해석한 결과를 **그림 5.24**에 나타냈다. 주속비가 높아지면 풍차 내의 풍속이 저감하고 있음을 알 수 있다. 블레이드의 회전 위치에 따라 블레이드로의 유입 풍속이 크게 변화하고 있는 것과, 블레이드에 의한 흐트러짐의 영향이 풍차측에 나타나고 있음도 시각적으로 이해할 수 있다.

또, 풍차 지주에 대해서 고려한 경우에 대해서도 나타냈다. 이 계산에서는 블레이드 현(弦)의 길이와 같은 정도의 직경의 지주(支柱)를 설정하고 있으며 지주 직경 D의 8배 정도 떨어진 하류측을 블레이드가 통과하게 된다. 이 원주 후류(後流)의 $8D$ 정도의 위치가 되면 풍속 변화는 적어지므로 이 정도 길이의 지주라면 거의 풍차 성능에 주는 영향은 없다고 할 수 있다.

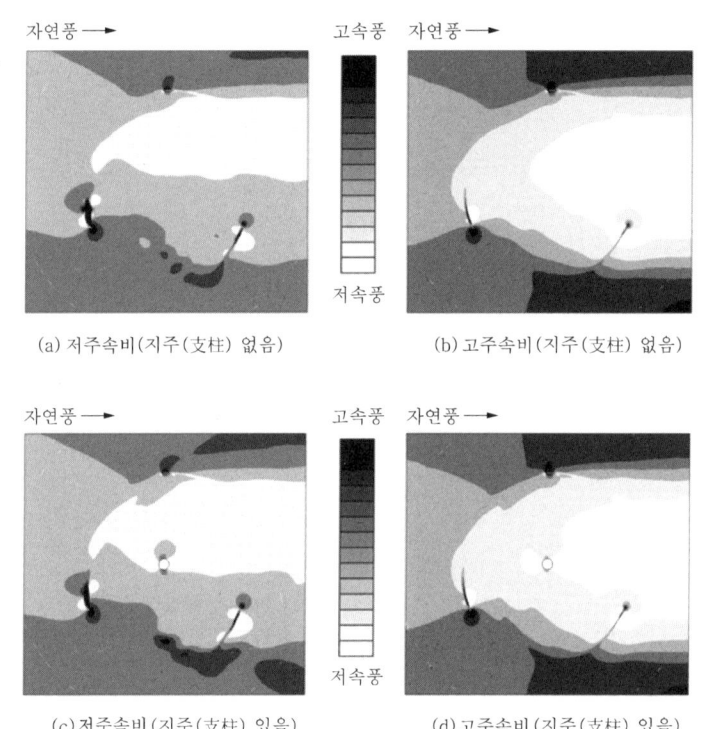

그림 5.24 풍차부에 있어서 바람의 흐름 변화 계산 예

(a) 저주속비(지주(支柱) 없음) (b) 고주속비(지주(支柱) 없음)
(c) 저주속비(지주(支柱) 있음) (d) 고주속비(지주(支柱) 있음)

여기서 나타난 계산 결과는 평균적인 풍속만이 아닌 바람의 흐트러짐 상황도 수치 시뮬레이션으로 파악할 수 있으며 이들 바람의 예측 결과를 근거로 개별 풍차의 성능 향상이나 구조역학적인 조건으로서 이용이 가능하다.

또한 풍차 주위 흐름의 해석 결과를 근거로 풍차를 여러 대 설치하는 경우 최적 배치에 관한 지견(知見)을 얻을 수도 있다. 수치 시뮬레이션 수법은 풍동(風洞) 실험과 같은 양상으로 어디까지나 흐름의 해석 수법 중 하나이며, 만능 수법은 아니다. 풍동 실험과 적절히 상호 보완하여 이용하는 것이 중요하다. 필요에 따라서 수치 시뮬레이션 결과와 풍동 시험 결과와의 정합성을 평가하는 등, 이용하는 목적에 따라서 수치 시뮬레이션 수법의 선택과 예측 정밀도를 감안하여 이용할 필요가 있다.

7 수직축 풍차의 설계

 본 절에서는 수직축 풍차로서 서보니우스형으로 대표되는 항력형 풍차와 직선 날개를 이용한 양력형 수직축 풍차 등의 특성을 정리하고, 풍력발전에서의 풍차 성능 추정 방법, 풍차 성능에 주는 영향 등에 대해서 설명했다. 이들 공기역학적인 수직축 풍차의 정리는 어디까지나 기본적인 사항을 나타낸 것을 주체로서 정리한 것이며, 실용기의 설계 등에 있어서는 응용면에서 더욱 세세한 검토가 필요하다.

 그와 같은 응용면에서 설계에 도움이 되는 것이 수치 시뮬레이션 기술을 이용한 풍차의 흐름 해석 수법이다. 여러 가지 조건 변화에 대한 공기역학적인 성능을 쉽게 분석할 수 있으며, 감도 분석적으로 풍차 특성을 검토할 수 있다.

 단, 앞에서 설명한 것처럼 수치 시뮬레이션 수법은 절대적인 것이 아니고, 풍동 실험이나 야외 실험 등과 병행하면서 수법의 예측 정밀도를 충분히 감안하여 이용하는 것이 중요하다.

 풍력발전 시스템으로서 풍차는 제어 시스템이나 발전 시스템과의 정합성이 중요하며, 신뢰성 있는 효율적인 운용을 위해 설계해야 한다. 이를 위해서는 풍차의 공기역학적 성능, 구조, 재료, 최적 부하 제어 등의 적합성이 중요하며, 안전한 시스템으로 설계할 필요가 있다.

MEMO

CHAPTER
06

풍력발전
시스템 설계

06 풍력발전 시스템 설계

6.1 개념 설계

1 풍차의 형식

풍차에는 각종 형식이 있지만 이들을 형상(形狀)이나 기능별로 다음과 같이 나누어 볼 수 있다.

(1) 수평축 풍차와 수직축 풍차[1]~[3]

풍차의 회전체 중심축을 기준으로 하여 분류한 것으로 보통은 수평축과 수직축의 풍차가 있다. 수평축 풍차는 그 회전축이 풍향에 평행 즉, 지표에 수평 방향인 것으로 오늘날 풍차의 다수가 이 수평축 방식이다. 수평축 풍차의 대표적인 형상은 그림 6.1과 같다.

그림 6.1 〉〉〉
대표적인 3날개식
수평축 풍차

어린 아이가 만드는 소형 바람개비부터, 풍력발전소에서 이용하는 1기에 수천kW의 출력을 발생시키는 대형 풍차까지, 각종 풍차가 만들어지고 있다. 수직축 풍차는 특히 근대 풍차로서 주요한 위치를 차지하는 자이로(gyro) 풍차(직선 날개식)와 다리우스형 풍차가 있다. 모두 양력형 풍차이다. 다리우스형은 근대 풍차가 채용된 시기에 높이가

100m를 넘는, 출력 4,000kW의 대형 풍차가 만들어졌지만, 고장이 나서 현재 가동하지 않고 있다. 또 한 가지 특징은 바람에 대해 무지향성이며 수평축 풍차가 필요로 하는 요 구동 장치(yaw driving device)가 필요 없어 풍향 변동이 큰 저풍속 시 운전에서는 그 위력을 발휘한다.

그림 6.2에 근대의 수평축 풍차와 수직축 풍차의 예를 나타냈다. 이외에도 많은 형식이 있지만 여기에서는 생략한다.

그림 6.2 >>>
각종 풍차

수평축 다익풍차
((참고문헌 3)에서 전재)

수직축 자이로 풍차

수직축 다리우스 풍차
((참고문헌 3)에서 전재)

(2) 풍차 로터의 배치

수평축 풍차를 로터 배치로 분류하면,
① 날개가 타워의 풍상측에 설치되어 있는 업윈드(up wind)형
② 타워의 뒤에 설치되어 있는 다운윈드(down wind)형으로 분류된다.

그림 6.3에 전형적인 업윈드형과 다운윈드형 풍차를 나타냈다.

그림 6.3(a)에 나타난 풍차는 바람이 왼쪽에서 오른쪽으로 불고, 타워의 후방에 로터가 있다. 그러므로 풍향에 대해 안정적이며, 풍향 변화에 대해 요(yaw) 기구라고 하는 풍차 본체(너셀)의 방향을 변경시키는 장치가 원리적으로는 필요 없다. 그러나 타워의 후류를 블레이드가 통과하기 때문에 그 영향을 고려하여 대형기에서 다운윈드형을 채용한 사례는 적다.

한편 그림 6.3(b)에 나타난 업윈드형 풍차는 로터가 타워의 전방에 있고 풍향 변화에 대응하여 풍차 회전면을 풍상(風上)으로 향하게 할 필요가 있다. 그 때문에 요 구동 장치라 불리는 회전 장치가 필요하다. 날개로 유입되는 바람은 타워의 영향을 받는 경우가 적고, 풍속 변동에 따른 피로를 줄일 수 있기 때문에 오늘날 대형 풍차의 주류를 이루고 있다.

요 구동 장치는 보통 전동식이나 유압식이지만 태풍이 불고 정전이 계속되면 풍향의 변화를 따를 수 없게 되기 때문에 큰 사고가 발생하는 경우도 있다. 앞으로 풍차는 대형 태풍이 통과할 때 발생하는 정전에 대한 대책을 세워야 한다.

그림 6.3 >>>
다운윈드형 풍차와 업윈드형 풍차

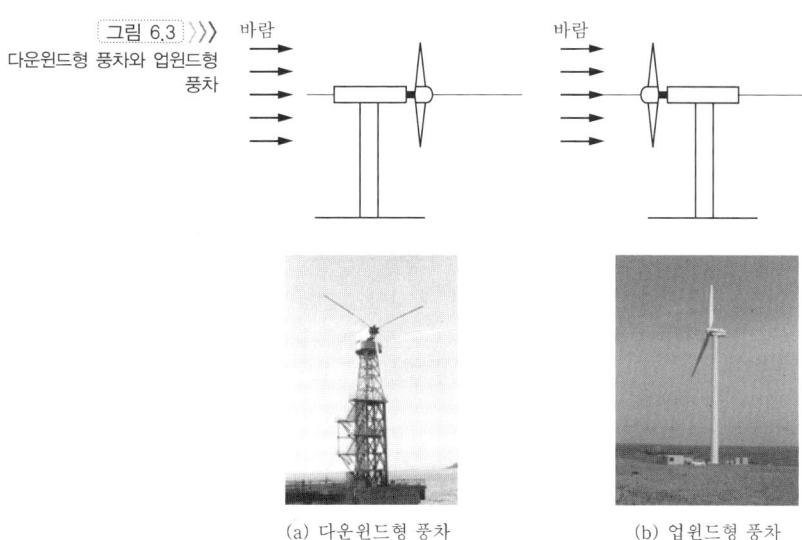

(a) 다운윈드형 풍차   (b) 업윈드형 풍차

(3) 풍차의 날개 매수 결정

근대의 수평축 풍차는 현재 3매 날개가 주류이며, 발전기는 유도식과 동기식, 출력 제어는 스톨 제어(stall control), 액티브스톨 제어(active stall control), 피치 제어(pitch control)가 있다. 3매 날개의 풍차와 비교해 보면, 2매 날개와 1매 날개의 풍차는 날개 매수가 적고, 회전수를 올릴 수 있어 비용면에서는 우위성이 있다. 하지만 공기역학적으로 동일한 바람의 통과면적에서 동일한 성능을 얻으려면 회전수를 상승시킬 필요가 있고, 날개폭을 증가시킬 필요가 있다.

그림 6.4에서 날개수 변화에 따른 풍차의 개념을, 그리고 실제로 설치된 풍차의 사진을 나타냈다.

그림 6.4 >>>
날개수의 변화에 따른 풍차 형상의 변화

3매 날개 풍차   2매 날개 풍차   1매 날개 풍차

날개 매수가 감소하면 바람 변동에 따른 풍외력(風外力)이 커지고, 날개의 위치에 따라 발생하는 하중 변화가 커진다. 이 때문에 1매 날개나 2매 날개는, 예를 들어 그 영향을 줄이기 위해 티터드 허브(teetered hub)라 하는 힌지(hinge)를 가진 허브 구조로 그 외력의 영향을 작게 해왔다.

(4) 풍차 타워의 형식

수직축 풍차는 타워가 중심축이 되기 때문에 그 주위 바람의 흐름과 강도를 고려한 형상이 되지만 수평축 풍차는 타워의 정상 부분에 본체가 올려지기 때문에 타워 형상에 여러 가지 종류가 있다(그림 6.5).

현재의 대형 발전용 풍차 타워는 강철제의 모노폴(monopol)형이라는 롤러 모양의 타워가 주류이지만, 콘크리트제 타워도 건설되고 있다. 강철제 타워에는 모노폴 외에 트래스(trass)식, 3다리식(三本足), 케이블 보유식과 같은 것이 있으며, 콘크리트제에서도 중간에 단이 있는 것과 테이퍼(taper)를 붙인 것이 있다. 최근의 풍차는 허브 높이(너셀 중심까지의 높이)가 길어져서 60m나 80m로 되고 있다. 그러므로 풍차의 보수나 점검 시 사다리를 설치하거나 작업자의 안전이나 건강을 고려해 타워는 모노폴식으로 하고 내부 사다리를 설치하는 경우도 증가해 왔다. 콘크리트제는 아직 비용이 조금 높다고들 하지만, 해상 풍력과 같이 내식성이 요구되는 지역에서는 적절하다고 생각된다.

그림 6.5 각종 타워((참고 문헌 3)에서 전재)

(a) 강철제 모노폴 (b) 콘크리트제 (c) 강철제 트래스 (d) 강철제 3다리 (e) 강철제 지선식

(5) 풍차의 정격 풍속

풍차는 에너지원이 바람이며, 항상 한결같이 바람이 불지 않기 때문에 각종 운전 모드가 설정되어 있다. 풍속과 운전에 대해 **그림 6.6**을 참조하면서 각 풍속과 운전 상태를 살펴보자.

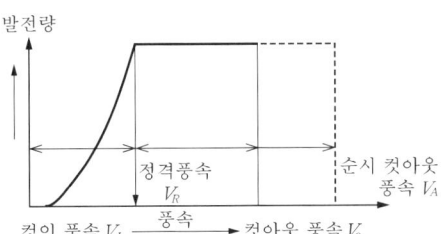

그림 6.6 풍속과 풍차의 운전

① 풍속 0m/s부터 컷인(cut in) 풍속(보통은 3m/s 전후)까지 풍차는 정지(대기한 상태)
② 풍속이 컷인 속도 V_I가 되면 풍차는 기동하고 발전한다.
③ 컷인 풍속 V_I부터 발전을 개시한다. 풍속이 더욱 상승하면 발전량도 증가하며, 기기에 설정된 정격 출력에 도달하게 된다. 이 때의 풍속을 정격 풍속 V_R이라 한다. 그동안 바람으로 얻은 운동에너지($\propto$ 풍속^3)를 모두 발전하도록 운전한다.
④ 정격 풍속 V_R을 넘어서 더욱 바람이 강해지면, 출력을 일정하게 하도록 운전된다. 그 이상의 풍속으로 운전을 계속하면 풍차는 손상을 받으며, 최악의 경우에는 고장이 나기 때문에 풍차를 정지한다. 이 풍차를 정지시키는 풍속을 컷아웃(cut out) 풍속 V_O(보통은 25m/s 정도)이라 한다.
⑤ 풍차의 제어는 정격 출력을 넘지 않도록 운전하는 것을 뜻하며, 그 방법으로 스톨 제어, 액티브 스톨 제어, 날개 피치 제어가 이용되고 있다.
⑥ 컷아웃 풍속에는 2종류가 있으며, 10분간 평균 풍속에서 정지에 이르는 보통 정지의 컷아웃 풍속 V_O와, 순간 최대 풍속이 규정치를 넘으면 즉시 풍차를 정지시키는 순시 컷아웃 풍속 V_A가 있다.

(6) 실제의 풍차

각 회사의 풍차를 그림 6.7에 나타냈다.

그림 6.7 각 회사의 풍차[4]~[9]

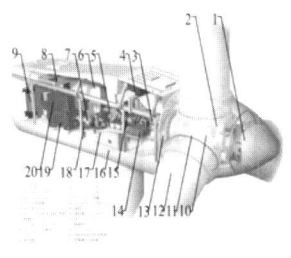
(a) Vestas사 풍차

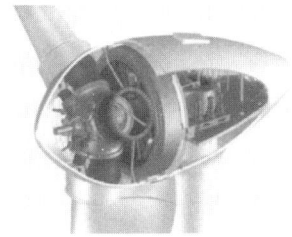
(b) Enercon사 풍차

(c) Nordex사 풍차

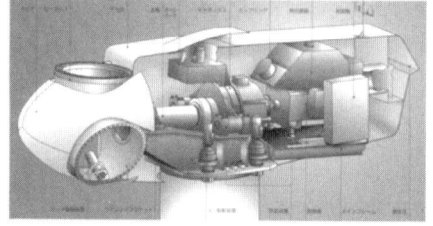

(d) GEwind사 풍차

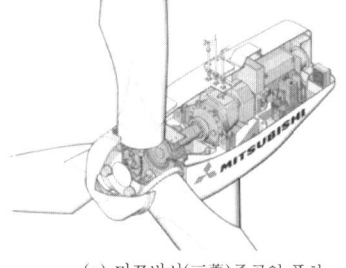

(e) 미쯔비시(三菱)중공업 풍차

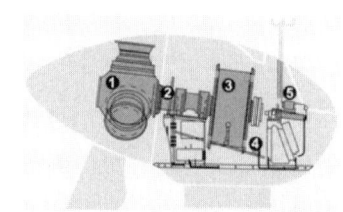

(f) 후지(富士)중공업 풍차

6.2 설계 시 고려할 사항

1 표준 규격

일본 내에는 풍력발전 시스템 설계에 적용되는 법적 규제는 없다. 타워 및 기초, 전기 공작물에 대해서는 해당하는 국내 법규가 적용된다. 그러므로 풍력발전 시스템 본체의 설계, 제조에 대해서는 국제기관이나 인증기관에서 제정하고 있는 규준을 따르는 경우가 많다. 이 표준은 덴마크, 독일 등 유럽의 환경에 맞추어서 만들어진 것이며 일본에서는 태풍이나 산악지의 강풍, 겨울철 번개 등 그 규격들보다 험한 환경의 지역이어서 풍차를 건설하는 지역의 환경 조건을 고려해 기존의 규격보다 험한 조건을 선택할 필요도 있다.

풍차를 지지하는 타워 등의 공작물 높이가 15m를 넘는 경우는 건축기준법 제88조의 적용을 받고 전기 공작물로서는 전기사업법의 적용을 받는다. 대표적인 풍력발전 시스템의 설계 기준은 다음과 같다.

- IEC 61400-1 "Wind turbine generator systems-Part 1 : Safety requirements"

  IEC(국제전기표준회의)가 제정하고 설계, 설치, 조립, 보수의 광범위한 범위에 걸쳐 구체적으로 규정되어 있다. 일본에서도 그 번역판이 「JIS C1400-1 : 풍력발전 시스템 제1부 : 안전 규정」으로 규격화되어 있다.

블레이드 회전 면적 40m²(블레이드 직경 7.1m) 미만의 풍차에서는 설계 기준을 단순화하고, 적용하기 쉬운 것에 중점을 둔 IEC 6400-2 "Wind turbine generator systems-Part 2 : Safety of small wind turbines"가 있고, 마찬가지로 「JIS C 1400-2 : 풍력발전 시스템 제2부 : 소형 풍력발전 시스템의 안전 기준」으로 규격화되어 있다.

- 독일 로이드사 인증 규격 "Germanischer Lloyd's Regulation for the Certification of Wind Conversion Systems"
  Germanischer Lloyd Wind Energy GmbH(이하 GL)은 선박 인증기관인 German Lloyd의 한 기관이었지만, 현재는 풍차 전문 인증기관으로서 독립되어 있다. 그 기술력, 공평성이나 IEC에 앞서 규칙 기준을 제정하는 등 현재 풍차 인증기관으로서 높은 기술과 실적을 보유하고 있다. GL 인증을 취득하기 위해서는 GL 규격에 준거해야 한다. 내용으로는 IEC 61400-1과 비슷한 것이 많지만 보다 구체적이고 세부적으로 규정하고 있다[11].

- DS 472 "Load and Safety for Wind Turbine Strcture"
  덴마크의 풍력발전 구조에 대한 규격이다. 덴마크의 환경 조건에서 운용되는 직경 5m 이상의 풍차가 대상이다.

이하의 환경 요구는 특별한 문제가 없는 한 IEC 61400-1에 의해 설명한다.

(1) 풍속

풍차는 건설되는 장소의 바람 강도에 따라 **표 6.1**에 나타난 다섯 가지의 풍력발전기 그래프로 나뉜다. 이 중 S클래스는 특수한 바람이나 외부 조건이 필요한 경우에 적용하는 것으로 설계자가 결정한다. 해상 풍력발전은 S클래스로서 취급한다.

V_{ave}(평균 풍속)은 풍차가 건설, 운용되는 장소의 허브 높이에서 연간 평균 풍속이다.

V_{ref}(기준 풍속) 클래스에서 설계된 풍력발전기는, 풍차의 허브 높이에서의 재현 기간 50년간 최고 10분 평균 풍속이 V_{ref} 이하의 기상 환경에 견디도록 설계되어 있다. V_{ref}는 V_{ave}의 5배이다. 이상이 풍차의 일반적인 운용에서 직면하게 되는 바람의 조건이다.

그림 6.1 풍차 클래스와 기초 파라미터
(IEC 61400-1, Ed2, 1999)

풍력발전기 클래스		I	II	III	IV	S
풍속	V_{ref}[m/s]	50	42.5	37.5	30	설계자가 별도로 규정한다.
	V_{ave}[m/s]	10	8.5	7.5	6	
바람의 흐트러짐	A : $I_{15}(-)$	0.18	0.18	0.18	0.18	
	$a(-)$	2	2	2	2	
	B : $I_{15}(-)$	0.16	0.16	0.16	0.16	
	$a(-)$	3	3	3	3	

[주] V_{ref} : 10분간 평균의 기준 풍속
V_{ave} : 허브 높이에서의 10분간 평균 풍속
A : 높은 흐트러짐 특성의 카테고리
B : 낮은 흐트러짐 특성의 카테고리
a : 흐트러짐 표준 편차 모델의 경사 파라미터
I_{15} : 풍속 15m/s 시 흐트러짐 강도의 특성치

한편 드물게 나타나는 것으로 상정되는 강풍에 대한 요구는 1년에서 50년 만에 한번 나타날 확률인 극치 풍속(extreme wind speed)으로 다음과 같이 정의된다. 극치 풍속은, 3초간 평균치 및 10분간 평균치이다.

- 50년 기대 극치 풍속 : $V_{e50} = 1.4 V_{ref}$
- 1년 기대 극치 풍속 : $V_{e1} = 0.76 V_{e50}$

풍력발전기 클래스 I, 클래스 II의 최고 풍속은 각각 70m/s와 59.5m/s이다. 최고 풍속은 평균 풍속에서 유도되고 있으며, 본 기준의 기본이 된 유럽 기후와는 다른 조건인 일본에서는 풍력발전기 클래스와 최고 풍속을 하나로 묶어 생각하는 것은 무리이다. 오키나와(沖縄), 큐슈(九州), 시코쿠(四国) 외의 강력한 태풍이 오는 지역에 대해서는, 최고 풍속 70m/s를 넘는 바람도 많이 관측되고 있으며, 최고 풍속은 그 지역의 기상을 충분히 감안하여 설정하는 것이 중요하다.

바람의 흐트러짐에 대해서는, 단시간 풍속 변화는 풍차의 강도, 수명에 큰 영향을 준다. IEC 기준에서는 바람의 흐트러짐을 나타내는 파라미터로서 난류 강도를 쓰며, 난류 강도가 높은 카테고리 A와 낮은 카테고리 B 두 개의 카테고리로 나누고 있다. 이 난류에 대한 분류는 풍속 클래스와 독립된 것으로 풍차를 건설하는 장소의 난류 강도에 따라 선택한다.

바람의 혼란에 대해서도 산악지가 많은 일본에서는 IEC의 규정치를 상회하는 혼란도 관측되는 것으로 알려지고 있다. 이와 같은 바람의 조건에서 클래스 I~IV의 풍력 개발 시스템의 수명은 20년 이상이 요구되고 있다.

(2) 정상 환경 조건

재현(再現) 기간 1년의 기상 조건을 정상 환경 조건으로 다음과 같이 설정하고 있다. 풍력발전 시스템은 정상 환경 조건과 최고 풍속을 중첩시킨 환경에 견디도록 설계한다.

- 기온 : $-10 \sim +40\,℃$
- 상대 습도 : 95%
- 태양 방사 : $1,000\,W/m^2$
- 공기 밀도 : $1.225\,kg/m^3$

(3) 극치 환경 조건

극치 환경 조건이란 전항에서 서술한 정상 환경을 넘어, 일반적으로 드문 환경 조건이며 보통 운용 시 나타나는 바람의 조건과 중첩시켜서 설계 조건으로 하고 최고 풍속을 동시에 고려할 필요는 없다.

- 기온 : $-20 \sim +50\,℃$
- 낙뢰 : IEC 61024-1 "Protection of structure against lighting Part 1 : General prnciples"에 따른다. 단, 동해에 발생하는 겨울철 낙뢰는 세계적으로도 매우 강하므로 그 지역에 설치한 풍력발전 시스템에는 IEC 규격을 넘는 내뢰 대책이 요구되고 있다.
- 빙결(氷結) : 수치적인 규정은 없다.
- 지진 : 일본의 건축법에 따른다. 6.5절 [8]「타워와 기초의 계획·설계」의 항을 참조할 것
- 전력 계통의 상태
  - 전압 : 정격치 ±10%
  - 주파수 : 정격치 ±2%
  - 상전압의 불균형 : 정상(正相)에 대한 역상(逆相)의 비(比)가 2%를 넘기지 않을 것.
  - 정전 : 연간 20회 발생하며 가장 긴 정전 시간은 1주간으로 한다.

(4) 염해[18]

풍력발전 장치는 그 설치 장소가 해안에 가까운 것이 많고 더욱더 해상 풍력발전으로 진전하고 있다. 이 때문에 강한 염분에 노출되는 풍차가 증가하고 있고 염해 대책이나 부식(erosion : 토양 침식, 토사 유출) 대책은 매우 중요해졌다.

해수(海水)는 염화나트륨(식염)이나 염화마그네슘 등의 염화물을 포함하고 염화물 이온(CI⁻) 농도가 수돗물의 수 천 배(약 20,000mg/l)이므로 금속에 대한 부식성이 매우 강하다.

또한 해수의 미립자가 해상에서 불어오는 바람에 의해 운반되어 부식을 일으키기도 한다. 염해 대책으로서는 금속의 표면 처리나 녹 방지 페인트칠을 중심으로 각 부품 레벨마다 부식 방지 대책을 고려해 기기나 장치·계장품의 페인트칠 재료 변경, 녹슬지 않는 소재를 사용한다. 날개나 너셀과 같은 강화 플라스틱(FRP) 부품은 내염성이 강하지만 FRP 표면의 겔코트에 대해서는 내(耐) 부식성의 것을 채용해야 한다.

타워는 강철제로 부식에 민감하므로 충분한 기초 처리, 방청 강화 도장으로 방청력을 강화하고, 콘크리트 타워의 채용 등을 고려함으로써 방청을 도모하여야 한다.

6.3 안전성·신뢰성 [10]~[13],[15]

풍차의 구체적인 설계는 출력이나 회전수와 같은 성능과 강도에 대한 자세한 사항을 결정하는 것이지만, 그 전에 다음에 나타낸 각 항목을 이해하고, 안전한 풍차를 만드는 것이 우선이라는 것을 잊어서는 안 된다. 유의해야 할 사항은 다음과 같다.

① 바람의 거동을 알자.
② 운전 방법을 알자.
③ 운전 시의 하중 조건을 결정하자.
④ 고장의 형태와 그 때의 운전 조건에서의 강도를 검토하자.

그리고 각종 바람이나 운전의 방법에서 풍차가 안전한 설계대로 제작되었는지를 확인하는 것이 중요하다. 또한, 구체적으로 풍차의 최종적 안전 장치는 브레이크인 것을 고려해 구조, 작동 원리, 기기 구성, 운전 방법, 브레이크 운전 특성과 개수, 각 제어 요구에 대한 시정수 외, 상세한 검토가 필요하다. 다음에 풍차의 안전에 대한 검토 사항을 나타냈다.

1 제어 장치와 안전 시스템

제어 시스템(control system)과 안전 개념(safety concept) 설계는, 소위 운전 상태에서의 최적 운전과 안전 확보를 위한 풍차의 개요 설계를 시행할 때에 먼저 확립되어야 한다. 안전 개념에는 허용 회전수, 감속 회전 우력(偶力)(회전 관성 모멘트), 단락 시의 모멘트, 허용 진동량이라는 모든 양(量)을 고려해서 검토할 필요가 있다. 이 사고 방식에 기초하여, GL은 그 최저 요구를 **그림 6.8**과 같이 나타냈다. 이 시스템 설계를 참고하길 바란다.

제어 개념이란 풍차를 효율적으로 운전하기 위해 가능한 한 고장이 없고, 응력(應力)이 적고, 안전한 운전을 목적으로 한 순서이다. 이 순서는 프로그램이 가능하며, 제어 시스템의 일부이다.

안전 개념이란 시스템 개념의 일부로, 고장난 풍차를 안전하게 유지 보수하는 것이다. 그러므로 안전 시스템은 제어 장치에 탑재되는 것으로, 제어 장치가 고장이 나서 풍차의 안전 기준을 넘거나 기준치를 넘어서 정상적인 상태를 유지할 수 없게 되었을 때 작동된다.

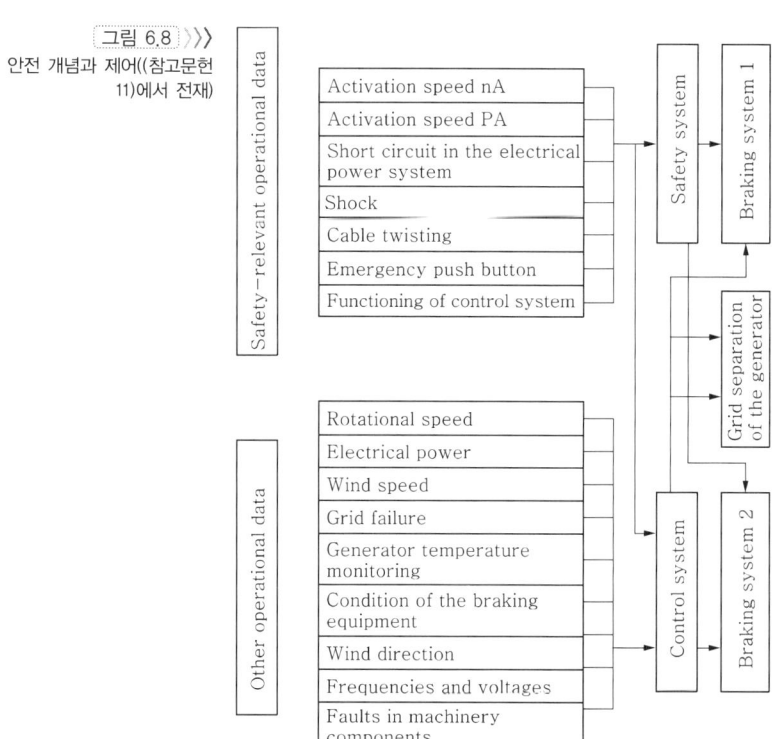

그림 6.8 안전 개념과 제어((참고문헌 11)에서 전재)

현재의 풍력발전 시스템에 있어서 최종적인 안전 시스템은 브레이크 시스템이다. 브레이크 시스템은 회전수를 낮추는 것, 허용 최대치 이하로 회전수를 낮추는 것, 완전히 풍차를 멈추는 것이 목적이기 때문에 구조나 용량에 대해서는 충분한 사전 검토가 필요하다. 유압식, 기계식, 전기식, 공기식 등이 있으며 여러 방식의 조합도 있다.

2 그 외의 안전에 관한 검토

상기 이외에 안전 개념에서 가장 중요하게 생각되는 것이 정전 문제이다. 풍차는 강풍에서 정지하지만, 정전이 먼저 발생했을 때에는 전기나 전동 펌프로 외부에서 에너지를 공급하고 있는 장치는 불능 상태가 된다. 또, 기기가 바람부는 방향을 따라 돌지 못하는 상황도 있을 수 있다. 그러므로 특히 외부 동력 공급, 전원 공급 고장이 가장 큰 문제이다. 이것은 태풍, 사이클론, 허리케인 등에 직면한 운전 상황에서의 과제이다.

외부 동력 공급이 상실된 경우 풍차의 거동에 대해서 IEC나 GL은 1시간 이내의 경우 외부 동력 고장과 그 이상 5일까지의 고장으로 나누고, 상세한 검토를 요구하고 있다.

3 용장성

안전에 관한 용장성(冗長性)(redundancy)에 대해서는 엄중히 설계하여야 한다. 즉 안전 시스템과 제어 시스템은 완전히 독립시키는 설계를 실시한다.

여기서 독립이라는 의미는 안전 장치인 둘 이상의 기기가 같은 원인으로 동시에 고장나는 일이 없도록 해야 한다는 의미이다. 그러므로 하나의 브레이크 고장이 다른 브레이크 시스템에 영향을 미치지 않는 구조로 할 필요가 있다. 풍차는 기존의 원동기와 비교하면 비상시에 입력 에너지를 구할 수 없는 기기이다. 용장성에 대해서는 특히 중요하다는 것을 이해해야 한다.

4 안전 시스템이 작동한 경우 기기의 운전 복귀

안전 시스템 작동 후의 복귀는, 절대 자동 복귀되어서는 안 된다는 것을 우선 순위로 해야 한다. 자동 복귀의 가능성을 각 고장의 원인마다 조사하여 허용 가능한 범위 내에서 자동 복귀를 할 필요가 있다.

전기 계통 손실에서의 정지 시에 대해서도 계통이 복귀하더라도 자동 복귀는 결코 해서는 안 된다. 이것은 운전원의 안전을 위해서도 기기를 보호하는 차원에서도 엄밀히 지켜야 할 것이다.

[주] : 안전 시스템이 작동한 후, 조기에 운전에 복귀시키는 것은 이용률 향상에서는 중요하지만, 그 때에는 충분히 원인을 조사하고 제거한 뒤에 복귀시키는 것이 상식이다. 또한 계통 고장이 발생한 경우에 안전 시스템이 작동하지만, 그 안전 시스템의 작동이 계통의 고장 이전인지 이후인지에 따라 상황은 달라진다. 계통의 고장으로 안전 시스템이 작동한 경우, 그 원인은 계통이기 때문에 자동 복귀는 허용되지만, 계통 고장 이전에 풍력발전 시스템이 정지했다면 복귀 전에 상세히 체크할 필요가 있다.

5 보안 장치

풍차는 보통 안전하게 정지하기 위해서 보안 장치를 설치하지만, 적어도 다음과 같은 고장이 있을 때 보안 장치가 작동하며, 풍차가 정지함과 동시에 전력 계통망에서 분리되도록 설계해야 한다.

그림 6.8을 참조하길 바란다. 또한 너무 빨리 분리되면 2차 피해를 일으킬 가능성이 있다. 보통 이 관점에서 2가지의 분리 방법을 채용하고 있다. 즉 빠르게 분리하는 것(*)과 적절한 시간 후에 분리하는 것(**)이다.

① 과속도(**)
② 풍차 진동이 크다.(**)
③ 피치 제어 이상(**)
④ 요 제어 이상(**)
⑤ 제어 유압 저하(**)
⑥ 화재 감지(**)
⑦ 발전기 과부하(*)
⑧ 교류 제어 전압 저하(**)
⑨ 직류 제어 전원 이상(**)
⑩ 발전기 과전류·결상·전류가 크게 변할 때
⑪ 발전기 과전압(**)
⑫ 발전기 지락 과전류(*)
⑬ 발전기 병렬 운전 중 발전기 개폐기 자동 차단(*)

6.4 하중[10)~12), 15)]

풍차의 설계 해석 조건으로서 하중을 충분히 조사하여 검토할 필요가 있다. 여기에서는 IEC 등에서 나타나 있는 하중 조건과 해석 조건을 설명한다.

1 해석 조건 설정

IEC의 풍차 설계 기준에는 앞서 기술한 바람 조건과 운전 중에 직면하게 되는 상태를 상정하고, 해석 조건을 설정하고 있다. 이 요구는 최소한의 것이라고 생각해야 할 것이다. 여기에서는 IEC의 기준을 토대로 고려해야 할 최소한의 항목을 나타냈다. 기본적으로는 다음과 같은 개념으로 설계 계산을 실시한다.

① 보통의 바람 상황에서 보통 운전 상태
② 보통의 바람에서 기기가 고장났을 때
③ 국지풍의 상태에서 기기가 보통 상태일 때

제4의 조합, 즉 극치풍에서 기기에 이상이 발생했을 때의 강도 계산을 요구하지는 않는다. 이것은 이와 같은 상황이 발생할 확률이 매우 적기 때문이다. 그러나 일본의 풍황을 고려했을 때 세계적으로도 드문 상황이 1년에 몇 번이고 올 때가 있다. 그 때에는 매우 긴 시간 강풍이 불고 풍향의 변화도 극심하다. 또한 정전 시간이 길어지고 최대풍이 불기 이전에 전력 계통이 정전될 수도 있어 최대풍을 고려하여 특별한 검토가 필요하다.

앞에서 기술한 3항목의 해석 조건 중, ①에 나타난 보통 바람의 조건에서 보통 운전 상태의 계산 결과를 피로 강도의 평가로 채용한다. 그 이유는 위에 기술한 대로이다. 즉, 계획하고 있는 풍차의 모델화를 실시하여, 그 풍차에 앞서 기술한 바람 데이터를 풍차의 거동을 시계열(時系列)로 계산하는 응답 해석 계산 코드에 입력하고 풍차가 계획 운전 시간(보통은 20년간)에 직면하는 응력(應力)의 반복 횟수를 계산한다.

돌발적인 강풍(1년 돌풍률 및 50년 돌풍률을 대표로 하는 국지풍)에 대한 강도 계산에도 비정상 과도 응답 계산이 필요하다. GL에는 보통의 계산 방법, 즉 종래의 계산 방법으로도 괜찮다고 기재하였지만, 실무에서 계산의 경계 조건을 다양하게 변화시키는 것으로 실제 계산하기는 매우 어렵다. 따라서 과도 응답 계산을 실시할 수 있는 계산 코드가 필요하다.

개별 풍차의 건설 장소에 관해서는 풍황 데이터가 필요하다. 보통 각 건설 장소에서의 계산은 불가능하기 때문에 앞서 기술한 대로 IEC의 기준풍을 채용해서 계산하고, 각 건설 장소의 바람 특성을 기초로 계산할 경우에는 표준풍과 같은 양상의 데이터를 갖출 필요가 있다.

건설 지점의 풍황이 충분히 관측되어 시뮬레이션 계산용 바람이 생기고, 기기의 특성을 충분히 고려한 강도 계산을 시행하는 시뮬레이션 계산이 가능해졌을 때에, 일본에 적합한 풍차가 완성되고 고장이 없고, 지금보다 안정적인 운전이 가능해진다.

2 IEC의 하중에 기초한 해석[10),11)]

아래 표에 최신 GL에 나타나 있는 상세 해석 조건을 나타냈다(표 6.2).

바람의 조건에 대해서는 IEC나 GL의 기술을 참조하기 바란다. 또한 본 항에서 GL을 채용한 것은 GL2003년판이 최신이고, 하중의 계산 예 등이 최신이기 때문이다.

그림 6.2 해석 조건

설계 조건	Design load case	바람 조건	기타 상태	해석의 종류	부분 안전율
1. 발전 (Power production)	1.0	NWP $V_{in} \leq V_{hub} \leq V_o$		U	N
	1.1	NTM $V_{in} \leq V_{hub} \leq V_o$		U	N
	1.2	NTM $V_{in} < V_{hub} < V_o$		F	*) Partial Safety Factor for fatigue strength
	1.3	ECD $V_{in} \leq V_{hub} \leq V_r$		U	N
	1.4	NWP $V_{in} \leq V_{hub} \leq V_o$	External electrical fault	U	N
	1.5	EOG_1 $V_{hub} = V_T$	Grid loss	U	N
	1.6	EOG_{50} $V_{in} \leq V_{hub} \leq V_o$		U	N
	1.7	EWS $V_{in} \leq V_{hub} \leq V_o$		U	N
	1.8	EDC_{50} $V_{hub} = V_{ref}$		U	N
	1.9	ECG $V_{in} \leq V_{hub} \leq V_r$		U	N
	1.10	NWP $V_{in} \leq V_{hub} \leq V_o$	Ice formation	F/U	*/N
	1.11	NWP $V_{hub} = V_r$ or V_o	Temperature effect	U	N
	1.12	NWP $V_{hub} = V_r$ or V_o	Earthquakes	U:	
	1.13	NWP $V_{hub} = V_r$ or V_o	Grid loss	F	N

설계 조건	Design load case	바람 조건	기타 상태	해석의 종류	부분 안전율
2. 고장 발생 시의 발전 (Power production plus occurrence of fault)	2.1	NWP $V_{in} \leq V_{hub} \leq V_o$	Fault in the control system	U	N
	2.2	NWP $V_{in} \leq V_{hub} \leq V_o$	Fault in the safety system or preceding internal electrical fault	U	A:Abnormal
	2.3	NTM $V_{in} < V_{hub} < V_o$	Fault in the control system or safety system	F	*) Partial Safety Factor for fatigue strength
3. 기동 시 (Start up)	3.1	NWP $V_{in} \leq V_{hub} \leq V_o$		F:	*) Partial Safety Factor for fatigue strength
	3.2	EOG_1 $V_{in} \leq V_{hub} \leq V_o$		U	N
	3.3	EDC_1 $V_{in} \leq V_{hub} \leq V_o$		U	N
4. 통상 정지 (Normal shutdown)	4.1	NWP $V_{in} < V_{hub} < V_o$		F	*) Partial Safety Factor for fatigue strength
	4.2	EDC_1 $V_{in} \leq V_{hub} \leq V_o$		U	N
5. 긴급 정지 (Emergency shutdown)	5.1	NWP $V_{in} \leq V_{hub} \leq V_o$		U:	N
6. 정지 중 (Parked ; standstill or idling)	6.0	NWP $V_{hub} < 0.8 V_{ref}$	Possibly earthquake;	U	N/Partial safety factor for earthquakes
	6.1	EWM 50gust		U	N
	6.2	EWM 50gust	Grid loss	U	A:Abnormal
	6.3	EWM 1year gust	Extreme oblique	U	
	6.4	NTM $V_{hub} \leq 0.7 V_{ref}$		F	*) Partial safety factor for fatigue strength
	6.5	EDC_{50} $V_{hub} = V_{ref}$	Ice formation	U	N
	6.6	NWP $V_{hub} = 0.8 V_{ref}$	Temperature effect	U	N
정지 중 + 고장 상태	7.1	EWM 1year gust		U	A:Abnormal
수송, 건설, 보수 및 수리	8.1	EOG_1 $V_{hub} = V_T$	To be specified by manufacturer	U	Transportation, operation etc.
	8.2	EWM 1year gust	Locked State	U	A:Abnormal
	8.3		Vortex Induced transaerse vibration	F	*) Partial safety Factor for fatigue strength

※ 상세한 것은 GL을 참조하시오.

3 태풍 시 풍하중 계산 조건의 구체적인 예[12),14),15)]

기기의 기본적 설계 조건에 따라 달라지지만 여기에서는 계산 조건의 일례를 나타냈다. 태풍 시의 하중 계산 조건은 앞서 기술한 내용인 바람의 조건과 운전 조건을 조합해서 계산하지만 상세한 것은 다음과 같다.

(1) 풍차 이상(피치나 요 제어의 이상)이 없다고 상정한 경우
- 풍속 재현 기간 : 50년
- 풍속 : 평균 풍속 50m/s
- 최대 순간 풍속 : 70m/s(최대 순시 풍속 80m/s : 지역의 요구에 대해서는 독자 기준으로 추가해서 계산한다.)
- 피치각 : 페더링
- 풍차 상태 : 아이들링(사용되지 않고 있는 상태)
- 계통 정전 : 고려하지 않는다.
- 풍향 : ±10°(단 일본의 경우 ±90°에서 풍속 80m/s와의 조합을 검증해야 한다고 생각한다),
- 상승 · 하강류 : 취상각(吹上角) 8° 만 고려

(2) 풍차 이상(피치 이상)을 상정한 경우
- 풍속 재현 기간 : 1년
- 풍속 : 평균 풍속 37.5m/s
- 최대 순시 풍속 : 52.5m/s
- 피치각 : 피치 가동전 범위
- 풍차 상태 : 정지(parking)
- 계통 정전 : 고려하지 않는다.
- 풍향 : ±10° 및 ±90°
- 상승 · 하강류 : 취상각 8° 만 고려

(3) 풍차 이상(요 구동 불능)을 상정한 경우
- 풍속 재현 기간 : 1년
- 풍속 : 평균 풍속 37.5m/s
- 최대 순시 풍속 52.5m/s
- 피치각 : 페더링
- 풍차 상태 : 아이들링
- 계통 정전 : 고려(요 구동 불능)
- 풍향 : 전 방위에서의 유입을 고려
- 상승 · 하강류 : 취상각 8° 만 고려

등이다.

이들 조건을 각 건설지의 데이터를 토대로 계산한다.

6.5 풍력발전 시스템 구성 요소[18]

1 날개의 개요

날개는 바람의 운동 에너지를 받아 회전력으로 교환하는 것으로, 그 형상이나 크기는 유체역학적인 고찰과 강도 계산의 결과를 가지고 설계 제작된다. 먼저 풍차 날개의 개념을 설명하기 위해 **그림 6.9**에 외형을 나타냈다. 풍차의 출력 증가에 따라 측정법이 증가하고 있다. 예를 들면 600kW급의 풍차에서는 날개 길이가 20m급으로 수풍면의 직경은 45mϕ 전후, 1,000kW 풍차에서는 날개 길이는 27~29m 정도로 수풍면의 직경은 60mϕ 전후이다. 또한, 1,500kW급의 풍차에서는 36m 전후의 날개 길이와 75mϕ 전후의 수풍면 직경이다. 그리고 **그림 6.9**는 1,000kW 풍차의 날개로 그 길이는 29m이다.

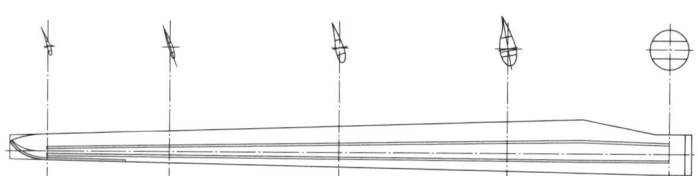

그림 6.9 풍차 날개의 외형

풍차의 대형화는 앞으로도 더욱 진행될 것이며, 그것을 달성하기 위해 대형 날개의 개발, 제작은 계속될 것이다. 날개의 대형화는 고성능화를 추진하면서 중량을 경감할 필요가 있다. 풍차의 바람 에너지를 받아들이는 수풍면 직경의 2승에 비례하지만, 중량은 무언가 개선책이 없으면 길이의 3승에 비례한다. 이것은 대형화가 진행되면 중량이 현저하게 증가되어 기기로서 실용적이지 않다. 그러므로 성능 검토와 동시에 재료의 최적화와 경량화가 필요하고, 그것을 위해서는 구조의 검토와 고강도 재료를 개발할 필요가 있다. 오늘날까지 날개의 재료는 유리섬유로 강화된 플라스틱이었지만, 앞으로 대형화에 대비하여 유리뿐만 아니라 탄소섬유를 포함한 다양한 강화재를 고려하여, 재료 선정부터 생산 기술과 제조, 수송, 최종적인 처분까지 포함해서 해결해야 할 과제가 많다.

(1) 날개의 공기역학적인 검토와 날개형 선택

풍차 날개의 공기역학적인 성능 검토나 그 방법에 관한 상세 내용은 전문서를 참조하길 바라며, 여기에서는 실무에서의 풍차 날개의 개발과 설계 계산에 대해서 설명한다.

(a) 날개형 개발

날개는 성능적으로 필요한 레벨의 능력을 발휘하기 위해 먼저 날개형을 결정할 필요가 있다. 일반적으로 가장 먼저 공기역학적인 검토를 실시한다.

풍차 날개의 최대 특징은 작동 레이놀즈(Reynolds) 수가 적다는 것이다. 그 때문에 기존의 항공기용 날개형을 차용하기보다 풍차 전용 날개를 설계하여 고성능화와 각종 운전을 고려한 최적의 날개를 제작하는 것이 바람직하다.

보통 날개의 설계는 잘 알려져 있는 날개형을 참고하거나 유용하여서 설계한다. 이것은 지금까지 많은 데이터가 축적되어 있기 때문이다. 즉 일본에서의 많은 항공 기계용 날개형은 미국의 NASA 또는 NACA의 날개형을 이용하여 그 날개의 특성 곡선을 이용해 설계하고 있다. 그러나 앞서 기술한 것처럼 풍차의 공기 속도는 지금까지의 기기와 비교하면 낮고 레이놀즈 수가 적기 때문에 충분히 검토하고 운전 특성을 고려해서 설계한다.

미국의 NREL(National Renewable Energy Laboratory)이나 덴마크의 RISϕ, 네덜란드의 델프트 공과대학 등이 선구적으로 날개형을 개발해왔으며, 일본에서도 각 연구기관이나 대학의 연구원들이 다수의 날개형을 개발했다.

(b) 풍차 날개의 형상 계획과 설계

미리 예비적으로 검토한 날개의 구조를 기초로 각 부분의 강도를 계산하고 각 부분에 발생하는 하중을 고려해 날개의 강도를 결정하는 것이 풍차 날개 설계의 대부분이다. 그리고 보통은 유체역학적(공기역학적) 요구와 구조상 요구가 일치하지 않고, 공기역학적인 요구 일부분을 희생하면서 강도의 요구를 만족시킬 필요가 있다. 그것을 위해서는 다음에 나타난 점들을 고려해서 구조를 설계해야 한다.

(2) 날개형과 외피 두께 결정

외측의 공기역학적인 검토로 날개 구조의 이상형을 얻을 수 있다고 한다면, 이 형상을 확보하면서 바람 하중에 견딜만한 강도와 변형량을 확보하기 위한 내부 보강 구조와 제조법을 확립해야 한다. 보강 부재는 주형(主桁)이나 웹(web)이라 부른다. 또한 날개를 회전하는 허브에 설치하는 접합 부분도 구조상 큰 과제이다. 지금까지의 실적이나 각 계산으로 외피와 내부 보강재의 형상을 결정한다. 그림 6.10에 단면 구조의 한 예를 나타냈다.

그림 6.10(a)는 소형 풍차에서 이용되는 원형 구조를 한 주형과 외피이다. 좌굴 방지용으로 주형과 외피 사이에 발포(發泡) 우레탄을 채워 넣은 구조이다. 그림(b)에는 최신의 대형 풍차에서 채용되고 있는 셰어웹이라고 하는 보강과 외피의 굴절 방지용 샌드위치 구조를 나타냈다.

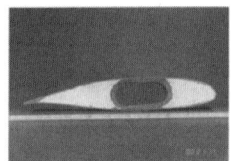
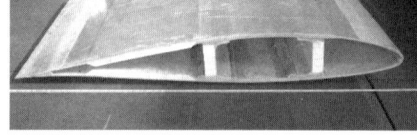

그림 6.10 풍차 날개의 내부 구조

(a) 소형 풍차용 날개 단면   (b) 최신 셰어웹 방법

(a) 내부 구조와 각 보강 부재의 배치[3)]

외피와 내부의 구조에는 다음과 같은 종류가 있다.

① 외피+주형(主桁)(발포체 충전) : 소형 풍차에 널리 사용된다. 그림 6.10(a) 및 그림 6.11의 최상부의 구조를 참조할 것. 이 날개는 설계적으로나 공작적으로도 중앙을 테이프 와인딩이라고 하는 방법으로 제작 가능하게 하기 때문에 중형기까지 널리 사용되었지만, 중량이 무겁다는 단점이 있어 오늘날에는 그다지 채용되지 않는다.

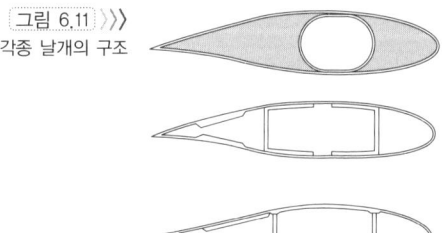

그림 6.11 각종 날개의 구조

② 외피+주형(가운데는 공간) : 대형화에 따라 날개의 길이가 길어져 경량화를 도모하기 위해 좌굴 방지의 보강으로서 발포 충전재를 대신하여 스파(spa)라고 하는 내부 다리 구조로 바뀐 것이다. 스파는 자릿수나 날개 근원을 포함하여 강도를 유지해야 하고, 그 외측에는 외피가 접착된 구조이다. 그림 6.11의 중간 그림을 참고

하길 바란다. 강도는 주형(主桁)이 유지되도록 외피와 주형의 접착한 부분을 폭넓게 하여 좌굴을 방지한 것이다. 또 주형과 외피 간의 접착층을 활용하여 경량화를 목표로 하고 있다.

③ 외피+셰어웹(가운데는 공간) : 한층 더 대형화에 대응하기 위해 중량 절감과 강도 향상을 위해서 외피에 셰어웹이라 하는 보강재를 설치한 구조이다(그림 6.11의 마지막 그림 참조). 외피가 휨 등의 강도를 담당하고, 보강 부재는 전단과 일부의 휨 응력을 담당하는 구조이다. 그러므로 외피에 강도가 높은 방향성 FRP를 채용하고 그 일부는 좌굴 방지용 크레게셀 또는 발사 재료를 사용하여 샌드위치 구조로서 경량화를 이루었다. 현재 많은 풍차에서 사용되는 일반적 구조이다.

(b) 날개 뿌리 매립 철물과 설치용 볼트

구조와 강도 계산으로 적층 구성이 정해지면 날개의 무게가 판명된다. 그 결과와 함께 날개를 로터에 설치하는 부분인 날개 부착 볼트와 매립 철물이 결정된다.

이전에는 독본형이라고 하는 볼트가 날개에 매립되어, 로터의 플랜지에 단단히 부착하는 구조가 많았지만 날개의 대형화로 응력을 갖기 어려워졌기 때문에 최신의 풍차에서는 T-bolt식이라고 하는 방식이 증가했다.

(3) 풍차 날개의 재료 선정[16),17)]

대형 풍차의 날개는 대부분이 섬유 강화 플라스틱제이다. 섬유는 유리나 탄소 등 많은 종류가 있지만 현재는 유리 섬유 강화 플라스틱(GFRP : Glass Fiber Reinforced Plastics)이 널리 이용되고 있다. 이 외에도 목재나 보다 경량, 고강도화를 위해 고분자 섬유인 FRP도 있다. 또한 탄소 섬유 강화 플라스틱(CFRP)은 그 재료의 통전성(通電性)에서 발생하는 낙뢰와 가격이 매우 높은 점 등 앞으로 검토해야 할 과제가 남아 있다. GFRP는 선모양의 미세한 유리 섬유로 만들어진 직물 상태의 보강재를 플라스틱 안에 넣어서 강도를 높인 것이다. 유리에는 많은 종류가 있지만 풍차용으로 쓰이는 것은 보통 E 유리라 불리는 비알칼리 유리이다. 이 유리보다 강도가 높은 유리도 있는데, 용도에 따라서는 그 유리들이 사용된다. 유리로 만들어진 직물을 단정한 형상으로 절단하고 적층한 것에 수지를 주입하여 GFRP는 형성된다.

수지는 보통 불포화 폴리에스텔 수지, 비닐 에스텔, 에폭시 등이 이용된다. 수지의 선택도 유리와 마찬가지로 강도와 공작성, 그리고 비용을 감안하여 결정한다. 수지의 보관이나 작업성, 접착성 등은 온도나 습도 등의 영향이 있기 때문에 취급에 충분한 주의를 요한다.

풍차의 날개는 금형 내부에 이형제(異形劑)를 바르고 그 위에 겔 코트라고 하는 표면 도장제(塗裝劑)를 도포한 후에 앞에서 기술한 유리섬유의 직물을 쌓아올리고 수지를 주입하여 성형한다. 실제 유리 섬유는 유리의 주위에 적절한 코팅이 되어져 있고, 그 특성을 충분히 파악해서 최적의 것을 선택할 필요가 있다.

이렇게 해서 형성된 재료는 최종적으로 수지와 같은 계통의 접착제로 접착되어, 표면 가공을 거쳐 완성된다. 다음에 각각 재료의 대표적인 항목을 나타냈다.

(a) 유리 섬유

유리와 그 접착제는 다음과 같은 조합의 것이 사용되어 왔다. 보통은 유리 섬유를 짜는 방식과 그 접합에 사용하는 접착제의 조합으로 결정된다.

유리 섬유를 짜는 방법은 다음과 같은 것이 있다.

① 로빙 클로스(그림 6.12)
② 바이어스 클로스(Bias Cloth)

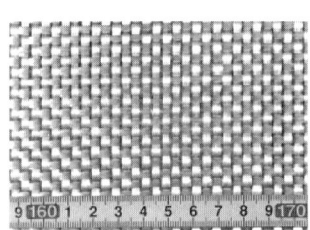

그림 6.12 로빙크로스 모식도와 로빙 클로스

③ 단방향(UD : Uni-Direction) 클로스(그림 6.13)
④ 촙매트(그림 6.14)

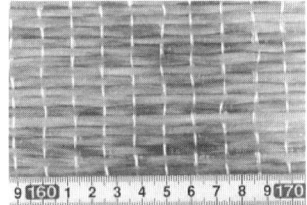

그림 6.13 단방향 클로스

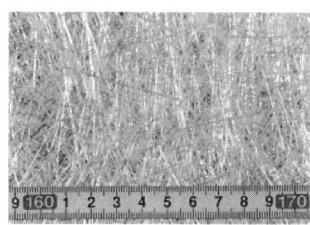
그림 6.14 촙매트

(b) 좌굴(座屈) 방지용 코어 재료 선정

좌굴 방지용 재료도, 발포 우레탄부터 PVC(폴리염화비닐) 폼, 한층 더 강도가 높은 발사(balsa)재가 사용되어, 경량화를 도모하고 있다. 이전부터 사용된 예와 현재 채용되어 있는 좌굴 방지용 코어 재료를 소개한다.

① 발포 우레탄
② 크레게셀(폴리염화비닐)
③ 발사(balsa)재

(c) 접착제 선정

접착제도 많은 종류가 있지만 이 책에서는 명칭만을 밝히며 상세한 것은 전문서를 참조하길 바란다.

① 불포화 폴리에스텔 접착제
② 에폭시 접착제
③ 비닐 에스텔 접착제

여기에도 각각 특징이 있고, 비용도 다르다. 필요한 강도와 제조법에 따라 선택한다.

(4) 날개 제조 방법

날개의 성형(成型)에 대해서는 다양한 방법이 있다. 본서에서는 간단한 제조 방법과 그 장점을 설명한다.

(a) FW/TW(Filament/Tape Winding) : 필라멘트/테이프 와인딩법

마른 강화 섬유실 또는 띠모양의 직물을 먼저 접착제가 들어간 통에 넣는다. 다음으로 회전 중심(나중에 뽑는다)에 비스듬히 말아 감아서 성형(成型)한다. 팔에 포장을 감는 듯한 방식이다.

(b) 핸드 레이업 법 : Hand Lay-up, Contact Molding

　단순한 마무리 성형법이다. 요트처럼 대형이고 수가 적은 것은 이 제조 방법이 아직 사용되고 있다. 설비 비용이 들지 않고 싼 가격에 생산할 수 있지만 작업성이 나쁘고 대형화하기 어렵기 때문에 이 방법은 현재 거의 이용되고 있지 않다.

(c) 프리프레그법 : Prepreg Molding

　경량, 고강도의 날개가 가능한 방법이지만, 거의 사용되고 있지 않다. Vestas 사의 날개는 이 방법으로 제작되고 있다. 생산량이 늘고, 자사 공장에서 이 장치를 보유한다면 경량화가 가능해진다.

(d) RTM(Resin Transfer Molding) : 수지전이법

　보통의 FRP 부품은 이 방법으로 만들어지는 경우가 많다. 플라스틱을 추출하고 성형과 마찬가지로 가압해서 수지를 주입하는 방법이다.

(e) 진공 백 방식 : Vacuum Bagging

　현재 세계의 FRP 제조 방법의 주류인 방식이다. 수지를 주입할 때에 공기포가 나오면 강도가 떨어지기 때문에 공기를 빼기 위해 진공 펌프로 내부 공기를 흡입해, 내부 압력을 가능한 한 낮춤으로써 수지의 내부 흐름을 부드럽게 할 수 있다. 오늘날 세계 풍차날개의 기본적인 적층 방법이다.

(f) 앞으로의 FRP 날개 재료와 강도

　풍차의 날개를 다른 기계용 날개와 비교하여 설명하면, 대형이고 회전수는 적고 하중 변동이 크며, 특히 태풍에 대한 배려가 필요하다. 현재 검토되고 있는 3~5MW(3,000~5,000kW)의 대형 풍차에서는 날개의 길이가 100m를 넘을 것으로 예상된다. 이와 같이 길이가 긴 제품을 제조하기 위해서는 재료의 선정부터 가공 기술까지 많은 검토가 필요하다. 풍차 날개의 형상은 성능, 강도는 풍차의 신뢰성, 중량은 그 외의 부품이나 타워의 형상, 관성력은 제어성이나 풍차를 정지시키는 브레이크의 용량과 관계가 있어, 모든 설계의 근간을 이루고 있다. 또한 대형 부품이며 제조에 있어서도 해결해야 할 과제가 있다. 그러므로 날개는 풍차에서 가장 중요한 부품이라는 위

치에 있는 것이다. 길고 큰 날개라면 그 중량이 현재의 기술로는 벅차며, 비교적 강도가 강한 재료를 개발해야 한다.

종래, 날개 재료는 GFRP를 중심으로 한 비교적 경량에 고강도의 재료를 채용해 왔지만, 더욱더 고강도의 재료가 필요하게 되었다. 예를 들면 탄소 섬유를 보강재로 한 CFRP 날개나 고분자 섬유인 AFRP(아라미드 섬유 강화 플라스틱) 날개의 채용 등을 생각할 수 있다.

한편, GFRP 날개도 전부터 지금까지 폴리에스텔계의 GFRP에서 보다 강도 높은 비닐에스텔계로 바뀌고 있으며, 더욱더 강도 높은 에폭시계로 교체하는 등의 기술적인 진보가 필요하지만, 그러기 위해서는 사전에 각 재료의 특성을 파악하기 위한 검토가 필요하다.

CFRP계 재료를 이용한 날개는 유럽에서 대형기에 시험적으로 사용되고 있지만 그 제조 방법에 문제가 있으며 날개 재료로 확립되었다고는 할 수 없다. 가격 문제도 있으며, 우선 일부 고강도를 요구하는 부위에 사용하는 것을 생각할 수 있지만, 그 때에도 탄성률이 다른 점 등의 영향이 발생한다는 면에서 상세한 검토가 필요하다.

새로운 섬유재를 채용하기 위해서는 낙뢰 문제도 피할 수 없다. 재료의 도전성(導電性)이나 낙뢰 시에 전류의 경로와 주변부 재료에의 영향, 보호 방법에 관해서도 아직 확립되었다고 말할 수 없다. 특히 CFRP는 도전성으로 낙뢰를 유도하고, 낙뢰에 의해서 불이 나는 경우도 있으며, 앞으로 낙뢰 대책과 함께 설계·제작 방법의 진보와 개선이 필요하다.

또한 날개 제작에 있어서 각 강도 검토는 물론, 재료 자체의 각종 확인 시험, 정적(靜的) 강도 시험, 피로 시험을 시행하고, 각 날개 완성 시에는 고유 진동수 계측 시험 등을 통하여 그 재료 특성을 확인하는 것이 특히 중요하다.

2 허브[2]

허브는 풍력발전 장치의 블레이드, 스피너캡 및 허브로 구성된 로터의 회전 중심에 있고, 블레이드를 지지하는 구조물임과 동시에 가변 피치기에서는 피치 제어에 관련된 시스템을 내장하고 있다.

허브는 풍차의 형식에 따라 기능이 달라진다.

(1) 고정 피치 허브

스톨기와 같은 피치 고정식에서는 허브와 단순한 블레이드를 고정하는 비교적 단순한 구조이다(그림 6.15(a)).

(2) 가변 피치 허브

피치기에서 볼 수 있는 가변식에서는 허브에 블레이드의 피치를 변경하기 위해서 블레이드의 결합면에 선회베어링을 가지고 허브 내에 피치 변경을 위한 기구나 시스템을 장비한다(그림 6.15(b)).

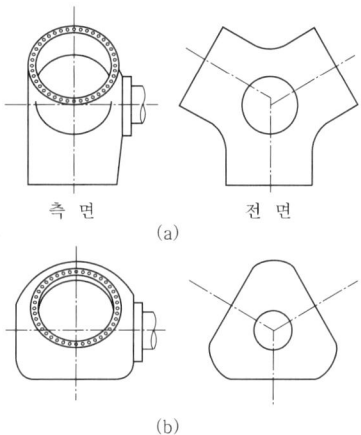

그림 6.15 》》
허브의 형상((참고문헌 2)에서 전재)

측 면　전 면
(a)

(b)

(3) 티터 허브

2매 블레이드의 티터식 힌지(hinge) 형식 로터에 사용되고 허브가 시소(티터) 상태로 움직이는 것으로 블레이드와 허브의 하중을 경감할 수 있다. 허브에는 티터를 위한 힌지, 오버 트래블(over travel) 방지용 스토퍼, 가변 피치의 경우는 피치 변경 기구를 가진다.

(4) 관절 허브

블레이드에 대한 플래핑(flapping) 관절과 리드래그(laed-lag) 관절을 가진 것으로, 플래핑과 리드래그의 모멘트가 발생하지 않고 하중이 경감되는 반면에 허브 관절을 갖고 있기 때문에 복잡하다.

오늘날의 풍차에서는 (a) 또는 (b)의 형식이 일반적이며, 특히 1MW를 넘는 대형 풍차에서는 (b)의 가변속 피치 허브가 대부분을 차지하고 있다.

허브의 재료는 소형 풍차에서는 강재(鋼材)의 용접 조립을 사용하는 것도 있지만 대형이 될수록 독특한 형상이나 강도 요구로 인해 고강도의 구상 흑연 주철(球狀黑鉛鑄鐵)의 주물이 채용되는 경우가 많다. 허브의 외주에는 스피너(노즈콘)가 설치되어 있는 것이 많다. 스피너는 프로펠러식 비행기에서 공기 저항의 저감, 엔진이 냉각 공기를 받아들이는 효율 향상을 목적으로 설치되어 있지만 풍차에서는 공기의 흐름을 개선하기 위해서가 아닌 허브 내부에 작업원이 들어가는 경우의 안전한 통로 확보 외에 허브나 블레이드의 설치부를 자연 환경 조건으로부터 보호하는 목적이 있다.

스피너는 풍하중 외에 설치할 때의 작업 하중, 작업원의 체중을 견디는 강도를 갖도록 설계한다. 스피너와 블레이드의 근원 및 너셀 고정부의 사이에 생기는 틈을 최소로 하여 비바람으로부터 스피너와 허브를 보호한다.

3 구동 계통

축계통 설계는 주축, 주 베어링, 증속 장치, 커플링과 브레이크로 구성된다.

(1) 주축

주축은 로터 헤드의 출력을 기어에 전달하는 회전체이며, 중요한 부품이다. 보통은 단조품으로 제조되며, 그 강도는 바람 외력을 고려하여 결정한다.

설계 시 강도를 검토하는 데 있어 응력이 집중되지 않는 구조로 하고 너무 두꺼워 중량이 과다하게 되지 않도록 설계한다. 또한 풍차는 설계점 이외에서의 운전이나 긴급 차단 시가 많으므로 그 거동, 풍하중의 변화를 감안한 설계가 되고 있는지 주의한다.

재료로서는 단조품(鍛造品)이 사용되지만 제작사양서를 충분히 조사하여 인고트 단조방침서, 단련비, 시험·검사편의 작성 방법 등까지 고려하는 것이 필요하다.

저속 구동축은 슈링크 핏(shrink fit) 구조로 기와 결합되어 있지만 강도 검토를 참고하여 측정법 체크, 조립 체크, 작업 체크 등 품질 관리에 노력한다.

주축계는 회전체이지만, 볼트 체결을 할 수 밖에 없다. 볼트 설계에서는 강도 계산과 회전을 중지시키는 방법, 플랜지와 볼트 각부의 치수, 볼트와 너트의 재료 조합과 적합한 치수를 유지한다.

(2) 베어링[19)~21)]

풍차, 증속(增速) 장치 등 모든 회전체에서 정지 부분과 회전 부분의 사이에는 베어링이 들어간다. 주축이나 날개용 선회베어링도, 너셀 아래의 선회베어링도 마찬가지다. 설계는 하중 조건이 결정되면 베어링 업체의 표준 카탈로그 등에 기재되어 있는 표준에 따라 계산하면 된다.

풍차의 베어링은 모두 구름베어링이다. 구름베어링의 수명은 부하와 회전수에 따라 실험적으로 형식마다 표준 수치가 결정되어 있고, 각 운전 조건을 고려하여 수명을 계산한다. 기본식은 아래와 같다.

$$L = L_0 \left[\left(\frac{P}{N} \right) \cdot \left(\frac{N_0}{P_0} \right) \right]^n$$

여기서, L_0 : 기준 외력 P_0, 기준 회전수 N_0일 때의 베어링 수명
L : 외력 P, 회전수 N일 때 베어링 수명
n : 수명 계수이며, 볼베어링의 경우 3, 롤러베어링의 경우 10/3

이다.

구름베어링은 안티프릭션(antifriction)이라는 별명처럼 운전 상황이 구르는 것이라, 그 손실은 매우 작다. 그러므로 미끄럼베어링과 비교하면 손실 저하를 꾀할 수 있다. 그러나 구름베어링에서는 형성되는 기름막 두께는 수 μm 이하로 매우 얇고, 소형 베어링의 경우 1μm 이하의 것도 많다.

그리스 윤활 이외에 필터레이션(filteration)이 중요하다. 이론상으로는 미끄럼베어링과 비교해서 한 자릿수(桁) 가는(fine mesh) 필터가 필요하다.

현재까지 조사한 결과 풍차의 필터는 이 정도의 것이 아니며, 유럽제 기어 중에는 스트레이너(strainer)를 설치하지 않은 것도 있다. 이 때문에 고장이 발생했을 때 그 피해가 급속히 확대된 예가 있다. 윤활유의 청정도에는 충분한 주의가 필요하다.

베어링이나 기어는 초기 표면 박리가 발생하지만 그 박리는 극히 적으며, 소위 익숙한 상태가 되면 그 표면은 매끈한 상태가 되어 2차 피해, 또는 2차 박리는 발생하지 않게 된다. 그러므로 초기 구름베어링을 설치한 기어는 500시간에 한번 기름을 교환한다.

필터는 위에 기술한 것과 같이 초기에는 미세한 박리가 발생하지만, 익숙해지면 그 다음부터는 이와 같은 미세한 접촉은 없어지며 큰 이물

질이 생기지 않는다. 설계적으로 위에 기술한 각 시책을 시행하면 베어링에서는 문제가 발생하지 않는다.

기어나 주축 전체를 고려하면 베어링에 최초로 문제가 발생하게 되는 것은 기어의 표면 접촉에 의해 발생하는 이물질 때문일 가능성이 있다(기어의 표면 조도(粗度)는 통상 대략 $3\mu m$이며, 베어링의 기름막 두께와 비교하면 약 10배 큰 이물질이라 생각된다). 그러나 풍차의 출력을 제한한 운전으로 초기에 부드럽게 만들고 초기 윤활유 교환을 실시하여 청정화한 후에 전 부하를 시행하기 때문에 그 후에 미세 박리는 발생하지 않는다. 그러므로 그 후의 문제는 기어의 부딪침에 따른 하중 변화로부터 베어링에 계산 외의 하중이 걸리고, 베어링 표면 피로에 의한 박리 발생 등이다.

위에서의 서술과 같은 관점에서 생각해 보면 필터는 이와 같은 작은 내부에서 형성된 윤활에 있어서 이물질로 간주되는 것을 여과할 필요가 있다. 그러므로 $5\mu m$ 정도의 미세한 필터를 설치해야 될 것으로 생각되지만 이와 같은 미세한 필터를 계통 안에 배치하면 바로 막힐 가능성이 있으며 실무적이지도 않다.

이와 같은 상황은 많지는 않지만 발생했을 때에 바로 제거할 필요가 있기 때문에 윤활유의 일부(대강 10%가 적정량이라고 생각된다)를 주 계통에서 분기(分岐)하고 윤활유 청정기 또는 코얼레싱(coalescing) 필터라고 부르는 시스템으로 청정화하는 것이 바람직하다.

윤활유의 주 계통은 초기에 확실히 매끄럽게 하고, 특히 이상한 이물질이 흘러들어가지 않도록 20 또는 $25\mu m$ 정도의 필터를 설치하고 그것보다 미세한 이물질은 위에서 기술한 청정기 또는 코얼레싱 필터로 걸러주는 것이 바람직하다.

(3) 기어

풍차의 주 증속 장치와 요 구동 장치에 기어가 사용되고 있다. 여기에서는 공통의 문제로서, 그리고 기계 요소의 하나로서 각각 여러 검토 항목에 대해 설명한다. 기어로서 이용되는 형상에는 다음과 같은 기본적인 요구가 있다.

① 한 축에서 다른 축으로 항상 등각 속도의 회전 운동을 전할 것
② 한 축에서 다른 축으로 연속적인 회전 운동을 확실히 전할 것

이와 같은 조건하에 많은 기어 형상이 상정되고 있다. 일반적으로는 인볼류트형(involute type)이 많은데, 이것은 상기 항목을 만족하며,

또한 기어 제작에서 간단한 구조의 각종 커터를 이용할 수 있고 윤활유의 공급이 용이하며 미끄러지면서 접촉하기 때문에 동력 전달이 적다는 것 때문일 것이다. 그러므로 보통은 기어라고 하면 인볼류트 기어라고 생각하면 된다.

다음은 이 인볼류트 기어에 대해서만 기술하는 것으로 한다. 그리고 기어의 기초이론에 관해서는 관련 서적을 참조하길 바란다.

기초 지식으로서, 유성(遊星)기어의 개요를 설명한다. 유성기어의 회전수는 수식으로 계산할 수 있지만, 각각의 방식이 있기 때문에 일반식으로서 모든 기어가 회전하는 경우를 나타냈다. 또한 각 기어의 톱니수와 회전수는 표 6.3을 참조하길 바란다.

① $N_a = \dfrac{Z_b}{Z_a}(N_c - N_b) + N_c$

② $N_p = -\dfrac{Z_b}{Z_p}(N_c - N_b)$

그림 6.3 각종 기어의 톱니수와 회전수

구 분	톱니수	회전수
썬기어	Z_a	N_a
유성기어	Z_p	N_p
아웃터기어	Z_b	N_b
캐리어	–	N_c

(a) 기어의 강도 검토

기어의 톱니 부하 능력에는 굽힘응력, 표면접촉응력, 스코어링이라고 하는 긁힘에 대한 강도, 마모 등에 대한 부하능력이 있다. 이들 각 검토 항목은 기어 설계의 기초이다.

각 규칙, 즉 ISO의 기어의 규격이나 각 선급협회, AGMA, BS, VDI, API(미국 석유협회) 등의 규격 등을 적용해서 각 강도를 계산하는 경우가 많다. 일본에서도 일본기계학회의 식 등이 있다.

특히 AGMA(American Gear Manufacturers Association)의 식은 미국의 풍차에서 기어 사고가 많았기 때문에 오늘날 검토가 진행되고 있다. 풍차의 경우에는 오늘날까지 규칙의 적용은 없고, 각 기어 업체의 설계 방침을 따르고 있다. 앞으로는 AGMA의 규정이 적용될 것이며, 최신 GL에서도 AGMA를 인용하고 있다. 기어의 설계에 관해서는 ISO를 중심으로 많은 규칙과 역사가 있기 때문에 그것들을 참고하길 바란다.

실무적인 강도 검토는 구부러짐과 표면접촉응력에 관한 것이 많다. 풍차의 기어 예를 그림 6.16에 나타냈다. 이 기어는 1단 유성기어, 2단 평행기어이다.

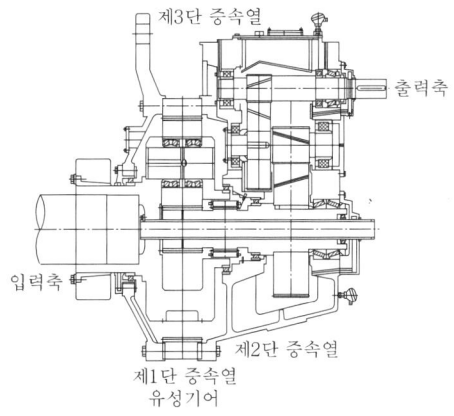

그림 6.16
풍차용 3단 증속식 기어의 단면도

(b) 휨 강도

휨 강도의 설계에는 오래전부터 루이스식이 이용되고 있고, 현재 이용되고 있는 각종 식도 대부분 그것을 약간 수정한 정도이다. 루이스식은 1매 톱니의 끝에 톱니면을 법선 방향으로 전하중이 실리는 경우에 생기는 최대 표피 응력을 생각하고 있지만 한 그룹이 맞물린 시작점과 종착점이 하중점일 때에 최대 응력이 발생하는 것으로 취급하고 있다. 또 수평 방향 하중 P'에 따른 휨응력에 대한 균등한 강도의 대들보에 상당한다.

따라서 톱니의 휨응력은 밑동의 단면에서 최대가 되므로 톱니 밑동 부분의 단면이 위험 단면이라고 생각된다. 세부적인 계산은 전문서적을 참고하기 바란다.

(c) 접촉 강도

기어는 동력을 접촉에 의해 전달한다. 기어면에 작용하는 접촉 압력의 계산에는 2면의 접촉을 두 원기둥의 접촉이라 생각한 헤르츠의 식을 이용한다. 접촉면의 곡률 반경을 R_1, R_2로 하고, 탄성 원통(종탄성 계수를 E_1, E_2로 한다)을 단위 길이 당 하중 P_n에 의해 압축하면, 원통면에 일어나는 최대 접촉 압력은 다음 식으로 주어진다.

$$\sigma_c^2 = \frac{P_n}{\pi(1-v^2)} \cdot \frac{(1/R_1 + 1/R_2)}{(1/E_1 + 1/E_2)}$$

여기서, v : 푸아송의 비(比)

지금, 보통의 푸아송비 $v = 0.3$으로 하면 위 식은

$$\sigma_c^2 = 0.35 \cdot P_n \frac{(1/R_1 + 1/R_2)}{(1/E_1 + 1/E_2)}$$

이 식으로부터 아래 식을 이끌어 낼 수 있다. 상세한 유도는 전문서에 맡기지만, 이 식은 중요하다.

$$P = \left\{ \frac{\sin 2\alpha}{1.4} \left(\frac{1}{E_1} + \frac{1}{E_2} \right) \sigma_c^2 \right\} \cdot d_1 \left(\frac{i}{i+1} \right)$$

이 식 중에서 { }안의 수치는 K값(K-Factor)이라고 하는 것으로, 로이드선급협회의 기어 계산식에 있어서 채용된 개념으로, 기어의 크기를 결정하는 수치이다. 이 수치는 기어(유성기어의 경우는 식이 다소 달라지는 경우가 있지만 개념은 같다)를 설계할 때에 이용되는 중요한 설계 지표이다.

모든 톱니 폭에 실리는 하중을 W 라고 하면

$W = P \cdot b$ (b는 톱니 폭)

이 식을 고쳐 쓰면

$$K = \frac{\sin 2\alpha}{1.4} \left[\frac{1}{E_1} + \frac{1}{E_2} \right] \sigma_c^2 = \frac{P}{d_1} \cdot \frac{i}{i+1} = \frac{W}{d_1 b} \cdot \frac{i}{i+1}$$

그러므로, 이 수치는 외부 하중과 감속비 등으로부터 결정되며, 기어의 크기를 결정하는 중요한 요소임을 알 수 있다. 이들 식을 보면 다음과 같이 말할 수 있다.

① 기어의 크기는 K값으로 결정된다.
② 기어의 허용 응력은 작은 기어의 피치 원지름에 크게 기인하고 있다.
③ 기어의 크기에 관해 작은 기어의 형상에서는 폭이 넓으면 휘기 쉽다.

(d) 스코어링 강도

스코어링에 관한 강도는 종래에 단순한 접촉 압력 P와 슬라이딩 속도 V의 곱인 PV값 등으로 평가되었지만, 현재는 윤활유의 상태를 고려한 스코어링 강도가 각 기어 설계 규칙으로 채용되고 있다.

이것들도 앞서 서술한 ISO의 응력 계산식 등으로부터 파생하고 있다. 조질 재료를 채용하고 있는 기어는 면적에 받는 압력이 다른 재료와 비교해 낮다고 여겨지기 때문에 스코어링이 문제가 되는 경우는 거의 없지만, 침탄기어의 경우는 플래시 온도를 구해서 안전한 운전이 가능한지를 확인할 필요가 있다.

(e) 기어 장치로서의 문제

기어 장치는 계산상으로는 어떻게든 설계가 가능하지만, 실제 제작에는 그 정밀도와 관리, 계산에서는 고려하고 있지 않은 내적, 외적인 여러 요인을 기존의 실적 등으로 피드백하고 설계 제작에 적용할 수 있는가가 가장 중요하다.

앞에서 기술한 검토에서 특히 기어의 표면 접촉 응력에 관해서는 각 사가 독자적인 재료와 시험 결과를 토대로 한 설계 데이터를 채용하고 있다.

(f) 기어 제작

풍차의 기어는 침탄기어이지만, 호브커터로 제작되며, 기본적인 형상은 이 공정에서 결정되기 때문에 정밀도를 향상시키기 위해서는 충분한 관리가 필요하다. 또한 기어를 지지하는 케이스 제조·고정 정밀도도 중요한 요인이다. 각 기어·케이스 제작에는 일반적인 기계 가공으로 충분한 것과 특수한 공정을 요하는 것으로 나뉘는데, 특히 풍차용 기어로서 톱니 간격을 균일하게 하기 위해서 시행하는 마디 수정, 형상 수정에 관한 제작 및 회전체·케이스의 온도 변화를 고려한 공장 설비·건설 지역에 따른 실제 풍차설계 시의 상세 사항을 정리해 둘 필요가 있다.

(4) 커플링의 선택과 설계

축을 결합하기 위해서는 커플링이 사용되는데, 풍차의 공기에 의한 회전력은 저속측부터 주축을 통해 기어에 전달되는 구조가 많다. 저속인 부분은 회전수가 낮기 때문에 비틀어 돌리는 힘, 즉 토크가 크다. 그러므로 설계에 있어서 그 특성을 고려하는 것이 필요하다.

저속축은 슈링크 핏(Shrink fit)이라고 하는 유압으로 채워 넣는 공정을 시행하는 경우가 많다. 그 방법은 고전적인 것이지만, 고(高)토크를 전달하는 방법으로서 볼트를 채용하는 것보다는 조립이 간단하고, 신뢰성이 높아 널리 사용되고 있다. 그러나, 소위 말하는 키리스

(Keyless) 방식으로, 변동 하중을 고려한 초기 설계 검토와 현장 작업의 신뢰성과 품질 관리가 슈링크 핏의 가장 큰 과제이다. 그러므로 상식적이긴 하지만 전달 토크의 정적인 계산에 풍하중의 문제, 비상 운전 시의 문제 등을 고려해서, 각 부분적인 재료들의 강도를 합하여 슈링크 핏의 양을 검토한다는 점을 주의해야 한다.

베어링에 걸리는 하중은 각 운전 패턴에 대해서 충분히 검토하여 정적(靜的), 장기 피로에 관해 충분한 강도를 갖고 있는가, 20년의 수명을 확보할 수 있는가에 대해서 고려할 필요가 있다.

고속 커플링(coupling)은 기어와 발전기를 연결하는 기기로, 기어 출력축과 발전기축의 다른 움직임을 흡수해서 회전 동력을 전하는 유니버설 조인트(universal joint)이다.

기본적으로는 전달 동력, 각 축의 움직임을 정확하게 계산하는 것으로 최적의 것을 선택할 수 있다. 또한 정확한 풍외력 계산과 그 때에 예상되는 축의 움직이는 양의 정확한 계획이 가장 중요하며, 이것이 가능하면 커플링은 손상되지 않는다.

풍차는 고속 커플링이라 해도 다른 기계와 비교하면 결코 고속이 아니다. 1만 수 천 번의 회전으로 운전되는 기계에는 이러한 종류의 커플링이 사용되고 있으며 고장의 발생은 계산의 정확도 문제이다. 그러므로 커플링 메이커의 사양을 충분히 검토하고 바람의 변동을 고려하여, 그 기준에 맞는 제품을 선택하는 것이 필요하다. 풍차 특유의 문제, 즉 변동이 크고 하중이 기준치를 넘어 전달될 가능성이 있는 것이나, 돌풍에 의해 매우 큰 하중 변화가 발생하는 것, 횡풍이나 상하로 부는 바람으로 인한 너셀 변형, 고속축의 커플링 부분에 잘못 설정되어 나타나는 경우 등을 충분히 고려한다.

(5) 브레이크 시스템

풍차의 브레이크 시스템은 3종류를 생각할 수 있다.

① 주축 브레이크(파킹 브레이크) : 보통 운전 중에 사용하는 것은 아니지만, 정지·유지 보수 시에 작업을 하기 위해서 풍차축을 고정하는 브레이크이다. 보통 저속축에 설치된다.

② 비상 정지용 브레이크 : 과속도 등의 비상 사태가 발생했을 때에 안전을 위해 풍차를 긴급 정지시키는 비상용 브레이크. 풍차의 비상 시에 사용되기 때문에 토크가 작은 발전기측 축계(shafting)에 설치된다.

③ 요 브레이크 : 풍차 기기의 중심인 너셀은 보통 풍향이 일정할 때에 변동풍의 영향으로 좌우로 흔들리는 경우가 있는데, 그 때에 요 구동 장치의 기어에 충격력이 일어나지 않도록 요를 고정해 두기 위한 브레이크이다. 요가 너셀의 방향을 바꾸려 운전될 때에는 이 브레이크가 해제된다. 이 브레이크는 위의 두 브레이크와 운전 시의 상황이 다르다.

주축 브레이크는 강풍에 덜컹거리는 것에 의해서 충격력이 발생하기 쉽고, 비상용 브레이크는 계산 수명과 운전 방법부터 비상 정지 횟수가 허용되는가를 사전에 검토해둔다. 또한 예비품이 필요하다면 그 교환 주기의 권장치를 명확하게 밝힐 필요가 있다. 요 브레이크는 보통의 운전 중에 빈번하게 사용되는 경우가 많다. 그러므로 신뢰성이 가장 중요하다. 설계 시에 교환 기준·교환 시기·보수 점검 사항 등을 특별히 점검해야 한다.

4 요 시스템

요 시스템은 너셀을 타워의 수직축 중심으로 회전시켜 로터의 회전축을 바람의 방향으로 향하게 하는 것이다. 바람의 방향과 로터 회전축의 벌어진 각도를 요 에러라고 한다. 요 에러가 θ인 경우, 풍차가 얻을 수 있는 에너지는 바람에 정면으로 있을 때($\theta=0$)에 비해 $\cos^3\theta$ 배가 되기 때문에, 요 에러를 최소로 하는 것이 높은 에너지 취득 효율을 얻기 위해 중요하다. 게다가 요 에러는 로터 하중을 증가시켜 풍차의 강도에도 영향을 준다.

오늘날의 대형 풍차에서는 너셀 위 풍향계에서의 신호로, 전기나 유압을 이용해서 너셀을 강제적으로 회전시키는 액티브 요 제어 방식이 사용되고 있다. 그림 6.17은 대표적인 요 시스템의 구성이다.

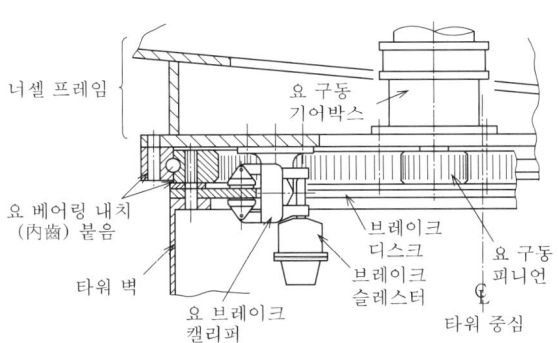

그림 6.17 요 구동 장치와 너셀 선회베어링[2]

요 모터는 전기 모터 또는 유압 모터에 감속비가 큰 기어 박스를 조합하고, 내부에는 모터 내 브레이크를 장착하여, 요 정지 중에는 다음에 설명하는 요 브레이크와 함께 요 유지력을 부여하는 경우가 있다.

요 작동 속도는 매초 1° 정도이며, 블레이드의 자이로 모멘트는 무시해도 될 정도의 크기이다. 요의 작동 사이클은 전 운용 기간의 10%가 유럽의 표준으로 되어 있지만, 부지의 풍황에 맞는 사이클을 적용하는 것이 필요하다.

요 브레이크는 요 정지 시에 너셀 회전을 고정하는 것 외에, 요 회전 운동에 댐핑을 주는 역할을 한다. 브레이크는 디스크 브레이크이며, 캘리퍼는 유압 작동이 일반적이다. 브레이크 시스템은 태풍 등으로 전원 공급이 끊어진 경우에도, 브레이크나 댐핑의 기능을 지탱하기 위해 유압 어큐뮬레이터(accumulator : 축압기)나 스프링 내장 캘리퍼 등을 사용한다.

요 운동의 회전 중심인 요 베어링에는, 너셀과 로터의 모든 하중이 걸려 타워로 전달된다. 구름베어링을 이용할 경우에는, 베어링에 미세한 유동 하중이 부하되며, 또, 회전수가 낮기 때문에 베어링의 윤활막을 유지하기가 어렵고 콘택트 면의 표면 조도(粗度) 설정에 주의가 필요하며, 적정한 윤활을 확보하기 위해 정기적으로 요를 일정 각도로 회전시키는 경우가 있다. 미끄럼베어링은 접동면(摺動面)에 강도와 내마모성을 가지는 재료를 이용하며, 그리스(greese)로 윤활한다. 이 형식은 적절한 정도의 접동 저항에 의해 요 브레이크의 용량을 작게 할 수 있다. 요 운동에 댐핑을 주는, 베어링 재료의 교환이 가능한 것 등 이점이 있지만, 큰 요 모터의 성능이 필요하다. 접동면의 베어링 재료로는, 폴리아미드, 폴리우레탄, 아세탈, 테레프탈산 폴리에틸렌(PET) 등의 수지를 이용한다.

대형 풍력발전기에서는 너셀 안으로부터의 전선이 타워 안으로 끌어내려진다. 이 전선이 너셀의 회전에 의해 과도하게 감겨지지 않도록 하기 위해서 요 회전수 카운터를 설치, 편측 방향으로 2~4회 회전한 경우에는 자동적으로 너셀을 회전시켜서 되돌려 감는다. 이 요 회전수 카운터란 독립적인 시스템으로서 과회전 검지 스위치를 갖추어 이중 안전성을 확보한다.

일본 내에서 발생한 요 시스템과 관련된 불편함은 급격한 풍향 변화로 기어 부분이 백래시(back lash) 내에서 요동하고, 충격 하중을 받은 것이 원인이 되고 있다. 현재에는 요 브레이크를 상시 가동시켜 요 작동 시에만 브레이크를 해제하는 방식을 취하고 있어 불편함도 해결되었다. 또한, 최근에는 태풍에 의한 풍차의 피해가 발생하고 있다. 태풍의 풍향 변화에 의해 요 시스템이 정전되어 작동이 멈춘다. 결과적으로 설계 방향 이외에서 강풍을 받는 것이 원인 중 하나가 되고 있어, 강풍, 정전 시의 풍속, 풍향 변화에 대응할 수 있는 요 시스템을 설계해야 한다.

5 날개 피치 가변 기구의 설계

날개의 가변 피치에 의한 출력 제한 방법은 근대 풍차의 개발 초기부터 채용되어, 이후 숱한 개량을 거쳐 오늘날에 이르렀다. 풍속이 상승하고 발전기가 정격 출력을 넘을 것이라 예상되는 경우, 날개 피치를 제어함으로써 과다 출력을 회피한다. 그림 6.18은 3날개를 동기시키는 기구를 가진 날개 피치 구동 기구이다.

그림 6.18 ≫ 날개 피치 구동 기구

(1) 작동 피스톤

날개 선회용 힘은 유압 피스톤으로 공급된다. 유압 작동 피스톤의 사용 목적은, 소형으로 과도 응답성을 얻는 데 있다. 그러므로 그 사양은 계획 계산 시 시뮬레이션 계산에 채택한 요구값을 만족할 수 있도록 선정한다.

각 작동 피스톤이 구동시켜야 할 날개는 제어나 공기력에서 필요로 하는 용량 이외에, 설치 가동 부분의 마찰력이나 계획 형상과의 차이, 시간 경과에 의한 마모 증가라는 계산 외에도 계산할 수 없는 힘이 있다. 그러므로 하중으로서의 적절한 마진이 중요하다. 또한 설치된 부분의 강도 체크, 기기 내부 구조 체크, 고압유 누설 발생 방지용 봉인 방법 등의 검토, 기름 누설 발생에 빠른 대응에 대해서도 검토해야 한다. 이 부품은 접동 부품이기 때문에, 보수 점검을 쉽게 할 수 있는 구조로 한다.

6 발전기

발전기의 형식은 풍력발전 시스템의 형태를 결정하는 가장 중요한 포인트 중 하나이다. 오늘날 대형 풍력발전 시스템은 풍차의 형식과 발전기의 종류에 따라 **표 6.4**와 같이 분류된다.

그림 6.4 >>>
풍력발전 시스템과 발전기의 형식

풍력발전 시스템	발전기의 형식	증속기	장 점	단 점
정속	스톨 제어 피치 제어	농형 유도	있음	· 저렴한 가격 · 단순하며 신뢰성이 높다.	· 출력 변동이 크다. · 기계적 변동 하중이 크다. · 블레이드 소음이 크다.
가변속	피치 제어	권선형 유도	있음	· 출력 변동 중립 · 발전량이 크다. · 인버터 용량이 작고 비교적 저렴한 가격	· 가변속 범위가 한정
		권선형 다극동기	없음 혹은 (소 기어비 증속기)	· 발전량 큼 · 출력변동 최소 · 증속기 음 없음 · 블레이드 소음 최소	· 고가 · 인버터 용량 큼 · 발전기 크기, 중량이 크고 수송, 건설에 제약
		영구자석형 다극동기		· 발전량 큼 · 출력 변동 최소 · 증속기음 없음 · 블레이드 소음 최소 · 높은 에너지 효율 · 높은 신뢰성, 보전성	

표와 같이 각 형식에 따라 상반되는 특성을 가지고 있으므로 이해 득실을 감안해서 결정한다. 에너지의 변환 효율, 비용, 전력 계통에의 영향, 신뢰성과 보전성, 수송 건설성을 고려해야 한다.

(1) 유도 발전기

풍력발전에서 가장 많이 사용되고 있는 발전기로, 비동기식 발전기라고도 한다. 발전기 주위의 고정자는 연계하고 있는 전력 계통에서 여자(勵磁)되고 있으며, 계통 주파수와 발전기의 극수로 결정되는 회전 자계를 발생시키고 있다. 이 자계의 회전수를 동기 회전수라고 하며, 다음과 같은 식으로 나타낸다. 또한 구체적인 숫자를 **표 6.5**에 나타냈다.

$$n_s = 60 \times \frac{f}{p}$$

여기서, n_s : 동기 회전수[rpm]
f : 전력 계통의 여자 주파수[Hz]
p : 발전기와 쌍을 이루는 극의 수[극수÷2]

회전자는 계자에 둘러싸인 기계적인 회전 부분이며, 발전기의 입력축과 직결해 있다. 동기 회전수보다 약간 빠른 속도로 회전한다. 여자의 회전수와 회전자의 회전수의 차이를 '슬립(slip)'이라고 하며, 다음 식과 같이 정의된다. 슬립 s가 마이너스인 경우에는 발전기로서 작동한다. 플러스인 경우에는 전동기로서 작동한다.

그림 6.5 >>>
발전기의 극수와 동기 회전수

발전기의 극수	동기 회전수	
	50Hz	60Hz
2	3,000	3,600
4	1,500	1,800
6	1,000	1,200
8	750	900
10	600	720
12	500	600

$$\text{슬립 } s = \frac{n_s - n_r}{n_s}$$

여기서, s : 슬립(slip)
n_r : 회전자의 회전수[rpm]

그림 6.19에 1MW의 유도 발전기를 갖는 풍력발전 시스템에 있어서 슬립과 유효 전력의 예를 들었다. 이 풍력발전 시스템은 그래프의 O점부터 A점 사이에서 작동하도록 설계되어 있다. 슬립이 -0.8%로 정격의 1MW를 발전하고 있지만, -1.3%의 슬립으로 1.3MW을 발전하고 있다.

그림 6.19 >>>
1MW 유도 발전기의 슬립과 유효 전력

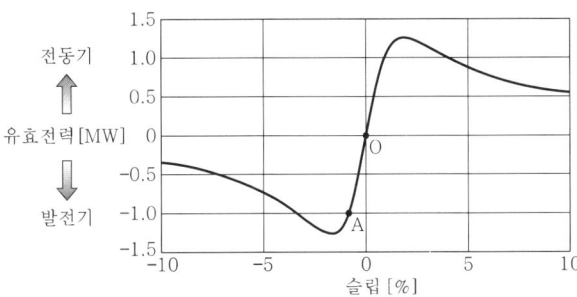

(2) 농형 유도 발전기

정속기로 사용되는 가장 단순한 형식이다. 그림 6.20에 나타난 것처럼, 회전자는 구리 또는 알루미늄 바구니 모양의 바(bar)로 구성되어 있고, 양끝은 단말 링으로 전기가 통하게 되어 있다. 자계에 의해 농형의 회전자가 여자되어, 로터의 회전으로 회전자가 구동됨으로써 발전한다. 회전수의 변화는 1% 정도이다. 발전한 전기는 계자를 만드는 고정자로부터 직접 전력 계통으로 역조류된다.

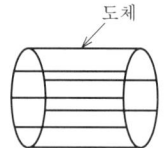

그림 6.20 〉〉
농형 유도 발전기의 회전체 개념도

로터에는 슬립링 등의 전기적인 장치는 필요하지 않다는 것, 차단기 외에 큰 기기를 필요로 하지 않은 것, 항상 유도 전동기가 필요해서 역률의 개선이 요구되지만 역률 개선용 콘덴서를 투입하는 것으로 간단하게 해결할 수 있다는 것, 구조가 간단하다는 이점이 있어, 초기에 많은 적용 예가 있다. 그러나 계통선에서 계자 전류로서의 유도 전력을 공급하기 위해 돌입 전류가 발생하거나 안정된 발전량을 확보하기 어려운 정속 회전의 폐해가 있어, 2MW급의 대형 풍력발전기에서는 사용되지 않고 있다.

(3) 가변속 제어

농형 유도 발전기는 약간의 슬립이 있지만, 연계되어 있는 전력 계통의 주파수에 의해 발전기의 회전수가 결정되어, 증속기를 통해 블레이드도 정속으로 회전한다. 한편 블레이드를 회전시키는 바람의 속도는 짧은 시간에 끊임없이 변화하고 있으며, 블레이드의 토크도 빈번하게 변화한다. 이 때문에 풍력발전기의 대형화에 따른 전기적, 기계적인 문제를 무시할 수 없게 되었으며, 풍속의 변화에 대응해서 회전수가 변하는 가변속 제어가 확대되고 있다. 가변속 제어에는 다음과 같은 이점이 있다.

- 바람 에너지의 변환 효율이 높다.
- 기계적인 하중을 저감할 수 있다.
- 높은 전력 품질을 얻을 수 있다.
- 공기 유입각이 최적으로 유지되므로 블레이드의 소음이 적다.
- 전력 계통에 적합한 최대 발전량을 제한할 수 있다.
- 유효 전력, 무효 전력의 제어가 가능하다.

(4) 권선형 유도 발전기(권선형 저항 제어 방식)

계자는 전력 계통에 직접 연계되어 있지만, 회전자에도 코일이 감겨져 있고, 회전자의 권선 저항을 변화시키는 것으로 회전수를 제어한다. 저항을 늘리면 슬립이 증가하고, 동기 속도에 대해서 ±10% 정도의 속도 변화를 얻을 수 있다.

이 방식을 이용하는 Vestas사의 Opti Slip이라는 방식은, 회전자 내에서 전기 제어 장치를 완결하고, 비접촉 타입의 광슬립링을 이용하여 회전자 권선 저항을 제어함으로써 기계적 슬립링의 신뢰성, 보전성의 문제를 해결하고 있다.

그림 6.21은 이 방식의 개략도이다.

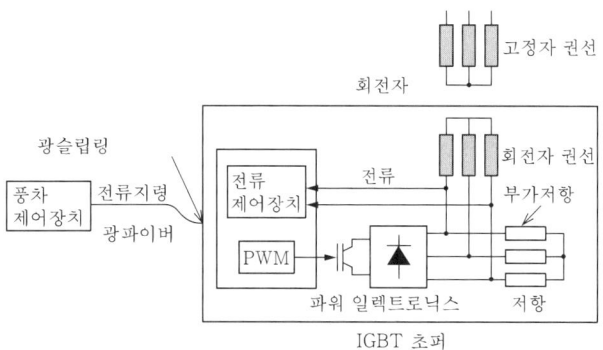

그림 6.21 권선형 유도 발전기(이차 권선형 저항 제어 방식)

(5) 권선형 유도 발전기(2차 권선형 주파수 제어 방식 : Double-fed 유도 발전기라고도 한다)

권선형 저항 제어 방식과 마찬가지로, 계자는 계통에 직결되어 회전자에 권선을 갖는다. 회전자 권선의 유기 전류 주파수를, 전력 변환 장치(인버터·컨버터)로 변경함으로써 회전수를 제어한다. 동기 속도에 대해서 ±30% 정도의 넓은 가변속 범위를 얻을 수 있다. 전력 변환 장치의 용량은 최대 발전량의 30% 정도로, 다음에 서술하는 동기 발전기가 100%의 용량이 필요한 것에 비해 비용적으로 유리하다. 이 방식은 전력의 전달을 위해 슬립링이 필요하며, 앞으로는 기계적 슬립링의 제거가 요구된다.

그림 6.22에 권선형 유도 발전기(2차 권선형 주파수 제어 방식)의 개략을 나타냈다.

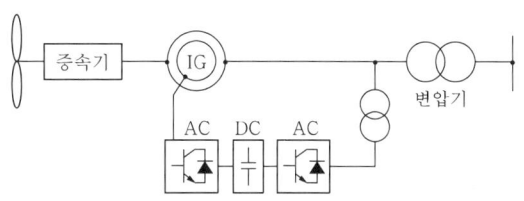

그림 6.22 권선형 유도 발전기(이차 권선형 주파수 제어 방식)

(6) 동기 발전기

동기 발전기는 외부 전력이나 영구 자석으로 여자된 회전자를 풍차 로터로 돌리는 것으로, 자계에 회전수에 비례한 주파수의 교류를 발전한다. 풍차에서는 풍속에 따라 로터의 회전수가 달라지고, 그에 대응해서 발전 주파수가 바뀌기 때문에 전력 계통에 연계하기 위해서는 계통 주파수로 변환할 필요가 있다. 발전된 주파수가 변화하는 교류를 컨버터를 이용하여 직류로 변환하고, 그 직류를 인버터에서 계통 주파수로 다시 변환하여 계통에 연계한다(그림 6.23).

이 전력 교환 회로는 DC 링크라 하며, 발전 전력 용량과 동등한 규모의 전력변환 시스템을 가지고, 역률은 1.0(무효 전력 0)으로 할 수 있다. 발전기의 회전수를 계통 주파수와 분리하고 있기 때문에, 가변속의 범위는 40~100%로 매우 크다. 또한 극수를 늘리면 낮은 회전수로도 발전이 가능하기 때문에, 증속기를 이용하지 않고 블레이드와 발전기를 직결한 심플한 기어리스 풍력발전기로서 사용된다.

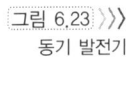
그림 6.23 >>>
동기 발전기

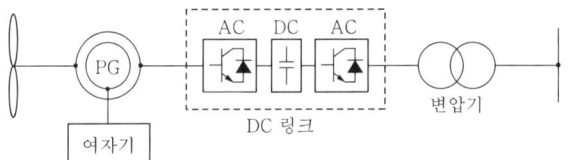

(계자에 영구자석을 이용하는 경우에는 필요 없음)

(7) 권선형 동기 발전기

회전자의 여자(勵磁)를 권선으로 한다. 독일 Enercon사의 기어리스 다이렉트 드라이브 풍력발전기가 대표적인 것이다. 증속기가 없기 때문에 심플한 구조이지만, 다극(多極)이기 때문에 발전기의 외형은 매우 크다. 2005년 시점에서 세계 최대급의 EnerconE-112/4.5MW는 발전기의 직경이 약 12m 이상이며, 육상에서 수송하는데 있어 또 다른 대책이 필요하다. 그림 6.24는 Enercon사의 권선형 다극 동기 발전기의 너셀 내 구조이다.

그림 6.24 >>>
권선형 동기 발전기
(Enercon)[5]

(8) 영구 자석형 동기 발전기

최근에는 대폭 성능이 개선된 희토류 영구 자석을 회전자의 여자에 사용한다. 영구 자석으로서는 네오듐 철 영구 자석(Nd-Fe-B)이 성능, 비용 면에서 널리 사용되고 있다. 네오듐 철 영구 자석은 일본에서 개발된 것으로, 자력은 13,000가우스로 종래의 영구 자석에 비해 매우 크다. 영구 자석을 여자에 사용함으로써 여자 전력이 필요 없고 회전자의 발열이 없어 발전기의 냉각이 쉬워진다. 이 방식은 일본의 NEDO 외딴 섬 풍력발전 시스템(후지 중공업 SUBARU22/100, 6극, 정격 회전수 60rpm), 미쓰비시 중공업의 S2000(150극, 정격 회전수 8~24rpm)에서 사용되고 있다. 또한 발전기가 크고 무거운 것에 대한 대책으로는 작은 증속비의 증속기를 동기 발전기와 조합시킨 방식이 있다(SUBARU15/40 : 40kW나 Multibrid사 5MW 외).

그림 6.25에 영구 자석형 동기 발전기를 사용한 예를 나타냈다. 그림 6.26에는 발전기의 외형을 나타냈다.

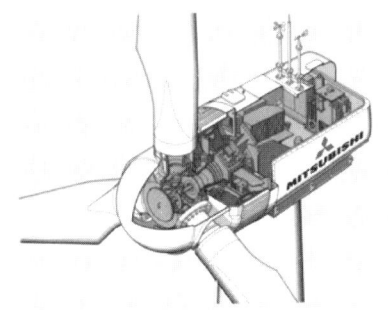

그림 6.25 영구자석형 동기 발전기(미쯔비시(三菱) MWT-S600)[8]

그림 6.26 영구자석형 다극 동기 발전기 (SUBARU22/100)[29]

7 기타 기기

(1) 윤활유, 제어유 계통

각 기기의 윤활 부분에 기름이 공급된다. 보통은 펌프를 이용하여 탱크에서 오일을 끌어 올려 오일 스트레이너, 오일 냉각기를 통해서 각 부분으로 공급된다. 이 오일의 흐름이 윤활유 계통이다. 또 한 가지의 계통이 제어유 계통이다. 제어계도 같은 방법으로 펌프에서 각 보조 기구를 통해 피치 제어 기구, 브레이크 제어 기구로 흐른다.

그림 6.27에 제어·윤활유 계통 선도를 나타냈다. 오일 계통은 윤활유계와 제어유계로 나뉘며, 각각 독립해 있다. 윤활유계는 기어실 하부에 배치된 탱크에서 펌프로 필요 윤활 부분으로 공급된다. 그 압력은 필요 윤활 부분에서의 압력에 맞추지만 보통은 $0.5\sim1.0\text{kg/cm}^2\text{g}$의 압력이다. 제어유계는 독립된 탱크에서 펌프로 각 필요 제어 부분으로 공급된다. 제어 회로에서는 날개의 피치 제어 기구, 축의 브레이크 기구, 요 구동 장치 브레이크 등이며, $50\sim300\text{kg/cm}^2\text{g}$의 고압계이다.

풍차는 바람의 변동과 다양한 운전 상태 변화에 대비해 많은 제어계 밸브와 쿨러가 있으며, 안전 확보를 위한 기기는 최후의 수단이기 때문에 신뢰성이 높은 기기를 장비해야 한다. 계통 전체로서 누설이나 오일 교환 시의 누설 대책을 고려해 배치하며, 각 기기의 최대·최소 필요시의 유량, 필요 압력, 필요 온도 등을 확인하고, 각 배관구 지름, 내부 유속을 검토한다. 열증가량을 고려하여 최악의 주위 조건에서도 효율적인 설계가 되도록 검증해야 한다. 특히, 기상 조건이 험한 곳에 설치되는 풍차에 관해서는 여기에서 나온 이상의 대책을 필요로 한다.

(2) 오일 탱크

오일 탱크의 설계는 운전을 고려한 사양을 만족하도록 설계한다. 구체적으로는 드레인(drain) 제거, 오일 교환용 배관, 각 레벨 설정 계획, 누유가 발생했을 때 코밍 준비를 해야 하는 것과 운전 중에 진동이 발생했을 때 부서지거나 금이 가지 않도록 검토·설계한다.

(3) 오일 펌프의 선정과 배관 설계

오일 펌프 선정과 배관은 다음과 같은 점을 배려해서 설계한다. 운전 특성을 고려하고 적절한 펌프 형식을 선정한다. 필요 특성에 맞게 원심식 펌프, 용적식 펌프(기어식, 로터리식, 피스톤식 외) 등으로 선정한다. 펌프의 안전 밸브 배치나 기동 특성의 차이, 모터의 선택 기준 등을 충분히 고려한 설계를 한다. 풍차는 자연 환경이 험한 장소에 설치되기 때문에 온도 특성(특히 저온 기동 시 오일의 상태 등)을 고려한다. 또한 배치상으로도 펌프의 특성을 고려하여, 충분한 흡입이 가능한가를 검토한다.

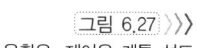
그림 6.27 윤활유, 제어유 계통 선도

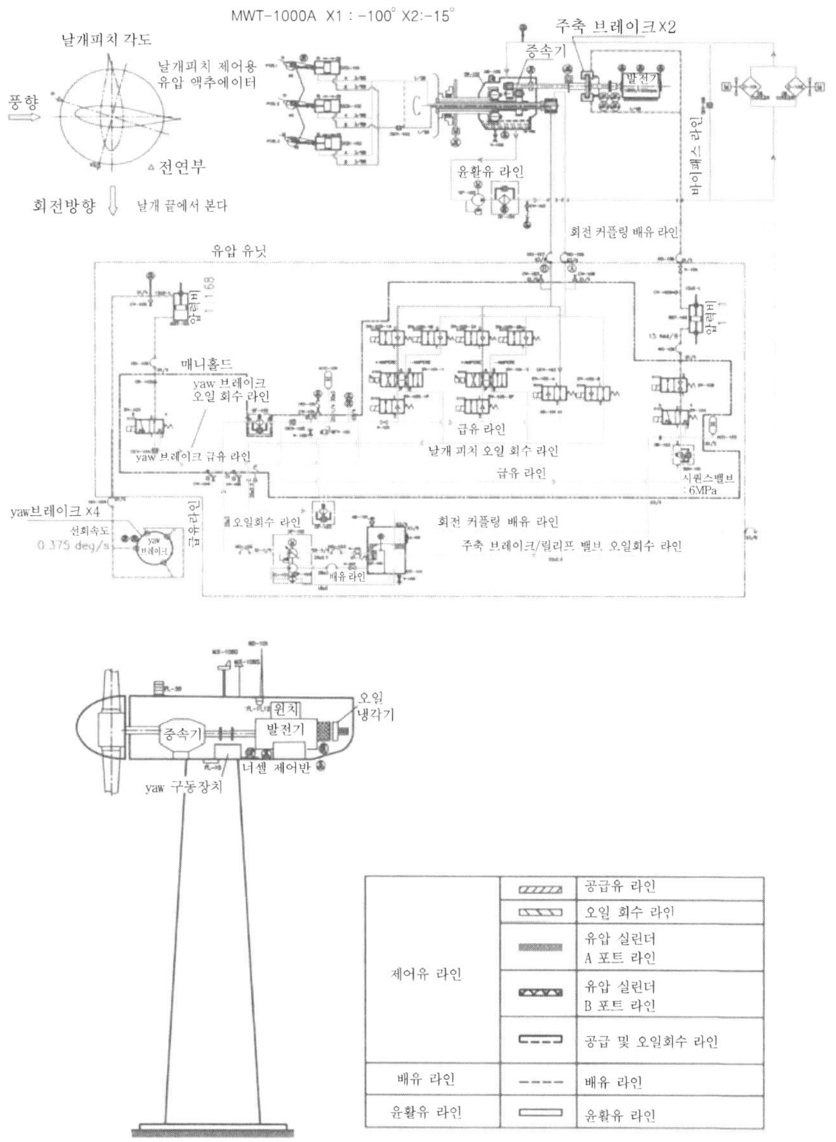

특히 펌프의 NPSH(Net Positive Suction Head)에 관해서 건설 장소가 온도가 낮은 경우에는 충분한 배려가 필요하다. 또한 회전 변동이 일어나지만 그 때에 각 부분에서 급격한 변동에 따른 필요 유량의 변화가 발생한다. 그 때에 유량이 부족하지 않도록 사전에 검토해야 한다. 또한 과도 응답 시의 거동(擧動)은 제어성으로 큰 영향이 생기므로 주의한다.

(4) 오일 냉각기

　풍차의 운전 중에 발생하는 각 부분에서의 열을 식히기 위해 냉각기를 설치하는 경우가 있다. 냉각 능력 계산 시 주위 온도 설정을 외부의 최저 온도 발생 시와 최고 온도 발생 시를 고려해서 검토한다. 이때에는 열관유율, 냉매(공기, 냉각수 등) 특성, 압력 손실, 냉각팬의 특성 등을 감안한다.

　오일 냉각기는 압력 용기이며, NEMA(National Electronic Manu-factures Assoiciation)나 TEMA(Tubular Exchanger Manu-factires Association)의 기준을 참고해서 설계한다. 가장 간단한 설계 지침은 일본기계학회의 전열공학 편람이다. 여기에서는 많은 종류의 열변환기가 설계지침과 함께 게재되어 있으니 참고하길 바란다. 고압의 냉각기는 그 강도 계산이 필요하고, 압력 용기의 설계는 미국기계학회(ASME : American Society Mechanical Engineers)가 발행하고 있는 Pressure Vessel Code를 참고로 한다.

　냉각기용 팬의 특성은 온도 변화나 압력 변동의 영향을 받기 쉽다는 것이다. 사전에 기상 특성과 팬 특성을 파악해서 검토한다. 20년간의 운전을 상정해서 부식이 발생하지 않도록 재료나 페인트칠 등에 대해서도 사전에 충분히 검토해 둘 필요가 있다. 또한 냉각기는 너셀의 안에 배치되는 경우가 많지만, 공기 취입구, 배출구에서 흐름을 방해하지 않도록 적절히 배치한다. 팬의 장기 운전을 고려하여 청소가 가능한 구조로 하고, 청소 빈도도 결정한다.

(5) 각종 제어 밸브, 변환 밸브, 역지 밸브의 선정 기준

　제어 밸브에는, 서보 밸브, 변환 밸브, 차단 밸브 등이 있다. 각 밸브의 선정에 대해서는, 제어상의 요구를 만족하고 있는 것이 제일이다. 제어성에 관해서는 각 밸브의 특성을 충분히 파악하고 사용 목적에 맞는 밸브를 선정하여 사용한다. 즉, 필요 C_v 치(일정 압력 손실에서의 유량)을 구하고, 기기 제어 특성을 고려해서 선택한다. 날개의 제어 밸브는 요구 응답성을 감안해서 설계한다. 특히 제어에 대해서는 운전 요구 특성을 충분히 파악하고 계획한다. 밸브 형식에 따라 유량 특성도 변화한다. 선형(밸브의 리프트와 유량이 1 : 1로 비례하고 있는 것), 밸브가 열리기 시작할 때의 유량이 크고 그 후의 증가는 적은 것(보통의 글로브 밸브의 형상을 가진 것), 그 반대의 특성을 가진 것, 즉 밸브가 열리기 시작할 때에는 유량이 적고 그 후의 증가가 빠른 것 등 밸브의 형식은 다양하다. 이것들을 고려하여 밸브를 선정하지 않으면 적절한 제어 특성은 얻을 수 없다.

제어 기기는 응답성도 중요하다. 밸브를 소형으로 하기 위해 파일럿이 내부에 있어 직접 작동되는 힘을 작게 하려는 밸브가 있지만 이런 종류의 밸브는 응답성이 나쁘다. 제어 밸브 선정이 풍차의 운전과 응답성을 결정하기 때문에 운전상의 요구를 충분히 파악하고 설계하고 기종을 선택한다. 또한 이들 요구 사항은 앞서 서술한 안전 시스템, 제어 시스템의 요구와 일치하는지를 확인한다. 또한 실(seal) 교환 등을 생각해 두어야 한다.

(6) 필터의 선정과 보수

윤활유용과 제어유용은 그 사양에 차이가 있다. 윤활유용에는 기어, 구름베어링이 요구하는 사양으로서 사고(事故)의 근절을 도모하는 것이 중요하다. 베어링과 필터레이션에 관해서는 ISO기준에 따라 평가한다. 기준에 맞추어 수명 시간 계획 설계 시 필요 사양에 이들 필터를 일치시킬 필요가 있다. 매우 일반적인 주의 사항이지만, 운전 중에 필터의 수명이 다했을 때 기기가 어떻게 되는지, 그 때는 어떤 대응을 취해야 하는지 등 장기 운전을 고려한 설계를 한다.

(7) 너셀과 너셀 내에 위치하는 각 기기의 설계 · 제조

너셀 받침대는 각 기기가 탑재되어 풍차 전체의 힘을 받는 장치이다. 그리고 받은 힘을 타워로 흘려보내 최종적으로 타워는 지상에 고정되는 것이다. 또한 너셀 받침대 위의 발전기 출력은 케이블에서 외부로 변압기를 열어 연결한다. 기본적으로 너셀이나 너셀 내에 배치된 각 기기는 구조물이지만, 각 부분 모두 바람을 받아 그 힘이 변동된다. 이와 같은 점에서 먼저 너셀을 설계하는 것이 가장 중요하다. 그러므로 너셀은 그 자체로는 어떠한 힘도 발생하지 않지만, 토대가 되는 중요한 기계 부분이다.

너셀은 용접 구조가 주를 이루었지만 앞으로는 크기와 경량화를 고려해 주물(鑄物) 구조의 너셀 받침대가 설계되고 있다. 주물 쪽이 형상을 자유롭게 선택할 수 있고, 정말로 필요한 부분을 두껍게, 응력이 낮은 부분을 얇게, 바람으로부터 받는 힘의 흐름을 최적으로 흐르게 함으로써 경량화의 가능성이 가장 높다고 여겨지고 있기 때문이다. 문제는 현재 풍차의 너셀은 매우 크고, 일본 내에는 제작 공장이 없어지고 있다는 것이다.

날개의 풍하중, 로터 헤드의 중량, 회전에 의한 하중의 변동, 기어, 메인 베어링, 발전기 등이 탑재되기 때문에 강도 계산의 결과를 정확하게 적용해야 한다. 구조에 대해서도 하중이 걸리는 방법, 전달 방법 등으로부터 타워 정상 부분과의 연결이나, 하중 전달(연결하는 방법)을 고려한다. 각 부분에서 응력 집중을 발생시키지 않는 구조로 할 것과 중량 과다가 되지 않도록 주의할 필요도 있다.

8 타워와 기초의 계획·설계[18]

타워와 기초의 설계는 현재의 태풍 피해를 고려할 때 매우 중요하다. 풍차에 걸리는 바람에 대해서도 앞서 설명했지만 바람에는 많은 흐트러짐이나 예기치 못한 상황이 발생하며 그것들을 고려한 설계가 필요하다.

타워나 기초에 걸리는 힘은 바람에 대한 면밀한 해석에 의해 결정되는 것이지만 바람 그 자체가 아직 명확하지 않은 점이 많고, 건설 장소마다 그 특성은 달라진다. 그러나 그렇게 생각하면 설계는 불가능하므로, 표준적인 설계 조건으로서 IEC의 기준을 채용하고 있다.

이들 기준을 토대로 먼저 설계 기준을 명확하게 할 필요가 있다. 그러기 위해서는 앞서 기술한 극치풍의 가정 조건을 충분히 해석함과 동시에 일본의 바람 특성을 충분히 비교해서 IEC 기준으로 충분한지 아닌지를 평가할 필요가 있다. 본 절의 맨 뒤에 바람에 관한 건축기준법의 설명을 게재했다.

(1) 타워의 종류

풍차가 오늘날과 같이 대형화되기까지 많은 형식이 채용되어 왔지만 대형 풍차에 이용되고 있는 타워와 기초는 해상에 설치된 풍차를 제외하고 대략 다음과 같은 것이 채택되어 왔다. 여기에서는 대형 풍차에 관한 종류만을 나타냈으며, 중소형의 풍차 타워와 기초는 이것들과 다른 점이 있다.

대형 발전용 풍차의 타워는 강철제의 모노포일형이라 불리는 롤러 모양의 타워가 주류이다. 그 외에도 트러스(truss) 구조의 강철제 타워나 콘크리트제 타워도 건설되고 있다. 콘크리트 타워에 대해서는 현지에서 제조하고 건설하기 위해 콘크리트의 형태를 조립하는 것부터, 그러기 위해 각종 장치를 이동시킬 필요가 있어 보통은 고가로 인식되고 있다. 그러나 장기간을 운전하거나 보수를 할 때에는 콘크리트 타워가 실용적이며 신뢰성이 높다고 생각하는 전문가도 있다. 강력 콘크리트와 표준형 콘크리트 타워의 공장 생산이나, 박육(薄肉) 콘크리트 구조라는 신규 개발 등으로 경량화가 이루어진다면 풍차에 적용할 수 있을 것이라 생각된다. 앞으로 토건 관계자의 새로운 개량과 코스트 다운(cost down)을 기대해 본다.

강철제의 타워에는 모노포일식 외에 트러스식, 3다리식, 케이블 유지식이 있으며 콘크리트제이더라도 도중에 단(段)을 가진 것이나 테이퍼를 붙인 것이 있다. 일찍이 윈치(winch)를 사용해 수리나 보수를 위한 풍차를 타워마다 눕히거나 세우는 기도식(起倒式)도 있었지만, 대형화된 것은 거의 없다.

(2) 모노포일식 타워 설계

현재 대부분의 대형 풍차 타워가 모노포일식인 이유는 일반적으로 풍차의 설치장소가 기상 조건이 매우 험한 장소라는 것과, 현재까지 풍차 높이가 점점 높아져 왔으며, 특히 동절기에 보수를 시행할 경우 트러스 타워는 작업 인부의 부담이 크다는 것, 또 안전면에서도 모노포일식 타워가 안전하기 때문이다. 여기에서는 현재 주류인 모노포일식 타워에 대해서 설명한다.

타워의 설계는 상부에 탑재된 풍차 본체, 날개를 포함한 모터와 너셀의 중량, 타워 자체의 중량 등 여러 가지 풍외력(風外力)을 고려하여 설계해야 한다. 게다가 너셀은 날개와 그것을 회전시키는 모터와 모터에 의해서 구동시키는 발전기가 들어가 있다. 따라서 회전체가 맨 위에 있는 이른바 강제 진동기기의 지지 구조물을 생각하여 설계해야 한다. 또 풍차는 바람 위를 향하도록 너셀 전체의 방향을 바꾸는 요 구동 장치의 베어링을 통해 타워와 연결되어 있으므로 비틀림에 대해서도 충분히 조사하고 검토할 필요가 있다.

보통 피치 제어 풍차는 그 추력이 변동하기 때문에 피로(疲勞)에 대해서도 검토가 중요하며, 스톨 제어의 풍차는 극치풍일 때 날개 정면부터 강풍을 받고 또, 스톨이 발생하며, 풍외력의 변화를 받기 때문에 극치풍일 때의 설계가 문제 시 되고 있다.

실제 설계에 있어서 가장 크게 중요시되는 것들에는 타워의 고유 진동수를 충분히 피하는 것, 제진(制振) 장치를 확실히 작동시키는 것, 타워 구조를 고려한 좌굴(buckling)에 대해 검토하는 것이 있다.

용접 구조물인 타워는 재료 감쇠 능률이 낮게 공진하면 큰 진동이 발생한다. 그러므로 설계할 때 안전에 더 큰 관심을 가지고 해야 한다. 이음매로서 플랜지식과 슬리브 결합 방식이 있으며, 플랜지에 있어서의 설계는 VDI2330 등이 도움이 된다. 또한, 도어 부분의 강도에 대한 충분한 설계를 시행해야 한다. 도어의 보강에 관해서는 응력 집중이 발생하지 않도록 설계를 해야 한다.

타워는 이와 같은 각종 검토와 더불어 그 판자 두께와 치수의 비를 생각해보면 좌굴에 관한 체크가 중요함을 알 수 있다. 좌굴에 대해서 검토할 때에는 강도 계산과 실제의 타워 제작에는 제조 기준이 있고, 거기에는 허용치가 있다. 그러므로 타워 제작에는 대형 구조물인 것과 용접 구조물인 것, 그 제조에 있어서 어느 정도의 '흔들림'이 있음을 부정할 수 없다. 그러므로 설계할 때에는 이것을 충분히 배려하여야 한다. 간단히 말하면 제조 시의 흔들림을 고려해, 설계 시에는 높은 안전율을 위한 보수적인 설계를 할 필요가 있다.

타워의 피로에 관해서, 그 피로 곡선은 보통 마일드 강철의 기준을 적용하면 된다. 그러나 용접 부분에 관해서는 그 안전율을 충분히 높게 해 둘 필요가 있고, IEC의 부분 안전율도 고려해야 한다.

(3) 일본의 건축기준과 IEC의 풍차설계기준[18]

바람의 하중에 대해서는 일본 내의 건축기준법과 IEC 등의 기준이 다르다. 일본 내 기준에 관한 문제를 설명한다.

(a) 기준풍

IEC 61400-1에서는 바람을 조건별로 4단계(Ⅰ~Ⅳ)의 클래스로 나누고 있다. 간단하게 말하면, 연간 평균 풍속 V_{ave}와 기준풍속 V_{ref}가 정의되어 있다. 기준 풍속 V_{ref}는, $V_{ref} = 5 V_{ave}$로 나타내고 있다. 게다가 50년간 극치 풍속 V_{e50} 및 1년간 극치 풍속 V_{e1}은, 풍속의 3초 평균으로서 순간 풍속에 상당하는 수치로서 정의되며, 각각

$$V_{e50} = 1.4 V_{ref}$$
$$V_{e1} = 0.75 V_{e50} = 1.05 V_{ref}$$

이다.

한편, 구조물에 있어서 설계 풍속의 개념은 국제적인 통일 규칙이 없으며, 주로 나라별이고, IEC에서도 GL에서도 각국의 설계 기준에

따르도록 기재되어 있다. 이것은 지금까지 각국의 경험에서 축적되어 온 것으로, 나라마다 바람이나 지진이라는 많은 조건 안에서 결정된 사정에 따른다. 바람의 상태는 바람에 관한 설명에서 드러난 것처럼 큰 차이가 있기 때문에 지역이나 높이, 지표면의 상황, 고려할 기간과 같은 조건에 의해 영향을 받는다. 그러므로 ① 지역 고유의 기본 풍속을 설정하고, ② 구조물의 조건이나 그 높이에 따라 수치를 수정하는 순서를 밟는 경우가 많다.

(b) 일본의 건축기준법

일본 내에서 일반 건축물의 하중 설정에 이용되는 건축기준법은 2000년부터 지역에 따른 특성을 고려하는 방법으로 바뀌었다. 이 건축기준법에 있어서 구조물의 풍하중 산정은, 다음 식에서 주어지는 속도압 q에 풍력 계수를 제곱한 것을 풍압력으로서 이용하는 것으로 되어 있다.

$$q = 0.6 E V_0^2 = 0.6 E_r^2 G_f V_0^2$$

여기서, V_0 : 기준 풍속, 고도 10m에서의 10분간 평균 풍속

이것은 시·군·면 별로 30~46m/s의 수치로 주어지고 있다. 재현 기간은 명기되어 있지 않지만, 일반적으로 50년의 수치라고 해석되고 있다. 단, 현재는 기상 관측 사상 최대라는 말이 지면을 장식하는 경우가 많은 점에 주의해야 한다. E_r은 평균 풍속의 연직 분포를 나타내는 계수이며, 구조물의 높이와 지표면 조도 구분으로 결정된다. 이 지표면 조도 구분은 Ⅰ~Ⅳ로 분류되고 있다. G_f는 돌풍 영향 계수로, 풍속의 변동과 구조물의 진동을 고려한다. 또한 0.6은 공기 밀도가 1.2kg/m^{3}인 것으로 부터 결정된 수치이다. 그러므로 공기 밀도가 다른 높은 고도의 지역에서는 그 차이를 고려해야 한다.

IEC의 규정과 비교해 보면, 높이를 풍차 허브 높이로 취한 경우에, $E_r V_0$가 IEC의 V_{ref}에 상당한다. 예를 들면 허브 높이를 60m로 한 경우의 각 풍속을 표 6.6에 나타냈다. 이 표로 간단하게 이해는 할 수 있지만 지표면 조도와 기준 풍속의 조합으로 IEC의 Class Ⅰ을 상회하는 조건이 되는 상황이 발생할 수 있다. 예를 들면, 기준 풍속이 40m/s을 넘는 오키나와(沖繩)나 큐슈(九州)·시코쿠(四国)의 일부 지역 등에서는, 지표면 조도 구분이 Ⅰ이면 아래의 표와 같은 상황이 된다.

그림 6.6

허브 높이		60m			
기준 풍속	지표면 조도 구분	I	II	III	IV
V_{ref}	30	44.2	39.1	34.1	28.0
	32	47.2	41.8	36.4	29.9
	34	50.1	44.4	38.6	31.8
	36	53.1	47.0	40.9	33.6
	38	56.0	49.6	43.2	35.5
	40	59.0	52.2	45.4	37.4
	42	61.9	54.8	47.7	39.3
	44	64.9	57.4	50.0	41.1
	46	67.8	60.0	52.3	43.0

　이와 같은 예외적인 상황은 본 절의 개론에서도 설명했는데, 이러한 예는 얼마나 풍황을 많이 이해하는가와 그 지역에 적합한 설계조건을 얼마만큼 적용하는가가 중요함을 이야기하고 있다. 건축기준법은 풍차의 설치가 시작되기 전부터 각 건축물에 요령만을 추려 제시하고, 개정을 반복하여 온 법률이다. 그러므로 바람에 관한 검토에 있어서도 큰 규모의 다리나 고층 빌딩의 설계지침으로서 채용되어 온 법률이며, 이러한 지식과 견문을 풍차의 설계에 적용하는 것은 매우 유용하다고 생각된다. 그러나 일반적인 건축 구조물의 설치와 풍차의 설치는 그 기능이 다르며 사용되는 상황이나 제어의 방법도 다르기 때문에, 그대로 적용한다면 필요 이상으로 튼튼한 풍차가 설계되는 결과가 되므로 앞으로의 검토가 요구되고 있다.

(c) 건축기준법과 풍차

　전 항에서 총론으로서 일본의 건축기준법과 영국의 풍하중의 규정 등을 기초로 한 각각의 예시를 검토해 보았다. 최대 풍속의 관점에서는 현재의 IEC Class 분류 중 가장 엄한 하중을 상정한 Class I이더라도, 최대 하중의 관점에서는 충분하지 않은 예가 있을 수 있다고 생각된다. 특히 일본 내에서는 다음의 특징에 의해 앞에서 기술한 경향이 일어나기 쉽다.

- 최대 풍속이 태풍으로 결정되고, 일상적인 바람으로 결정되는 연평균 풍속과의 대응이 반드시 높지만은 않다.
- 복잡지형에 풍차가 입지하는 예가 적지 않고, 해당 지점 특유의 지형에 의한 증속 효과의 영향이 큰 경우도 있다.

　풍차의 채용에 있어서는, 해당 부지 지형 등의 조건을 고려한 설계 조건을 선정하고, 이것에 견딜 수 있도록 고려하는 것이 「발전용 풍력설비기준」의 제7조 취지에 맞는다. IEC Class에 따르면 최대 풍속을 비롯한 바람의 조건이 Class I~IV에 맞아 떨어지지 않는 경우에는 Class S로 분류하는 것이 적당하지만, 일본에서는 이것에 맞아 떨어지는 예도 많다. 그러나 Class S로 분류되는 요인은 오프 쇼어에서 복잡지형, 태풍 등 매우 범위가 넓고, 현재의 애매한 규정으로는 알기 어렵다.

특히 태풍이나 증속 효과에 의한 최대 하중의 증대나 복잡지형에 의한 흐트러짐이 피로 하중을 증가시키는 조건 하에서는, 단순히 IEC Class I나 Class II의 인증을 받은 풍차가 그대로 안전하다고는 할 수 없는 예도 생길 수 있다. 그러므로 JIS화에 있어서는 부지에 적합한 풍차의 신뢰성을 높이기 위해, 실제 일본의 풍황을 나타내는 바람의 기준으로서 일본 고유의 Class인 "Class J" 등의 기준을 설정하여 도입 시의 지표로 삼는 것이 바람직하다. 덧붙여 부지의 Class를 판단하기 위한 방법에 관해서 기본적인 생각을 정비해 두는 것도 앞으로의 과제라 할 수 있다.

(d) 실제 설계법

위와 같은 건축기준법에 따른 풍외력의 계산과 풍차 설계의 응답계산 결과를 토대로 건축기준법에 기재되어 있는 설계법에서 각 부분의 강도를 확인할 필요가 있다.

건축기준법을 적용한 설계에서는 상부 너셀의 풍외력은 풍차 본체의 설계를 이용해서 계산한다. 그러나 건축기준법에는 풍차 타워에 관한 기준이 없기 때문에, 풍차 타워의 설계에 굴뚝의 설계기준을 차용하고 있는 실정이다. 본래는 위에서 밝힌 것처럼 기준이나 지침을 참고해서 설계해야 하는 것이며, 앞으로 관계자의 연구에 의해 풍차용 기준이 작성되는 것이 바람직하다. 현재 생각할 수 있는 각종 기준이나 지침을 여기에 열거하므로 참고하길 바란다.

- 적용기준 : 건축기준법, 탑상(搭狀) 강철구조설계지침·동 해설(건축학회), 강철구조설계기준(건축학회), 굴뚝구조설계시공지침(일본건축센터)

구체적인 설계는 다음의 순서를 거친다.
- 풍하중(장기 풍속) : 피로 강도 계산에 사용
- 풍하중(폭풍시) : 단기 강도 계산에 사용

- 기계 하중 : 풍차 본체의 설계 하중으로 가장 큰 하중
- 지진 하중 : 굴뚝 구조 설계시공지침에 준거하여 산출
- 공진 풍속시의 풍하중 : 카르만 소용돌이 진동

이 조건들을 기초로 설계계산을 실시한다. 각각에서 건축기준법을 만족시킴을 확인해야 한다.

(e) 타워 제작

타워는 그 크기가 매우 크기 때문에, 보통은 강판을 롤링머신으로 구부려 원통 모양을 만드는 것이 대부분이다. 예전에는 세밀한 롤링 작업이 불가능했기 때문에, 원통 모양으로 제조하고 각 응력에 따라서 지름을 바꾸어 연결 부분에 조정통을 설치, 결합하는 예가 많았지만, 오늘날에는 거의 모든 타워가 원추식 형상을 하고 있다. 오늘날의 타워는 60m 이상의 것이 많고 그 중에는 회전축의 중심까지 높이가 80m나 되는 큰 것도 있다. 그러므로 수송을 고려하여 몇 개로 분할하고 건설 현장에서 결합하는 구조로 되어 있다. 결합은 보통 플랜지 또는 차입식 결합을 채용하고 있고, 어느 공법에서든 최종적으로는 볼트와 너트로 결합되고 있다.

타워의 하부는 지표에 붙어 있다. 지상에서는 풍차나 타워가 바람으로부터 받는 외력이나 너셀의 무게와 타워의 무게를 지탱할 필요가 있기 때문에 강고한 기초가 필요하다. 또한 매우 높은 타워에는 엘리베이터를 설치하는 경우도 있다.

9 기초 설계

타워의 기초를 설계하는 데에도 많은 방법이 있으며, 건설 장소 지반의 특성에 따라 여러 종류의 것이 이용된다. 비교적 지반이 단단한 곳에서는 슬래브(slab)라고 하는, 콘크리트로 말하자면 덩어리(塊)를 설치하지만 지반이 약한 곳에서는 파일(pile)이라 하는 긴 말뚝을 땅속에 묻고 그 위에 풍차의 기초를 형성하여 풍차를 설치한다.

그림 6.28에 타워 기초에서 슬래브식 기초의 개념도를, 그림 6.29는 파일식 기초의 개념도를 나타냈다. 기초는 지반의 강도 차이나 지역의 지진 발생 빈도 등에 따라 설계 방법이나 적용하는 건축 방법이 다르다.

슬래브식이 좋은지, 파일을 배치할 필요가 있는지 등 사전에 충분한 조사를 할 필요가 있다. 슬래브식은 땅속에 완강한 암반이 있는 지역

등에서 채용되는 것으로 그 기초의 크기는 땅속의 암반 강도는 물론, 그 토지의 흙의 성질에 의한 전단력 등을 고려해서 크기나 두께를 결정한다. 보통은 원형이 바람직하지만, 거푸집 때문에 팔각형이 많이 사용된다. 지반이 약한 지역에서는 땅속에 파일이라고 하는 말뚝을 박아 강도를 보강한다.

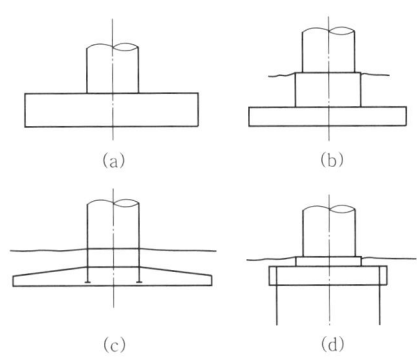

그림 6.28 슬래브식 기초 개념도 ((참고문헌 2)에서 전재)

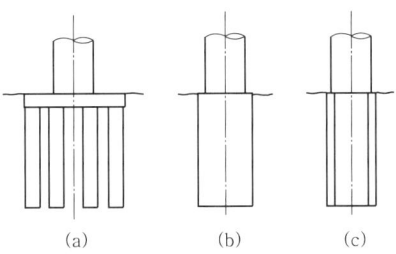

그림 6.29 파일식 기초 개념도 ((참고문헌 2)에서 전재)

10 풍차의 성능 계측

풍차의 성능 계측에 대해서는 IEC의 성능 계측 표준을 토대로 설명한다[26].

IEC에 의하면 풍차(WTGS : Wind Turbine Generation System)의 단체(單體) 성능이란 풍차 개별의 성능을 의미하고 있다. 각 어구의 정의에 맞추어서 설명한다.

(1) WTGS의 성능 특성(Power Performance Characteristics)

계측 성능 곡선(Measured Power Curve)과 예상 연간 에너지 발생량(Estimated Annual Energy Production)으로 결정된다. 풍차의 성능 계측은 비정상적인 바람의 움직임과 그것에 따라 변동하는 발전량을 계측해서 성능을 평가하는 것으로, 기본적으로 통계적인 처리를 항상 시행할 필요가 있다.

(2) 계측 성능 곡선(Measured Power Curve)

풍속과 발전량을 동시에 데이터베이스로 통계상 만족하도록 충분한 시간을 측정한 성능 곡선을 말한다. 보통은 각 풍속에서 계측한 바람의 일정치(예를 들면, 100 이상이나 200 이상)로 결정한다. 또한 계측한 풍속에 관해서도 결정하여 그 수법을 토대로 성능 계측을 한다. 그림 6.30에서 예상 성능 곡선(Estimated Power Curve)과 계측 성능 곡선의 관계를 나타냈다.

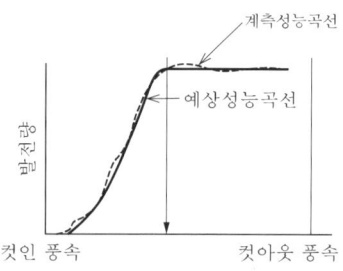

그림 6.30 풍차의 예상 성능과 계측 성능 곡선

(3) 연간 발생 전력량(Annual Energy Production)

계측 성능 곡선을 참고하여 풍속 빈도 분포에 적용한 경우의 발전량을 연간 발생 전력량이라 한다(단, Time Availablity(타임 어베일러빌리티)는 100%).

그림 6.31에 연간 풍속 발생 빈도 분포와 풍력발전 시스템 계측 성능 곡선의 적용에 따른 Power Energy Production의 개념을 나타냈다. 앞에서 기술한 성능 곡선과 함께 참고하길 바란다. 이 그림에서 주의해야 할 점은 다음과 같다.

① 발생 빈도는 설치 장소, 연도, 각 풍차마다 다르므로 건설 장소마다 데이터를 채용해서 계산한다.

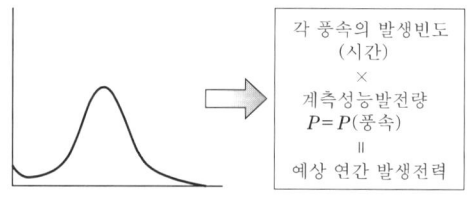

그림 6.31 연간 예상 발전량

② 빈(bin) 처리를 시행하여 데이터를 모아 정리한다.
③ 각 풍속의 발생 빈도(시간)는 각 풍속의 연간 발생 시간을 나타낸다.
④ 윈드팜과 다수의 같은 풍차가 설치되어 있는 경우, 풍차마다 풍속이 다르다.

⑤ 계측 성능 발전량 P는 풍속의 함수로 전기(前記) 계측 성능 곡선을 채용한다.

(4) 빈 처리법(Method of Bins)

풍속과 같은 불규칙적인 데이터를 각 간격의 범위로 조정하여 평균화하고 시험 데이터로 하는 방법으로, 풍속과 발전량의 관계와 같은 불규칙적인 데이터의 처리 방법이다. 덧붙여서, 빈(bin)이란 상자나 깡통이라는 의미로, 예를 들면 0.5m/s마다의 데이터를 쌓은 빈 또는 상자를 준비하여, 그 속에 데이터를 모아 정리해서 대표치를 구하는 방법이다.

(5) 출력 계수(Power Coefficient)

자유유선상(自由流線上)에 있는 풍차의 발전량(정확하게는 IEC에서 그리드로 송전하는 전력) 에너지와 공기가 가지고 있는 에너지와의 비를 나타낸다.

(6) 표준 불확정성(Standard Uncertainty)

표준 계측에 있어서 발생하는 '오차(deviation)'를 고려한 계측의 불확정성을 말한다. 풍차 특유의 단어는 아니지만, 풍차에 있어서는 중요한 단어이다. 강도 계산으로도 채택되고 있고, 유럽의 설계에 관한 꼼꼼함이 느껴진다.

(7) 풍차 성능에 관한 고찰

그림 6.32에 일반적으로 생각하는 풍차의 풍속과 출력의 관계를 나타냈다. 이것을 앞서 서술한 성능 곡선과 비교하면서 상세하게 살펴보면 다음과 같다.

계획시의 성능 곡선은 풍속 변동 등을 고려할 필요는 없지만, 실제의 풍차에서 자연풍은 변동하고 있기 때문에, 가로축의 풍속은 10분간 평균을 채용한다. 즉 순간 최대 풍속이나 순간 풍속은 아니다. 그러므로 각각의 풍차는 같은 특성을 계측해야 하며, 정격 풍속 부근에서의 성능 곡선이 변화한다.

또한, 회전수 제어를 하고 있는 경우에는 바람의 변화에 회전수의 변화가 들어가는 점으로부터 곡선이 변화한다.

Vestas사의 카탈로그는 소음치의 보증에 따라 성능 곡선을 변화시키고 있지만, 이것은 회전수로 성능과 소음이 변하기 때문이다.

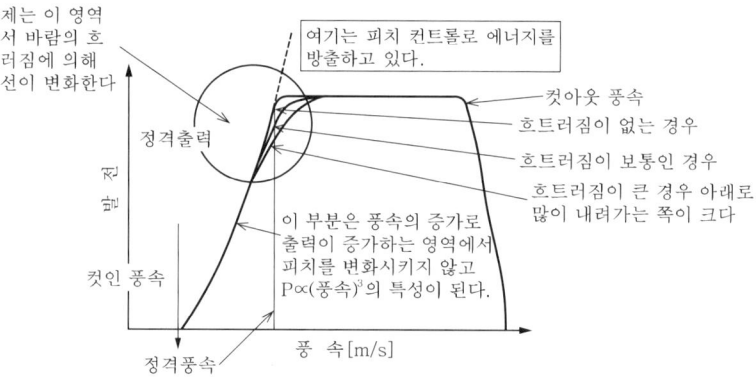

그림 6.32 풍차의 성능 개요

(8) 변동풍이 성능 곡선에 주는 영향

풍속 변동이 성능에 주는 영향은 다음과 같다. 상세한 설명은 그림 6.33에 나타냈다.

① 고풍속 시(충분한 고풍속으로 정격 풍속 이하의 바람이 없는 경우)

충분히 풍속이 높은 경우, 그림 6.33의 오른쪽과 같이(풍속의 시간 변화는 이 그림 속의 아래에서 위로 진행하려 하면), 풍속의 흐트러짐이 발생해도 그 출력에는 이론상 변화가 없다(충분히 피치 컨트롤이 되고, 출력 변동이 없다고 한다). 이 때에는 성능 곡선의 변화는 없다.

② 풍속이 정격 풍속 이상 또는 부근인 경우

그림 6.33의 왼쪽과 같이 저풍속측이 되면 정격 풍속을 밑도는 영역에서 운전된다. 그러므로 정격 출력을 확보할 수 없게 된다. 즉, 10분간 평균 풍속치는 설령 정격 풍속 이상이더라도 정격풍 이상으로 출력이 일정치가 되기 때문에 평균치로서 계측하면 정격치를 확보할 수 없다. 그러므로 표면상 성능이 저하된 것처럼 보인다.

예를 들면 실선의 부분과 같은 흐트러짐의 경우는 풍속 변동이 커지고, 출력으로의 영향이 커진다. 한편 점선과 같은 풍속 변화에서는 영향이 작아진다. 이것들은 성능 저하가 아닌 풍속의 영향이다.

③ 저풍속 영역의 경우

10분간 평균 풍속의 중심은 컷인(cut in) 풍속과 정격 풍속의 범위에 있고 그 출력은 성능 특성 곡선에 따라 전기가 발생한다. 그러나 출력은 3차곡선($P \propto V^3$)에 단순 비례하기 때문에 저풍속측·고풍속측과 함께 아래로 오목한 곡선이지만, 평균치로서는 그 접선에서 계산하므로 성능이 예상을 넘게 된다.

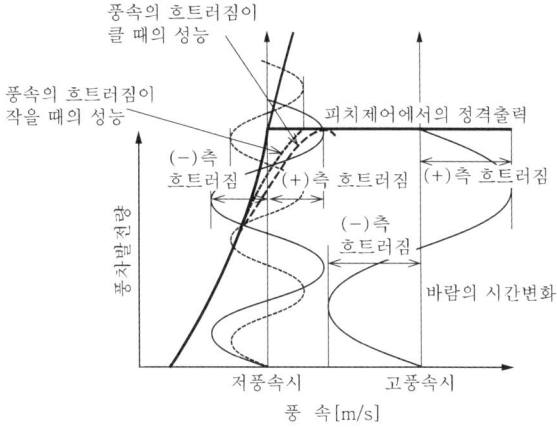

그림 6.33 성능 곡선 상세

(9) 각 기기별 성능 정리

위에 기술한 대로 각 기기별 성능에 관하여 조목별로 표시했다.

① 예상 성능 곡선과 계측 결과는 정격 풍속 부근에서 예상대로, 또는 하측, 저풍속측에서 고성능측이 될 가능성이 많다.
② 풍속 변동(흐트러짐 정도)의 영향이 크게 나온다. 특히 정격 풍속 근방에서의 영향은 크다.
③ 저풍속의 영역은 고성능을 얻을 수 있다.
④ 바람 변동의 크기에 따라 성능 곡선은 수정되어야 한다.
⑤ 흐트러짐 정도에 따라서 성능 수정 곡선을 작성해야 한다.
⑥ 기기의 응답성에 따라 풍차의 성능은 달라진다.

(10) 연간 풍력발전 시스템 성능 특성

개별 기기를 고려한 풍력발전 시스템의 연간 성능에 대해서 설명한다. 아래에 기술한 대로 주의를 기울일 필요가 있다. 그림 6.34에서 연간 풍차의 운전 예를 나타냈다.

그림 6.34의 운전 시간에서 실선 부분은 운전해야 할 시간, 즉 컷인 풍속 이상으로, 컷아웃 풍속 이하의 풍속을 말한다. 또, 점선 부분은 컷인 이하의 풍속, 또는 컷아웃 이상의 풍속을 나타내며, 이 때는 운전되지 않는 것을 나타낸다. 이 시간은 Time Availablity나 Power Availability의 계산에는 사용되지 않는다. 다음에 연간 성능에 관한 항목을 설명한다.

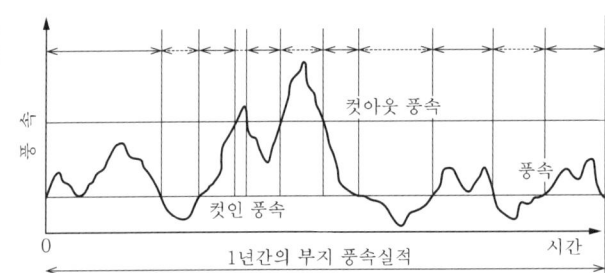

그림 6.34 >>>
1년간의 운전 예

(a) Time Availablity(타임 어베일러빌리티)

연간 풍속의 변동에 대해 운전해야 할 시간에 대하여 실제로 운전한 시간의 비율을 나타낸다. 식은 다음과 같다.

$$\text{Time Avilability} = \frac{\sum \text{운전해야 할 시간} - \sum \text{유지 보수 시간} - \sum \text{고장 시간}}{\sum \text{운전해야 할 시간}}$$

- 운전해야 할 시간은 그림 6.34의 실선에 나타나 있는 시간 : t_i
- 유지 보수 시간은 보수를 위해 정지한 시간 : t_m
- 고장 시간은 기기의 고장에 의해 정지한 시간 : t_f

이다.

이해가 쉽도록 수치로 옮기면 1년간은 365일이며, 이 중 풍속이 컷인 속도로 컷아웃 이하의 풍황이 250일이었다고 가정하면, (그림 6.34를 참고하길 바란다.)

- 운전해야 할 시간 : $t_i = 250 \times 24 = 6,000$
- 유지 보수 시간 : $t_m = 4 \times 24 = 96$
- 고장 시간 : $t_f = 4 \times 24 = 96$

이라 하면, Time Availablity는

$$\text{Time Availablity} = \frac{6,000 - 96 - 96}{6,000} = 0.968$$

즉, 96.8%가 된다. 그러므로 이 건설 장소에서는 1일 정지하는 것은 0.4%의 Time Availablity가 저하된다.

(b) Power Availability(파워 어베일러빌리티)

각 풍속 시의 발전량과 계속 시간을 계산해서 이것을 적분한 것이다. 이것이 풍차의 성능과 신뢰성을 나타내는 수치이다.

$$\text{Power Availability} = \frac{\sum t_i \times P_i - \sum t_m \times P_m - \sum t_f \times P_f}{\sum t_i \times P_i}$$

여기서, 시간의 정의는 위에 기술한 Time Availablity 항을 참조하길 바란다.

출력은 다음 2가지가 있다. 즉 예상 성능 곡선과 실측 성능 곡선이다. IEC에서는 위에 기술한 파워 어베일러빌리티는 실측 성능 곡선을 채용하는 것으로 되어 있다. 이 경우는 예상 성능 곡선과의 차이가 없어지고, IEC적인 진정한 힘의 평가는 가능하지만, 업무적으로는 앞으로 검토가 필요하다.

(11) IEC 기준의 성능 계측

IEC의 계측 방법은 독립 풍차에 맞춘 수법이며, 너셀의 풍속계는 계측에 이용되지 않는다. 그러므로 실무적으로 이것을 확장한 구체적으로 가능한 수법으로서 너셀 풍속계를 이용하는 방법이 많이 쓰이고 있다. 상세한 것은 IEC의 최신판을 참고하길 바란다.

(a) 풍차 건설 전의 Correlation(상관 관계)

먼저, 풍차를 세우려 하는 장소와 주류(主流)의 전방 $2.5D$(풍차 작용 직경 D의 2.5배 이상의 곳에 설치하는 것을 IEC는 장려)에 Reference Anemometer(풍차의 성능을 계측하기 위한 참고 풍속계)를 설치해서 풍속을 계측하고, 풍차 건설 이전에 풍차 건설 지점과 참고 풍속계 지점 사이의 수정 곡선(Correlation Curve)을 작성한다. 즉, 풍차가 없는 경우, 풍속을 계측하게 된다.

(b) 풍차 건설 후의 Correlation(상관 관계)

풍차가 건설된 후에 풍차 너셀 정상 부분에 있는 풍속계(너셀 풍속계라 함)와 참고 풍속계 사이의 관계를 계측하고, 그 사이의 수정 곡선을 작성한다.

(c) 너셀 풍속계에서의 성능의 보증

(본 항은 IEC에 기재되어 있지 않지만 실무적으로 중요하여 여기에 나타낸다) 실무적으로는 위에 기술한 것과 같이 작성된 2가지의 수정 곡선을 이용, 보통 운전 시에는 너셀 풍속계에서 계측한 데이터에 수정 곡선을 가지고 수정하고, 풍차의 시각 변화에 관한 성능을 감시한다.

(12) 풍차 개별 성능의 제3자 기관에 의한 증명

풍차의 성능은 위와 같은 조건을 갖추기 어렵기 때문에 제3자 기관(풍차회사와 그 고객 이외)이 지표가 울퉁불퉁하지 않은 평탄하고 바람의 변동이 적은 시험장에서 통계 처리를 하는데 충분한 시간 계측을 하여 증명하는 것이 일반적인 방법이다.

일본의 회사 중에서는 미쯔비시가 1,000kW 풍차를 미국 NREL(National Renewable Energy Laboratory)에 의뢰해서 계측을 실시했다. 풍차의 설계나 형식 승인을 시행하는 인증기관 중에서 GL은 Wind Test사가 성능 계측을 실시하고 있다.

NREL과 Wind Test의 시험 결과는 각각 UL(Underwriters Laboratories)이나 GL이 그 계측 방법과 계측 결과를 인증하고 있지만, 일본에는 이와 같은 기관이 없다. 일본에서의 성능 계측은 위에 기술한 것과 같은 제3자 기관에서 인증된 성능으로 성능 확인이 이루어지고 있다. 또한 NREL은 미국 에너지청 산하의 재생가능에너지연구기구를 말한다.

CHAPTER 07

풍력 터빈과 발전기의 제어

풍력 터빈과 발전기의 제어

자연풍은 풍속이 항상 변하기 때문에 풍력 터빈의 출력과 회전수도 그에 따라 변한다. 양수, 제분, 직류 발전 등에서는 풍력 터빈의 회전수가 변화해도 상관없지만, 교류 발전(특히 계통 연계된 대형 풍력발전)에서는 출력 주파수를 일정하게 유지해야 하기 때문에 회전수를 제어해야 한다.

또한 풍속이 풍력 터빈이나 발전기의 정해진 운전 한계를 넘은 경우에 풍력 터빈을 빠르고 안전하게 정지시키는 기능도 필요하다. 게다가 풍향도 항상 변동하기 때문에 풍력 터빈의 형태에 따라서는 주 풍향에 대해서 풍력 터빈을 정면으로 마주하기 위한 방위 제어가 필요해진다. 그러므로 풍속, 풍향의 변동에 대응, 안전한 정지 기능, 방위 제어를 위해 풍력 터빈의 제어가 필요하게 된다.

풍력발전 시스템은 풍력 터빈, 발전기, 전력 변환 장치 등의 각 요소와 이것들을 총괄하는 제어 장치로 구성된다. 그림 7.1은 전형적인 풍력발전 시스템을 나타낸 것이다.

풍력 터빈을 비롯한 각 기기의 제어는 단독으로가 아닌 상호 협력으로 움직이는 것이다. 그러므로 각 요소의 기능과 동작을 알아보고, 풍황에 맞게 안정적인 출력을 얻기 위한 제어 장치의 설계 개념과 구체적인 제어계에 대해서 설명한다.

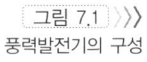
풍력발전기의 구성

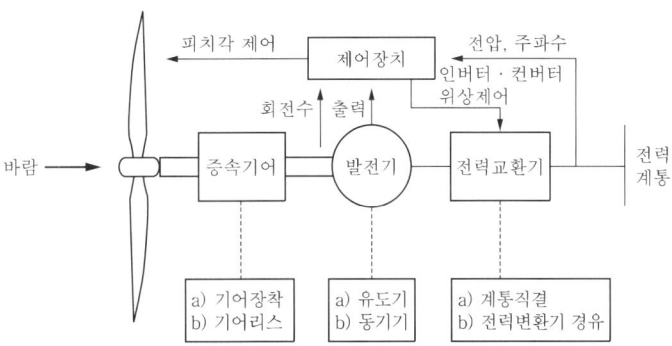

7.1 풍력 터빈

1 회전수 제어

풍력발전에 이용되는 풍력 터빈은 크게 수평축형(HAWT)과 수직축형(VAWT) 두 가지이다.

(1) 수평축형

수평축형은 일반적으로 풍력 터빈의 회전축이 설치면과 수평인 데서 붙은 명칭이다. 풍력 터빈에는 보통 프로펠러형이 이용되고 있다. 수평축형의 회전수 제어법에는 능동적·수동적 조작 방식이 있다. 능동적 방식은 바람의 주 풍향에 대해서 날개의 피치각을 유압 또는 전기 서보 기구를 이용해 능동적으로 조작하여 회전수를 제어하는 방식이며 **그림 7.2**와 같다. 즉, 풍속이 클 때는 피치각을 크게 해서 바람을 휘게 하고, 풍속이 작은 때는 피치각을 작게 해서 바람을 충분하게 받게 한다. 한편, 수동적인 방식은 피치각을 고정하고 풍속이 일정 이상이 되면 블레이드 형상의 공력(空力) 특성에 의해 실속(失速, stall) 현상이 일어나는 것을 이용하는 것으로, 스톨 제어 등이 대표적인 방법이다. 그 밖에 소형 풍력 터빈에서는 제어를 위한 별도의 에너지를 사용하지 않고, 측날개식[1], 업식, 저항 날개식 등의 간단한 기구에 의해 수풍 면적을 조절하는 방법을 사용한다.

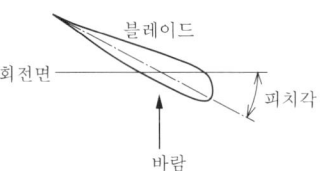

그림 7.2 〉〉〉 피치각 제어

또한 풍력 터빈과 타워의 위치 관계에 의해, 업(up)윈드형과 다운(down)윈드형으로 나눌 수 있다. 그림 7.3, 7.4는 각각 업윈드형과 다운윈드형 풍력 터빈이다.

(2) 수직축형

수직축형은 풍력 터빈의 회전축이 설치면과 수직인 데서 붙은 명칭이며, 다리우스형, 직선 날개형, 서보니우스형의 날개가 이용된다. 수직축형은 풍향이 아무리 변하더라도 풍력 터빈의 수풍 면적이 달라지지 않는 것이 특징이며, 그렇기 때문에 방위 제어가 필요하지 않다. 그러나 수평축에서 하는 피치각 제어와 같은 자세한 회전수 제어는 불가능하기 때문에, 기동과 정지 제어만으로 대응하고 있다.

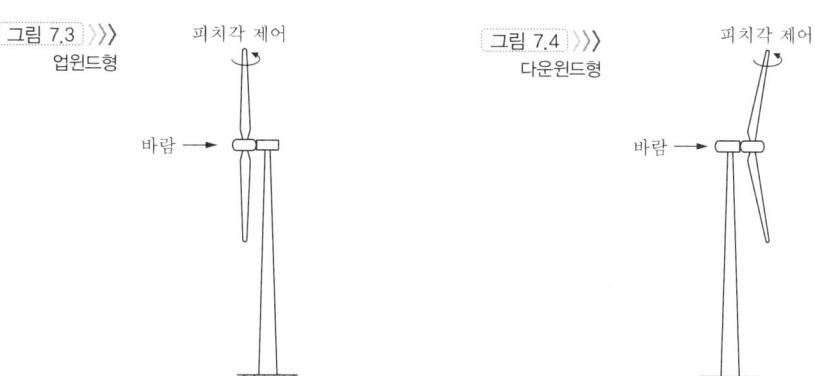

그림 7.3 업윈드형

그림 7.4 다운윈드형

2 방위 제어

수평축형은 방위 제어가 필요하다는 것을 설명했다. 방위 제어를 요 제어라고도 하며, 그림 7.5는 요 제어의 설명도이다. 즉, 주 풍향이 풍력 터빈의 회전축 방향으로 벗어난 때에는, 요 제어에 의해 풍력 터빈의 방위를 바꾸어, 주 풍향과 마주보게 한다. 실제 요 제어에서는 자연풍 가운데서 풍향이 항상 변하기 때문에 그 때마다 따라가지 않고 풍향이 일정 시간(예를 들면 10분 평균의 풍향) 지속된 경우에 처음으로 방위를 바꾸도록 제어한다. 요 제어의 구동 장치에는 보통 모터가 이용된다.

대형 풍력 터빈에서는 업윈드형, 다운윈드형 모두 능동적으로 요 제어를 실시하지만, 소형 다운윈드형에서는 날개에 코닝각을 주어 풍향이 바뀌면 자동적으로 풍력 터빈이 풍하측이 되는 성질을 이용하여, 수동적으로 따라가는 방법도 개발되고 있다. 그것을 그림 7.6에 나타냈다. 또한 이미 설명한 것처럼 수직축형에는 방위 제어가 필요하지 않다.

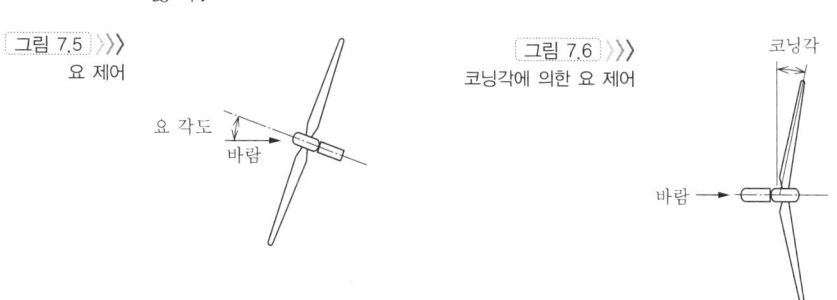

그림 7.5 요 제어

그림 7.6 코닝각에 의한 요 제어

3 정지 기능

수평축형에서는 강풍시에 풍속이 어느 한계, 예를 들어 24m/s를 넘은 경우에는 피치각을 최대(예를 들면 90°)로 제어하고, 날개에 드는 풍력 에너지를 최소로 한다. 최종적으로는 디스크 브레이크로 기계적으로 회전을 정지시킨다.

또한 스톨 제어에서는 실속(失速) 영역에서 날개 전체로 감속한 후, 날개 끝의 독립된 작은 날개를 회전면에 대해서 제동 작용이 일어나도록 제어하고, 이 공기력(空氣力)적인 항력을 이용해서 정지시킨다. 이 경우에도 최종적으로는 디스크 브레이크에 의해 기계적으로 회전을 멈추어, 확실하게 정지시킨다.

수직축형에서는 기본적으로 기계적인 브레이크로 정지시키지만 제어용 전원의 상실에 대비해서, 축전지에 의해 제동용 전원을 확보하고 축압기의 공기를 이용해 제동 조작을 하고 있다.

7.2 발전기와 운전 방식

1 발전기

대형 풍력용 발전기로서는 유도 발전기와 동기 발전기가 이용되고 있다. 또한 유도 발전기는 농형과 권선형으로 나눌 수 있다. 농형은 견고하고 저렴하기 때문에 100~1,500kW급의 중형부터 대형 풍력발전기에 다수 채용되고 있다. 그러나 농형 유도 발전기는 돌입 전류가 크고, 무효 전력을 공급할 수 없는 결점을 갖고 있다. 기동 시의 돌입 전류를 억제하기 위해 대형 발전기에서는 사이리스터(thyristor : 전력 변환 장치 또는 반도체의 스위치에 쓰이는 반도체 장치의 하나) 등에 의한 억제 회로를 갖추는 것도 있다.

한편 권선형은 2차측의 슬립(slip)을 제어하거나 교류 여자 제어를 시행하는 것으로 돌입 전류를 억제하거나 전력 변환기를 병용하여 무효 전력을 제어할 수 있다는 장점을 가지고 있기 때문에, 1,500~2,000kW급의 대형 풍력발전기로 이용되게 되었다. 또한 동기 발전기는 돌입 전류가 없고 유효 전력, 무효 전력을 공급할 수 있다는 특색을 가지고 있지만, 여자기가 필요하기 때문에 가격은 유도 발전기보다 비싸다. 그러나 최근에 희토류 영구자석 개발이 진행됨에 따라 여자 없이도 영구자석에 의한 계자를 실현할 수 있게 되었다. 게다가, 영구자석을 다극 배치한 발전기가 개발되어 증속(增速) 기어를 이용하지 않아도 50~60Hz의 출력 주파수를 얻을 수 있게 되었다. 즉 발전기의 극대수 p, 주파수 f[Hz], 회전수 n[rps]로 하면 다음의 식이 성립한다.

$$n = \frac{f}{p} \tag{7.1}$$

위 식에서, $p=100$이면, $f=50$Hz의 경우, $n=0.5$rps가 되고, 풍력 터빈의 현실적인 회전수와 정합할 수 있기 때문에 기계적인 증속 기어가 필요 없게 된다.

2 운전 방식

(1) 고정속 운전

계통 연계, 단독 운전 어느 경우에도, 발전기의 주파수는 일정한 것이 바람직하므로, 풍력 터빈의 회전수도 일정할 필요가 있다. 이 때문에 풍속이 변동한 경우, 수평축형에서는 피치각 제어를 시행하여 대응한다. 이와 같이 풍력 터빈의 회전수를 일정하게 하는 운전 방법을 고정속 운전(또는 고정속 제어)이라 한다. 계통 연계된 경우에는, 발전기와 전력 계통 사이에서 동기화력(同期化力)이 작동하기 때문에 고정속 운전의 경우, 동작점 부근에서 다소 회전수가 변동하여도 동기(同期)는 어긋나지 않는다.

(2) 가변속 운전

한편 풍력 터빈의 회전수를 일정하게 억제하지 않고 풍속에 맞게 가장 효율이 좋은 동작점으로 운전하여, 설령 풍력 터빈의 기계적인 회전수가 달라졌다고 하더라도, 인버터·컨버터 등의 전력 변환기를 이용하여 출력 주파수를 일정하게 해서 운전하는 방식이다. 이 운전 방식을 가변속 운전(또는 가변속 제어)이라고 한다. 가변속 제어는 제어계에 마이크로 프로세서, IGBT, 사이리스터 등의 반도체 소자를 포함하기 때문에 예전에는 고가였지만 풍력발전 시스템의 대규모화와 반도체 소자의 가격 저하에 따라, 제어계의 풍력발전 시스템 전체에 대한 가격이 상대적으로 낮아지게 되어, 최근 대형 풍력발전 시스템에서 많이 도입하게 되었다. 가변속 제어의 경우, 대략 정격 회전수의 80~120% 정도의 회전수 변동 범위가 허용된다. 최근에는 영구자석형 발전기와 전력 변환기를 조합시킨 방식이 많아지고 있다.

가변속 제어 운전 방식의 이점을 정리하면 다음과 같다.
① 정격 풍속 이하에서의 에너지 취득 효율을 최대로 한다.
② 돌풍에 의해 돌발적으로 토크가 증대한 경우에도, 회전수를 높임으로써 운동 에너지로서 흡수하고, 풍력 터빈의 부하를 낮춘다.
③ 풍속 2.5m/s 정도의 낮은 풍속에서 운전이 가능하다.

이상, 서술한 회전수의 제어 방식, 발전기, 증속 기어, 전력 계통과의 연계 방법에 관한 현상의 조합을 정리하면 그림 7.7[2]과 같다. 또한 이들 조합에 의한 전력 계통과의 유효 전력, 무효 전력의 융통(融通), 전력 품질 등에 관해서는, 참고문헌 3)에서 상세히 서술하고 있다.

(3) 2발전기 방식

일반적으로 발전기는 부분 하중으로 효율이 떨어지기 때문에, 풍속이 낮은 지역에 풍차가 설치되어 있는 경우나 컷인 풍속이 높은 풍력 발전기의 경우에는 발전기의 효율이 낮아진다. 그리고 주 발전기 외에 정격이 작은 발전기를 설치하여 강풍, 약풍속으로 변환하여 운전하게 한 2발전기 방식도 실용화되고 있다.

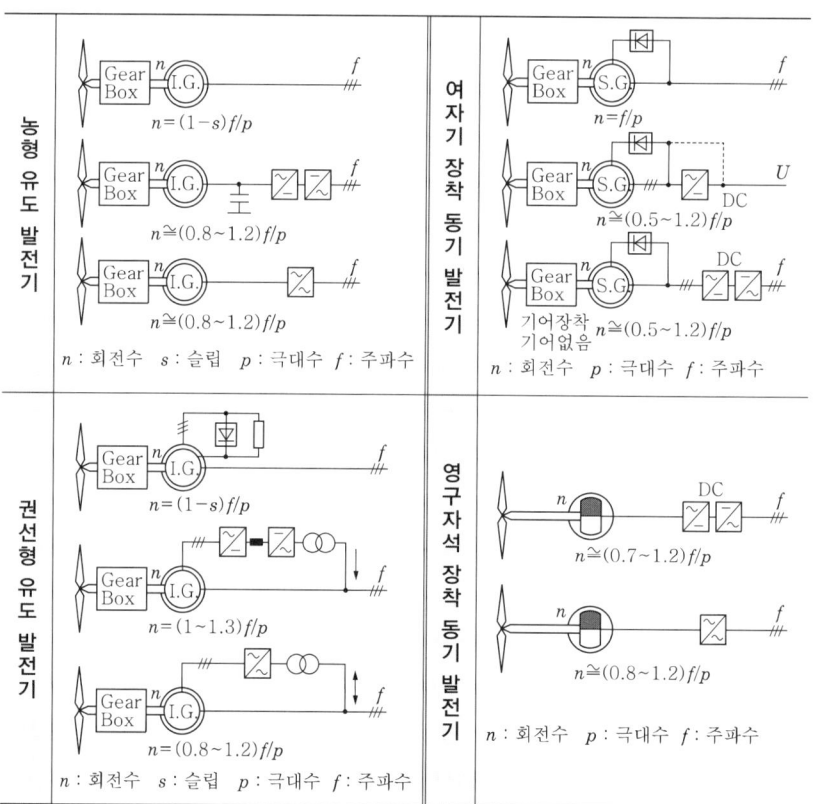

그림 7.7 풍력발전기의 운전 방식

(4) 극수 변환 방식

식 (7.1)로 알 수 있듯이, 주파수 f는 일정하기 때문에, 극대수 p를 바꾸면 n을 바꿀 수 있다. 그리고 약풍시 n이 낮아진 경우 p를 크게 하고, 강풍시 n이 올라간 경우 p를 작게 하여, 1대의 발전기로 2단계에 자극수를 변환하는 방식이다.

그림 7.8은 위에서 기술한 발전기의 운전 특성을 정리해서 도식화한 것이다[4]. 가로축은 정격 회전수로 규격화하고, 세로축은 정격 출력으로 규격화하고 있다. ○표시는 가변속 운전의 최적 출력의 자취, 실선은 고정속 운전, 2발전기 운전 방식을 나타낸다. 그림에 나타난 것처럼, 가변속 운전에는 각 풍속에 대해 항상 출력이 최대가 되도록 회전수를 제어할 수 있으므로 효율이 높다. 한편, 고정속 운전에서는 회전수가 거의 정격 회전수에 가깝게 구속되기 때문에 가변속 운전보다 효율은 낮아진다.

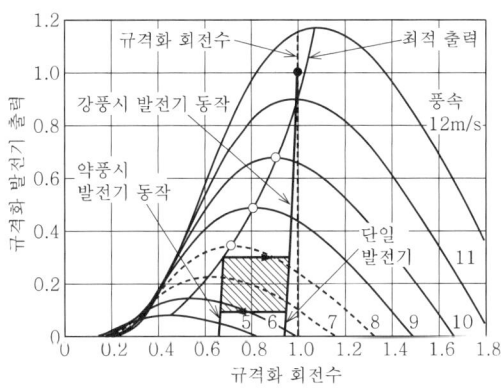

그림 7.8 회전수와 발전기 출력

또한 2발전기 운전 방식으로는 2개의 발전기의 변환에 히스테리시스(hysteresis : 이력(履歷) 현상. 물질의 성질이 그 이전 상태의 이력에 의존하는 현상) 특성을 가지며, 변환 운전이 안정되도록 연구 중이다.

7.3 풍력발전 시스템

본 절에서는 풍력 터빈과 발전기를 조합시켜 계통 연계를 시행하는 풍력발전 시스템의 제어에 대해 설명한다. 풍력발전 시스템은 풍력 터빈, 발전기, 타워, 계통 연계 장치 등으로 구성된다. 풍력 터빈의 제어는, 풍력 터빈 하나로 실시하는 것이 아니라, 발전기, 타워, 계통 연계 장치 등과 관련시켜 시스템 전체의 관점에서 시행할 필요가 있다.

이미 설명한 것처럼, 풍력발전 시스템의 특성은 **그림 7.1**과 같다. 풍력 터빈은 바람 에너지를 회전 에너지로 변환하고, 회전 에너지가 전기적 에너지로 변환된다. 다음에 풍력발전 시스템의 제어를 설명한 뒤에 필요한 관계 사항을 설명한다.

1 풍력 터빈의 출력 계수

풍력 터빈의 기계적인 출력은 다음 식으로 나타낸다.

$$P_w = C_p \frac{1}{2} \rho A V_w^3 \tag{7.2}$$

여기서, P_w : 풍력 터빈의 기계적 출력
C_p : 출력 계수
p : 공기 밀도
$A = \pi R^2$: 회전 단면적
R : 풍력 터빈의 반지름

출력 계수 C_p는 피치각과 주속비 λ의 함수이며 **그림 7.9**와 같은 그래프로 나타난다. 여기서, 주속비 λ는 다음과 같이 정의된다.

$$\lambda = R \frac{\Omega}{V_w} \tag{7.3}$$

여기서, Ω : 회전각 속도

그림에서 알 수 있듯이, 같은 주속비이더라도 피치각을 바꾸면 출력 계수의 수치가 달라지기 때문에, 피치각을 바꾸는 것으로 풍력 터빈의 출력을 제어할 수 있다.

C_p는 주속비 λ와 피치각 β의 함수가 되며, 이것을 수식으로 나타내는 방법으로서 다항식(多項式) 표현

$$C_p(\lambda, \beta) = \sum_{i=0}^{4} \sum_{j=0}^{4} C_{ij} \lambda^i \beta^j \tag{7.4}$$

다항식과 지수 함수와의 조합 표현

$$C_p = (r - a\beta^2 - b). \exp(-cr)$$
$$r = \frac{V_w}{\Omega} \tag{7.5}$$

여기서, V_w : 풍속
Ω : 날개의 각속도
a, b, c : 정수

등을 제안하고 있다.

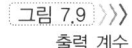
그림 7.9
출력 계수

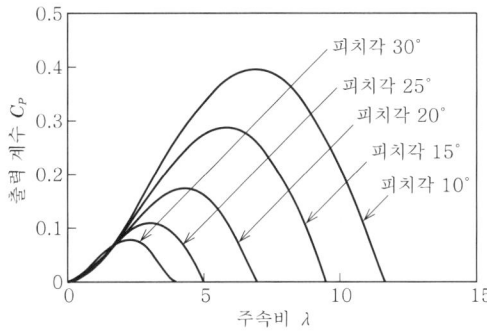

2 풍력발전기의 출력 제어

본 항에서는 풍력발전기의 출력 제어에 대해서 설명한다. 그림 7.10은 피치각 제어에 의한 풍력발전기의 출력 제어 방법 중 하나의 예를 들었다. 크게 4개의 영역으로 나뉘는데, 고정속 제어, 가변속 제어에 따라 제어 방법이 다르며 다음과 같이 된다.

① 영역 (a)에서는 컷인(cut in) 풍속 이하이기 때문에 풍력발전기는 정지하고 있지만, 기동 준비를 하고 있는 영역이다.

② 영역 (b)에서 풍속이 컷인 풍속을 넘으면 기동하기 시작한다. 고정속 제어에서는 바람 에너지를 최대한으로 받도록 피치각을 작게 하고, 또 고정시킨다. 이 영역에서는, 7.2절 [2] (2)에서 설명한 것처럼 가변속 제어 쪽이 저풍속으로 기동할 수 있다. 또한 최대 출력을 얻을 수 있는 주속비를 유지하도록 피치각을 제어한다. 7.2절 [2] (2)에서 설명한 것처럼, 가변속 제어 쪽이 같은 풍속에서도 출력이 크다.

③ 영역 (c)에서는 고정속 제어, 가변속 제어 양자 모두, 발전기의 정격을 넘지 않도록 출력을 제한하도록 피치각을 제어한다.

그림 7.10
풍력발전기의 출력 제어

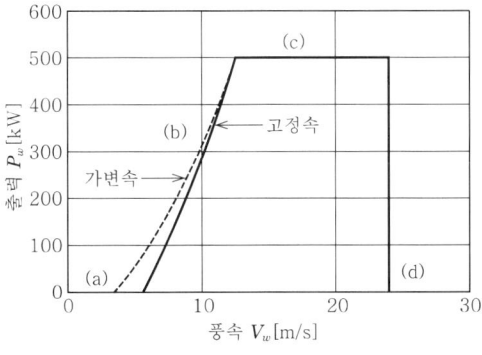

④ 영역 (d)에서는 태풍 등에 의해 최대 풍속을 넘은 경우, 정지 제어를 실시한다.

(1) 고정속 제어

여기에서는, 피치각 제어의 고정속 유도 발전기를 예로 들어서 제어계를 설명한다. 위에서 설명한 것처럼 피치각 제어는 영역 (c)에서 실시한다. 그림 7.11은 이 때의 피치각 제어계의 블록도이다. 그림에서 기호는 다음과 같다.

P_{set} : 출력의 목표치

β_{set} : 피치각의 지령치

β : 실제 피치각

P_g : 발전기 출력

다음으로 제어법에 대해서 설명한다. 먼저 출력 제어계는 출력의 목표치와 발전기 출력의 편차를 검출하고, 특정의 제어측에 의해 피치각의 지령치를 계산한다.

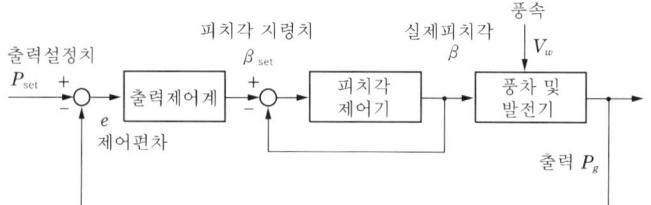

그림 7.11 풍력발전 시스템의 제어계

또한 단위 시간당 피치각의 제어 각도(피치각의 제어 속도)를 결정한다. 기본적으로는 다수의 경우, PID 제어측이 이용되지만 이 부분은 풍차 제작사의 노하우가 포함되어 제어 방법은 풍차 제작사에 따라 달라지는 것이 보통이다. 피치 제어기는 유압 서보 또는 전기 서보이며 피치각의 지령치를 받아서 실제의 피치각을 제어한다. 이 블록도에서 알 수 있듯이 풍속 V_w은 제어 이론의 외란에 해당하며 이 영향을 억제하도록 피드백 제어가 이루어진다. 또한 풍력발전 시스템은 모터나 로봇 등 보통의 제어 대상에 비해 날개의 관성이 매우 크고, 이 관성이 큰 대상에 변동이 큰 외란이 더해지기 때문에 제어계로서 속응성(速應性)을 확보하기 어렵고 풍속 변동에 따른 출력 변동을 빠르게 제어하기는 곤란한다. 그러므로 제어계를 설계하는 입장에서 보면 어려운 대상이라 할 수 있다.

다음으로, 그림 7.11의 각 블록에 대해서 설명한다.

(a) 풍력 터빈의 모델링

풍력 터빈의 기계적인 출력은 식 (7.2)에서 나타낸 것처럼, 다음 식과 같이 된다.

$$P_w = C_P \frac{1}{2} \rho A V_w^3$$

$$= C_p K_w V_w^3$$

$$K_w = \frac{1}{2} \rho A = \frac{1}{2} \rho \pi R^2$$

그러므로 풍력 터빈에 의한 토크 T_w는 다음과 같이 된다.

$$T_w = \frac{P_w}{\Omega} = C_p \frac{\rho A V_w^3}{2\Omega}$$

$$= C_t K_t V_w^3 \tag{7.6}$$

여기서, $C_t = \dfrac{C_p}{\lambda}$: 토크 계수

$$K_t = \frac{1}{2}\rho\pi R^2$$

(b) 유도 발전기

발전기의 회전수는 피치각 제어에 의해 정격 슬립으로 유지되도록 운전되지만, 바람이 항상 변동하고 있기 때문에 정격 슬립 부근에서 변동한다. 그러므로 발전기의 동작 방식은 엄밀하게는 $d-q$ 축 변환법을 이용한 미분 방정식 표현이 되지만, 전기적 과도 현상은 기계적 과도 현상과 비교하여 무시할 수 있는 정도이기 때문에, 정상 상태를 나타내는 다음 식을 이용할 수 있다[7].

$$T_g = -3 \frac{s V^2 r_2}{\omega_0 [(r_2 - s r_1)^2 + s^2 (x_1 + x_2)^2]} \tag{7.7}$$

여기서,　T_g : 토크
　　　　$r_1,\ r_2$: 1차, 2차 저항
　　　　$x_1,\ x_2$: 1차, 2차 리액턴스
　　　　s : 슬립
　　　　ω_0 : 전기적 동기각 속도 $= \dfrac{2\pi f}{p}$
　　　　p : 극수
　　　　f : 주파수

발전기의 슬립은, 작은 수치로 (예를 들면 0.01% 정도) 운전되기 때문에, s는 매우 작다. 그래서 식 (7.7)은 다음 식과 같다.

$$T_g \cong -\frac{3 s V^2}{\omega_0 r_2} \tag{7.8}$$

그러므로 $s = (\Omega - \Omega_0)/\Omega_0$를 고려하면 다음과 같이 된다.

$$\Delta T_g = -\frac{3V^2}{\omega_0 r_2}\Delta s$$
$$= -K_g \Delta \Omega \qquad (7.9)$$

여기서, Ω_0 : 풍력 터빈의 기계적인 동기 각속도
Ω : 각속도
K_g : 비례 정수

그러므로, 각종 기계적 손실을 무시하면 풍력발전기의 출력의 변화분 ΔP는 다음과 같이 나타낸다.

$$\Delta P = -\omega_0 K_g \Delta \Omega$$
$$= -K_e \Delta \Omega$$
$$K_e = \omega_0 K_g \qquad (7.10)$$

(c) 풍력 터빈 · 발전기의 동특성(動特性)

풍력 터빈 및 발전기계(系)의 동특성은 다음 식으로 나타낸다[7],[8].

$$T_w = J\left(\frac{d\Omega}{dt}\right) + T_g \qquad (7.11)$$

여기서, J : 풍력 터빈과 발전기의 관성 모멘트의 합

한편, 동작점을 중심으로 하는 미소(微小) 변화에 대한 식은 다음과 같이 나타낸다.

$$\Delta T_w = J\Delta \dot{\Omega} + \Delta T_g \qquad (7.12)$$

여기서, ΔT_w : 풍차 토크의 변화
ΔT_g : 발전기 토크의 변화
$\Delta \Omega$: 각속도의 변화

여기서, 식 (7.12)의 오른쪽 변은 아래와 같이 나타낸다.

$$\Delta T_w = \gamma \Delta \Omega + \alpha \Delta V_w + \delta \Delta \beta \qquad (7.13)$$

그러므로 식 (7.9), 식 (7.13)으로부터 다음 식이 성립된다.

$$J\Delta \dot{\Omega} = (\gamma + K_g)\Delta \Omega + \alpha \Delta V_w + \delta \Delta \beta$$

여기서 γ, α, δ는 다음과 같이 구한다[7],[8].

$$\gamma = \frac{\partial T_w}{\partial \Omega} = -K_w C_p \frac{V_w^3}{\Omega} + K_w R \frac{V_w^2}{\Omega}\frac{\partial C_p}{\partial \lambda}$$

$$\alpha = \frac{\partial T_w}{\partial V_w} = 3K_w C_p \frac{V_w^2}{\Omega} - K_w \Omega V_w \frac{\partial C_p}{\partial \lambda}$$

$$\delta = \frac{\partial T_w}{\partial \beta} = K_w \frac{V_w^3}{\Omega} \frac{\partial C_p}{\partial \beta}$$

$$K_w = \frac{\rho A}{2}$$

그러므로 다음과 같은 전달 함수를 얻을 수 있다.

$$G_v(s) = \frac{\Delta \Omega(s)}{\Delta V_w(s)} = \frac{\alpha}{sJ-(\gamma+K_g)} \quad (7.14)$$

$$G_\theta(s) = \frac{\Delta \Omega(s)}{\Delta \beta(s)} = \frac{\delta}{sJ-(\gamma+K_g)} \quad (7.15)$$

보통 γ, α, δ는 동작점에 의존하기 때문에, 해석이나 시뮬레이션을 시행할 경우 주의할 필요가 있다. 또, 이들 파라미터를 계산하기 위해서는 출력 계수 C_p를 수식으로 표현할 필요가 있고, 식 (7.4), 식 (7.5) 등이 제안되고 있다.

(d) 출력 제어계

이미 설명한 것처럼 출력 제어계는 출력의 목표치와 발전기 출력의 편차를 검출하여, PID 등 소정의 제어 측에 의해 피치각의 지령치를 계산하는 기능을 가진 블록이다[9),10)]. 이 부분은 풍차 제작사의 노하우에 의존하며 제어 방법은 회사에 따라 다르므로 명시적으로 나타낼 수는 없지만, 참고문헌 9)의 예를 들면 **그림 7.12**와 같이 된다.

그림 7.12
출력 제어계의 일례

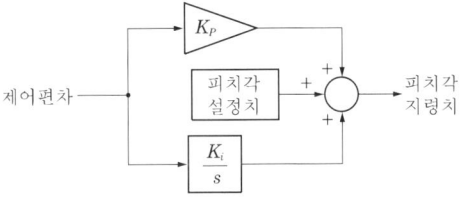

(e) 피치 제어기

피치 제어기는 유압 서보 또는 전기 서보이며, 피치각의 지령치를 받아서 실제의 피치각을 제어하는 블록이다. 이 부분도 풍차 제작사의 노하우에 의존하지만, 참고문헌 9)의 예를 **그림 7.13**에 나타냈다.

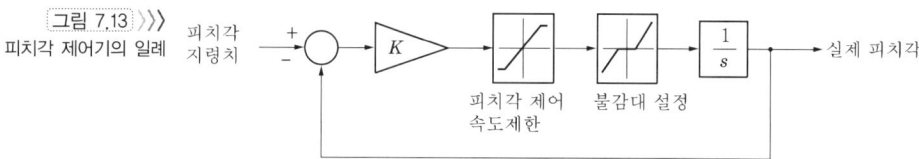

그림 7.13 피치각 제어기의 일례

이상의 해석 결과를 이용해서 전체의 제어계의 블록도를 나타내면 그림 7.14와 같이 된다.

또한 미소 변화분에 대한 제어계의 블록도를 나타내면 그림 7.15와 같이 된다. 여기서, $G_I(s)$, $G_{pc}(s)$는 각각 출력 제어계, 피치 제어기의 전달 함수이다. 이 블록도에서 풍속의 변화에 대한 피치각, 출력의 응답 등을 시뮬레이션할 수 있으며, 제어계를 설계할 수 있다.

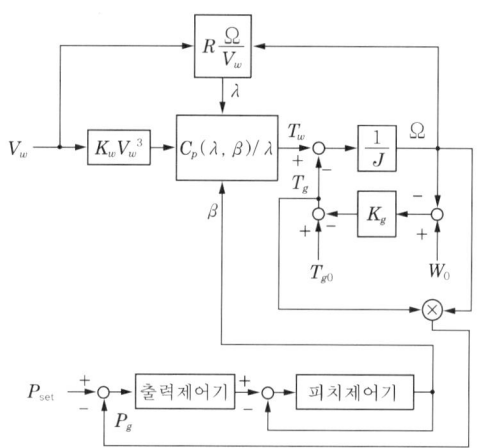

그림 7.14 제어계의 블록도

그림 7.15에서 아래에 기술한 전달 함수를 얻을 수 있다. 단, G_I, G_{pc}는 비선형 부분을 무시하고 구하는 것으로 한다.

$$\frac{\Delta P(s)}{\Delta V_w(s)} = \frac{-K_e\,G_v(s)}{1 + K_e\,G_I(s)\,G_{pc}(s)\,G_v(s)\delta/\alpha} \tag{7.16}$$

그리고 풍속의 변동 $\Delta V_w(t)$를 입력하여, 출력의 실측치와 시뮬레이션과 비교한 것이 그림 7.16이다.

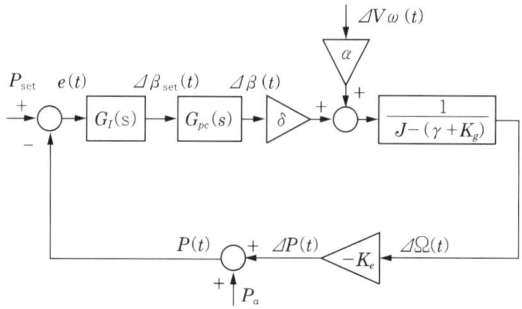

그림 7.15 미소 변화분에 대한 제어계의 블록도

그림 7.16
출력 실측치와 시뮬레이션 비교

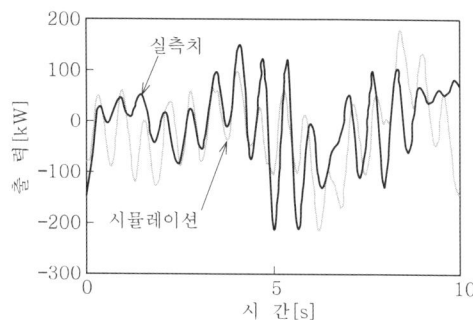

그림에서 세밀한 변동분은 회전수 32rpm의 3매 날개 풍차의 윈드셰어에 의한 성분 1.6Hz이다.

(2) 가변속 제어

가변속 제어 방식 제어계의 한 가지 예에 대해서 설명한다[11]. 이미 설명한 것처럼, 이 방법은 기본적으로 gast 등의 돌발적으로 생긴 공력 토크를 로터의 회전수를 올리는 것에 의해 흡수하는 것, 발전기 출력의 변동을 억제하는 것, 정격 풍속 이상에서 에너지의 취득률을 최대로 하는 것 등의 이점이 있다. 가변속 풍력발전기의 일례로서, AC-DC-AC 링크의 가변속 풍력발전기의 블록도를 **그림 7.17**에 나타냈다.

그림 7.17
가변속 풍력발전기의 제어 블록도

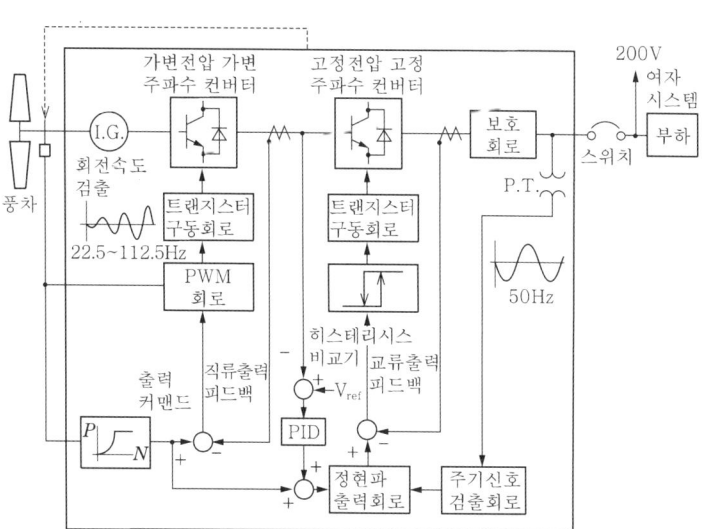

블록도의 가변 전압 가변 주파수(VVVF) 컨버터는 컨버터 출력의 병렬 콘덴서에 의해 발전기 여자 전류를 공급하고, 발전기 전압은 자기 포화를 피하기 위한 주파수에 비례해서 제어된다. 발전기 출력은 컷인풍속부터 정격 풍속까지는 최대 효율로 발전할 수 있도록 제어되

고, 정격 풍속 이상의 경우는 PWM 인버터의 출력이 제어된다. 또한, 피치각은 컷인 풍속부터 정격 풍속까지 일정 피치각으로 회전하며, 정격 풍속 이상에서는 거버너에 의해 원심력과 균형이 잡히도록 수동적으로 자동 제어된다.

정격 풍속 이하에서는 피치각은 일정하지만, 정격 풍속 이상에서는 그림 점선 부분의 각 상태를 검출하고 피치각 제어를 시행한다. **그림 7.18**에 가변속 풍력발전기의 동작 특성을 나타냈다. 그림과 같이 회전 속도가 동기 속도의 -10~25%까지 변화하는 것이 허용되어 있고, 이에 따라 출력 변동이 회전 에너지로서 저장되어 출력 변동이 억제된다. 또한 발전기로서는 농형 유도 발전기를 이용하고 있다.

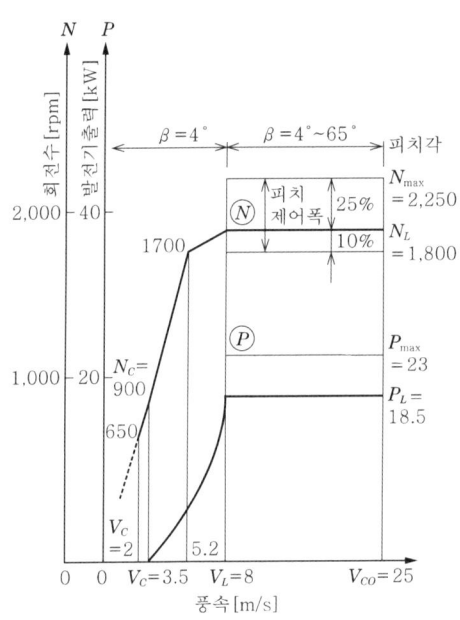

그림 7.18 가변속 풍력발전기의 동작 특성

그림 7.19, 그림 7.20은 실제 운전시의 각 부 출력 파형을 나타낸 것이고, 그림 7.18의 설계 사양을 만족시키고 있는 것을 알 수 있다.

이상, 풍력 터빈의 제어, 발전기와 운전 방식, 풍력발전기의 제어계 등에 대해서 설명했다. 제어 방법은 풍차회사의 풍차의 형태, 발전기의 형태, 계통 연계의 방법 등에 의해 달라지며, 통일하여 설명하는 것은 어렵다. 그래서 본 장에서는 기본적인 사고 방식과 실제 예를 보이는 것에 그쳤다.

게다가, 고도의 제어 방법으로서는 PID 제어 외에 적응 제어[12], 최적 제어[13], 퍼지 제어[14], 확률 최적 제어[15],[16] 등을 논한 것도 있기 때문에, 흥미가 있는 독자는 참고문헌을 참조하길 바란다.

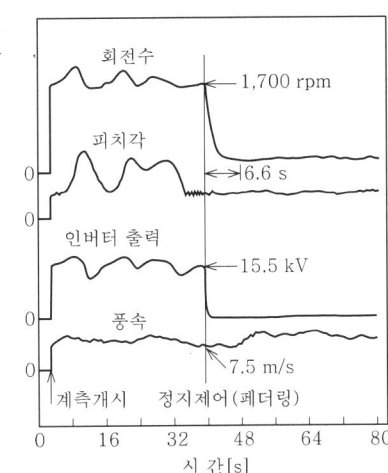

그림 7.19 저풍속시의 동작

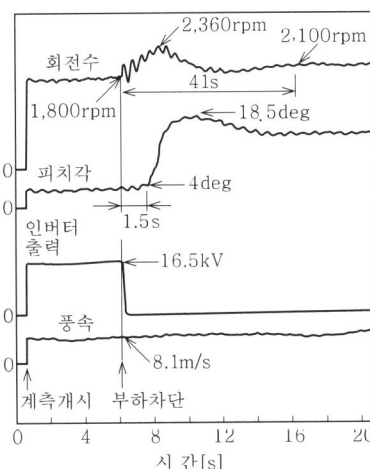

그림 7.20 고풍속시(정격 풍속 이상)의 동작

MEMO

CHAPTER 08

풍력발전 시스템

풍력발전 시스템

풍력발전기의 계통 연계에 대해서는 여러 가지 검토 과제가 논의되고 있다. 이전의 소규모 수력, 소규모 화력(디젤발전기, 가스 터빈발전기 등) 발전기와 그 과제가 다른 것은 연계 계통측의 제약 조건 외에 풍력발전기가 동시 동량(同時同量)을 실현할 수 없는 것에 문제점이 집약되어 있다. 여기에서는 풍력발전기를 전기적 특성으로부터 본 경우의 특징과 연계한 경우의 필요 요건에 대해서 설명하고, 또 독립 전원 및 축전지를 포함한 시스템으로서 본 경우의 특징에 대해서 소개한다.

8.1 대규모 계통 연계

풍력발전기는 크게 50kW 이하의 소형 풍력발전기와 그 이상의 대형 풍력발전기로 나뉘는데, 본 장에서는 주로 대형 풍력발전기의 계통 연계에 대해서 기술한다.

현시점에서의 상용 대형 풍력발전기는 주로 200~300kW 정도 이상의 설비가 많으며(최근에는 2,000kW급이 시장의 주류를 이루고 있지만), 대부분의 풍차는 효율, 경제성 등에서 수평축 프로펠러 3매 날개 타입의 풍차가 주류가 되고 있다. 또한 연계하는 방식으로서는 자가 소비 설비도 포함해서, 기존 설비 전력 계통에 연계하여, 전력회사에 판매하거나 자가 소비하면서 부족분을 전력회사로부터 구입 혹은 여분을 전력회사에 판매하는 등의 연계 형태로 되어 있다.

먼저 이들 풍차의 종류와 전기적 특성에 대해서 서술함과 더불어 계통에 접속하는 경우의 기술적 검토 과제와 보호 협조를 위해 갖추어야 할 보호 장치 관계에 대해서 지침을 제시한 「전력 계통 연계 기술 요건 가이드라인(이하 가이드라인)」의 개요에 대해서 설명하고, 특히 고압 송전선(6.6kV 배전선, 이하 배선전이라 부른다)에 연계할 경우와, 윈드팜과 같이 자가 변전소를 경유해서 특별 고압 송전선(33kV,

66kV, 154kV 등의 송전선, 특고선이라 부른다)에 연계하는 경우의 연계 요건, 그리고 풍력발전 도입 확대를 위한 계통 연계 대책 등에 대해서 설명한다.

1 발전 방식과 연계 방식

현재 상용화되고 있는 풍력발전기의 종류와 그 전기적 특징을 아래에 명시하였다.

(1) 풍력발전기의 종류

그림 8.1에 풍력발전기의 종류와 특징을 나타냈다.

20세기 말 세계 시장에서는 1,000kW 전후까지의 중형 기종이 많고, a) 기어장착 농형 유도 발전기, d) 기어장착 권선형 유도 발전기(슬립 가변속 제어), i) 기어리스 다극 동기 발전기(인버터 가변속 제어) 등이 주류 기종이었지만, 21세기에 들어 2,000kW 정도 이상으로 주력 기종이 옮겨왔기 때문에, 그 출력 변동을 가능한 한 작게 하는 요구로부터, e) 기어장착 권선형 유도 발전기(2차 여자 가변속 제어), i) 기어리스 다극 동기 발전기(인버터 가변속 제어)의 2종류가 점차 주류로 되고 있다. 특히 독일에서는, 초대형기로 i) 타입 4,500kW기가 2002년에 운전 개시되었고, e) 타입 5,000kW도 2004년 말부터 운전되고 있다. 그 외 기종의 경우, a) 타입은 출력 변동, 효율의 문제, j) 타입은 영구자석 발전기의 냉각 성능 및 가격의 문제 등이 나타나고 있어, 그 수요는 점차 적어지고 있다. 단, a) 타입은 기능이 단순하고 저가이며, 또 산악지형의 수송 문제 때문에 1,000kW 이하 장치로서의 수요는 앞으로도 계속 늘어나리라 생각된다.

(2) 전기적 특징

현재 시장의 주요 기종인 **그림 8.1** a, d, i 타입의 기종에 대해서, **표 8.1**에서 전기적 특징을 나타냈다. 발전 방식의 차이에 따라 컷인 풍속, 계통 접속시의 돌입 전류, 중저 풍속 지역에서의 발전 효율, 정격 풍속 이상에서의 출력 변동, 컷아웃 방법 등이 크게 달라진다.

(a) 농형 유도 발전기 타입 −a 타입

일반적으로는 1,000kW 이하의 중소 용량기에서 많이 사용되고 단순한 구조를 목표로 한 것이지만 구조상 일정 속도 운전을 하기 때문에 실제 발전 영역에 들어가는 풍속 사양이 컷인 풍속보다도 1m/s 정도 높아지고 있다.

그림 8.1 풍력발전기의 종류와 특징

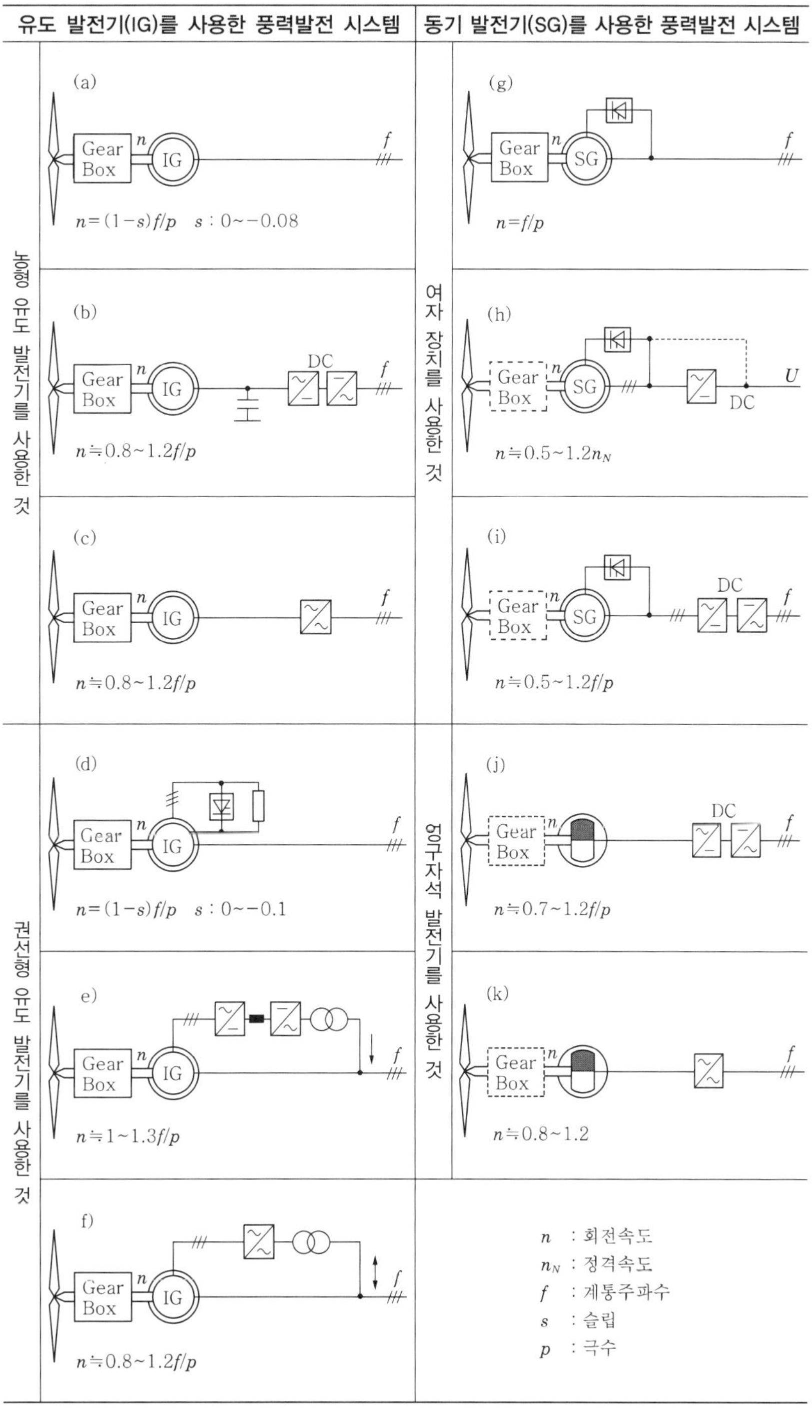

유도 발전기(IG)를 사용한 풍력발전 시스템	동기 발전기(SG)를 사용한 풍력발전 시스템
(a) Gear Box — IG — f $n=(1-s)f/p$ $s:0\sim-0.08$	(g) Gear Box — SG — f $n=f/p$
(b) Gear Box — IG — DC — f $n\fallingdotseq 0.8\sim 1.2f/p$	(h) Gear Box — SG — DC — U $n\fallingdotseq 0.5\sim 1.2n_N$
(c) Gear Box — IG — f $n\fallingdotseq 0.8\sim 1.2f/p$	(i) Gear Box — SG — DC — f $n\fallingdotseq 0.5\sim 1.2f/p$
(d) Gear Box — IG — f $n=(1-s)f/p$ $s:0\sim-0.1$	(j) Gear Box — DC — f $n\fallingdotseq 0.7\sim 1.2f/p$
(e) Gear Box — IG — f $n\fallingdotseq 1\sim 1.3f/p$	(k) Gear Box — f $n\fallingdotseq 0.8\sim 1.2$
(f) Gear Box — IG — f $n\fallingdotseq 0.8\sim 1.2f/p$	n : 회전속도 n_N : 정격속도 f : 계통주파수 s : 슬립 p : 극수

좌측: 농형 유도 발전기를 사용한 것 (a,b,c) / 권선형 유도 발전기를 사용한 것 (d,e,f)
우측: 여자 장치를 사용한 것 (g,h,i) / 영구자석 발전기를 사용한 것 (j,k)

〈출전〉 NEDO 풍력 자료(1997)

또한 일본 내에서는 6.6kV의 배전선에 연계하는 경우, 즉 컷인 시의 돌입 전류가 문제가 되며, 사이리스터 소프트스타터 등을 사용하지만 정격 전류의 2~3배 이상 전류가 계통에서 유입되어 계통 전압 저하를 초래하는 경우가 많다. 또 극수 전환 시에도 돌입 전류가 발생하기 때문에 경우에 따라서는 무효 전력을 공급하는 무효 전력 보상 장치(SVC : Static Var Compenator) 등을 추가 설치할 필요가 있다.

표 8.1 각종 풍력발전기의 전기적 특징

발전기 타입	a 타입	d 타입	i 타입
기기 구성 (발전부)	・증속 기어 부착 ・농형 유도 발전기 ・사이리스터 ・소프트 스타터	・증속 기어 부착 ・권선형 유도 발전기 ・2차 전류 제어 장치	・기어리스 ・다극 동기 발전기 ・직류 여자 장치 ・인버터/컨버터
계통 연계 방식	・발전기 출력 직접 연계	・발전기 출력 직접 연계	・인버터 연계
기계적 출력 제어	・스톨 제어 ・피치 제어	・피치 제어	・피치 제어
전기적 출력 제어	-	・2차 전류 제어 (슬립 내 가변속)	・인버터 제어(풀 가변속)
회전 속도	・일정 속도 (극수 변환 2단속)	・가변 속도 (정격 속도 ±10% 정도)	・가변 속도 (정격 속도 ±30% 정도)
주회로의 특징	・농형 유도 발전기를 전력 계통에 직접 연계하고 있고 변동 풍속에 대해서 회전 속도를 일정하게 유지하기 위해서 발전 출력 변동이 크다(풍속 변동의 영향 큼).	・유도 발전기의 2차(회전자) 권선에 흐르는 전류를 반도체 스위치에 의해 제어하고 있기 때문에 변동 풍속에 대해서 회전수를 미끄러짐 제어 범위 내에서 가변속 시키는 것으로 출력 변동을 작게 하고 있다	・인버터에 의해 계통에 연계하고 있고 발전 주파수와 연계 계통측 주파수를 독립해서 운전 가능. 가변속 범위도 크기 때문에 출력 변동도 작다. 또한 중저풍속역에서의 최고 효율점 운전이 가능
출력 변동	・정격 풍속 이하 : 풍속 변동 비례이지만 큼 ・정격 풍속 이상 : 정격 출력의 2배 정도	・정격 풍속 이하 : 풍속 변동 비례이지만 작음 ・정격 풍속 이상 : 제로	・정격 풍속 이하 : 풍속 변동 비례이지만 작음 ・정격 풍속 이상 : 제로
돌입 전류	・정격 전류의 2~3배	・정격 전류 정도	・제로

농형 유도 발전기를 전력 계통에 직접 연계하는 경우, 변동 풍속에 대해서 회전 속도를 일정하게 유지해야 하기 때문에 변동 풍속으로부터 얻은 회전 에너지를 출력 변동으로서 외부로 출력함으로써 일정 속도를 유지하고 있는 것이 특징이며, 문제점이기도 하다.

이 때문에 정격 풍속 이하에서의 출력 변동이 크지만, 정격 풍속 이상에서도 정격 출력 2배 정도의 출력 변동이 있으며, 배전선 연계의 경우 전압 변동을 일으킬 가능성이 크다.

(b) 권선형 유도 발전기 타입 -d 타입

이 타입의 기종은 앞서 기술한 농형 유도 발전기 대신에 풍속 변동에 따른 출력 변동의 경감을 고려한 것으로 회전자 부분을 권선형으로 하고 그곳에 흐르는 전류(2차 유도 여자 전류)를 사이리스터 스위치 등으로 제어함으로써 풍속 변동에 의한 출력이 급격히 변화하는 것을 억제하고 결과적으로 회전수가 변화하여(탈조(脫調)하지 않는 범위에서) ±10%의 가변속 제어가 가능해지고 있다.

특히 정격 풍속 이상에서는 블레이드의 피치각을 제어함으로써 순시 전기 출력의 제어에는 추종할 수 없지만 평균 출력으로서 정격 출력을 유지할 수 있기 때문에 위에 기술한 2차 전류 제어와 합쳐서 거의 일정 출력을 실현하고 있다. 또 이 타입은 컷인시에 2차측 회로를 개방하여 계통에 접속되기 때문에 돌입 전류는 정격 전류 정도밖에 흐르지 않고, 계통 전압에 미치는 영향도 경감하고 있다.

(c) 다극 동기 발전기 타입 -i 타입

이 기종은 원래의 설계 개념이 타기종과 달라, 변동하는 풍속의 에너지를 효율적으로 얻기 위해서는 블레이드의 회전수가 가변속이 아니면 안 되는 설계 사상(思想)이 특징이다. 이 때문에 발전 주파수가 10~20수 Hz에서도 한번 직류로 변환되어 있기 때문에, 계통 측의 상용 주파수와는 별개로 제어할 수 있고, 계통에 대한 출력 변동을 포함한 영향을 최소화하고 있다. 득히 중서 풍속 지역에서는 피치 제어의 범위지역 외이지만, 풍차의 최대 효율점의 회전수가 풍속에 맞게 바뀌기 때문에 가변속에 의해 최대 효율점을 추종 제어함으로써 연간 발전량을 크게 개선하고 대형기에서 2m/s 이하의 낮은 컷인 풍속(실효 발전 풍속)을 실현할 수 있다.

또한 계통 연계 측도 인버터 출력측의 파워 트랜지스터(IGBT)에 의해 연계되어 있기 때문에 전압 변동에 따른 무효 전력도 제어할 수 있고, 연계 단락 용량도 인버터의 통과 허용 전류로 결정되기 때문에 전압 변동에 따른 무효 전력을 제어할 수 있는 것과 연계 단락 용량도 인버터의 통과 허용 전류로 결정되기 때문에 정격 전류의 150% 정도가 되는 특징을 가지고 있다.

(d) 권선형 유도 발전기 타입 -e 타입

이 풍차 기종은 위에 기술한 것과 같이 단기 용량이 2,000kW를 넘는 풍차가 상용화되고 있는 현재, 위에 기술한 i 타입과 함께 채용된 예가 늘어난 기종으로, d 타입의 회전자 2차 전류를 외부로 추출해 그 2차 전류를 소형 인버터를 통해 1차측에 회생함으로써 가변속 범위를 크게 할 수 있도록 하였다.

특히 2,000kW를 넘는 대형 기계에서는 풍속 변동에 따른 출력 변동도 크고, 또 중저풍속에서의 최대 효율점 제어가 필요 불가결하게 되었기 때문에 채용되어 온 것이다. 이 발전 방식은 수력 발전기 등에서 이미 일본에서도 채용되고 있고, 특히 댐식 수력 발전소 등에서의 변하는 낙차에 대응하여 최대 효율점으로 운전하기 위해 가변속 시스템으로서 채용되고 있다.

2 계통 연계 기술 요건 가이드라인과 분산 전원 계통 연계 기술지침

(1) 계통 연계 기술 요건 가이드라인의 정비 경위

「계통 연계 기술 요건 가이드라인」(이하 가이드라인)은 자원 에너지청 공익사업부에서 발행된 것으로 원래 코제너레이션(co-generation) 등의 자가용 발전 설비를 전력 계통에 연계하는 경우의 기술 요건으로서 1986년에 책정되어 각 경제 산업국 및 각 일반 전기사업자에게 고지되었다.

그 후, 수 차례 개정을 거쳐 1995년에 전기사업자법이 대폭 개정되면서 독립발전사업자(IPP)에 대한 계통 연계 요건에 대해서 정비되고 1998년에는 증가하는 신에너지 발전 설비, 그 중에서도 풍력발전 설비 등을 대상으로 한 규제도 완화되어 모든 종류의 발전 설비가 계통 전압에 상관없이 모든 상용 전원으로 연계 가능한 요건을 정비해 온 것이다.

이 가이드라인은, 어디까지나 발전사업자가 연계처인 전력회사와의 사이에서 연계하기 위한 보호 협조도 포함한 기술 요건에 대해서 협조하는 경우의 가이드라인을 정한 것이며, 규제가 아님을 이해할 필요가 있다. 한편, 이 가이드라인의 내용을, 보다 구체적으로 협의 내용을 명확하게 하기 위해 일본전기협회 내의 전기기술기준조사위원회에 의해 1992년에 「분산전원 계통연계 기술지침」이 제정되었고, 2001년에는 그 연계 안건의 대규모화에 따라 특별 고압 송전선에서의 연계 요건에 대해서 추가 개정되었다. 일반적으로는 「분산전원 계통연계 기술지침」을 기본으로 계통연계협의 자료를 작성하고, 이용자 사이에서 보호 협조를 포함한 개별 조건에 입각한 연계 협의를 진행하고 있다.

(2) 계통 연계 기술 요건 가이드라인의 개요

표 8.2에 연계하는 규모에 맞춘 연계 구분에 대해서 나타냈고, 표 8.3에 그 연계 구분별 계통 연계 기술 요건 가이드라인의 개요에 대해 정리해 놓았다. 이 가이드라인의 주 목적은 연계점(책임 분기점) 하류측 사고 발생시에 상류측으로 파급 효과를 최소한으로 하기 위해 필요한 보호 장치의 설치와, 그 보호 장치의 작동 시간을 상류측에 설치되어 있는 보호 장치의 동작 시간보다도 빠르게 설정함으로써 보호 협조를 도모하는 것을 목적으로 하고 있다. 또한 유지해야 할 허용 전압 변동을 지키기 위한 검토와 그 대책, 그리고 계통 정전시의 단독 운전에 의한 감전 사고 등을 방지하기 위해, 단독 운전 검출 장치 또는 전송 차단 장치 내지 선로 무전압 확인 장치 등의 설치를 할 필요가 있다. 다음 항 이후부터는 50kW 이상의 풍력발전 시스템이 연계되는 고압 연계와 윈드팜 등의 대형 발전소가 연계하는 특별 고압 연계에 대해서 게재한다.

표 8.2 연계의 구분

연계의 구분	발전기의 종류	1수용가당 전력 용량	역조류 유무
저압 배전선	역변환 장치를 사용한 발전 설비	원칙적으로 50kW 미만	있음·없음
	교류 발전 설비		없음
고압 배전선	역변환 장치를 사용한 발전 설비 또는 교류 발전 설비	원칙적으로 2,000kW 미만	있음·없음
스폿 네트워크(spot network) 배전선	역변환 장치를 사용한 발전 설비 또는 교류 발전 설비	원칙적으로 10,000kW 미만	없음
특별 고압 전선로*	역변환 장치를 사용한 발전 설비 또는 교류 발전 설비	원칙적으로 2,000kW 이상	있음·없음

* 3.5kV 이하의 배전선에 연계하는 경우 고압 배전선으로의 연계 기술 요건에 준거 가능.

3 고압 연계

일반적으로 6.6kV의 배전선에 연계하는 경우, 가이드라인상에도 대략 2,000kW 미만의 설비를 연계 한계로 나타나 있지만, 이것은 연계되는 배전선의 배전용 변전소에 있어서 최저 수요 부하 전력을 상회하지 않는 것(변전소보다 상류측에 역조류하지 않는다)이 연계 용량의 첫 번째 조건으로 되어 있다. 이 때문에, 장소에 따라서는 2,000kW 이상의 연계로도 가능한 경우가 있고, 홋카이도 전력관 내에서는 그것을 3,000kW로 하고 있다. 거꾸로 1,000kw 정도로 권고하는 경우도 있으며, 실제로는 개별 안건마다 최저 수요 부하 전력이 달라지기 때문에 근처의 전력회사 영업소 등과의 협의에 의해 결정된 경우가 많다.

표 8.3 계통 연계 기술 요건 가이드라인의 개요

항목			저압 배전선과의 관계	고압 배전선과의 관계
1. 전압			100V, 200V, 400V	6kV
2. 적용 범위				일반 전기사업자 및 도매 전기사업자
3. 1설치자당 전력 용량*[2]			원칙 50kW 미만	원칙 2,000kW 미만
4. 수전점(受電点)의 역률(力率)		역조류 없음		지연 85% 이상, 100% 이하
		역조류 있음	지연 85% 이상 100% 이하(계통측에서 보아)(단, 전압 상승 방지를 할 수 밖에 없는 경우, 80% 이상, 소출력 역변환 장치를 사용하는 경우 또는 수전점의 역률이 적정하다고 생각되는 경우, 무효 전력 제어를 하는 경우는 85%, 하지 않는 경우는 95%로 하는 것이 가능하다.)	지연 85% 이상 100% 이하(계통측에서 보아)(단, 전압 상승 방지를 할 수 밖에 없는 경우는 80 이상으로 하는 것이 가능하다(연료 전지 등의 경우)).
5. 차단 개소(오른쪽에서 선택)			① 수전용 차단 장치 ② 역변환 장치 출력단 차단 장치 ③ 역변환 장치 연락용 차단 장치(기계적인 개폐 개소)	① 수전용 차단기 ② 발전 설비 출력단 차단기 ③ 발전 설비 연락용 차단기 ④ 모선 연락용 차단기
6. 보호 장치 등	(1) 보호 장치	공통	과전압 계전기(OVR) 부족 전압 계전기(UVR)	・과전압 계전기(OVR), 부족 전압 계전기(UVR)(OVR과 UVR은 발전기 자체의 보호 장치로 검출・보호 가능하다면 생략 가능) ・지락 과전압 계전기(OVGR)(발전기 인출구에 있는 OVGR에 의해 연계된 계통의 지락 사고가 검출되는 경우는 생략 가능) ・단락 방향 계전기(DSR)(유도 발전기, 역변환 장치를 이용하는 경우는 생략 가능)
		역조류 없음	역전력 계전기(RPR)	・역전력 계전기(RPR)
			주파수 저하 계전기(UFR) 역충전 검출 기능(UVR+UPR)	・주파수 저하 계전기(UFR)(전용선의 연계에 있어서 RPR로 고속 검출・보호 가능하다면 생략 가능)
		역조류 있음	주파수 저하 계전기 주파수 상승 계전기 단독 운전 검출 기능	・주파수 저하 계전기(UFR) ・주파수 상승 계전기(OFR)(전용선과 연계하는 경우는 생략 가능) ・단독 운전 검출 장치 또는 전송 차단 장치
		기타		
	(2) 기타 장치		변압기. 단, 다음의 경우 생략 가능 ・직류 회로가 비접지인 경우 또는 고주파 변압기를 이용하는 경우 ・교류 출력측에 직류 검출기를 설비하여 직류 검출 시에 교류 출력을 정지하는 기능을 가진 경우	선로 무전압 확인 장치 (역조류가 있는 경우는 단독 운전 검출기능에 일정 조건을 부가하고 역조류가 없는 경우에는 기능적 이중화 등으로 생략 가능)
7. 전압 변동		상시	다른 저압 수용가의 전압을 101±6V, 202±20V 이내로 유지(저압, 고압의 경우) (일탈하는 경우는 대책 필요)	
		순시	상시 전압의 ±10% 이내로 유지 (타여(他勵)식 역변환 장치의 병렬 순시)	상시 전압의 ±10% 이내로 유지
8. 연락 체제				다음 ①~③ 중 어느 하나의 통신설비 ① 전용 보안 통신용 전화 설비 ② 제1종 전기통신사업자의 전용 회선 전화 ③ 일반 가입 전화로 교환기를 열지 않고 통화 중 대기가 가능한 것

[주] *1 : 35kV 이하의 특별 고압 전선로 중 배전선을 사용하는 전선로와 연계할 경우는 고압 배전선의 기술 요건에 따를 수 있다.

스포트 네트워크 배전선과의 관계	특별 고압 전선로와의 연계
20~30kV	20~30kV,*¹ 60~70kV, 100kV 이상
이외의 자가 설치하는 발전 설비	
원칙 10,000kW 미만	원칙 2,000kW 이상 단, 35kV 이하 배전선을 다룰 시에는 원칙 10,000kW 미만
(계통측에서 볼 때)	
	계통의 전압을 적절하게 유지할 수 있는 값
① 발전 설비 출력 차단기 ② 모선 연결용 차단기 ③ 프로텍터 차단기	① 수전용 차단기 ② 발전설비 출력단 차단기 ③ 발전설비 연락용 차단기 ④ 모선 연락용 차단기
과전압 계전기(OVR), 부족 전압 계전기(UVR)	· 과전압 계전기(OVR), 부족 전압 계전기(UVR) (OVR과 UVR은 발전기 자체의 보호 장치에 의해 검출·보호된다면 생략 가능) · 지락과 전압 계전기(OVGR)(발전기 인출구에 있는 OVGR에 의해 연계된 연속의 지락 사고가 검출되는 경우는 생략 가능) · 단락 방향 계전기(DSR)(유도발전기, 역변환 장치를 이용하는 경우는 생략 가능)
역전력 계전기(RPR) (네트워크 계전기의 RPR 기능으로 대용 가능) (전회로에 있어서 검출한 경우는 시한을 가지고 발전기를 차단한다)	역전력 계전기(RPR)
	· 주파수 상승 계전기(OFR) · 주파수 저하 계전기(UFR)(OFR과 UFR은 RPR에서 고속으로 검출 보호 가능한 경우는 생략 가능)
	· 전압 변화로 영향을 받지 않는다. 주파수 저하 계전기(UFR) 및 주파수 상승 계전기(OFR) 또는 전송 차단 장치
	· DSR이 유효하게 기능하지 않는 경우 : 단락 방향 거리 계전 장치 또는 전원 작동 계전 장치 · OVGR이 유효하게 기능하지 않는 경우 : 지락 방향 계전 장치 또는 전원 작동 계전 장치
	· 선로 무전압 확인 장치(역조류가 없는 경우는 기능적 이중화 등으로 생략 가능)
	· 원칙 100kV 이상에의 연계로 필요한 경우 : 송전선 과부하시의 발전 억제(2회선 송전선의 1회선 사고시 등) · 발전기 운전 제어 장치 · 중성점 접지 상치와 전자 유도장해 방지 대책
	상시 전압의 1~2% 이내로 유지
(유도 발전기 또는 타려(他勵)식 역변환 장치의 병렬 순시)	· 상시 전압의 원칙 2% 이내로 유지(유도 발전기 또는 타여(他勵)식 역변환 장치의 병렬 순시)
	· 35kV 미만의 경우는 ①~③ 중 어느 하나의 통신 설비 · 80kV 이상의 경우는 ① 또는 ②의 통신 설비(①~③에 대해서는 좌측과 같다)
	· 텔레미터 및 슈퍼비전(80kV 이상에서 필요한 경우)

[주] *2 : 발전 설비의 1설비자당 전력 용량 : 수전 전력의 용량 또는 계통 연계에 관계된 발전 설비의 출력 용량 중 큰 쪽

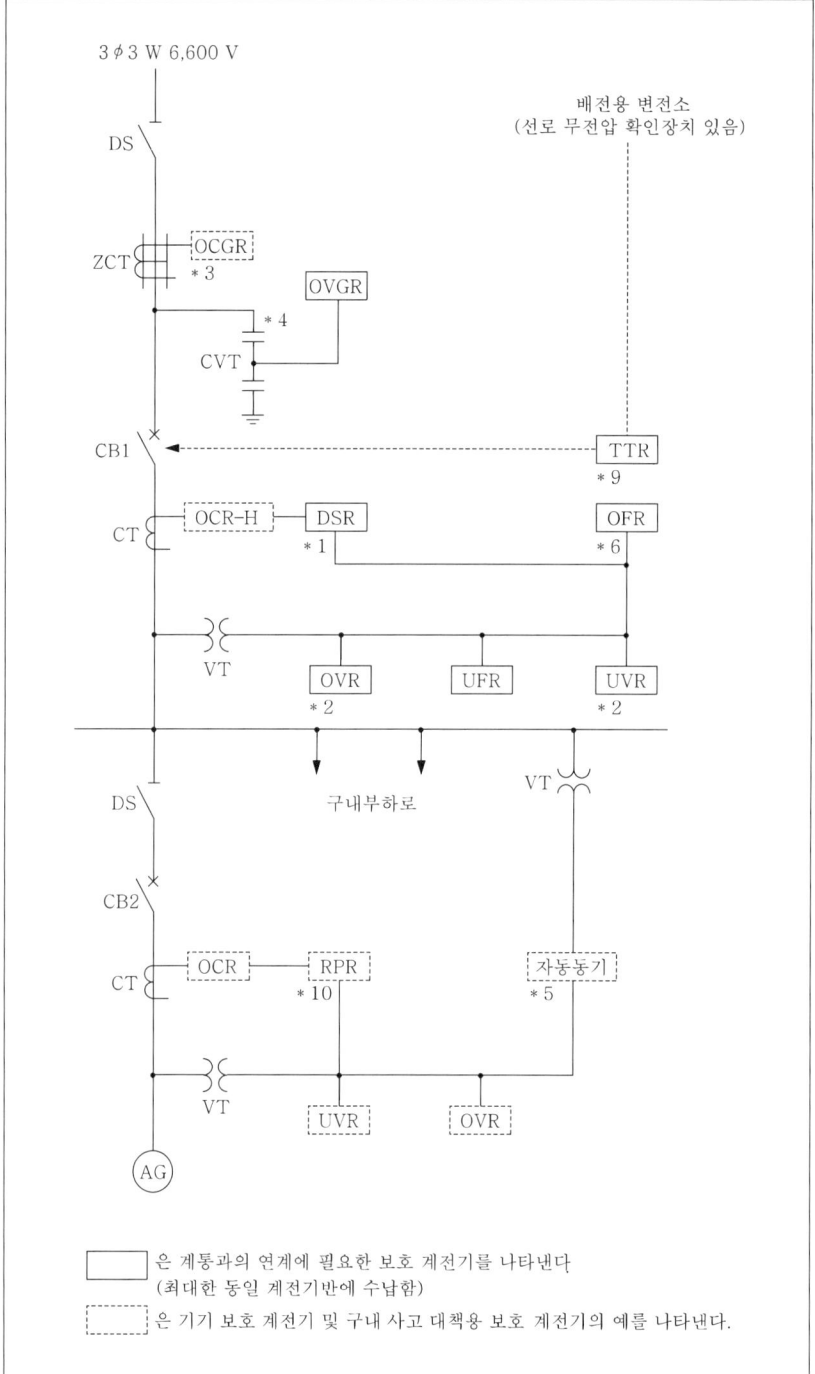

그림 8.2 고압 연계시의 보호 장치 구성의 예 (교류 발전기, 전송 차단 방식)

〈보호 기능 설명〉

약(略)기호	계전기 보호 내용	보호 대상 사고 등	설치 상수 등
OCR-H	과전류	구내 단락	2상
OCGR	지락 과전류	구내 지락	1상(영상 회로)*3
OVGR	지락 과전압	계통 지락	1상(영상 회로)
OVR	과전압	발전 설비 이상	1상
UVR	부족 전압	발전 설비 이상, 계통 전원 상실	3상*7
DSR	단락 방향	계통 단락	3상*8
UFR	주파수 저하	계통 주파수 저하, 단독 운전	1상
OFR	주파수 상승	계통 주파수 상승, 단독 운전	1상
TTR	전송 차단	단독 운전*9	

[주] *1 : 동기 발전기를 이용한 경우에 설치한다.
 *2 : 발전 설비 자체의 보호 장치에 의해 검출·보호 가능한 경우는 생략할 수 있다.
 *3 : 돌입 전류의 불균형, 구내 설비의 충전 전류가 큰 경우는 DGR(지락 방향 계전기)로 한다.
 *4 : 영상 전압 검출은 임피던스가 높은 CVT 검출 방식으로 한다(VT 방식은 사고점 심사에 지장을 일으키기 때문에).
 *5 : 자동 동기 검정 장치는 동기 발전기를 이용하는 경우에 설치한다.
 *6 : 전용선에서의 연계의 경우는 생략할 수 있다.
 *7 : 동기 발전기에 있어서 DSR과의 협조가 없어진 경우는 1상에서도 가능
 *8 : 전력 계통과 협조가 없어진 경우는 2상에서도 가능
 *9 : 유도 발전기를 이용한 풍력발전 설비의 경우는 전송 차단 장치의 생략이 가능한 경우가 있다. 자세한 것은 3. 단독 운전 방지 대책 (2) 역조류가 있는 경우의 단독 운전 방지 대책 c. 유도 발전기를 이용한 풍력발전 설비에 대한 특례를 참조.
 *10 : 발전기 본체의 보호를 위한 필요에 대응해서 설치한다.

〈출전〉 분산형 전원 계통 연계 기술지침 JEAG9701-2001

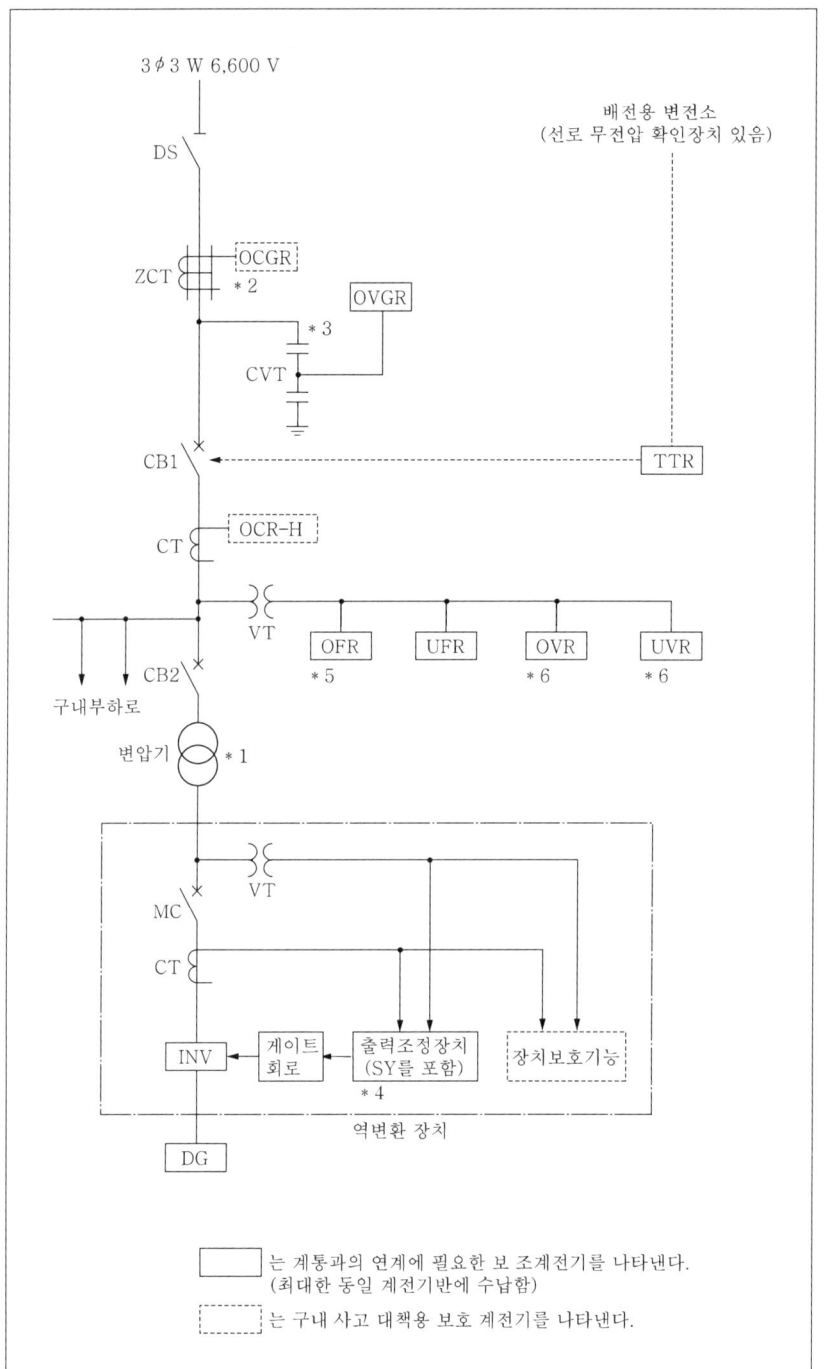

그림 8.3 고압 연계시의 보호 장치 구성의 예 (역변환 장치, 전송 차단 방식)

〈보호 기능 설명〉

약(略)기호	계전기 보호 내용	보호 대상 사고 등	설치 상수 등
OCR-H	과전류	구내 단락	2상
OCGR	지락 과전류	구내 지락	1상(영상 회로)[*3]
OVGR	지락 과전압	계통 지락	1상(영상 회로)
OVR	과전압	발전 설비 이상	1상
UVR	부족 전압	발전 설비 이상, 계통 전원 상실	3상
UFR	주파수 저하	계통 주파수 향상, 단독 운전	1상
OFR	주파수 상승	계통 주파수 상승, 단독 운전	1상
TTR	전송 차단	단독 운전	

[주] *1 : 혼촉 등 방지용 변압기(역변환 장치 내부의 변압기에서도 대용 가능)
*2 : 돌입 전류의 불균형, 구내 설비의 충전 전류가 큰 경우는 DGR(지락 방향 계전기)로 한다.
*3 : 영상 전압 검출은 임피던스가 높은 CVT 검출 방식으로 한다(VT 방식은 사고점 심사에 지장을 일으키기 때문에).
*4 : 동기 검정은 자려(自勵)식 역변환 장치를 이용한 경우에 설치한다.
*5 : 전용선에서의 연계의 경우는 생략할 수 있다.
*6 : 발전 설비 자체의 보호 장치에 의해 검출, 보호할 수 있는 경우는 생략할 수 있다.

〈출전〉 분산형 전원 계통연계 기술지침 JEAG9701-2001

(1) 보호 협조에 대해서

보호 협조는 발전 설비의 고장 또는 계통 사고시에 사고의 제거, 사고 범위의 최소화 등을 확정하기 위해 다음의 사고 방식에 따르도록 가이드라인에 제시되어 있다.

① 발전 설비 사고 시, 해당 계통 사고 시, 정전 시에 발전 설비를 해당 계통에서 분리하는 것
② 계통 재폐로 시에 발전 설비는 분리되어 있을 것
③ 연계 계통 이외의 사고 시에 발전 설비는 분리되지 않을 것
④ 해당 차단기 분리 시, 재폐로 시간보다 짧은 시한 내에 분리하고, 과도 전력 변동의 영향을 회피할 것

(2) 보호 장치의 설치, 보호 계전기 설치 장소, 설치 상수, 해열(解列) 개소, 자동 부하 제한

보호 장치는 위에서 기술한 개념을 반영하여 표 8.3에 나타난 각 보호 장치의 설치를 필요로 하고 있다. 그림 8.2에 교류 발전기의 단독 운전 방지를 위해 전송 차단 방식으로 한 경우의 단선 결선도 예를 나타냈고, 그림 8.3에 역변환 장치(인버터)의 단선 결선도의 예를 나타냈다. 설치 상수에서 주의가 필요한 것은 부족 전압 계전기를 3상 설치로 해야 한다는 점이다. 또한 발전기 분리 시의 계통 과부하를 막는 목적으로 자동 부하를 제한할 필요가 있는 경우가 있다.

(3) 재폐로 시의 사고 방지, 역조류의 방지, 단독 운전 방지

사고에 의한 장해가 상위 계통에 파급된 경우에도 사고 요인 부분이 자동 분리에 의해 제거되거나, 동식물에 의한 일시적 장해 등 즉시 복구 가능한 경우, 계통의 사고 정전 시간 최소화를 위해 재폐로 동작에 의해 신속히 급전을 시행하는 운용 형태가 많다. 이 때문에 발전기 근방의 분리용 차단기 동작 시간을 상기 재폐로 시간보다도 빠른 시간 내로 설정해야 한다.

또한 연계 협의에서는 연계하고 있는 배전선의 기점이 되어 있는 변전소보다도 상류측으로 발전 전력이 역조류하지 않도록, 변전소(뱅크) 단위의 수요와 연계된 발전소의 최대 출력이 항상 다음에 기술한 조건이 되도록 연계 가능 용량이 설정된다.

해당 변전소 최저 수요 부하 > 연계 가능 풍력 발전 용량

그리고 계통 사고 등으로 인한 정전 시의 감전 사고 방지를 위해, 풍

력발전 기기에 의한 단독 운전을 방지하는 목적으로 단독 운전 검출 장치와 전송 차단 장치 중 하나의 방식을 채용할 것과, 선로 무전압 확인 장치의 설치 등을 필요로 하고 있다. 단, 어느 방식으로 단독 운전을 검출하고 분리 동작을 시킬지는 전력 각사에 따라 개념이 다르기 때문에, 개별 협의에 따르고 있다.

(4) 전압 변동, 단락 용량

배전선에 연계하는 경우, 특히 문제되는 것이 풍차의 컷인, 컷아웃, 순시 출력 변동에 따른 순시 전압 변동과 발전 출력의 배전선 내 역조류에 의한 상시 전압 변동이다. 이들의 평가에 관해서는 그림 8.1 및 표 8.1의 풍력발전기 종류에 따라 위에 기술한 영향 정도가 달라지기 때문에 기종마다 실제 데이터에 따라 협의하고, 영향 평가 후, 경우에 따라서는 계통 전압을 제어할 목적으로 무효 전력 보상 장치(SVC) 등을 추가 설치할 필요가 있는 경우가 있다. 또한 소위 '깜박거림'에 상당하는 전압 플리커에 대해서는 $\triangle V10$(10Hz 상당 환산의 전압 변동률)의 평가를 할 필요가 있고, 100V 환산으로 0.23V 이하가 아니면 안 된다.

발전기 연계에 의한 단락 용량의 증가분에 대해서 연계하는 다른 기기의 차단 용량(일반적으로 150MV·A)을 상회할 우려가 있는 것을 확인할 필요가 있다. 또한 경우에 따라서는 단락 전류를 제한하는 장치(한류(限流) 리액터 등)를 설치할 필요가 있지만 배선선에 연계하는 2,000kW 미만 풍차의 경우, 문제가 되는 경우는 적다.

(5) 연락 보안 체제

계통측 전기사업자의 영업소와 발전 설비 설치자 사이에는 전용 회선 등에 의한 보안 통신용 설비를 설치함으로써 사고 시에 기술원과의 신속한 연락 체제를 갖출 것이 요구되고 있다.

4 특별 고압 연계

가이드라인에서는 2,000kW 이상의 대규모 윈드팜을 계통 연계하는 경우, 본장의 특별 고압 연계(20~30kV, 60~70kV, 100kV 이상)의 범위에 속한다.

이 종류의 특별 고압 연계(이하 특고 연계)의 대상이 되는 특별 고압 송전선은 전압 계급과 송전선의 중요도에 맞게, 그림 8.4의 접지 및 보호 방식을 취하고 있어, 연계하는 변전소 또는 발전소는 이것에 준하는 접지 방식, 보호 방식, 재폐로 방식을 취할 필요가 있다.

이것보다도 앞서 언급한 고압 배전선(6.6kV) 연계 이상으로 보호 협조, 사고 제거, 사고 범위의 국한화와 조기 복구를 실현할 것을 요구하고 있다.

그림 8.4 특별 고압 전선로에 있어서의 설비 및 운용 방법

전압 계급	접지 방식	보호 계급	재폐로 방식	배려 사항 등
500kV	직접 접지 방식 · 주로 187kV 이상의 계통에 적용	전류 차동 계전 방식 · 정보 전송이 필요 · 전송 신호의 변복조 방식에 의해 PCM 전류 차동과 FM 전류 차동이 있다. 위상 비교 계전 방식 · 정보 전송이 필요 · 다단자 계통에 적합하지 않다.	다상 재폐로 방식 · 병행 2회선의 계통 등에 적용 단상 재폐로 방식 · 발전기축 뒤틀림 토크나 과도 안정도가 엄한 계통 등에 적용 3상 재폐로 방식 · 주로 154kV 계통 등에 적용(고속)	계통 안정도의 검토 · 장거리 송전선이나 대용량 송전선 등의 경우는 검토가 필요 · 필요에 의해 발전기 운전 제어 장치를 부가 부하 제한 · 발전 제어의 필요성 검토 · 계통 사고 시의 발전 억제 등에 대해서 검토가 필요
275kV 220kV 187kV				
154kV 110kV	저항 접지 방식 · 주로 22~154 kV의 계통에 적용 · 전압 계급이나 계통에 의해 저항치가 달라진다. · 리액터 접지의 계통도 있다. · 일부에 비접지의 계통도 있다.	방향 비교 계전 방식 · 정보 전송이 피요 최소 선택 계전 방식 · 병행 2회선의 계통 등에 적용 방향 거리 계전 방식 표시선 계전 방식 · 정보 전송이 필요 과전류 계전 방식	3상 재폐로 방식 · 계통 구성 등에 의해 재폐로 시간이 달라진다(저속).	전자 유도 장해 대책 · 중성점 접지에 따르는 전자 유도 장해 대책에 대해서 검토가 필요 차단 용량의 검토 · 발전 설비 설치에 의한 차단 용량에의 영향에 대해서 검토가 필요 전압 안정성의 검토 · 로컬(local) 계통이나 장거리 송전선 등의 경우는 검토가 필요
77kV 66kV				
33kV 22kV				

[주] 접지 방식이나 보호 방식, 재폐로 방식은 대표적인 것을 나타낸 것이며 당해 전압 계급에 있어서 반드시 이 방식이 적용되는 것은 아니다.

〈출전〉 분산형 전원 계통 연계 기술지침 JEAG 9701-2001

(1) 보호 협조에 대해서

기본적으로는 고압 연계의 보호 협조에 준하고 있지만, 일반적으로 특별 고압 송전선은 전압 계급이 오를수록 송전하는 전력량도 대상으로 하는 수용가도 증가하기 때문에 송전의 신뢰성과 사고 후의 조기 복구가 요구됨과 동시에 송전하는 전력 품질과 송전 제어 성능의 중요성도 증가한다.

이 때문에 특히 사고 후의 조기 복구를 위한 자동 재폐로 방식이 채

용되고 있고, 그 재폐로 시간 및 연계점 차단기의 사고 시 분리 시간은 대략 아래에 적힌 시간이 사용되고 있다.

그림 8.4 〉〉〉 특별 고압 송전선 연계의 재폐로 시간과 차단 시간

전 압	자동 재폐로 시간	차단 시간
187kV 이상	0.5~15초 정도	0.1~3.0초 정도
110~154kV	0.5~60초 정도	0.1~3.0초 정도
66~77kV	10~60초 정도	3.0초 정도 이하

(2) 보호 장치 설치, 보호 계전기 설치 장소, 설치 상수, 분리 개소, 자동 부하 제한·발전 억제

보호 장치는 특별 고압 송전선의 중요성을 고려한 보호 레벨로 하기 때문에 표 8.3의 특별 고압 송전 선로와의 연계에서 나타난 보호 장치의 설치를 필요로 하고 있다.

또한 그림 8.5에 교류 발전기인 경우의 단선 결선도의 예를 나타냈다. 설치 상수에서 주의가 필요한 것은 고압 연계와 같이 부족 전압 계전기를 3상 설치로 해야 한다는 점이다.

또한 발전기 분리 시의 계통 과부하를 방지할 목적으로 자동 부하를 제한할 필요가 있으며, 원칙 100kV 이상의 특고 연계의 경우, 필요에 맞게 과부하 검출 장치를 설치해서 발전을 억제하는 것으로 한다.

(3) 재폐로 시의 사고 방지

특히 특별 고압 연계는 계통 사고 후에도 즉시 복구할 수 있는 경우, 계통의 사고 정전 시간 최소화를 위해 자동 재폐로 동작에 의한 빠른 급전을 시행하는 운용 형태로 하고 있기 때문에 표 8.4에 나온 분리 시간으로 설정함으로써 재폐로 시의 사고 방지를 도모하고 있다. 연계 풍력발전소에 의한 단독 운전이 허가되어 있지 않은 경우, 일반적으로는 전송 차단 장치와 선로 무전압 확인 장치를 설치해서 단독 운전을 방지하는 경우가 많다. 단, 그것들의 설비 필요 여부는 전력 각사와의 개별 협의에 의한 경우가 많다.

(4) 전압 변동, 단락 용량

특고 연계에서의 전압 변동 허용치는 당시 전압의 1~2% 정도이며 윈드팜 등의 경우에 종종 문제가 되고 있지만, 연계점에서의 최종 승압용 변압기의 병렬 시 돌입 여자 전류에 의한 전압 저하가 전력회사

에 따라 다른데, 2차 여자용 발전기의 설치나 한류 리액터의 설치를 요구하는 경우가 있다. 또한 단락 용량의 증가분에 대해서는, 연계하는 다른 기기의 차단 용량을 상회할 우려가 있는 경우에는 고압 연계와 마찬가지로 단락 전류를 제한하는 장치(한류 리액터 등)를 설치할 필요가 있다.

(5) 발전기 운전 제어 장치의 장착

원칙적으로 100kV 이상의 특고 연계하는 경우로서 계통 안정화, 조류 제어 등이 필요한 경우, 발전 설비의 운전 제어 장치를 설치할 필요가 있는 경우가 있다.

(6) 중성점 접지 장치의 부하와 전자 유도 장해 대책의 실시

원칙으로서 100kV 이상의 특고 연계하는 경우로서 중성점 접지가 필요한 경우, 발전소 설치자측의 변압기 중성점을 접지할 필요가 있다. 또한 위에 기술한 중성점 접지에 의한 전자 유도 장해 방지 대책 및 지중 케이블의 방호 대책이 필요하게 되는 경우가 있다.

(7) 연락 보안 체제

계통측 전기사업자의 영업소와 발전 설비 설치자 사이에는 전용 회선 등에 의한 보안 통신용 설비를 설치함으로써 사고 시 기술원과의 빠른 연락 체제를 취하도록 요구되고 있다. 또한 60kV 이상의 특고 연계의 경우, 계통측 전기사업자와 발전소 설비 사업자 사이에서 필요에 맞게 계통 운용상의 정보 교환을 위한 슈퍼비전 및 텔레미터를 설치하는 경우가 있다.

5 유럽제 풍차의 특징

2005년 현재 일본 내에 설치되어 있는 풍차의 90%가 유럽 기업 제품이다. 여기서는 유럽제 풍차의 특징과 계통 연계상의 주의점에 대해서 기술한다.

유럽 풍차의 계통 연계에 관한 설비 설계가 통일된 것은 풍력발전 설비의 설비 설계 규준이 작성된 1990년경이며, 풍력발전 설비 제작 시에 연계 보호 장치를 내장하여 제작하고 있는 것이 특징이다. 또한 독일의 경우 연계 협의를 간단하게 하기 위해 연계 가이드라인이라고 할 수 있는「자가 발전 설비의 전력 공급 기업의 중앙 전력 계통과의 연계 운전」이라는 연계 기술 지침에 풍차 설비의 데이터 표준 기재 형식이 준비되어 있다.

(1) 유럽제 풍차의 계통 연계상의 특징

유럽 풍차의 풍차 출력단 취합부는 저압(600V 이하)인 경우와 고압(600V 이상)의 것이 많은데, 대부분의 설비가 내부에 보호 장치 등을 내장하고 또, 제어 전원을 그 접속선으로부터 공급받고 있기 때문에 3상 4선식도 많으며, 그 후 변압기로 20~30kV로 승압하여 배전선에 연계하는 경우가 많다.

이 때문에 외부에 설치한 변압기는 2차측의 중성점을 풍차 내 제어 전원까지 접속하여 사용되는 형태로 되어 있어 3상의 1상과 그 중성점으로부터 제어 전원을 얻는다. 또한 보호 장치의 각종 검출을 변압기 1차측에서 실시할 필요가 없기 때문에 변압기 1차측에서는 과전류 보호를 위한 퓨즈 및 차단기를 설치하는 것으로 연계가 가능하다.

(2) 보호 장치

보호 장치는 제어반 내부에 과전압, 부족 전압, 주파수 상승, 주파수 저하를 검출해서 차단하는 기능을 겸비하도록 설비 설계 표준에서 명시하였기 때문에 대부분의 풍차는 이들 보호 장치를 내장하고 있다. 지락 과전류 검출은 위에서 기술한 것과 같이 변압기의 2차측이 3상 4선식이기 때문에, 4선분의 불평균 전류 검출을 할 필요가 있는 것이 특징이다.

단독 운전 검출에 대해서는 유도 발전기를 사용하고 있는 경우 계통 정전시에 계통으로부터의 여자 전류 공급이 없어지는 것으로, 단독 운전의 가능성이 낮다고 판단하고 있으며 일본 내의 가이드라인에 나타낸 단독 운전 검출 장치나 전송 차단 장치를 설치하고 있는 예는 거의 없다. 또한, 역변환기에 의한 계통 연계 설비의 경우에도 주파수 검출로 단독 운전 검출이 가능하기 때문에 위에 기술한 것과 같이 단독 운전 검출을 위한 새로운 설비는 부가 설치하고 있지 않다.

특별 고압 연계의 경우 연계점에 있어서 변전소는 보통의 배전용 변전소와 동등한 설비 기준으로 운용되고 있으며 구내(構內)는 위에 기술한 고압 연계 방식으로 운용 가능하므로 설비 설계가 간략화되고 있는 것이 특징이다.

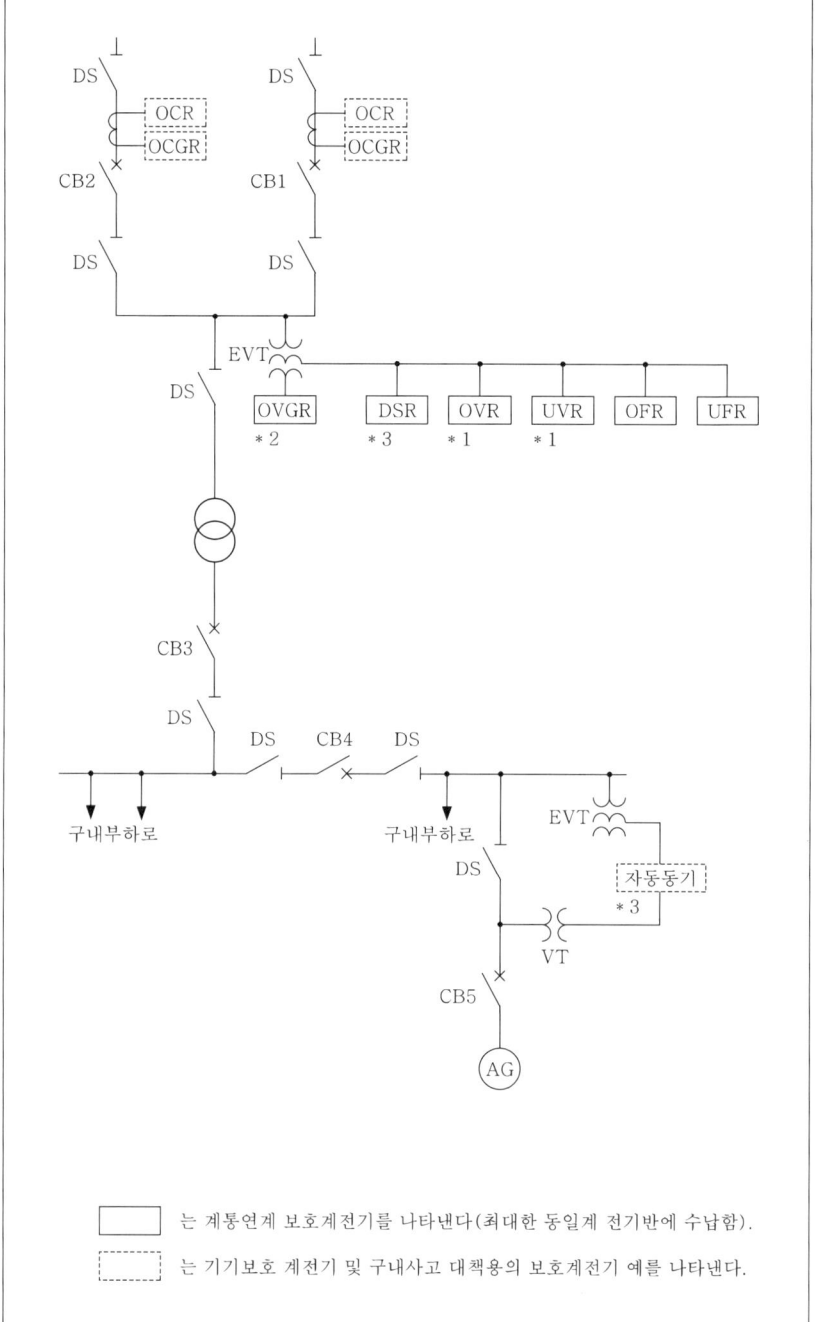

그림 8.5 특별 고압 연계시 보호 장치 구성의 예(교류 발전기)

〈보호 기능 설명〉

약(略)기호	계전기 보호 내용	보호 대상 사고 등	설치 상수 등
OCR	과전류	구내 단락	2상
OCGR	지락 과전류	구내 지락	1상(영상 회로)
OVGR	지락 과전압	계통 지락	1상(영상 회로)
OVR	과전압	발전 설비 이상	1상
UVR	부족 전압	발전 설비 이상	3상
DSR	단락 방향	계통 단락	3상
UFR	주파수 저하	단독 운전	1상
OFR	주파수 상승	단독 운전	1상

[주] *1 : 발전 설비 자체의 보호 장치에 의해 검출·보호되는 경우는 생략할 수 있다.
*2 : 다음의 어느 하나 이상을 만족할 경우는 생략할 수 있다.
　　(1) 발전기 인출구에 있는 지락 과전압 계전기에 의해 연계된 계통의 지락 사고가 검출되는 경우
　　(2) 발전 설비의 출력이 구내의 부하보다 작게 주파수 저하 계전기에 의해 고속으로 단독 운전을 검출하고 차단하는 것이 가능한 경우
　　(3) 역전력 계전기, 부족 전력 계전기 또는 수동적 방식의 단독 운전 검출 기능을 가지는 장치에 의해 고속으로 단독 운전을 검출하여 차단하는 것이 가능한 경우
*3 : 동기 발전기를 이용하는 경우에 설치한다.

〈출전〉 분산형 전원 계통 연계 기술지침 JEAG9701-2001

(3) 접지계

접지계는 낙뢰 보호의 관점에서 정비되고 있고 특히 IEC 61400-24에 준거한 낙뢰 보호 대책을 세울 필요가 있으며 위에 기술한 3상 4선식 중성점과 풍차 전체의 접지를 실시할 것을 골격으로 하고 있다. 상세한 내용은 IEC 규격을 참조하길 바란다.

6 일본의 풍력발전 연계 상황

(1) 일본의 풍력발전 도입량

그림 8.6에 2004년 2월 시점에서 일본 내의 도입량을 각 전력회사 관할 지역마다 정리한 것을 나타냈다. 실선 부분은 이미 2004년 2월 시점에서 연계되어 있는 도입량 및 추첨, 입찰을 통해 연계하는 것이 결정되어 있는 도입량을 나타낸다.

또한 점선 그래프는 신에너지 특별조치법(RPS)으로 2010년까지 도입해야 하는 신에너지량의 잔량 중 남은 반을 풍력발전에 맡기는 경우의 도입량을 나타낸다. 이들 도입량의 합계는 만약 이것이 실현되더라도 약 250만kW이고 정부의 목표인 300만kW까지는 부족한 상황에 있다.

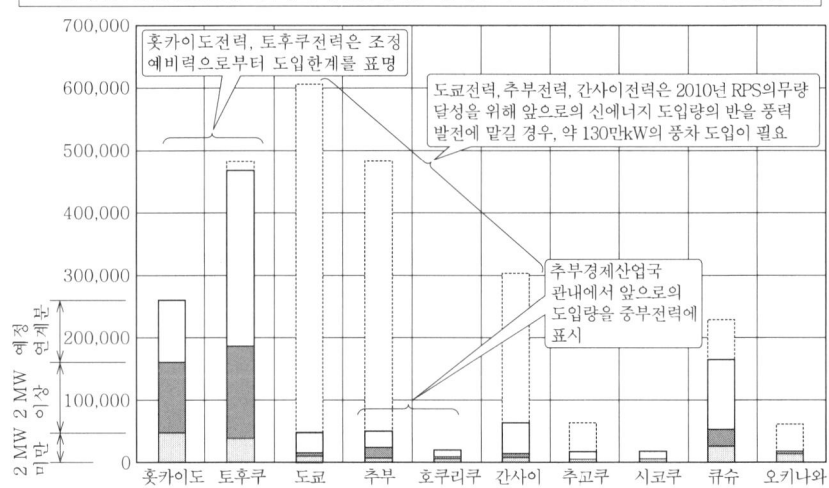

그림 8.6 풍력발전의 도입량 (2004년 2월)

(2) 도입량 확대를 위한 정부의 대처

경제산업성에서는 위에 기술한 도입 환경을 거울삼아, 2004년 3월부터 도입한도 확대를 위한 검토위원회를 발족시켰다. 표 8.5는 2005

년 3월의 중간보고서(안)이다. 이것은 종합 자원 에너지 조사회 신에너지부회 풍력발전 계통 연계 대책 소위원회의 중간 보고서(안)로 자리잡아 정리되어 있는 검토 대책안이며, 경제산업성, 전력 각사, 학식이 있는 경험자로 구성되는 위원회에 의해 현재에는 더욱 구체화하기 위한 검토를 실시하고 있다.

표 8.5 풍력발전 계통 연계 대책 소위원회의 중간 보고서(안)

	검토 사항	계통 측의 대책	풍력발전 측의 대책
1	특단의 새로운 설비 대책이 불필요한 대책	· 주파수 변동의 관점에서 본 풍력발전 연계 가능량의 정확한 파악 · 조정력의 확대를 향한 전원 운용	· 조정력 부족 시기의 풍력발전기의 차단 예·출력 억제 · 주파수 변동 제약이 없는 지역에의 풍력발전 입지의 유도
2	경우에 따라서 새로운 설비 대책이 필요하게 되는 대책	· 회사간 연계선의 활용	
3	새로운 설비 대책이 필요한 대책	· 축전지 등의 도입	
4	대규모의 선행적인 설비 증강이 필요한 대책	· 조정 전원의 신설 · AFC 조정 전용의 제2 홋카이도·혼슈간 연계 설비	
5	새로운 조사 연구가 필요한 대책	· 기상 예측에 기초한 풍력발전 예측 시스템의 도입	

〈출전〉 경제산업성 : 자원에너지청, 공개 자료에서 발췌

8.2 소규모 독립 전원

1 소형 풍차의 특징

(1) 개요

발전 사업용 대형 풍차는 프로펠러형의 3매 날개 업윈드 형식이 대부분이지만, 소형 풍차는 이용 목적에 따라 다양한 종류가 제조되어 이용되고 있다. 작동 원리로 분류하면 항력형과 양력형, 또 로터형식으로 분류하면 수평축형과 수직축형으로 나뉜다. 양력형은 일반적으로 회전 속도를 높여 이용할 수 있으며, 효율도 좋기 때문에 가장 일반적으로 이용되어 왔다. 로터 형식에 의한 풍차의 분류를 **그림 8.7**에 나타냈다.

소형 풍차의 용도는 전기가 공급되지 않는 지역 등 전력 수전이 어려운 장소에서 전원을 확보하는 것이 최우선이다. 지금까지 소형 풍차는 시험 연구적 용도의 설치가 중심이었지만, 서서히 실용면을 중시한

용도로 이행되고 있다.

최근에는 클린 에너지원으로서 가정용을 비롯해 공원·도로 등의 공공 시설로 도입이 증가하고 있다.

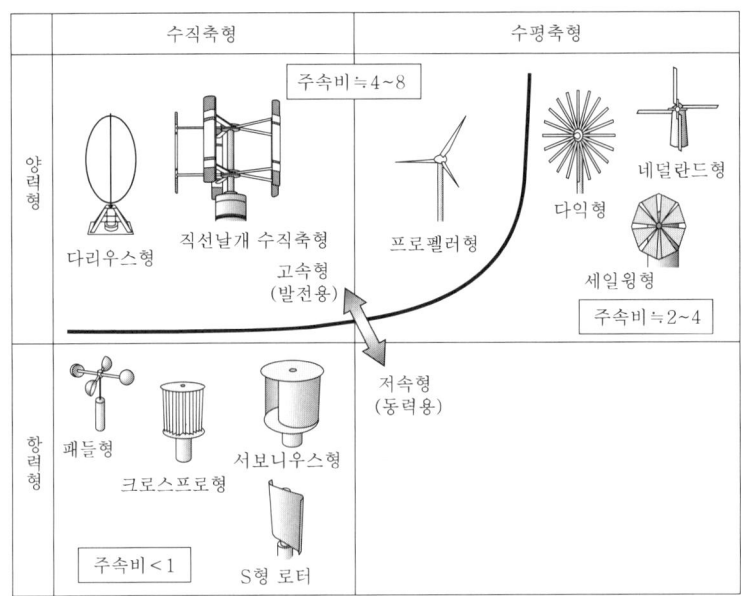

그림 8.7 〉〉〉
로터 형식에 의한
풍차의 분류

경제성에 대해서는 다른 발전 방식과 비교해 비용 경쟁력은 약하지만, 자치 단체나 환경 의식이 높은 선진적인 기업에서 환경 대책, 광고 효과 등의 목적도 겸하여 설치하는 예가 늘고 있다. 그러나 공급자가 사업적으로 일정 궤도에 오르기 위해서는 더욱 비용을 절감시켜야 한다. 또한 이들 시장에서는 보조금 제도가 정비되고 있고, 앞으로 이러한 정책면에서의 백업이 어느 정도 진전되느냐에 따라 장래 시장 형성에 큰 영향을 줄 것이라고 생각된다.

대형 풍차와 비교해 보면 소형 풍차는 저렴하다는 것이 가장 큰 특징이다. 또한 사이즈가 특히 작은 마이크로 풍차에 대해서는 유지 보수에 있어서도 전문업자에 의뢰하지 않고, 소유자가 직접 하는 경우도 많다. 또한 고장난 경우에는 수리하는 것이 아닌 새로운 기기로 교체하는 경우가 많은 것도 운용상의 특징이다. 이처럼 가격이나 유지 보수의 특성을 고려하면 각 회사는 얼마나 간단한 구조로 일정 기능을 만족시키는가에 관심을 둘 필요가 있다. 예를 들면 대형 풍차에서는 시스템을 제어하고 보호하기 위해 풍향, 풍속, 회전 속도 외에 다양한 데이터를 계측하고 풍차의 운전을 제어하지만 소형 풍차에서는 이들 계측을 시행하지 않고 제어하는 것이 일반적이다.

기술과제에서도 대형 풍차와 다른 과제가 많이 있다. 예를 들면 시

가지에서 부는 바람은 풍향과 풍속이 일정하지 않고 안전 대책도 경량에 소형, 고강도 그리고 저소음화가 특히 중요하다. 소형 기기의 경우 원리도 간단하고 비용이 적게 드는 심플한 방법으로 회전수를 기계적으로 제어하고 로터가 과회전하지 않도록 하는 기구가 사용된다. 소형 풍차기에 대해서는 지금까지 수입품이 가격 경쟁력이 강해 인기가 많았지만 산악 지역, 시가지 등 풍향·풍속 변동이 빈번한 설치 조건에 대해서 신뢰성과 내구성의 배려가 중요해지고 있고 유지 보수 대책이 이루어진 일본산 풍차에 기대가 높아지고 있다.

앞으로 시장 확대가 기대되는 용도는 다음과 같다.

- 벽지(僻地), 외딴 섬, 전기가 없는 지역에서의 독립 전원
- 가로등용 전원
- 방범등용 전원
- 공원 등의 조명용 전원
- 도로 표식, 안내판, 각종 표시등
- 비상용 전원

(2) 회전 속도

소형 풍차는 로터가 작기 때문에 고속으로 회전한다. 대형 풍차와 비교하면, 음원의 소음 자체는 작지만, 음의 발생원이 지상에 가깝고 주파수가 높아지기 때문에 크게 들린다. 또한 출력 제어시나 풍향과 로터 각도의 편차(요 오차)가 거진 경우에는 널개면의 기류가 박리하여, 소음이 커지는 경향이 있다.

(3) 발전 시스템

발전기는 여자가 불필요한 영구자석형 동기 발전기를 사용하는 것이 일반적이다. 또한 앞서 서술했듯이 회전 속도가 높은 것도 있고 증속기(기어 박스)를 이용하지 않고, 로터와 영구자석형 동기 발전기를 직결하는 다이렉트 드라이브(기어리스) 형식이 일반적이다.

(4) 요 제어

수평축 풍차에는 풍차가 고효율로 발전할 수 있도록 로터를 풍향에 정면으로 마주보게 하는 조작(요 제어)이 필요하다. 거의 모든 중형·대형 풍차는 모터 등의 장치를 사용해 제어하지만, 소형 풍차에서는 패시브 요로 제어하는 것이 큰 특징이다. 구체적으로 업윈드 풍차에서

는 꼬리날개, 다운윈드 풍차에서는 로터 자체의 풍향계를 안정시켜 프리 요(free yaw)로 하는 것이 일반적으로, 이 이외의 기종은 거의 찾아 볼 수 없다. 한편, 수직축 풍차에서는 요 제어가 불필요하다.

(5) 출력 제어 · 회전 속도 제어

풍차를 상용 한계로 유지하는 조작을 출력 제어라고 한다. 소형 풍차에서는 부하 제어는 하지 않는 것이 일반적이기 때문에 출력 제어는 회전 속도 제어를 지향하는 것이 일반적이다. 보통 발전 시에 풍차를 효율적으로, 또한 전기적 용량을 넘지 않도록 운전하는 것이 출력 제어로, 강풍 시, 고장 시, 정전 시 등 바람으로 움직이는 하중을 설계 강도의 범위 내에서 유지되도록 하는 것이 풍차의 보호이다. 소형 풍차에서는 양자의 구별이 명확하지 않은 것이 많기 때문에 대표적인 것에 대해서, 일괄적으로 해설한다.

(a) 피치 제어

블레이드의 바람에 대한 영각(피치각)을 액추에이터 등에 의해 제어하는 것으로, 회전 속도 또는 출력을 제어하는 것을 피치 제어라고 한다. 그러나 시스템이 복잡하기 때문에 소형 풍차에서는 거의 찾아볼 수 없다. 일반적인 소형 풍차는 원심력을 이용한 거버너에 의한 가변 피치 기구 또는 날개의 탄성 효과로 피치를 제어하는 경우와는 역방향으로, 수동으로 감는 날개를 이용해서 로터의 원동력인 날개에 발생하는 양력을 감쇠시켜 출력을 억제하고 있다.

(b) 스톨 제어(실속 제어 : 失速制御)

로터의 회전 속도가 거의 일정한 경우, 풍속의 증가에 따라 날개 단면에 입사하는 바람의 각도(영각)가 서서히 증가한다. 어느 정도까지는 영각이 증가함에 따라 양력이 증가하지만, 일정 각도를 넘으면 실속(스톨)이 발생하고, 양력이 급속히 감소한다. 이에 따라 로터가 발생시키는 회전 에너지를 감소시킨다. 이것이 수백 kW의 중형 풍차의 일반적인 스톨 제어(실속 제어)이다.

(c) 퍼링(furling)

풍속의 증가에 따라 로터가 바람으로부터 받는 힘을 이용해서 로터면을 옆쪽으로 향하게 함으로써 바람을 받는 면적을 줄여서 로터가 바람으로부터 받는 에너지를 제어한다. 같은 개념으로 강풍 시에 로터면을 위로 향하게 하는 경우도 있다. 퍼링의 예를 그림 8.8에 나타냈다.

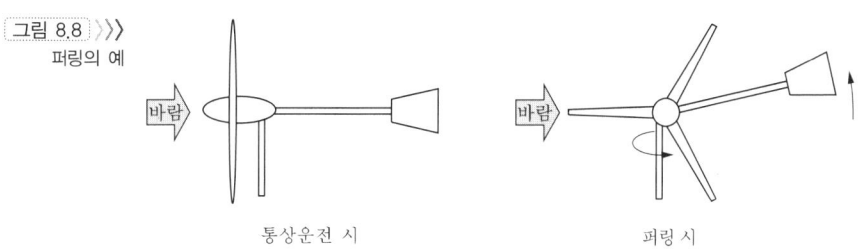

그림 8.8 >>> 퍼링의 예

(d) 그 외

위에 기술한 내용에 해당하지 않는 것으로서 다운윈드 풍차 중에 날개가 부착된 힌지(hinge) 기구에 의해서 강풍시에 날개가 바람 아래로 쏠려, 로터 면적을 축소함으로써 출력을 제어하는 것도 있다.

2 소형 풍차의 도입 형태

(1) 개요

소형 풍차의 대표적인 도입 형태를 그림 8.9에 나타냈다. 이 중 기본적인 시스템으로서 소형 풍차 단기(單機) 시스템의 스탠드 얼론형과 계통 연계형, 응용 시스템으로서 소형 풍차 복수대 시스템 및 하이브리드 시스템에 대해서 설명한다.

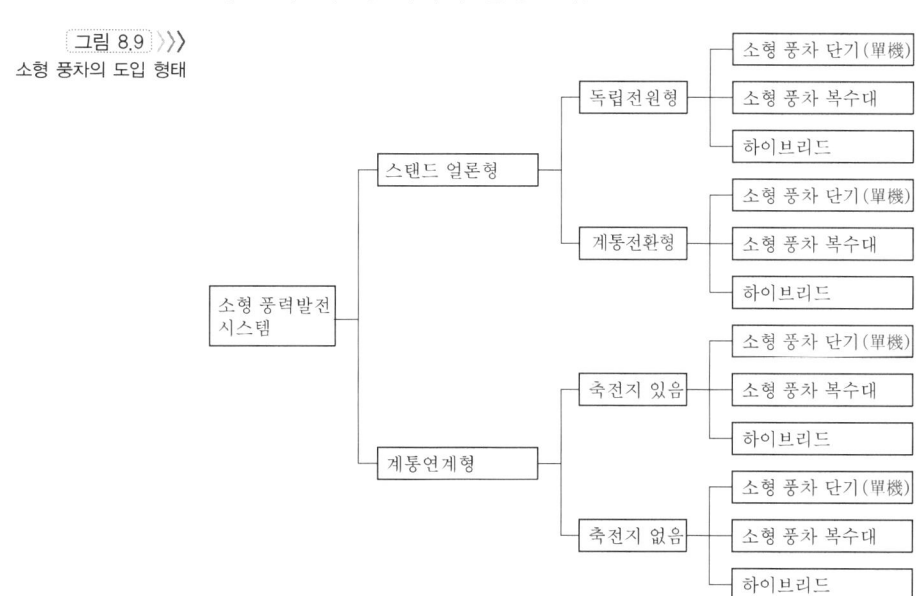

그림 8.9 >>> 소형 풍차의 도입 형태

(2) 스탠드 얼론형

(a) 개요

스탠드 얼론형은 독립 전원형과 계통 전환형으로 분류된다.

(b) 주요 구성 요소

스탠드 얼론형의 주요 구성 요소를 표 8.6에 나타냈다. 직류로 사용하는 부하에는 자동차의 전장품, 백열전구 및 휴대 전화, 휴대 라디오 등의 건전지를 이용하는 기기가 있다. 최근에는 LED(발광 다이오드)를 사용한 예가 증가하고 있다. 또한 시스템 개략도 및 개요 설명을 표 8.7에 나타냈다.

표 8.6 ⟩⟩⟩ 스탠드 얼론형의 주요 구성 요소

요 소	기 능
풍차	바람의 에너지를 전력으로 변환하는 장치
발전기	풍차의 회전력을 전기로 변환한다. 일반적으로 소형 풍차의 경우에는 영구 자석 발전을 사용하고 있으므로 발전기의 전압은 회전수에 비례해서 변화한다.
축전지 (배터리)	풍력발전기의 출력은 풍력의 변화에 바로 대응해서 변화하기 때문에 부하 기기에는 직접 이용할 수 없다. 축전지의 충방전을 이용함으로써 전압을 안정화시킬 수 있으므로 부하의 이용이 용이해진다.
제어 장치 (컨트롤러)	풍력발전기의 출력을 안정화하기 위해서 축전지의 충방전을 제어하는 장치이다. 풍력이 강하고 발전 전력이 높고 충방전이 많은 경우는 과충전이 되지 않도록 제어하고 항상 축전지의 전압을 정상 범위로 유지하는 기능을 한다. 또한 풍차의 과회전을 방지하는 기능도 있다.
인버터	축전지 등의 직류 전압에서 사용할 수 있는 부하가 거의 없기 때문에 교류로 교환해서 자유롭게 사용할 수 있도록 하는 장치(AC 100V를 출력할 수 있다)이다.

표 8.7 ⟩⟩⟩ 스탠드 얼론형 시스템

시스템	설 명	시스템 개략도
독립 전원형	독립 전원형은 소형 풍력발전 장치에서의 출력을 이용하는 방식의 하나로서 독립 전원(계통 전원과 병렬 연결을 하지 않는다)으로서 구성된 형태이다. 풍차의 출력 및 축전지의 용량이 부족한 경우 부하로 전력을 공급할 수 없게 되는 단점이 있다.	(풍차 → 제어장치 → 축전지/직류부하, 인버터 → 교류부하)
계통 전환형	계통 전환형은 다른 전원을 축전지용으로 이용하여 풍차 출력과 축전지 용량이 부족할 때에 변전원측에서 전력을 공급하기 위한 시스템이다.	(풍차 → 제어장치 → 인버터 → 전환 스위치 → 교류부하, 별도 전원(상용 전원 또는 디젤발전기 등))

(c) 주요 이용 방법

실제로 거리나 관광지 등에서 자주 볼 수 있는 것이 이 타입(스탠드 얼론형)이다. 발전 장치로서 이용하는 방법으로 현재 실용화되어 있는 기기에는 다음과 같은 것이 있다. 가로등의 전원, 간판·광고탑 등의 전원, 산장의 조명용 전원, 무인 감시·관측 기기의 전원, 공원 내의 설비용 전원, 유아등(誘蛾燈)용 전원, 관광, 교육용으로서는 풍차 공원 등에서 여러 종류의 소형 풍차를 전시하고 있는 것을 볼 수 있다.

(3) 계통 연계형

(a) 개요

계통 연계란 계통 전원(전력회사에서 보내는 전기)과 풍차 발전 설비를 병렬해서 사용하는 방법을 말한다. 계통 연계형의 주요 구성 요소를 표 8.8에 나타냈다. 또한 표 8.9에 시스템 약도 및 개요 설명을 하였다.

(b) 주요 구성 요소

표 8.8 계통 연계형의 주요 구성 요소

요소	기능
풍차	바람 에너지를 풍력으로 변환하는 장치
발전기	풍차의 회전력을 전기로 변환한다. 일반적으로 소형 풍차의 경우에는 영구 자석 발전을 사용하고 있고 발전기의 전압은 회전수에 비례해서 변화한다.
축전지 (배터리)	풍력발전기의 출력은 풍력의 변화에 바로 대응해서 변화하기 때문에 부하 기기에는 직접 이용할 수 없다. 축전지의 충방전을 이용함으로써 전압을 안정시킬 수 있으므로 부하의 이용이 용이해진다.
제어 장치 (컨트롤러)	풍력발전기의 출력을 안정화하기 위해서 축전지의 충방전을 제어하는 장치이다. 풍력이 강하고 발전 전력이 높고 충방전이 많은 경우는 과충전이 되지 않도록 제어하고 항상 축전지의 전압을 정상 범위로 유지하는 기능을 한다. 또한 풍차의 과회전을 방지하는 기능도 있다.
파워 컨디셔너	전력 계통과의 병렬 운전을 시행하기 위한 직류/교류 변환 장치로 연계에 필요한 기능·계통 보호 기능을 가지고 있다.
DC/DC 컨버터	배터리 등의 직류 전압을 파워 컨디셔너에 정합시키기 위해 사용한다. 파워 컨디셔너는 MPPT 제어*를 채용하고 있어, 풍차의 특성과 연계시의 특성이 정합하지 않기 때문에, DC/DC 컨버터에 태양 전지와 동등한 특성을 부여하며, 정합성이 얻어져 연계 운전이 순조롭게 이루어지도록 한다.

* MPPT(Maximum Power Point Tracking) 제어 : 최대 전력 추종 제어. 출력 전압을 피크에 일치시키는 제어를 시행한다.

표 8.9 계통 연계형 시스템

시스템	설 명	시스템 개략도
축전지 있음	풍차의 출력을 안정시키기 위해 출력 전력을 축전지에 모아두고 정량적으로 공급하는 시스템이다. 이 시스템은 축전지가 있기 때문에 비상용 전원으로서의 응용도 가능하다.	(풍차 → 제어장치 → 파워 컨디셔너 → 계통전원/MOF/WH/거래용 계량기, 축전지, 교류부하)
축전지 없음	풍차의 출력을 그대로 계통에 공급하는 방식으로 풍속에 대응한 출력을 계통에 공급하는 시스템이다.	(풍차 → 제어장치 → 파워 컨디셔너 → 계통전원/MOF/WH/거래용 계량기, 교류부하)

(c) 주요 이용 방법

주로 사용 전력량의 저감을 목적으로 한다(에너지 절약). 이 방식은 풍차의 출력 변동에 의한 부하에 악영향은 없다(계통에 병렬되어 있기 때문에 전력이 부족할 경우에는 자동적으로 계통에서 부하로 전력이 공급된다).

발전한 전력이 남은 경우(발전량이 부하 소비 전력량보다 많은 경우)는 전력회사에 전기를 판매할 수 있다. 계통 연계를 시행할 경우에는 반드시 전력회사와 계통 연계 계약을 체결할 필요가 있다. 이 방식은 계통이 정전된 경우에 전력 공급을 멈춰야 한다는 것이 가이드라인으로 결정되어 있다. 정전시에는 부하에 전력 공급은 할 수 없다. 단, 축전지를 부하로 하여 인버터의 자립 운전 기능을 이용함으로써 비상용 전원으로 이용할 수는 있다. 실용화되어 있는 연계 방식의 개요를 표 8.10에 나타냈다.

표 8.10 실용화되고 있는 연계 방식

방 식	기능 등의 설명	시스템 개략도
축전지 시스템	풍차의 출력을 축전지에 축적하여 축전지 전압에 비례하도록 인버터의 출력을 변화시킨다. 인버터는 연계 전용으로 설계되어 있다.	(풍차 → 제어장치 → 파워 컨디셔너 → 계통전원/MOF/WH/거래용 계량기, 축전지, 축전지 전압검출, 교류부하)

방식	기능 등의 설명	시스템 개략도
컨버터 시스템	인버터는 파워 컨디셔너를 그대로 사용하는 것이 가능하다. MPPT 기능을 사용하기 위해서 DC/DC 컨버터가 장착되어 있다. 효율이 DC/DC 컨버터의 효율만큼 나빠진다. 풍속의 변화에 대해서도 동작은 안정적이다.	
풍속 검출 시스템	풍차의 출력 전압으로 주파수를 검지해 풍속으로 변환하고 풍속 검출 특성에 따라 인버터의 출력을 결정한다. 인버터의 출력은 풍속에 따라 변화한다.	
출력 전류 검출 시스템	풍차의 출력에 비례해서 계통에 전류를 공급한다. 축전지를 사용하지 않기 때문에 풍속의 변화에 민감하게 반응한다.	

(4) 응용 시스템 1 : 소형 풍차 복수대 시스템

(a) 개요

스탠드 얼론형 및 계통 연계형 시스템을 응용해서 소형 풍차 복수대 시스템을 구축할 수 있다. 소형 풍차 복수대 시스템은 풍력발전 장치를 복수대로 조합하여 시스템을 구성하는 시스템이다. 스탠드 얼론형과 계통 연계형과 함께 시스템으로서 구축할 수 있다.

표 8.11 소형 풍차 복수대 시스템

시스템	설명	시스템 개략도
소형 풍차 복수대 시스템	하나의 부하·계통에 대해서 복수대의 풍차를 조합시켜 구성하는 시스템이다. 부하 용량에 대해 풍차의 기종·용량을 조합하는 것이 가능하다.	

소형 풍차 복수대 시스템의 시스템 개략도 및 개요 설명을 표 8.11에 나타냈다.

(b) 주요 구성 요소

소형 풍차 복수대 시스템은 스탠드 얼론형 또는 계통 연계형의 모든 시스템이 구성되어 있는 기기가 기기 수량 또는 용량만큼 필요하다.

(c) 주요 이용 방법

계발을 목적으로 한 시스템 구축이나 발전량 확보(1대가 정지하더라도 다른 것이 가동된다) 등에 이용되고 있다.

(5) 응용 시스템 2 : 하이브리드 시스템

(a) 개요

하이브리드형은 풍력발전 장치와 다른 발전 시스템을 조합시켜 시스템을 구성하고, 각각 발전 장치의 장점을 이용해서 구축하는 전원 시스템이다. 스탠드 얼론형과 계통 연계형과의 시스템 구축이 가능하다.

(b) 주요 구성 요소

하이브리드형은 풍력발전 장치가 보조 전원으로서 이용되는 경우가 많고 다른 전원과의 균형을 고려하여 시스템을 구축한다. 구성 요소로서는 풍력발전 장치, 태양광 발전 장치, 디젤 발전 장치 축전지가 있지만, 최근 실용화되어 주목받고 있는 연료 전지를 이용하는 시스템도 계획되고 있다. 기기 하나 하나의 이용 목적에 대해서 해설한다. 하이브리드 시스템의 주요 구성 요소를 표 8.12에 정리했다. 또, 시스템 개략도 및 설명을 표 8.13에 나타냈다.

표 8.12 하이브리드 시스템의 주요 구성 요소

요소	기 능
풍차	풍황이 좋은 장소에 설치할 경우 다른 기기보다 정상적으로 발전할 수 있어 주요 전원으로서 고려할 수 있다. 그러나 풍황 조건이 나쁠 경우에는 보조적인 역할을 한다.
태양광 발전 장치	태양광은 일본 내의 어디에서도 기대되는 전원이다. 그러나 단위 면적당 발전량이 적기 때문에 필요한 전력을 얻기 위해서는 넓은 면적이 필요하다. 또한 태양광은 낮 동안만 이용할 수 있다.
디젤 발전 장치	무풍, 무일조 시에는 풍력발전, 태양광 발전으로는 발전되지 않으므로 디젤 발전 장치를 운전하여 필요한 전력을 얻는다. 또한 내장된 축전지가 방전된 경우에 급속 충전을 위해 운전하는 경우도 있다. 디젤 발전 장치는 화석 연료를 사용하는 것이기 때문에 운전을 최소한으로 제한하는 것이 중요하다. 또한 보수, 연료 보급 등 사람의 손을 필요로 하는 경우에 운전 시간을 최대한 짧게 하는 것도 시스템 구성상 목표 중 하나이다.

시스템	설 명	시스템 개략도
하이브리드	풍차에 의한 발전량만으로는 부족하기 때문에 태양광 발전 등에 의해 전력을 보충하는 시스템이다. 가능한 한 안정된 전력을 공급할 수 있는 시스템을 목표로 한다.	

표 8.13 하이브리드 시스템

(c) 주요 이용 방법

현재 실용화되어 있는 설치 장소에 대해서는 다음과 같은 장소가 있다.

- 산악 루트, 하이킹 루트 등의 화장실 : 태양광 발전, 풍력발전, 축전지
- 고원, 산 정상에서의 대피소, 간이 숙박소 등의 전원 : 태양광 발전, 풍력발전, 디젤 발전, 축전지
- 실개천이나 배수로의 갑문용(閘門用) 권상기의 전원 : 태양광 발전, 풍력발전, 축전지
- 무인 창고, 작업소, 공원 화장실 등의 조명용 : 태양광 발전, 풍력발전, 축전지

3 소형 풍차 도입시 주의 사항

(1) 사전 조사

소형 풍차는 풍차를 설치하는 장소가 어느 정도 결정되어 있는 경우가 많기 때문에, 이와 같은 경우를 상정해서, 사전에 조사해야 할 내용은 다음과 같다.

(2) 설치 조건 조사

먼저 풍차에 관한 일반적인 주의점을 확인한다(표 8.14).

표 8.14 풍차의 설치에 관해 일반적으로 주의할 점

	항 목	내 용
1	내(耐)풍속	풍차의 내풍속이 충분한지 아닌지를 판단하는 즈음에 설치 후보지점에 요구되는 최대 순간 풍속을 확인하는 것. 건물 등 주위의 상황에 의해 달라지지만 행정구역 건설과, 건축가 등에 물어보면 일반적인 지식을 얻을 수 있다.
2	소음	풍차의 소음이 가까운 집에 피해를 줄 수 있음을 충분히 인지하고 주의할 필요가 있다.
3	낙뢰	일반적으로 소형 풍차는 낙뢰에 대한 내력이 없으므로 낙뢰 및 유도뢰의 영향이 염려되는 경우에는 대책이 필요하다.

그리고 설치지점마다 특히 주의가 필요한 항목에 대해서도 확인한다(표 8.15).

표 8.15 설치 장소의 특징적인 주의점

	장소	주의점
1	주택가, 공원, 가로(街路) 등	소음이나 파손에 의한 영향이 크기 때문에 풍차의 기종 선정이 중요하다. 가로 등에서는 트럭, 버스 등의 높이가 높은 차에 접촉되지 않도록 주의할 필요가 있다. 교통량이 많은 가로 등에서는 배기가스에 의해 부식이 진행되기 쉬우므로 주의할 필요가 있다.
2	건물의 옥상·지붕	풍차의 진동이 건물의 진동이나 소음을 발생시키는 경우가 있다. 빌딩의 옥상에서는 풍향·풍속이 급격히 변화하는 경우가 있다. 만일 날개 등 풍차의 일부가 비산(飛散)한 경우에는 높은 곳에서 낙하하기 때문에 매우 위험하다. 기설 피뢰침의 보호각에서 빗나가는 경우에는 피뢰침을 신설할 필요가 있다. 또한 전기 블레이드는 유도뢰(誘導雷)에 의해 고장나 브레이크가 듣지 않게 될 우려가 있으므로 주의할 필요가 있다. 높이 15m를 넘는 건물에서 옥상에 너셀 중심까지의 높이가 4m 이상인 높이에 설치하는 때에는 건축기준법 시행령 제 138조에 의해 공작물 신청을 특정행정청(지방자치단체)의 건축과에 제출해야 한다. 단 높이 4m에 관해서는 특정 행정청(지방자치단체) 건축과의 확인이 필요하게 된다.
3	산악지	해발 고도가 높은 곳에서는 공기 밀도 저하에 비례하여 발전량이 감소하는 경우에 주의한다.
	한랭지	빙결에 의해 제어·보호 시스템(피치 기구·퍼링 기구 등)의 기능이 손상되면 풍차의 안전성을 잃고 파손될 가능성이 높아진다. 한랭지에서는 날개 등의 구조물 외에 기기·윤활유 등의 특성이 변화할 가능성이 있다.
4	해안 부근	충분한 염해 대책이 필요하다(제어반, 축전지, 스프링, 꼬리날개). 전해 부식이 발생하기 때문에 알루미늄과 스테인리스 볼트 등, 이종(異種) 금속의 결합에는 주의가 필요하다.

(3) 콘셉트(concept) 작성

콘셉트 작성에 있어서 대표적인 확인·검토 항목은 다음과 같다.

(a) 도입 목적

풍차를 도입하는 목적을 확인한다. 여기서, 높은 평균 풍속이 발전 전력량의 전제가 되기 때문에 풍황에 의해 용도가 제한되는 경우가 빈번하게 있다. 대표적인 사용 목적마다 필요한 연평균 풍속의 표준을 표 8.16에 나타냈다. 당초의 목적을 망각하면, 계획 단계에서 실패하거나 운용 중에 같은 결과에 대해서도 실패감을 느끼게 될 수도 있기 때문에 미리 확실하게 확인해 둘 필요가 있다.

(b) 발전 전력량 등을 어느 정도 기대할 것인가?

단순한 환경 어필이나 계발(啓發)·교육용이라면 발전해서 그 전기를 활용하는 것이 중요하지만, 실용성이 높을수록 안정된 발전 전력량이 요구된다. 당연히 이를 만족하기 위해서는 충분히 높은 풍속과 대대적인 시스템이 필요하다.

표 8.16 이용 목적별 바람직한 풍황

	이용 목적	에너지량	바람직한 풍황
1	시가지(개인 주택, 일반의 기업 등)에서의 전력 일부 공급	소비 전력량의 일부를 풍차로부터, 부족분은 상용으로부터 얻게 된다.	연평균 4m/s 이상
2	환경 계발·교육	환경 개선 공헌 등의 이유로 발전량은 중시하지 않는다.	풍속에 관계없이 설치
3	공공 설비(학교, 가로등, 공원 등)에서의 일부 전력 공급	소비 전력량의 일부를 풍차로 커버하고 부족분을 태양광 발전 등의 하이브리드로 얻는다.	연평균 4m/s 이하는 하이브리드
4	무(無)전원 지대(무선중단소, 산속의 대피소 등)에서의 일부 전력 공급	소비 전력량 및 필요 전력을 풍차에서, 부족분을 축전지에서 얻는다. 또한 이용하는 설비에 따라 필요 전력량을 산정한다.	연평균 5.5m/s 이상

(c) 유인 운전인가? 무인 운전인가?

항상 관계자가 있는 시설에 설치하는 것과 기본적으로 무인 운전을 하는 경우는 안전성에 대한 요구가 크게 다르다. 예를 들면 전자의 운용에는 태풍 등의 강풍이 예상되는 경우에 타워를 무너뜨리거나 수동 브레이크로 지탱하는 것도 상정할 수 있지만, 후자에서는 상정할 수 없다. 그 외에도 점검 빈도나 평상시와 다른 변화에 대한 감지 등, 둘은 큰 차이가 있다.

8.3 에너지의 저장과 평활화(전력 안정화 장치)

풍력발전은 자연 에너지를 이용하는 것이기 때문에 인위적으로 출력을 제어하는 것이 곤란하다고 할 수 있다. 그러므로 전력 계통에 연계하는 풍력발전 설비의 용량이 증대함에 따라서 전력 계통 운용면(전압 안정·주파수 안정 등 전력 품질 유지)에 지장을 줄 가능성이 있기 때문에 풍력발전에 의한 발전 전력의 저장과 평활화를 가능하게 하는 전력 안정화 장치의 설치가 필요한 경우가 있다.

다음에 주파수 변동의 발생 요인과 그 대책을 나타냈다. 단 정태(定態) 안정도 영역 문제를 주로 다루고, 동태 및 과도 안정도 영역의 문제에 관한 상세한 내용은 생략한다.

1 주파수 변동 발생 요인

계통 전체에 생기는 문제이며 발전 전력과 소비 전력의 균형이 깨지면 주파수 변동이 생긴다. 이 때문에 전력회사에서는 시시각각 변화하는 소비 전력 변동에 대응하여 항상 발전 전력의 균형을 유지하도록 해당 발전소의 출력(발전 전력)을 제어하고 있다. 개요를 그림 8.10에 나타냈다.

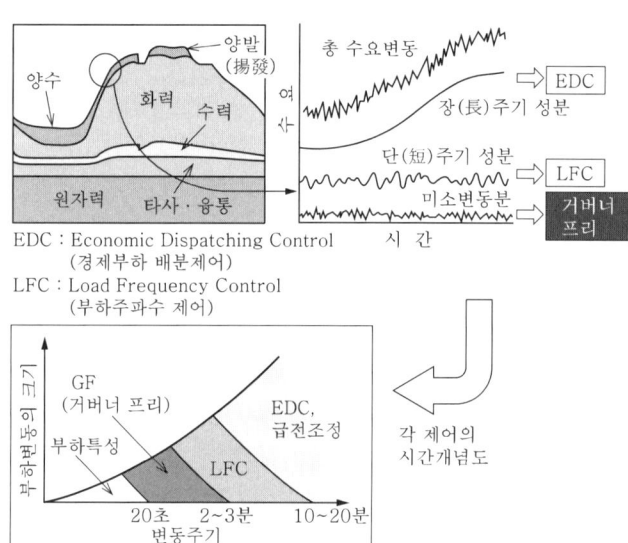

그림 8.10 전력회사의 주파수 제어 상황[2]

EDC : Economic Dispatching Control (경제부하 배분제어)
LFC : Load Frequency Control (부하주파수 제어)

- 미소 변동분 : 거버너 프리(수력이나 화력 발전소의 조속기가 가진 자동 제어 기능)
- 단주기(短周期) 성분 : LFC(중앙 급전 지령소에서 주파수 편차에 맞게 실시하는 수력이나 화력 발전소의 출력 제어)
- 장주기(長周期) 성분 : EDC(중앙 급전 지령소에서 수급 예측을 시행하고 수력이나 화력 발전소의 운전·정지를 포함한 출력 제어)

(1) 풍속·풍향 변동에 따른 발전 전력 변동

이전에는 기상 정보의 하나로서 풍속 예보·풍속 정보 등이 정비되어, 이것을 기초로 한 예상 발전 전력을 전력 계통 운용 제어 정보의 하나로 취급함으로써 전력 품질의 유지를 도모할 수도 있었지만, 현시점에서는 비교적 단시간에 랜덤으로 발생하는 풍속이나 풍향 변화에 따른 풍력발전 설비의 발전 전력 예측은 곤란하다고 할 수 있다. 그러므로 보통 소비 전력의 변동치에 풍력발전 전력의 변동치가 감산되는 경우에서는 문제가 없지만, 최악의 경우에는 양쪽의 변동치가 가산되어 거버너 프리나 LFC에 의한 주파수 조정 용량(계통의 발전 전력 조정 용량)이 부족하고, 주파수를 계통 운용 목표치 내로 유지하는 것이 곤란해질 수도 있다.

이것은 외딴 섬이나 계통 말단 등 이른바 계통이 약한 지점에 풍력발전 설비를 설치하는 경우나, 풍력발전 설비를 집중해서 다수 도입할 경우의 문제점이라고도 할 수 있다.

고정 속도기의 발전 전력 변동 예를 그림 8.11에, 가변 속도기의 발전 전력 특성 예를 그림 8.12에 나타냈다. (1칸 10초) 가변 속도기는 수초 미만의 풍속 변동을 회전 속도의 변화로서 흡수하고 있기 때문에 발전 전력의 변동으로 나타나 있지 않지만, 어느 쪽도 수초에서 수십 초 주기의 발전 전력 변동이 생기고 있음을 알 수 있다.

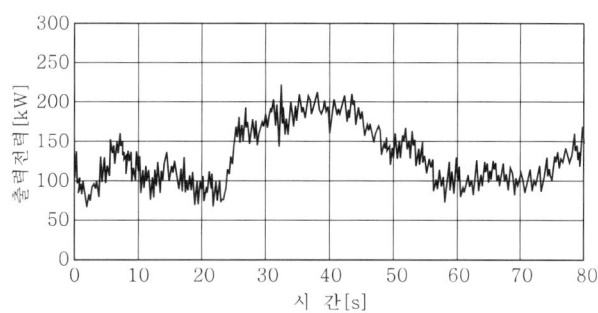

그림 8.11 ≫ 고정 속도기의 발전 전력의 예

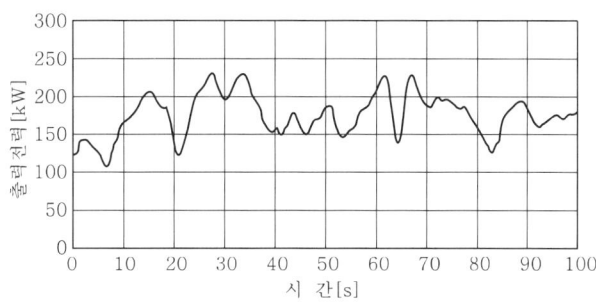

그림 8.12 ≫ 가변 속도기의 발전 전력의 예

(2) 컷아웃에 의한 유효 전력 변동

일반적으로 풍속이 20~50m/s 이상에 달하면 풍차를 컷아웃하지만, 이것은 계통에 대해서 풍차의 정격 출력을 단기간에 제로로 줄이는 것부터 동태 및 과도 안정도 영역에서의 문제를 일으킬 가능성이 있다.

2 주파수 변동(유효 전력 변동) 억제책

여기에서는 풍력발전 설비 부지에서의 미소 변동 성분과 단주기 변동 성분의 억제책에 관해 소개한다. 외딴섬 등 단독 계통에서는 디젤 발전 설비가 주체가 되어 전력을 공급하고 있다. 디젤 발전기는 약 1분간에 최대 출력부터 최저 출력까지 제어할 수 있으며 소비 전력 변동 및 풍력발전기의 발전 전력 변동을 단시간에 흡수하고 제어할 수 있다.

단, 빈번한 출력 제어는 디젤 발전 설비의 수명에 영향을 줄 가능성이 있기 때문에 조속 장치의 고감도화에는 제약이 있다. 그러므로 외딴섬 등 단독 계통에 있는 거버너 프리 영역이라 부르는 미소 변동분, 즉 주기가 수분 이하의 발전 전력 변동량을 억제하는 것이 풍력발전 설비와 풍력 계통과의 융화를 도모하는 수단으로서 유효하다.

한편 섬의 전력 계통은 주로 화력 발전소의 운전·정지를 포함한 발전 전력 제어에 의해 소비 전력 변동이나 풍력발전 설비의 발전 전력 변동을 흡수하고, 발전 전력과 소비 전력의 균형을 유지하는 것으로 주파수를 규정치로 유지하고 있다. 그러나 화력 발전소를 필요로 하고, 또 최저 출력 제한이나 제어 가능폭 제한 등이 있다. 그러므로 다수(대용량)의 풍력발전 설비를 전력 계통에 연계하기 위해서는 LFC 영역이라 불리는 단주기 변동, 즉 주기가 수십 분 이하의 발전 전력 변동량을 억제하는 것이 풍력발전 설비와 전력 계통과의 융화를 도모하는 수단으로서 유효하다. 발전 설비의 출력 조정 가능률의 예를 **그림 8.13**에 나타냈다.

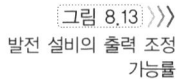

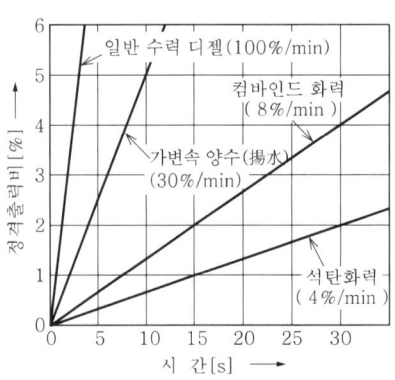

그림 8.13 발전 설비의 출력 조정 가능률

풍속·풍향 변동에 따른 유효 전력 변동량의 억제 및 변동 주기의 장기화 또는 단위 시간당 변동률의 저감을 도모하려면 유효 전력의 저장, 방출 장치를 병렬로 설치하는 것이 바람직하다. 구체적으로는

① 전기 에너지(배터리, 슈퍼 커패시터) 활용
② 운동 에너지(플라이휠) 활용
③ 위치 에너지(양수 등) 활용
④ 열에너지(온수·얼음 등) 활용

등을 생각할 수 있지만, 요구되는 응답 시간 등을 고려해보면, 풍력발전 설비 부지에서의 대책으로 위에 기술한 ① 또는 ②에 의한 '전력 안정화 장치'의 적용이 실용적이라 할 수 있다. 또한 이 방식은 무효 전력도 동시에 억제할 수 있기 때문에 전력 계통 연계시에 또 한 가지의 검토 사항인 전압 변동 대책으로도 효과를 발휘할 수 있다고 할 수 있다. 각 전력 저장 장치의 특징과 개요를 표 8.17에, 전력 안정화 장치의 구성 예를 그림 8.14에 나타냈다.

표 8.17 >>> 전력 저장 장치의 특징과 개요[3]

	신형 전지	초전도 코일	플라이휠	커패시터	압축 공기 저장	양수 발전	초고속 플라이휠
특징	고밀도 분산 적합	긴 수명 고속 응답	긴 수명 고속 응답	고속 응답 긴 수명 분산 적합	대용량 긴 수명	대용량 긴 수명	고속 응답 긴 수명 분산 적합
저장 효율	70~80%	70%	80%(목표)	80%(목표)	70%	70%	90%
응답 속도	~수 초	~1초	~1초	~1초	~수 분	~수 분	~0.2초
수명	10~15년 매일 풀(full) 충방전시	30년 매일 풀(full) 충방전시	30년 매일 풀(full) 충방전시	20년 매일 풀(full) 충방전시	30년 매일 풀(full) 충방전시	30년 매일 풀(full) 충방전시	20년 매분 풀(full) 충방전시
개발 상황	일부는 실용화 단계	요소 기술 개발	요소 기술 개발[*1]	기초 연구 모델 실증	테스트기 개발 단계	실용화 상태	일부 실용화 상태
과제	저비용화 고효율화	저비용화 고 초전도 기술 개발	대형화 고속 회전화	고밀도화 저비용화	저비용화	환경 조화 용지 확대	저비용화
비용 현재[만엔] 목표[만엔]	60~150 15~25	10~30	~35	20	300 15~20	15~20 15~20	5~10 ~5

[주] *1 : 오키나와(沖縄) 전력에서 26.5MV·A 210MJ기가 운전 중
*2 : 출전(出典)에는 기재 없음(최근의 조사 결과를 기재) : 100kW 30초기 및 200kW 45초기가 실용화되어 있는 상태

그림 8.14 >>> 전력 안정화 장치 구성의 예

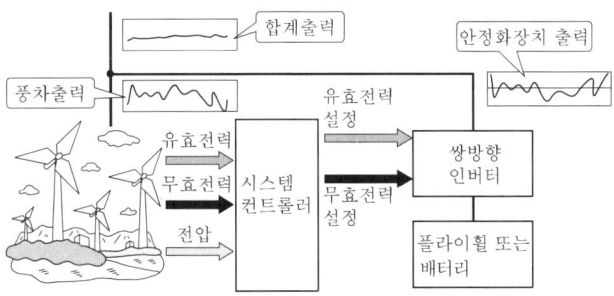

(1) 전기 에너지(배터리, 슈퍼 커패시터) 활용 방식

배터리 방식은 정지형이며 필요 용량의 배터리를 자유롭게 배치할 수 있지만, 수명 면에서 고사이클의 충방전 횟수에 제약이 생길 가능성이 있기 때문에 단주기 및 장주기 성분의 억제에 최적이라 할 수 있다. 또한 미소 변동분의 억제에는 충방전 제어량 시프트 방식 등에 의해 배터리의 수명 단축을 방지할 필요가 있다. 축전 설비의 기술 요구 조건 예를 표 8.18에 나타냈다.

신에너지 산업기술 종합개발기구(NEDO)에서는 장주기 변동 억제도 고려한 풍력발전소 출력 평준화 시스템의 실증 시험을 진행하고 있고, 이 배터리의 종류로서 리덕스프로 전지, 나트륨·유황(NaS) 전지 및 납전지가 적용되고 있다.

또한 전기를 전기로 직접 저장하고, 효율이 높은 보조 기구가 필요 없는 슈퍼 커패시터는 하이브리드 자동차(현재는 주로 트럭에 적용 중)에 탑재되어 있고, 보조 기구가 필요 없다는 점과 고효율인 것, 수명이 긴 점 등에서 앞으로의 활용이 기대되고 있다. 또한 축적 에너지량 면에서는 앞서 기술한 초고속 플라이휠과 마찬가지로 미소 변동 성분의 억제에 최적이라 할 수 있다.

표 8.18 축전 설비의 기술 요구 조건의 예

고출력화	단시간에서의 고출력 배율이 높을수록 필요 용량이 작아 경제적
대기시의 손실 저감	비상용 발전기 대체 등, 대기 시간이 긴 경우에 중요 또 배터리 성능 유지에 필요한 보조 기구의 전력량 저감
kW와 kW·h의 최적 설계	최대 전력[kW]과 필요한 축적 에너지량[kW·h]의 관계로부터 경제성을 높이기 위해 필요
콤팩트화	대용량 혹은 설치 공간이 한정된 경우에 중요
반복 충방전에 대한 내성	단기간이긴 하지만 비상시에 많은 횟수의 충방전이 열화를 촉진하지 않을 것 경우(풍력의 경우는 초 단위로 계속됨)
빠른 응답성	예측 불능한 출력 변화의 급변에 대응하기 위해 필요

(2) 운동 에너지(플라이휠) 활용 방식

플라이휠 방식에는 고속 플라이휠 방식과 초고속 플라이휠 방식이 있다. 고속 플라이휠은 가변 속도형 풍력발전기나 가변 속도형 양수 발전소와 같이 3상 교류 여자 동기기(권선형 유도기의 2차 여자 제어)를 채용하고 있다.

정격 회전 속도는 3,600 또는 1,800min^{-1}(60Hz계), 3,000 또는 1,500 min^{-1}(50Hz계)이며, 이 발전기 축에 플라이휠을 접속하여 전기 에너지를 운동 에너지로 변환함으로써 전력을 흡수·방출(축전·방전)한다. 이 방식은 발전기의 대용량화가 가능하지만 바람으로 인한 플라이휠의 손상이나 베어링의 손실을 줄이기 위한 설비 등이 필요해지는 경우가 많다. 고속 플라이휠 방식의 구성도를 그림 8.15에 나타냈다.

그림 8.15 〉〉
고속 플라이휠

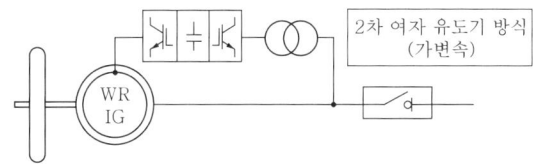

초고속 플라이휠은 축적 에너지량이 회전 속도의 2승에 비례하는 것으로 정격 회전 속도를 고속 플라이휠의 10배 이상으로 하고, 축적 에너지를 증가시키는 방식이다. 발전기는 영구자석 여자 동기기를 적용하고 양측 컨버터 및 컨버터를 통해 전력을 흡수·방출(축전·방전)한다. 이 방식은 발전기의 외형 치수를 작게 할 수 있음은 물론, 속응성이 높고, 고효율로서 충방전 횟수에 거의 제약이 없다는 특징이 있지만, 에너지 축적량에 제약이 있기 때문에 미소 변동분의 억제에 최적이라 할 수 있다. 초고속 플라이휠 방식의 구성도를 그림 8.16에 나타냈다.

그림 8.16 〉〉
초고속 플라이휠

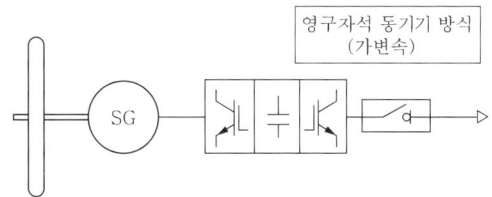

실용화된 초고속 플라이휠은, 초고속 원심 분리기의 기술과 인버터 기술을 융합한 제품이며 영구자석 동기 발전기의 외측 회전자(아우터 로터)를 자기적으로 끌어 올려, 진공 상태에서 회전시킴으로써 회전부 및 베어링부의 손실을 최소화하고 있다. 초고속 플라이휠의 구조 개념도를 그림 8.17에 나타냈다.

그림 8.17 〉〉
초고속 플라이휠 구조 개념도

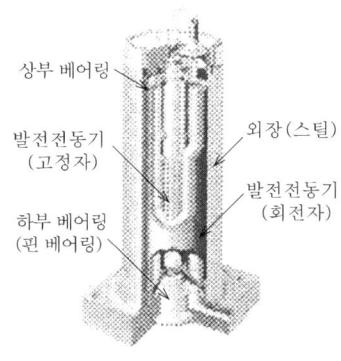

초고속 플라이휠의 로터는 카본 및 그래스 파이버(grass fiber)의 복합 재료로 만든 비교적 높은 질량의 실린더이며, 전용 플라이휠이 필요 없다. 로터에는 2패턴의 자기 프린트가 있고, 상부의 원주 방향 패턴은 자기 베어링을 형성하며, 중심부의 축방향 패턴은 12개의 자극을 형성하고 있다. 풀(full) 충방전 1,000만회를 보증하는 플라이휠의 외형 치수는, 600(D)×600(W)×1,500(H)로 매우 콤팩트하다. 회전 속도는 $24,000 \sim 38,000 min^{-1}$의 범위이며, ±200kW를 45초간 출력 가능하다. 이 초고속 플라이휠을 필요한 변동 억제 용량(최대 전력 및 저장 전력량)에 따라 병렬 접속함으로써 단주기 성분도 억제할 수 있게 된다.

그림 8.18은 초고속 플라이휠의 외관이다.

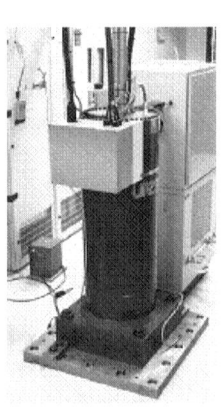

그림 8.18
초고속 플라이휠 외관

(3) 위치 에너지(양수 등) 활용 방식

풍력발전소 측면의 대책이라고는 할 수 없지만 주야간의 전력 수요 차를 보완해야 하는 많은 양수 발전소가 운전 중이다. 미소 변동분에서 장주기 변동분까지의 대응도 가능하며, 자연 에너지인 것과 출력 변경 속도가 빠른 점 등의 장점이 크지만, 대규모의 개발이 필요하며, 단기간에 새롭게 건설하는 것은 곤란하다.

(4) 열에너지(온수·얼음 등) 활용 방식

에너지 절약을 목적으로 하여 주로 공조 관계에 적용되고 있지만, 응답 속도면 등에서 계통 안정화의 목적에는 적절하지 않다고 할 수 있다. 각종 전력 안정화 장치의 최대 전력과 저장 전력량과의 관계를 그림 8.19에 나타냈다.

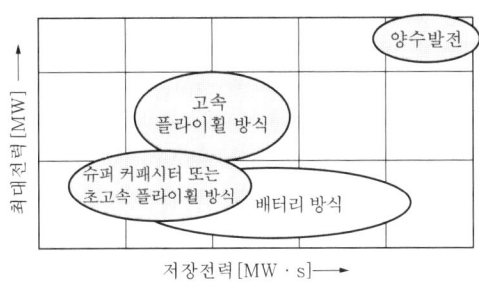

그림 8.19
최대 전력과 저장 전력량

3 초고속 플라이휠의 특성

초고속 플라이휠의 기본 특성 시험 결과의 일부를 다음에 소개한다. 여기서 요구되는 기능이나 성능은 배터리나 슈퍼 커패시터 등의 전력 저장 수단을 이용한 경우도 같다.

(1) 인디셜 응답(indicial response) 특성

초고속 플라이휠은 미소 변동분도 제어 대상으로 하고 있기 때문에 응답 속도는 1차 지연시 정수 환산으로 수백 ms 이하가 바람직하다고 할 수 있다.

인디셜 응답 시험 결과에서는 유효 전력 변환기의 지연 시간을 포함해 1차 지연 환산시 정수는 약 220ms이며, 무효 전력 제어 회로의 1차 환산시 정수는 38ms였다. 그림 8.20에 유효 전력 인디셜 응답 특성 예를 나타냈다.

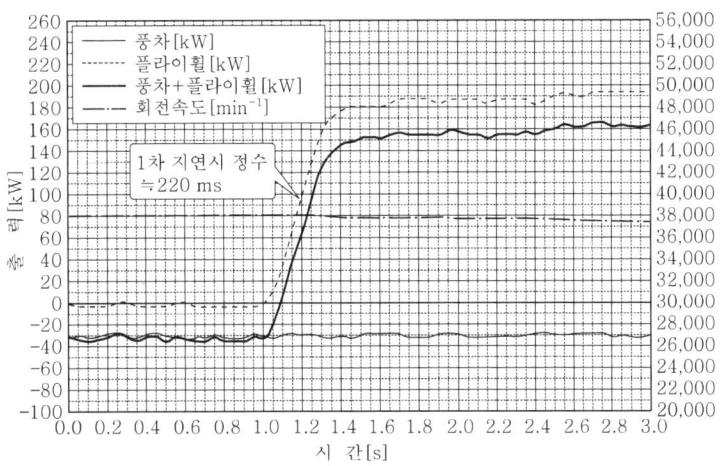

그림 8.20
유효 전력 인디셜 응답 특성의 예

(2) 유효 전력 변동 억제 특성

시스템 컨트롤러 제어 정수 설정치의 최적 설정값에 의해 초고속 플라이휠이 흡수·방출하는 에너지의 주파수 영역(유효 전력 변동 주기)을 임의로 변경할 수 있음을 확인하고, 최대 출력 등의 관계에서 미소 변동분만을 변동 억제의 대상으로 하는 경우는 응답 영역을 변동 주기에서 1초~100초 정도로 설정하는 것이 바람직하다.

또한 최대 출력 및 저장 전력량을 증가시킴으로써 단주기 성분도 변동 억제의 대상이 될 수 있기 때문에 이 경우는 응답 영역을 변동 주기에서 1초~1,000초 정도로 설정하는 것이 바람직하다.

외딴 섬의 단독 계통에 도입한 초고속 플라이휠 전력 안정화 장치의 유효 전력 변동 억제 특성 예를 그림 8.21에 나타냈다.

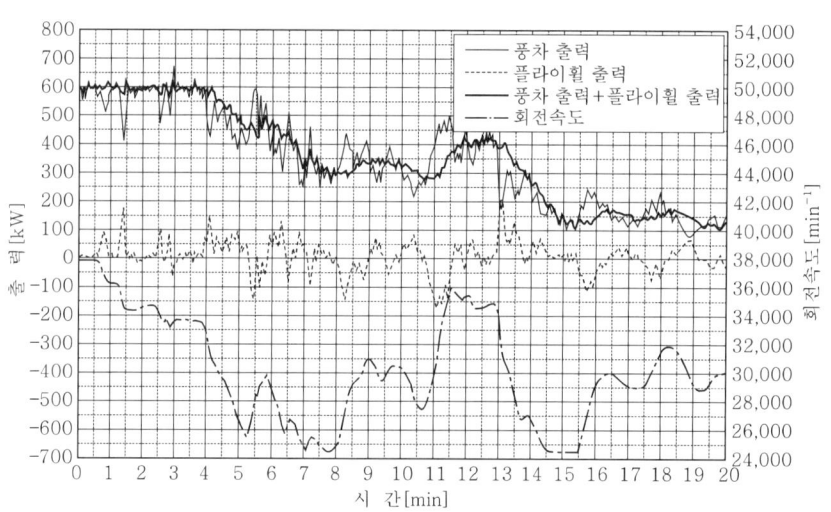

그림 8.21 >> 유효 전력 변동 억제 특성 (예)

이 계통은 합계 용량 31,000kW의 디젤 발전기이며 2000년의 최대 수요는 24,900kW, 야간의 최소 수요는 8,500kW, 주간의 최소 수요는 12,400kW였다.

이 계통에 600kW 풍차를 3대 연계하기 위해, 수분 이내의 유효 전력 변동량을 규정치 이하로 억제함과 동시에 전압 변동치도 규정치 이내로 해야 하고, ±9,000kW·s의 초고속 플라이휠(에너지 저장량) 전력 인정화 장치를 도입했다. 초고속 플라이휠의 회전 속도(에너지 저장량)를 규정치 이내로 유지하면서, 유효 전력 변동치를 규정치 이상의 효과를 발휘할 수 있도록 제어 정수의 최적화를 도모했다. 수 초~수 십초 주기로 100~300kW의 유효 전력 변동이 발생하고 있지만, 초고속 플라이휠 전력 안정화 장치는 위 수치를 100kW 이하로 낮추고 있는 것을 알 수 있다.

1분간의 발전 전력 변동치(최대치−최소치)와 그 발생 빈도 및 전력 안정화 장치를 병렬 설치함에 따른 변동 억제 결과 예를 그림 8.22에 나타냈다. ±200kW의 변동 흡수에 의해 100kW 이상의 변동 발생 빈도가 대폭 낮아지고 있음을 알 수 있다.

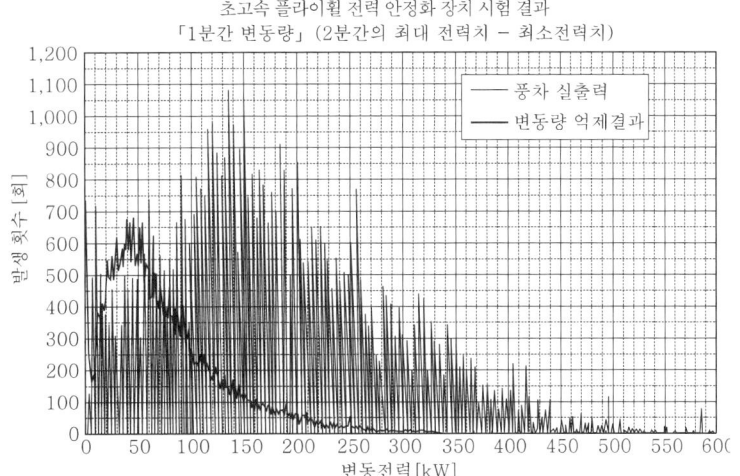

그림 8.22 〉〉 유효 전력 변동치의 발생 빈도의 예

4 초고속 플라이휠 전력 안정화 장치의 특징

초고속 플라이휠에 의한 전력 안정화 장치는 다른 방식에 의한 안정화 장치와 비교해 다음과 같은 특징이 있다.

(1) 주위 온도 변화의 영향이 적다

제어 장치의 운전 가능 온도 범위는 −20~+40℃이지만, 기본적으로 기계 제품이기 때문에, 온도 변화에 의한 특성 변화는 거의 생기지 않는다. 이에 비해 배터리는 저온이 되면 충방전 용량이 대폭 저하하고, 고온이 되면 수명이 짧아진다.

(2) 충방전 사이클의 수명이 길다

초고속 플라이휠은 진공상태에서 거의 비접촉으로 운전하기 때문에, 풀(full) 충방전을 해도 기계적인 영향을 받는 경우가 없다(설계 수명 : 100만 회). 이에 비해 다른 전력 저장 수단은 풀 충방전 횟수에 제약이 있다.

(3) 충방전 가능 전력량을 정확하게 파악

플라이휠은 운동 에너지를 활용하고 있기 때문에 로터의 회전 속도를 측정함으로써 충방전 가능 전력량을 정확하게 파악할 수 있다. 이에 비해 배터리는 충방전 가능 전력량을 정확하게 파악하기가 어렵다.

(4) 유지 보수가 자유롭다

초고속 플라이휠은 진공 상태에서 거의 비접촉으로 운전하기 때문에, 베어링 및 회전 부분의 유지 보수가 불필요하다. 이에 비해 고속 플라이휠은 중량이 큰 주강제의 플라이휠을 사용하고 있기 때문에 베어링 부분에 높은 응력이 걸리므로, 정기적인 유지 보수가 필요하게 된다.

(5) 손실이 적다(시스템 효율이 높다)

초고속 플라이휠은 진공 상태에서 거의 비접촉으로 운전하기 때문에 베어링 및 회전 부분의 손실이 적다. 이에 비하여 고속 플라이휠은 베어링 손실 및 주강제의 플라이휠에 의한 바람 손실이 발생한다(플라이휠 부분을 밀폐하고 헬륨 충전 또는 에어퍼지 등에 의해 바람 손실을 저감하고 있는 기종이나 대용량 종축기(縱軸機)의 경우에는 자기 베어링을 적용하고 있는 경우도 있다). 또한 축전지의 충방전 효율은 80%대로 비교적 낮은 수치이다.

5 앞으로의 과제

본 절에서 소개한 초고속 플라이휠 전력 안정화 장치는 미소 변동 성분 및 단주기 성분의 전력 변동을 억제하는 경우에 유효한 수단이다. 마찬가지로 전기를 전기로 직접 저장하고, 효율이 높은 보조 기구가 불필요한 슈퍼 커패시터의 활용도 본 영역에서의 전력 안정화 장치로서 기대되고 있다.

게다가 장주기 성분도 억제하기 위해서는 기상 예측을 포함한 각종 전력 안정화 장치의 하이브리드 시스템이 유효하며, 앞으로 이 분야의 조사·연구가 진행될 것이라 생각된다. 하이브리드 시스템의 구성 예는 그림 8.23과 같다.

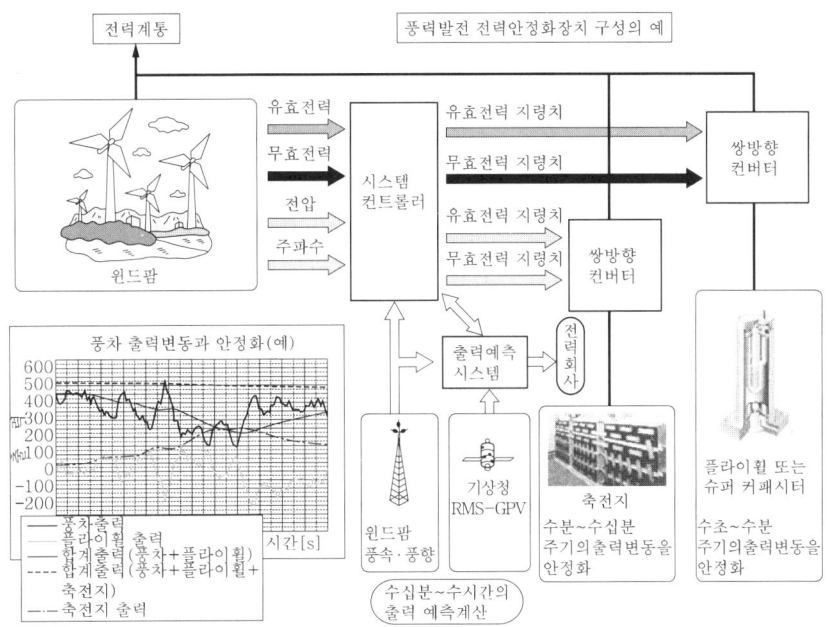

그림 8.23 하이브리드 전력 안정화 장치 구성 예

8.4 오프쇼어 풍력발전

'풍차'하면 왠지 유럽의 전원 풍경이나 구릉 지대에 서 있는 한가로운 풍차가 떠오른다. 그러나 여기에서는 그러한 내륙부에 있는 풍차가 아닌 바다 위에 있는 풍차, 그것도 해안선으로부터 떨어진 앞바다 해상에 늘어선 풍차군에 의한 발전 시스템(오프쇼어(해상) 풍력발전)에 대해서 설명한다.

유럽 여러 나라의 풍력발전은 최근에 급속도로 확대되면서 풍황의 혜택을 받은 넓은 토지가 점차 사라지고 있고, 그 설치 장소(부지)도 육지에서 바다를 향해 점차 눈을 돌리게 되었다. 확실히 앞바다 해상에서는 안정된 바람의 혜택을 받으며, 풍력발전에 적합한 풍황이 있으리라 기대될 뿐 아니라 많은 풍차를 한 번에 건설할 수 있는 넓은 장소도 확보할 수 있고, 풍차의 소음이나 경관의 문제도 적은 점 등 많은 이점이 있다.

이와 같은 점에서 오프쇼어 풍력발전이 받아들여진 것이며, 사실 유럽 인근 해역에서는 이미 대규모 오프쇼어 풍력발전이 곳곳에서 가동되고 있고 그 수는 점점 확대의 양상을 보이고 있다.

한편 일본의 풍력발전은 최근 정부가 풍력발전 도입을 촉진하면서 현저하게 발전해 가고 있다. 그러나 유럽과 마찬가지로 그 부지도 점점 적어지고 있다. 이와 같은 상황에서 항만역을 중심으로 한 연안 천수역의 풍력발전이 본격적인 연구가 시작되었다. 이것이 일본의 오프쇼어 풍력발전으로 크게 기대하게 되는 계기가 되었다.

이와 같이 풍력발전은 드디어 오프쇼어 풍력발전의 시대로 옮겨가고 있다. 여기에서는 먼저 유럽 오프쇼어 풍력발전의 현재 상황을 대략 살펴보고 유럽과 일본은 어떠한 차이가 있는지, 그리고 그 차이가 일본의 오프쇼어 풍력발전의 미래에 어떤 영향을 줄 것인지 등에 대해 생각해 본다.

1 오프쇼어 풍력발전의 현재와 미래

(1) 유럽 오프쇼어 풍력발전의 현재 상황

유럽 오프쇼어 풍력발전의 개발은 1990년대에 시작된 이래, 특히 스웨덴, 네덜란드, 덴마크, 영국 등의 근해역에서 전개되고 있다. 현시점에서 그 총 설비 용량은 약 300MW나 되지만 장래적으로는 대규모 프로젝트를 중심으로 향후 수년간 약 9,000MW의 건설을 전망하고 있다.

표 8.19에 현재 세계(유럽) 오프쇼어 풍력발전의 기존 설비 일람을, 또 그림 8.24에는 지리적 분포의 상황을 나타냈다.

표 8.19 세계(유럽)의 오프쇼어 풍력발전 설비

번호	지점	건설 연도	기종	[대수]/[kW]	설치 용량 [MW]	수심 [m]	이안(離岸) 거리 [km]
①	Nogersund, SW	1990	Wind World	1/220	0.22	6	0.25
②	Vindeby, DK	1991	Bonus	11/450	4.95	2~5	2
	Vindeby(근교 육상)	1991	Bonus	10/450	4.5	–	–
③	Lely, NL	1994	Ned Wind	4/500	2	5~10	0.8
④	Tunoe Knob, DK	1995	Vestas	10/500	5	5	6
⑤	Dronten, NL	1996	Nordtank	28/600	16.4	1~2	0.05
⑥	Bockstigen, SW	1998	Wind World	5/550	2.75	6	4
⑦	Middelgrunden, DK	2000	Bonus	20/2,000	40	3~5	2
⑧	Blyth, UK	2000	Vestas	2/2,000	4	11	1
⑨	Utgrunden, SW	2000	GE	7/1,500	10.5	6~10	12
⑩	Yttre Stengrund, SW	2001	NEG Micon	5/2,000	10	8~10	3
⑪	Horns Rev1, DK	2002	Vestas	80/2,000	160	5~6	6~15
⑫	Arklow Bank, Ire	2003	GE	7/3,600	25	5	7~12
⑬	North Hoyle, UK	2003	Vestas	30/2,000	60	12	7~8

그림 8.24
유럽의 오프쇼어 풍력발전 부지(자료제공 : 일본대학 생산공학부 나가이(長井)연구실)

그림 8.25는 덴마크 Horns Rev(혼스 레브) 오프쇼어 풍력발전소이며, 현시점에서는 세계 최대급 규모(2MW×80기)이다.

그림 8.25
Horns Rev 오프쇼어 풍력발전소(사진제공 : ⓒElsam(「윈드포스12」 EWEA/Greenpeace))

유럽 근해역에서는 천수역이 광범위하게 넓어지고 있고, 표 8.19에 나타난 것처럼 설비의 대부분이 수심 15m 미만의 얕은 수역에서 건설되고 있다. 그 때문에 타워 위의 발전기 부분을 지탱하는 기초 구조물이 해저에 고정된 상태로 건설된다. 소위 '착상형' 오프쇼어 풍력발전 시스템이며, 이것이 유럽의 오프쇼어 풍력발전의 큰 특징이다. 한편 해저의 상황은 진흙과 모래 또는 암반 등 여러 가지가 있기 때문에 그에 적합한 형식을 채용한다.

그림 8.26에 각종 '착상형' 기초 구조의 기본 형식을 나타냈다[4].

풍력발전기 자체는 해마다 대형화되고 있으며 2004년, 오프쇼어 풍력 전용기로서 3.6MW기가 출현했다. 그림 8.27은 그 최대 기종으로 구성된 아일랜드 Arklow Bank(아크로 뱅크) 오프쇼어 풍력발전소이다. 이 3.6MW기 타워의 높이는 수면 위 70.5m, 로터(회전 날개) 직경은 104m에 달한다.

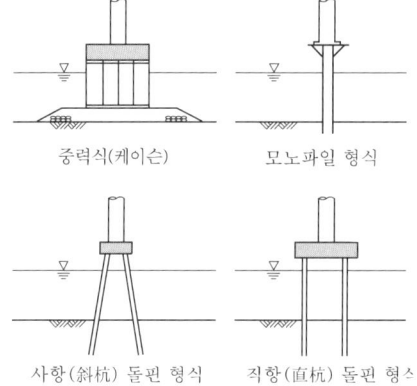

그림 8.26 >>
'착상형' 기초 구조의 여러 가지 타입

중력식(케이슨)   모노파일 형식

사항(斜杭) 돌핀 형식   직항(直杭) 돌핀 형식

이와 같이 대형기가 채용된 이유는, 앞바다 해상이 일반적으로 양호한 풍황이기 때문에 풍력 에너지의 취득률을 향상시키기 위해서 길고 큰 날개를 설비할 수 있는 대형 풍차가 유리하기 때문이다.

그림 8.27 >>
Arklow Bank 오프쇼어 풍력발전소(사진제공 : GE Energy 풍력사업부)

앞으로 오프쇼어 풍력발전이 확대되면서 점점 대형기도 출현할 것이다. 이미 독일에서는 출력 5MW의 실증 테스트기에 의해 육상 부지에서의 연구가 시작되고 있고 그 성과에 따라서 거대한 오프쇼어 전용기가 출현하게 될 것이다.

(2) 일본의 오프쇼어 풍력발전

일본에서도 풍력발전은 급속히 확대되고 있다. 일본의 풍황을 유럽과 비교했을 때 특별히 다른 점 중 하나를 그림 8.28에 나타냈다[5].

이 그림에서 일본의 바람은 유럽에 비해 예상 외로 흐트러짐 정도가 크다는 것을 알 수 있다. 일본의 지형이 기복이 심하고 복잡하기 때문에 풍향과 풍속의 변동도 심한 것이다.

최근에는 이와 관련하여 풍차에 문제가 발생하는 경우도 있으며, 일본 특유의 풍황에 대처할 수 있는 '일본형 풍력발전기술'을 개발할 필요성도 제안되고 있다.

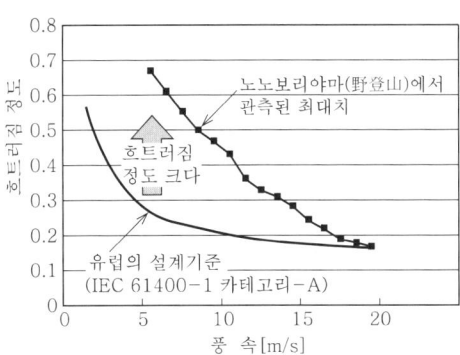

그림 8.28
바람의 흐트러짐(유럽과 일본) (산업기술 종합연구소 시험사이트)

신에너지재단, 신에너지산업회의·풍력위원회에서도 21세기 전반까지를 전망한 도입 촉진책이나 환경 평가, 기술 개발 등에 관한 제언을 하고 있고, 특히 기술 개발의 관점에서 일본 고유의 풍력발전 기술 필요성과 그 연장선상에서 오프쇼어 풍력발전의 중요성을 강조하고 있다[6].

이와 같은 경위를 고려한다면 일본에서도 오프쇼어 풍력발전에 점점 기대를 거는 것은 당연한 것이고, (사)일본해양개발산업협회, (재)연안개발기술연구센터, (사)일본전기공업회, (재)신에너지재단 및 일본 풍력발전협회 등 여러 기관을 비롯해 최근에는 산관학(産官学) 일체의 연구 그룹들이 적극적으로 일본의 오프쇼어 풍력발전 가능성을 평가하고 각종 기술 과제를 검토하고 있다.

최근 일본에서도 처음으로 오프쇼어 풍력발전이 출현했다. 항만 내의 천수역에 건설된 '착상형' 기초 구조로, 소위 준 오프쇼어 풍력발전이라고도 부를 수 있는 것이다. 그림 8.29 및 그림 8.30에 각각 홋카이도·세타나(瀬棚) 프로젝트(600kW×2기) 및 야마가타(山形)·사카타(酒田) 프로젝트(2MW×8기)를 나타냈다. 둘 다 해안에 근접해서 건설된 것으로 그림 8.26에 나타난 조항식(組杭式)이 채용되고 있다.

또한 그림 8.30의 경우에 액세스나 공사는 육상기의 경우와 거의 똑같이 실시할 수 있기 때문에 경제성을 중시한 프로젝트로 되어 있다. 한편 갯바람(해변의 바람)이 부는 해변에서도 풍력발전에 적합한 풍황인 경우가 많고, 그 때문에 여기저기서 풍차의 건설도 볼 수 있다.

그림 8.29
일본의 준 오프쇼어 풍력발전
(세타나(瀨棚))
(사진제공 : 일본대학
생산공학부·나가이(長井)
연구실)

그림 8.30
일본의 준 오프쇼어
풍력발전(사카타(酒田))
(사진제공 : 스미토모(住友)
상사(주))

그림 8.31
바닷가의 콘크리트 타워
풍차(사진제공 : (鹿島)
건설(주))

그림 8.31은 풍황이 우수한 니가타(新潟)·나다치(名立)의 해변부에 건설된 풍차(600kW×1기)이다. 내구성이 높은 특수 콘크리트 구조의 타워를 채용함으로써 염해에 강하고, 유지 보수 빈도를 줄일 수 있도록 연구 개발된 것이라 할 수 있다.

어찌 되었든 일본의 오프쇼어 풍력발전은 이제, 미래를 향한 착실한 그 첫발을 내디딘 셈이다.

(3) 일본 오프쇼어 풍력발전의 가능성과 방향성

일반적으로 해상풍은 육상풍에 비해 풍력발전에 더욱 적합하다고 평가된다. 해상에서는 같은 방향에서 같은 강도로 장시간 지속되는 탁월풍을 활용할 수 있기 때문이다. 그리고 유럽이 그렇듯 일본도 오프쇼어 풍력발전에 큰 기대를 걸고 있다. 그러나 정말로 일본에서도 본격적인 오프쇼어 풍력발전이 실현될 것인가? 이 의문에 답할 수 있는 중요한 연구를 몇 가지 살펴보자.

우선, (사)일본전기공업회의 연구를 들 수 있다. 이것은 (독)신에너지·산업기술종합개발기구의 위탁 연구로 실시된 것으로서 유럽의 대표적인 해상 풍력발전 시설에 관한 상세한 조사를 토대로 일본 오프쇼어 풍력발전의 가능성 평가와 함께 그와 관련된 기술적·사회적 문제를 추출하고 장래 기술 개발의 방향성을 검토한 것이다. '착상형' 오프쇼어 풍력발전 시스템에 기초하여 검토되었으며 일본 오프쇼어 풍력발전의 가능성 평가로서는 최초의 것이라고 할 수 있다.

그 평가에서는 수심이 고작 20m까지인 앞바다 500m에 10기 이상의 복수 풍차를 설치할 때, 오프쇼어 풍력발전으로서 성립하기 위해서는 적어도 풍차의 출력은 2MW 이상에서, 설비이용률(실제 발전량/정격 발전량) 35% 이상의 우수한 풍황이 불가결하다고 결론내리고 있다.

그 풍황에 대해서 표 8.20에 검토 결과의 일부를 나타냈으며, 유럽과 일본 부지에서의 풍황 비교가 이루어지고 있다.

표 8.20 풍황의 비교(유럽과 일본)

부 지	연평균 풍속[m/s]	설비 이용률[%]
Vindeby	7.5	27.0
Tunoe Knob	7.5	34.0
Middelgrunden	7.1	25.0
Bockstigen	8.0	33.0
Lely	7.5	22.0
Blyth	8.0	30.0~40.0
Horns Rev	9.2	40.0

부 지	연평균 풍속[m/s]	설비 이용률[%]
루모이(留萌)항	7.3	23.6
아키타(秋田)항	8.7	34.8
하사키(波崎)	7.6	26.8
오마에자키(御前崎)	7.2	25.0
와카마츠(若松)	6.7	22.1

이에 따르면 유럽에서는 일본에 비해 강풍역인 곳도 있지만, 설비 이용률로 비교하는 한 양자에 큰 차이는 찾아 볼 수 없다. 즉, 일본도 적어도 유럽 정도의 해상풍이 불고 있다는 것은 분명하며 오프쇼어 풍력발전에 적합한 풍황환경에 있다고 할 수 있다.

다음으로 나가이(永井)의 연구[8),9)]가 있다. 여기에서는 일본의 해상풍은 풍력발전에 충분히 적합하다는 것이 나타나 있다. **그림 8.32**는 칸사이(関西) 공항 서쪽 500m의 해상(MT : 관측 높이 15m)과 남해 전철 타루이(樽井)역 부근(C10 : 관측 높이 10m, C100 : 관측 높이 100m)의 두 지점에서 풍황을 비교하고 있는데[8)], 이것을 보면 해상 15m 높이와 육상 100m 높이의 풍속이 거의 같고, 해상풍 쪽이 육상풍보다도 풍속이 높은 경우가 많음을 알 수 있다.

한편 **그림 8.33**에서는 홋카이도 세타나(瀬棚)항에 있는 해상 관측점(해면 높이 27m)과 육상 관측점(지상 높이 15m)의 월평균 풍속이 나타나 있다. 이 그림에서, 평균적으로 해상 풍속은 육상 풍속의 약 150%나 되고, 이것을 풍력 에너지로 비교하면 해상풍의 에너지는 육상풍에 비해 3배나 강한 것을 알 수 있다. 이 결과를 보아도, 해상풍은 육상풍에 비해 분명히 우월하며, 오프쇼어 풍력발전은 희망적임을 확신할 수 있다.

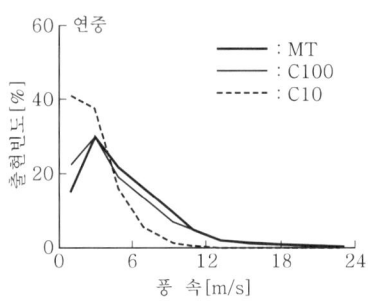

그림 8.32 해상풍과 육상풍의 비교 (칸사이(関西) 공항)

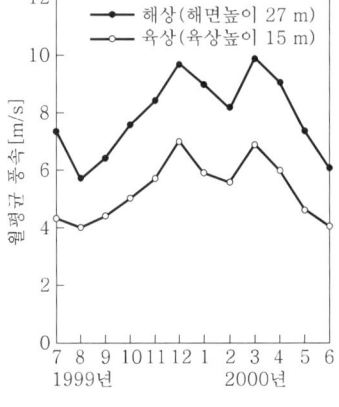

그림 8.33 해상풍과 육상풍의 비교 (세타나(瀬棚)항)

이에 비해 나가이의 연구[10],[11]에서는 일본 해상 풍력 에너지의 잠재 부존량을 추정해서 오프쇼어 풍력발전의 성립 가능성을 양적으로 분명히 하고자 했다. 먼저 전국 연안의 등대를 포함한 모든 해안 근방 데이터의 집적 결과와 그것에 기초해 상세한 시뮬레이션 해석을 실시하여, 연안역에 있는 잠재적 부존 에너지를 추정했다[10]. 그에 따르면, 해안선으로부터 앞바다 1km까지의 해역에 2MW형 풍차를 적절히 배치한다(자연 공원, 항만 시설 등은 제외)고 하면, 그 때의 발전량은 134.2~402.7TW·h/년으로 계산되어, 이것은 1999년도의 일본 내 전력 10사에 의한 총 판매 전력량의 약 16~47%에 상당한다. 만약 가장 적게 어림잡았다고 해도 그것은 육상 풍력의 약 3배에 필적하는 것이 되어, 오프쇼어 풍력발전의 규모를 새삼 깨닫게 된다.

또 **그림 8.34**는 위성의 해상풍 데이터와 연안의 기상 관측을 이용해서 해면 높이 60m에서, 연안으로부터 100km 근해역의 풍속 맵을 나타낸 것으로 앞바다로 갈수록 풍속도 커지고 있고 오프쇼어 풍력발전의 개발 가능한 구역이 방대하게 존재하고 있는 것을 일목요연하게 볼 수 있다.

그림 8.34 〉〉
일본 근해의 풍황맵(60m 높이) (사진제공 : 일본대학 생산공학부 · 나가이(長井)연구실)

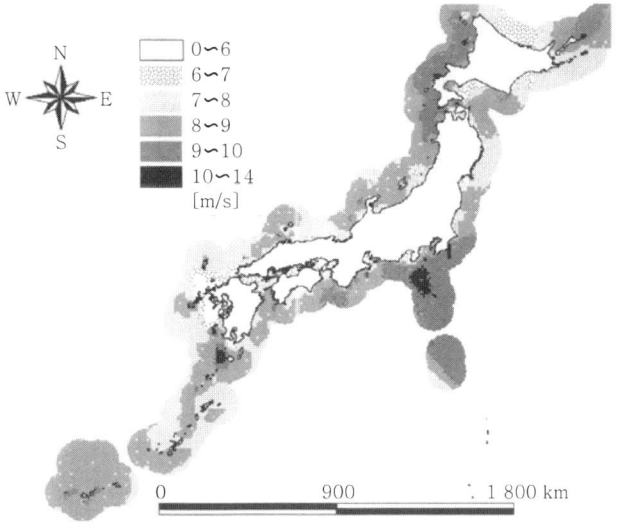

오프쇼어 풍력발전이 성립할지 여부의 판단은 여러 가지 관점에서 검토해야 하지만 앞에서 기술한 연구 사례로 보았을 때 우선 전제가 되는 풍황에 대해서 그것이 풍차에 적합하다는 것은 명확하다. 오프쇼어 풍력발전은 일본에서도 결코 꿈이 아니며, 사방이 바다로 둘러싸인 일본에 있어서 이것은 지극히 당연한 결론인 것이다. 그러나 일본에서 오프쇼어 풍력발전을 전개함에 있어서 다른 한 가지 큰 문제는 '수심'

이다. 앞바다로 나가면 나갈수록 풍황이 좋아지지만 풍력발전 부지로서 성립될 수 없는 이유가 있다. 수심이 너무 깊으면 건설이 불가능하기 때문이다. 그림 8.35가 이것을 증명한다. 이 그림은 2MW형 풍차를 탑재한 중력식(케이슨형)의 '착상형' 오프쇼어 풍력발전 시스템을 채용한 경우에 그 평균적인 건설비(풍차 설치비를 포함)와 수심과의 관계를 나타낸 것으로, 수심 증가에 따라 건설비는 극단적으로 올라가는 경향이 나타난다. 이 중력식에 비해 조금 저렴한 가격인 돌핀식을 채용한 경우에도 역시 그 경향은 바뀌지 않는다. 이 결과로 볼 때 더욱 수심이 깊어지면 비용은 한도 끝도 없이 늘어날 것임이 분명하다. 즉 이 '착상형' 시스템('착상형' 오프쇼어 풍력발전 시스템을 말함)에는 한계가 있음이 분명하며 경제성 관점에서 문제가 크다. 또한 일본에서는 유럽과는 달리 바다 먼 곳까지 물이 얕은 해저지형이 충분하지 않고 앞바다로 나갈수록 급격하게 수심이 깊어진다. 그러므로 연안에 가까운 천수역에 풍황이 좋은 부지란 별로 기대할 수 없다. 그렇게 생각하면 '착상형' 시스템을 대신하는 것으로서 '부체형(浮體型)' 시스템이 주목받게 된다.

이 '부체형' 시스템이 다음에 설명하는 '부체형 오프쇼어 풍력발전 시스템'이며 해저에 고정된 것이 아닌 시스템 전체가 바다에 떠있는 듯한 '부체형' 기초 구조물을 채용하고 있는 것이다.

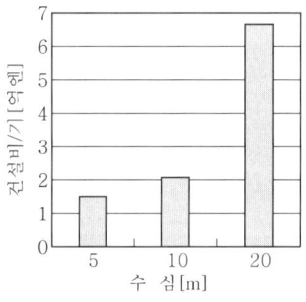

그림 8.35
수심과 '착상형' 기초 구조물의 건설비

2 다음 세대가 짊어질 부체형 오프쇼어 풍력발전 시스템

(1) '부체형(浮體型)' 시스템의 과제

'부체형' 시스템은 이와 같이 일본 오프쇼어 풍력발전의 근본적인 문제점을 해결해준다. 그러나 '부체형' 시스템에는 아직 해결해야 할 과제도 있다. 그것들을 정리해 보면

① 파도·강풍 하에서의 동요나 경사를 얼마나 억제할 것인가?
② 거대 구조물을 얼마나 효율적으로 건설·설치할 것인가?

③ 접근, 유지 보수 빈도를 얼마나 낮출 것인가?
④ 발전 효율을 얼마나 향상시킬 것인가?
⑤ 시스템 전체를 얼마나 경제적으로 창출할 것인가?

등이 있다.

먼저 '부체형' 시스템은 파도나 바람의 영향을 받아 크게 흔들리고 기울어지는 경우도 있다. 그러한 상태에서는 기기의 손상이나 시스템 전복의 위험이 있으며, 이것을 어떻게 회피할 것인가가 문제가 된다. 또한 육상에서라면 여유를 가지고 확실하게 건설·설치할 수 있지만 해상에서는 기상·해상의 영향을 받아 좀처럼 쉽지 않다. 엑세스나 유지 보수에 대해서도 마찬가지다. 또, 건설 부지는 넓은 바다라면 어디든 다 좋은 것만은 아니다. 복수기로 구성된 오프쇼어 풍력발전의 경우에는 탁월풍의 풍향을 고려해 발전량이 최대가 되도록, 그리고 풍차 간 상호 간섭을 받아 발전량이 저하되지 않도록 최적의 배치가 되어야 한다. 그리고 최종적으로 가장 문제가 되는 것은 비용 문제일 것이다. 해상에서는 모든 면에서 비싼 비용이 예상된다. 그것을 극복하고 높은 경제성의 시스템을 실현하기 위해서는 여러 가지 문제를 해결해야 한다. 유럽형 '착상형' 시스템에는 없던 여러 가지 문제들이 '부체형' 시스템에는 숨어 있는 것이다. 그것들을 어떻게 해결하는가가 '부체형' 시스템의 우열을 결정한다.

이 점에 관해서, 유럽에서의 '착상형' 시스템은 몇 가지 연구를 해볼 수 있다. 그것은 반드시 '부체형' 시스템에 직접 적용할 수 있다고는 할 수 없지만 충분히 참고가 된다. 먼저 그 대표적인 것을 소개한다. 그림 8.36은 덴마크·미들그룬덴 오프쇼어 풍력발전소 건설에서 그 건설 비용을 저감하기 위해 풍차 타워의 기초 구조를 독(dock) 내에서 동시에 건조할 때의 모습이다.

그림 8.36 〉〉〉
타워 기초 구조의 독(dock) 내 동시 건설

동일 조건에서 복수의 타워 기초 구조를 동시에 건조함으로써 작업 효율의 개선을 도모했다.

그림 8.37은 독 내에서 건조가 완료된 타워의 기초 구조부를 건설부지까지 효율적으로 운반하기 위한 특수 운반선이다. 이 배는 독에서 동시 건조된 타워 기초부(케이슨형)를 1기씩 진수(進水)하여 독 내에서 천수역 부지까지 운반하도록 작은 흘수(喫水, 배가 물에 떠 있을 때, 수면에서 선체 밑바닥까지의 최대 수직 거리)를 가지고 있으며, 그 1기씩 장비된 크레인으로 효율적으로 운반·설치할 수 있는 능력을 가지고 있어 대형 크레인선으로는 불가능한 작업을 수행할 수 있다.

그림 8.37 특수 운반선

그림 8.38 유지 보수의 효율화 (사진제공 : GE Energy 풍력사업부)

그림 8.38은 그림 3.27에서 소개한 아일랜드 Arklow Bank 오프쇼어 풍력발전소를 보여주고 있다. 그 풍차 타워 하부에는 유지 보수를 용이하게 할 수 있는 작업대가 설비되어 있다. 해상에서 유지 보수의 효율화를 도모한 예로서, 육상기의 경우에는 어떠한 기상이더라도 일

단은 접근할 수 있지만 해상에서는 풍파가 험할 때가 많으므로 타워에 접근, 이동하기는 쉽지 않다. 이와 같은 작업대가 있다면 유지 보수에 관계되는 준비 작업 등을 안전하고 확실하게 할 수 있다.

또한 그림 8.25에서 소개한 덴마크 Horns Rev 오프쇼어 풍력발전소에서는 해상에서의 접근을 안전하게 목적으로 타워 풍력발전기의 너셀 꼭대기에 헬리포트가 설치되어 있고, 헬리콥터로 공중에서 접근할 수 있도록 하고 있다. 거친 파도 속을 소형 선박으로 해상기에 접근하기 곤란함을 해소하려는 시도 중 하나이며, 긴급시 유효한 수단이 될 수 있는 예이다.

이상과 같이 소개한 예들은 어디까지나 유럽의 '착상형' 시스템에서 생겨난 아이디어이다. 일본의 '부체형' 시스템은 이것과는 근본적으로 다른 개념에 기초한 것이어서 더욱 연구가 할 필요하다.

(2) 기대되는 '부체형' 시스템의 전문가들

해상 풍력에 기대가 높아지는 가운데, 일본에서도 (1)에 기술한 여러 조건을 모두 만족시키는 유망한 '부체형' 시스템이 몇 개 제출되어 적극적으로 연구가 진행되고 있다[12)~17)]. 이들 '부체형' 시스템은 설치 해역의 수심 약 30m(연안역의 수심)~250m 정도를 그 대상으로 하고 있다. 이것들은 바람이나 조류 등에 의해 떠내려가지 않도록 일반적으로 해저에 닻 등을 박아 붙들어 매는 방식을 채용하는 것이다. 또한 발전기가 정상적으로 작동하도록, 혹은 시스템이 전도되는 등의 위험이 없도록 파도나 바람을 받을 때 시스템 허용 경사 각도를 풍차의 작동 상태(풍속 25m/s 이하)에서는 3° 이하, 폭풍 상태(풍속 25m/s~ 최대 순간 풍속 80m/s 정도)에서도 10° 이하로 하는 것이 표준으로 되어 있다[12)].

여기서 소개할 좋은 안은 기본적으로 이 조건을 모두 만족시키는 것이다. 여기에서는 이들 각 타입의 구조 형식에 착안해서 크게 나누고, 그 특징 및 앞으로의 과제 등에 대해서 개설한다.

- **그룹 Ⅰ(A, B-타입)**

이 그룹은 1기의 발전기를 탑재하는 타입으로 풍차 사이의 공기역학적 간섭(상호 간섭)을 피하는 것을 우선으로 고안된 것이며, 그룹 Ⅱ에 비하면 간단하다. 이 그룹의 각 타입은 두 가지 모두 앞바다 깊은 수역에 적용하는 것을 기본으로 하며, 거친 해역에서도 적용할 수 있다.

A 타입(그림 8.39, 그림 8.40)은 긴 롤러형으로 그 축을 연직(鉛直)시켜 띄우는 부체에 출력 5MW의 수평축형 풍차를 1기 탑재하는 타입으로 스퍼(spur)형이라 한다. 이 타입의 최대 특징은 구조나 형식이 매우 간단하고 건설 비용의 대폭적인 절감을 기대할 수 있다. 이 구조 형식에 의하면 A-1 타입과 같이 롤러 부체 단면을 작게 함과 동시에 수면 아래 구조의 아래 부분으로 중량을 집중시켜서 전체 중심을 낮추는 것으로 파도 속에서도 우수한 안전 성능을 확보할 수 있다.

이에 비해 A-2 타입은 파도 속에서 동요 성능을 더욱 개선하도록 고안하고 있다[13]. 즉 수면 아래에 전체 중량에 걸맞는 부력 몰수체를 배치함과 동시에 그 구조 아래 부분에 4쌍의 팬을 장비하고, 또 A-1의 쇄계류(鎖係留) 방식에 대해 합성 섬유색(纖維索)으로 계류 방식을 채용하는 디자인이다. 이러한 연구에 의해 파도 속의 운동은 장주기화(長週期化)·안정화되기 때문에 구조 강도에 대해서도 안전성을 크게 확보할 수 있다고 할 수 있다. 단순한 구조 형식이라 하더라도 부체 형상에 대한 추가적인 연구와 고안은 큰 성능 개선으로 이어진다. 단, 이들 타입으로는 수면 아래의 부체 길이가 약 100m로 매우 가늘고 길기 때문에 해상 부지에 설치하는 방법을 어떻게 효율화할 것인지가 실용화의 열쇠이다.

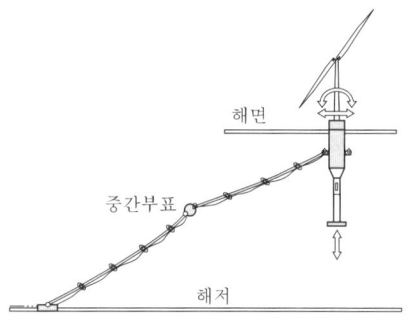

그림 8.39 〉〉〉 A-1 타입

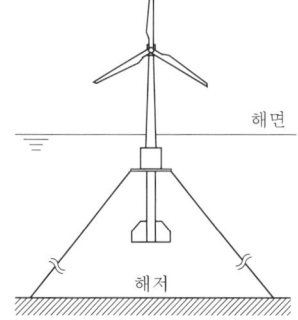

그림 8.40 〉〉〉 A-2 타입

B-타입(그림 8.41)은 특히 해상에서의 안전성과 파도 속의 동요성 능 개선을 추구한 것이다[14]. 중앙부 부체에 출력 5MW의 수평축형 풍차를 1기 탑재하고 그 주위에 6개의 서브 부체를 약 70m 지름의 원을 이루도록 배치·설비하고 있다. 이 타입은 해상의 강풍으로 시스템이 기울어지는 경우에는 서브 부체의 탱크 내에 이동수(移動水)가 가득 차 단시간에 그 경사를 복원한다. 또는 큰 파도를 받아 동요하는 경우에는 서브 부체의 주위 수면 아래에 장비된 부드러운 날개를 가진 팬에 의해 그 흔들림을 최소한으로 억제하는 특성을 가진다. 또한 시스템 전체는 8m 이하의 작은 흘수(喫水)로 디자인되어 있기 때문에 얕은 해역에서도 부상시킨 채로 설치부지까지 그대로 예항(曳航)할 수 있다. 즉, 독 내에서 모두 조립된 후 진수(進水)하여, 예항, 설치라는 일련의 작업이 효과적으로 이루어지도록 고안되어 있다. 단, 경량·간결을 목표로 한 시스템이지만 조금 복잡한 구조 형식이기 때문에 이번에는 건설 비용의 절감이 주 과제가 된다.

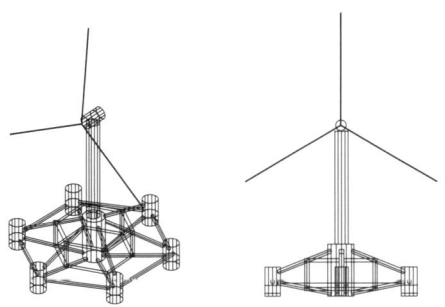

그림 8.41 >>> B-타입

이상의 각 타입은 부체에 1기의 풍차를 탑재하는 단기(單機) 독립형이기 때문에 풍차 사이의 상호 간섭이 없도록 임의로 배치해서 발전 성능의 향상이나 대규모화를 도모할 수 있지만, 각각의 구조 중량이 증가하는 경향이 있는 것과 케이블 부설이나 계류가 복잡해지는 것 등의 문제가 있기 때문에 앞으로는 시스템 전체의 비용을 어떻게 절감할 것인가가 경제성 확보 관점에서 중요한 과제가 된다.

● 그룹 Ⅱ(C, D, E, F-타입)

이 그룹은 하나의 부체 위에 복수기의 풍력발전기를 탑재하는 집합형 타입이며, 경제적으로는 유리하다. 그룹 Ⅰ에 비해 제법 큰 구조가 되기 때문에 파도나 바람의 영향을 받기 쉽기 때문에, 이 그룹에서는 그러한 외력에 견디도록 연구가 이루어지고 있다.

C-타입(그림 8.42)은 정삼각형 형상을 한 부체에 출력 5MW의 수

평축형 풍차를 3기 탑재하고 있다[15]. 이 시스템의 특징은 E-타입과 같이 작은 흘수를 가진 부체로 구성된, 폰툰(pontoon : 바닥이 납작한 작은 배)형으로 되어 있다. 그 삼각형 부체의 정점 위치에 탑재된 풍차는 중심간 거리가 약 150m, 타워의 높이가 약 70m로 총 정격 출력은 15MW의 시스템이다. 이 부체 구조에 대해서는 해상에서의 파도의 힘을 충분히 견디는 구조 강도를 갖는 동시에 풍차 사이의 상호 간섭을 최소한으로 억제하여 발전 성능을 향상시키고, 게다가 구조물 비용도 타당한 범위가 되도록, 이들 모든 조건을 만족하도록 종합적 관점에서 구조물의 전체적인 크기나 형상이 디자인된 것이다. 그 중에서도 파도에 대한 안정성은 우수하며 (1)에서 설명한 허용 경사각의 조건[12]은 문제없이 해결된다. 그리고 이 시스템은 전체적으로 심플한 형상이고, 점검이나 유지·보수가 용이한 이점도 가지고 있다.

그림 8.42 》》
C-타입

D-타입(그림 8.43)은 사다리꼴 형상을 한 부체 각각의 정점 위치에 출력 5MW급의 수평축형 풍차 5기가 탑재된 것으로 C-타입과 같은 정삼각형 부체를 복합적으로 조합한 형상이며, 크기는 C-타입의 약 2배 정도이다[16]. C-타입이나 E-타입과 크게 다른 점은 이 시스템이 반 잠수형으로 되어 있는 점이다. 이 구조 형식에 의하면 C-타입, E-타입 등의 폰툰형 시스템과 달리 반잠수형 시스템이기 때문에 파도의 힘이나 조류의 힘을 충분히 억제할 수 있으며, 파도 속에서의 움직임도 작게 할 수 있는 이점이 있다. 더욱이 각각의 타워 하부에 부력체 부분이 설치되어 있어 해상에서 어느 방향으로 강풍을 받아도 전복을 막는 데에 충분한 복원력을 가지는 것도 특징적이다. 또한 C-타입과 같이 풍차 사이의 상호 간섭이 최소한이 되도록 풍차간 거리를 설정할 뿐만 아니라 수면 아래의 연결부 중량이 최소가 되도록 케이스형 구조 부재를 채용하는 등 연구를 거친 디자인이라 할 수 있다.

그림 8.43 >>>
D-타입

E-타입(그림 8.44)에서는 케이스형 구조 부재로 구성된 격자형의 부체 형상을 채용하고 있는 것이 특징적이며, 이 부체에 출력 5MW의 수평축형 풍력발전기를 3기 탑재한다[17]. 독 내에서 전체 건조할 수 있도록 그 크기를 367m×70m로 해서 표준화된 디자인을 목표로 하고 있다. 또한 풍차 사이의 상호 간섭을 최소화하기 위해 중앙부와 양 끝 부분의 격자부에 풍차를 배치했다. 이 시스템은 격자형의 부체 형상으로 함으로써 결과적으로 파도 가운데서 우수한 동요 성능의 확보와 함께 건조 비용의 저감화를 도모할 수 있다. 그 밖에 이 시스템과 병행해서 진행할 수 있는 것은 보통의 풍력발전기와는 달리 유압에 의한 전달 기구를 삽입한 저중심형 풍차를 개발, 수심이 깊은 해역에서도 예정된 해저 지점에 정확하게 닻을 내려 계류할 수 있는 정밀한 착묘(着錨) 성능을 가지는 신 계류 시스템 개발 등, 실제 해역에서 시스템의 실용성·안정성을 한층 높이는 새로운 도전이 이루어지고 있다.

그림 8.44 >>>
E-타입

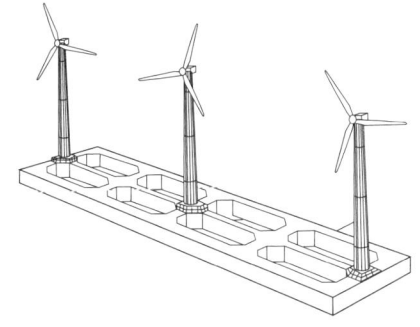

이상의 C, D, E 세 가지 타입은 부체 위에 보통형의 수평축형 풍력발전기를 복수 탑재하는 것으로 경제성 향상을 주 목적으로 하고 있다. 그러나 풍차 사이의 상호 간섭을 고려하면 할수록 가능한 한 풍차의 설치 간격을 크게 할 필요가 있지만 반대로 그 간격을 너무 떨어뜨

리면 바람이나 파도로 받는 힘에 견딜 만큼의 구조 강도가 부족하게 되어 결과적으로 구조물이 거대해져서 기술적으로도 경제적으로도 곤란해진다. 게다가 앞바다를 향해 시스템의 설치 범위를 확대하기 위해서는 위와 같은 과제를 해결하고 내파 성능, 내풍 성능이 향상되도록 하는 부체 구조를 개발하는 것이 앞으로의 과제이다.

다음으로 F-타입(그림 8.45)은 D-타입과 같이 삼각형의 부체 구조에 발전기를 탑재하고 있다. 탑재하는 발전기가 종축(수직축)형 풍차인 것이 지금까지의 형태와 다르다[12]. 2단 중첩 풍차가 3기, 크기는 각 풍차의 중심 간 거리 약 100m, 높이 약 100m이며 총 정격 출력이 5MW이다. 이 종축형 풍차는 그 날개가 직선 날개로 구성되고 종축 둘레에서 회전하기 때문에 어느 방향에서 바람이 불어도 날개로터가 회전한다. 일반적으로 이 타입은 구조 중량이 커지는 경향이 있기 때문에 그림 8.45의 부체 구조부에서 볼 수 있듯이 이것을 콘크리트(탑재부 중공)와 강(鋼)(연결부 케이스형)의 하이브리드 형으로 하여, 적은 강재량(鋼材量)만으로도 충분한 부력을 가지는 구조 형식으로서 경제성을 추구하는 연구가 이루어지고 있다.

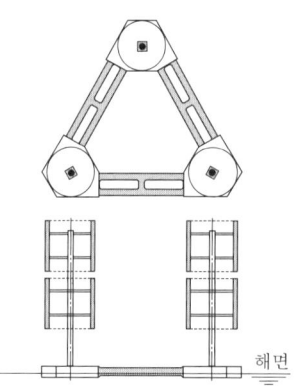

그림 8.45 》》 F-타입

그러나 이 종축형 풍차는 일본 내의 실용기로서 출력 10kW 정도의 것이 존재하는 정도이다. 앞으로 오프쇼어 풍력발전을 위해 대형화를 목표로 한 연구 개발이 요구된다.

• 그룹 Ⅲ(G-타입)

풍황이 좋은 해역이고, 수심이 20m 이하인 연안 지역이라면 소위 유럽형 '착상형' 시스템으로도 충분하다. 또한 수심이 깊은 앞바다 해역이라면 지금까지 설명한 것과 같은 타입의 '부체형' 시스템으로 대응할 수 있다. 여기서는 연안역과 앞바다 해역의 중간쯤인 천해역

(nertic region)에 적합한 타입의 예를 소개한다.

G-타입(그림 8.46)은 건설 후에 부지까지 예항하여 현지에서 물을 주입하는 등, 미리 계획된 지점에 착상시키는 특수한 형태로 수심이 약 30m 이하인 천수역에 적용할 수 있다[12]. 이것에는 전체를 모두 건조한 뒤에 예항하는 방법과 분할 건조해서 각각 예항하여 해상에서 접합하는 방법이 있다. F-타입을 앞바다의 깊은 해역까지 운반할 때에도 이 방법이 사용된다. 지금까지 일본의 오프쇼어 풍력발전에 비해 치밀한 부지 선정과 관련해 효율적·계획적인 전개에 기여하는 개념이라고 할 수 있다. 이 타입은 건설 비용의 저감은 기대할 수 있지만 시스템을 착상(着床) 설치한 뒤 지진 등에 대한 안전성을 얼마나 확보하는지가 앞으로 해결해야 할 과제이다.

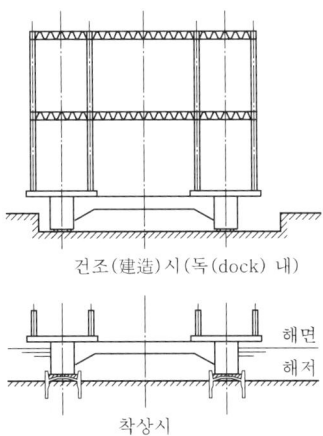

그림 8.46 G-타입

이상과 같이 A~G의 각 부체형 시스템은 모두 일본 특유의 기상·해상 조건을 감당할 수 있도록 연구되고 있는 것이며 분명히 유럽형과는 설계에 대한 개념을 달리한다. 그러한 의미에서 '일본형' 오프쇼어 풍력발전 시스템으로서 하루라도 빨리 완성되기를 기대한다.

3 오프쇼어 풍력발전, 국가 프로젝트로서의 미래

일본의 연안역을 포함한 해상에서 풍력발전의 잠재 가능성은 매우 크다. 그리고 일본에서는 바다 멀리까지 얕은 해역이 적고 급격히 깊어지기 때문에, 소위 '착상형' 오프쇼어 풍력발전에는 한계가 있으며 '부체형' 오프쇼어 풍력발전이 주된 역할을 도맡게 될 것으로 예상된다. 그러나 앞바다로 나아갈수록 전원선이 길어지기 때문에 비용이 커지는 것, 지상의 기설 전원선의 배치나 규모 등에서 해상 부지가 한정되는 것, 어업권의 문제나 각종 법규제 등, 현시점에서는 많은 과제가

표 8.21 21세기 풍력 개발 전개표

[해상 풍력 A(Near-Shore)]
해상 풍력 개발의 제일보로서 Near-shore 풍력을 개발하고 즉시 효과를 볼 수 있도록 풍력발전을 보강하여 3,000MW(2010년)를 달성한다.
기간 : 2002년~2010년
① (Near Sore 해저 설치형) : 해저 설치형인 Near Shore 해상 풍차의 실증 플랜트를 개발한다. 육지용 풍차를 기본으로 해서 해양의 험한 바람, 파도, 물 하중을 처리할 수 있도록 해상 풍력 기술을 육성한다.
② 실증 시험을 거쳐 2010년 목표 달성을 위해 보급을 촉진한다.

[해상 풍력 B(Off-Shore)]
풍력의 1차 에너지에 2% 기여를 실현하기 위해 수심 20m까지의 해저 설치형 Off-Shore 해상 풍력 기술을 개발하고 On-Shore, Near Shore의 풍력 입지 제한을 근본적으로 타개한다.
기간 : 2002년~2020년
① 해저 설치형 Off-Shore 풍력의 전면 전개를 도모한다(Near-Shore는 해안선 전개). 또한 수심도 50m까지를 목표로 한다.
② 연안선으로부터 떨어짐으로써 대담한 선단 해상 풍차의 개발이 가능해진다(소음, 경관 문제에서 해방되기 때문에). 1~3매 블레이드, 다운윈드형, 힌지드 허브 등의 기술에 의해 경량화, 고보수성화를 도모한다.
③ 실증 플랜트를 위한 선도 실험을 행한다.

[해상 풍력 C(Off-Shore Floating System)]
일본은 근해에서도 수심이 매우 깊기 때문에 플로팅 기술을 개발하여 풍력 자원의 풍부한 해상 전개를 도모한다.
기간 : 2005년~2025년
① 해역을 연안선이라는 선으로부터 보다 광대한 면으로 전개하기 위한 플로팅형 기초 기술 개발. 또한 경량, 간결, 저비용, 고성능의 해상 풍차를 개발한다 (2005~2015).
② 실증 플랜트(2015~2025)

[해상 풍력 D(Sailing System)]
보다 광대한 대양의 바람을 이용하기 위해 풍력선(세일링형 풍력 플랜트)을 개발한다. 풍력선은 계절에 따라 강풍이 부는 양반구를 항해한다. 풍력선 자체가 움직이는 윈드팜이기 때문에 포괄적인 운전 기술, 항해 기술을 육성한다. 에너지는 수소 등의 2차 에너지로서 저장한다.
기간 : 2008년~
① 풍력선 기초 개발(2008~2020)
② 실증 플랜트(2020~2035)

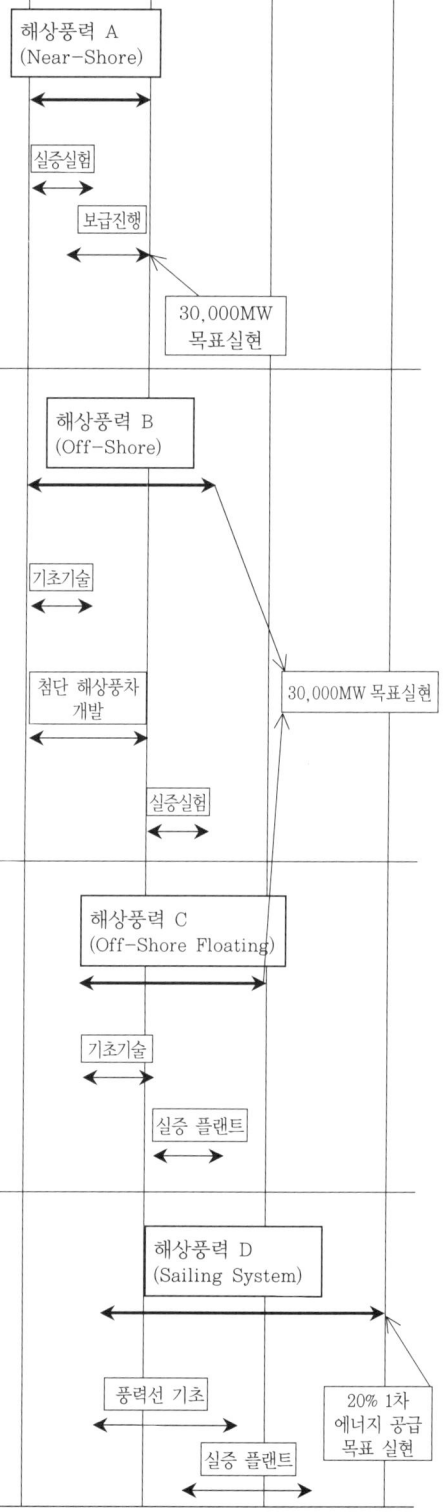

남아 있다. 그러나 지금부터 국제사회에서 국가 프로젝트로서 오프쇼어 풍력발전을 전개하고, 국제적 공헌을 이루는 역할을 맡도록 강하게 요구받게 될 것이다. 바다로 둘러싸인 일본에 걸맞는 프로젝트이다.

표 8.21에 국가 프로젝트로서 오프쇼어 풍력발전의 기술 개발에 관한 내용을 진전시킨 제안을 소개한다[4]. 2030년 정도까지의 장기적 기술 개발에 포함된 자주 항해 방식인 '부체형' 시스템에 대해서는 본 절에서 설명하였다.

'윈드포스 12'는 2020년에 전 세계 전력의 12%를 풍력발전이 맡도록 주장하고 있다[18]. 이 개발 목표는 결코 비현실적인 것이 아니며 덴마크에서는 2005년 9월 현재 이미 18%을 넘었고 앞으로 예정된 오프쇼어 풍력발전소를 포함하면 2005년 말에는 20%의 달성이 가능해지는 상황에 있다. 일본의 경우는 어떨까. '윈드포스 12'의 시나리오에서는 오스트레일리아, 뉴질랜드와 함께 OECD 태평양에 속한 일본에 대해 풍력 3,000만kW 이상의 도입 분담을 요구하고 있다. 그렇다고 하면 일본에서는 어찌되었든 오프쇼어 풍력발전이 주가 될 것이다.

일본에서 오프쇼어 풍력발전을 둘러싼 여러 과제는 모두 완수되지는 않았지만, 이 오프쇼어 풍력발전이야말로 지속 가능한 세계를 실현하기 위한 열쇠이며 바다로 둘러싸인 일본이야말로 그것을 실현하는 데 적합한 주역이 될 수 있을 것이다.

MEMO

CHAPTER
09

풍력 이용 시스템

풍력 이용 시스템

바람 에너지를 양수(揚水)에 사용하는 것은 제분(製粉)과 더불어 가장 오래된 풍력 이용 방법이다. 양수·배수용 네덜란드 풍차는 중세 이래, 네덜란드의 풍물시에서도 언급되었다. 현재에도 경쾌한 미국 다익형 풍차는 미국에서만도 15만대 이상이 농장이나 목장에서의 양수에 사용되고 있고, 옛부터 제조회사도 몇 개 존재한다.

본 장에서는 풍차와 양수 펌프, 압축기 가동 혹은 열변환 장치와의 조합 등, 풍력의 기계적 동력 이용에 대해서 설명한다.

9.1 풍차의 최적 운전 조건

일반적으로 풍차의 특성에서 파워 계수가 최대가 되도록 풍차를 운전하기 위해서는 풍속에 비례한 각속도로 운전할 필요가 있으며, 이 때의 풍차 토크는 풍속의 2승에 비례한다. 한편 파워는 각속도와 토크의 곱으로 나타내기 때문에 결과적으로 풍차 파워는 풍속의 3승에 비례하게 된다.

그러므로 풍차와 부하의 정합(整合) 조건을 생각할 때, 풍차에 걸리는 부하(토크)가 작으면 빨리 회전하고 크면 회전이 느려진다. 따라서 이 부하 토크를 적당한 크기로 함으로써 주속비가 최적의 수치가 되도록 해야 한다.

이와 같이 풍속이 결정되면 그에 대응하는 최적의 부하 토크가 결정되는데, 풍속이 변해도 최적의 운전 상황을 유지하기 위해서는 풍속에 따라 부하 토크를 증감할 필요가 있다.

이렇게 해서 저풍속부터 고풍속까지 풍속이 변화해도 항상 최대 효율을 유지하며 풍차에서 기계적 에너지를 얻기 위해서는 부하 토크가 풍차 회전수의 2승에 비례하도록 하는 특성(파워는 회전수의 3승에 비례하는 특성)을 가진 유압 펌프, 압축기, 교반기(agitator) 등의 회전 기계와 조합하는 것이 바람직하다. 그렇게 하면 결과적으로 풍차는 풍속의 높고 낮음에 상관없이 풍속에 비례한 속도로 회전하고 최대 파워 계수 상태에서 운전하게 된다.

9.2 풍력 양수 펌프의 종류와 특성[1]

양수의 목적으로는 각종 펌프가 이용된다. 풍력 양수 펌프는 풍차 로터와 사용되는 펌프 사이의 동력 전달 방식으로 분류할 수 있다. 그림 9.1는 그것들 중 대표적인 것이다. 이 외에도 풍차로 아르키메데스 펌프 등을 구동하는 고전적인 것도 소수 운전되고 있다.

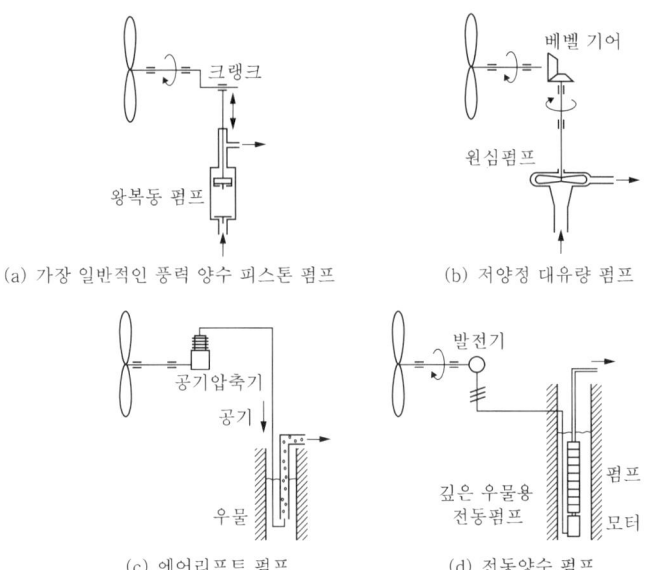

그림 9.1 대표적인 풍력 양수 시스템[1]

(a) 가장 일반적인 풍력 양수 피스톤 펌프
(b) 저양정 대유량 펌프
(c) 에어리프트 펌프
(d) 전동양수 펌프

(1) 피스톤 펌프 구동 방식

풍차 로터는 왕복으로 움직이는 피스톤 펌프와 바로 접해 있거나 기어 박스를 통해 기계적으로 결합한다. 이것은 이전부터 지금까지 가장 일반적인 형식이다.

(2) 회전식 펌프 구동 방식

풍차 로터는 원심 펌프나 스크류 펌프 등의 회전식 펌프에 기계적인 회전 전달 기구를 통해서 동력을 전달한다. 이들 펌프는 특히 저양정(低揚程), 대유량(大流量)의 용도로 사용된다.

(3) 공기 압축기 구동 방식

풍차로 공기 압축기를 구동시켜 발생한 압축 공기를 동심(同心) 파이프로 구성된 에어리프트 펌프로 끌어 올려 양수하는 방식이다. 이 동력 전달 기구를 이용하면 풍차를 우물에서 다소 떨어진 지점에 설치할 수 있는 이점이 있다. 또한 우물 안에 피스톤 펌프 로드 등의 운동 부분이 존재하지 않는 것도 특징이라 할 수 있다.

(4) 전동 펌프 구동 방식

중소 규모 풍력발전의 전기 출력을 직접 전동 양수 펌프에 접속해서 양수하는 방식이다. 이 전기에 의한 동력 전달에서는 풍차를 우물에서 떨어진 바람이 강한 장소에 설치할 수 있다. 또한 깊은 우물용 전동 펌프는 기계식 피스톤 펌프로는 얻을 수 없는 대용량의 물을 좁은 보어 홀(bore hole)로 양수할 수 있다.

이상 설명한 풍력 양수 펌프로 사용되는 풍차는 거의 모두 수평축 풍차이다. 과거에 수직축 서보니우스 풍차를 양수에 이용하는 연구도 이루어졌지만, 이 풍차는 중량이 크고 저효율인 점에서 단위 양수량당 비용이 많이 들고, 안전 시스템을 내장하기 곤란한 점 등, 안전성·신뢰성이 부족한 이유로 시판된 실용기는 없다.

1 풍차와 펌프의 조합

풍차와 펌프의 조합을 고려할 경우, 대형 펌프를 선정하면 큰 양수량을 얻을 수 있지만 가동률은 낮아지고 풍차는 종종 정지하게 된다. 반대로 소형 펌프를 선정하면 가동률은 높아지지만 양수량은 감소하게 된다. 그러므로 펌프와 풍차의 정합(整合)을 얻기 위해서는 양수량과 가동률의 접촉이 필요하다.

풍차와 피스톤 펌프의 상호 작용을 **그림 9.2**에 나타냈다. 이 그림들은 일반적인 풍차 특성의 그래프에서 얻을 수 있는 가장 중요한 특성으로 토크 회전수 특성과 파워 회전수 특성이다. 이들은 무차원의 파라미터인 토크 계수 C_Q와 파워 계수 C_P에 의해 특징지어 진다. 그림 속의 점선은 풍차 로터의 최대 파워 포인트의 과정을 나타내고 있다. 즉, **그림 9.2(a)**의 토크 회전수 특성 중의 2승 곡선 및 **그림 9.2(b)**의 파워 회전수 특성 중 3승 곡선이다.

풍차는 ① 주속비 일정, ② 일정 회전수, ③ 일정 토크라는 다른 모드로 운전할 수 있다.

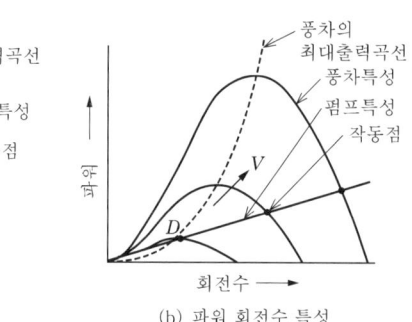

그림 9.2
풍력 양수 펌프의 특성

(a) 토크 회전수 특성　　(b) 파워 회전수 특성

그림 9.2(a)와 (b)에 나타난 풍차의 토크 특성 및 파워 특성에 대해서 주속비가 일정한 운전 모드는 풍속에 따라서 회전수를 변화시키는 것을 의미하고 있고, 이 운전 모드는 최대 파워 계수의 라인을 따라 풍차 로터가 운전되기 때문에 가장 효율적이다.

한편 피스톤 펌프 등 디스플레이스먼트 형식의 펌프는 토크가 일정한 장치이기 때문에 풍차 로터의 토크 특성과 펌프의 부하 사이에 정합성이 낮고, 바람에서 얻는 파워의 대부분을 이용하지 못한 채 버리게 되고 있음을 알 수 있다. 특히 고풍속에서 그 현상이 현저하다.

2 양수 성능

양수 펌프의 성능을 평가하는 가장 중요한 척도는 월간 혹은 연간 평균 양수량이다. 급수 수요는 매달 변화하기 때문에 평균적인 월간 물 수요량을 이용해야 한다. 양수를 위한 파워를 추정하기 위해서는 계절에 따라 풍속이 달라지고 월간 풍속도 달라지기 때문에 먼저 기준으로 하고자 하는 달을 정한다. 이 경우 양수 시스템의 설계점을 결정할 기준이 되는 달은 풍력 자원에 대해 급수의 수요가 최대가 되는 달로 해야 하며, 일반적으로는 월평균 풍속이 가장 낮은 달로 한다.

수력학(水力學)의 기본적인 관계식은

$$P_h = \gamma QH = 9{,}810 QH \tag{9.1}$$

여기서, γ : $\gamma = \rho g$ 로 물의 비중($9{,}810 \text{N/m}^3$)
ρ : 물의 밀도
g : 중력 가속도
Q : 유량[m^3/s]
H : 속도 수두(水頭) 또는 총 양정[m]

이 총 양정 H는 물의 깊이(정수두(靜水頭))도 포함하며, 깊게 판 우물에서는 모든 파이프의 마찰 손실과 유출 압력도 포함하고 있다.

양수 시스템의 파워 계수 η은 선정한 풍차 로터에 대한 파워(입력)

에서 출력(양수의 파워)을 뺀 것이다.

$$\eta = \frac{양수\ 파워}{풍차\ 시스템의\ 파워}$$

또한 풍차 시스템의 파워는 다음 식으로 구해진다.

$$P_W = 0.5\eta PV^3 A \tag{9.2}$$

여기서, η은 풍력 양수 시스템의 효율이며 로터 효율, 전달 기구의 효율, 펌프 효율, 파이프의 마찰 소실로 구성된다. 종합 효율은 솔리디티(solidity), 풍속, 운전 모드(일정 토크, 가변 회전, 일정 주속도 등), 펌프 타입 등의 함수이기 때문에 이 평균 효율은 일반적으로는 실험적으로 측정된다.

농장용의 미국 다익형 풍차에 대해서는 η에 대한 평균치는 5~6%, 일단 발전해서 전동 펌프를 구동하는 타입에서는 12~15%가 된다. 여기서 기계식 풍력 펌프와 발전식 풍력 펌프의 비교를 나타냈다. 발전식은 미국의 BWC1500(정격 출력 1.5kW)이며, 기계식은 다익식의 Dempster(풍차 직경 3m)이다.

그림 9.3(a)에 의해 기계식 풍력 펌프 쪽이 유량이 적지만 저풍속에서 양수를 개시하는 것에 비해 전기식은 기계식의 양수 개시 풍속보다 높고, 고풍속에서도 컷아웃 풍속까지 계속해서 운전한다.

한편, 그림 9.3(b)에서는 연간을 통해서 기계식의 풍력 펌프는 양수량의 변화가 적은 것에 비해 발전식은 변화가 크다는 것을 알 수 있다[2].

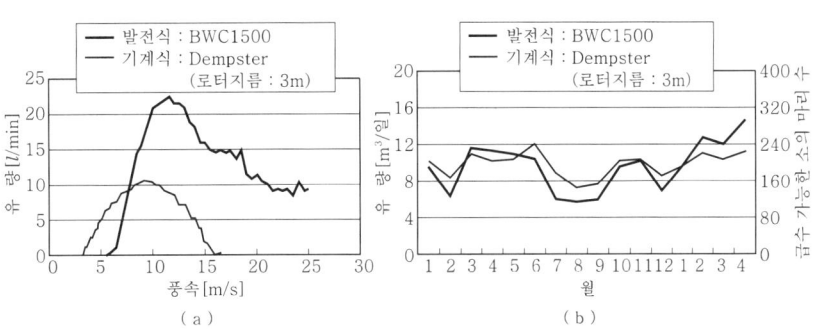

그림 9.3 기계식 풍력 펌프와 발전식 풍력 펌프의 비교

또한 평균 풍속에 대한 풍차 로터 사이즈의 추정법은 다음과 같다. 풍력 양수 시스템에서는 양수를 위한 파워를 상회하도록 풍차가 파워를 공급해야 한다. 그러므로,

$$9,810\,QH = \eta\,0.5\,V^3 \pi R^2 \tag{9.3}$$

여기서, 평균 공기 밀도는 $\rho = 1.2\,\text{kg/m}^3$이다. 또 농장용 미국 다익

형 풍차에 대해서는 $\eta = 0.05$, 풍력발전-전동 펌프 시스템은 $\eta = 0.12$ 을 취한다.

3 풍력 양수 시스템의 간이 추정법[3]

경험에 의해 임의의 부지에서의 평균 풍속에 기초하여 양수에 유효하게 이용할 수 있는 평균적인 파워를 간단하게 추정할 수 있다. 먼저, 월간 혹은 연간의 평균 풍속 V를 알면 수풍 면적 A인 풍차에 의한 그 기간 내의 유효한 평균 파워를 다음 식으로 구할 수 있다.

$$P_h = 0.1 V^3 A \, [\text{W}]$$

또한 단위 면적당으로는 다음 식과 같이 된다.

$$P_h = 0.1 V^3 \, [\text{W/m}^2]$$

이 간단한 경험칙 $P_h = 0.1 V^3 A$에 기초하여 주어진 직경 D의 풍차가 월간 혹은 연간 평균 풍속 V의 부지에서 운전되고 있을 때에 어느 정도의 양수량이 얻어질지를 도식(圖式)으로 구하는 간이 추정법을 그림 9.4에 나타냈다. 예를 들면 풍속 3m/s의 부지에 설치된 직경 6m의 풍차에서는 양정을 5m로 하면, 매초 1.1l의 물을 얻을 수 있게 된다. 또한 부지의 평균 풍속과 필요한 양수량을 알고 있을 때에 풍차의 직경을 어느 정도 사이즈로 할 것인가의 경우에도 이 그림 9.4를 사용할 수 있다.

그림 9.4
풍력 양수 시스템의 간이 추정용 차트

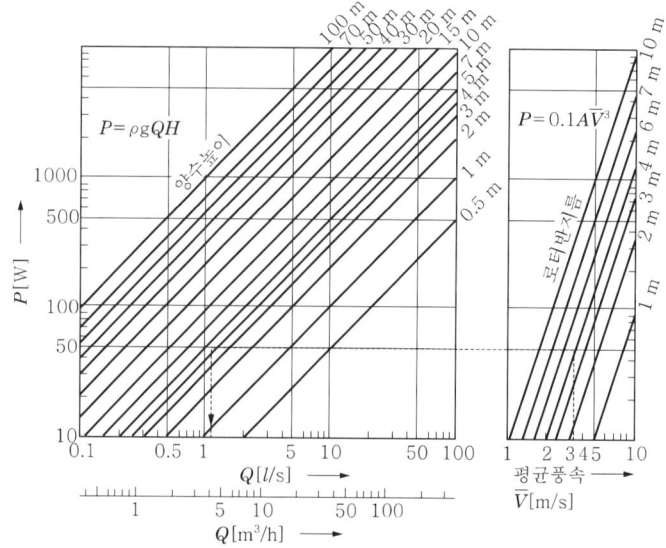

9.3 풍력의 압축기 구동

풍차로 공기 압축기를 구동시켜 비교적 간단하게 에너지를 저장할 수 있다. 공기 압축기에는 풍차의 출력 특성과 정합하는 원심식 압축기가 바람직하지만 소규모의 것이라면 그림 9.5와 같이 미국 다익형 풍차에 왕복동 압축기를 조합시키는 것도 가능하다[4].

이 시스템은 겨울에 호수와 늪의 빙결 방지에 사용하고 있는 사례이며, 축적된 압축 공기를 호수와 늪의 에어레이션(aeration)을 이용해서 수질 정화에 한 몫을 하게 하는 것으로 양어장의 산소 공급용이나 오수 처리 시설에도 사용할 수 있다.

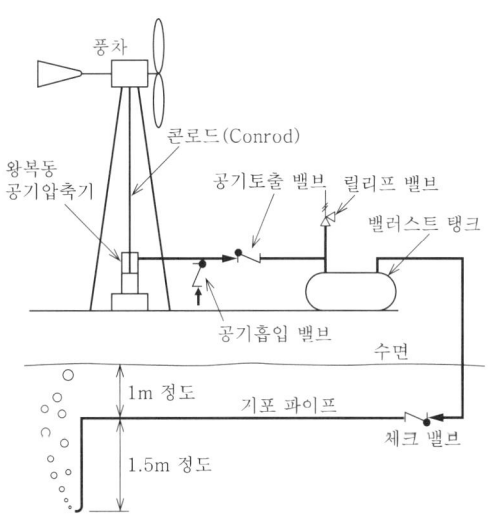

그림 9.5 풍력 압축기 구동 시스템

9.4 풍력의 열변환[5]

북반구에서는 일반적으로 태양 에너지는 여름에 강하고 풍력 에너지는 겨울에 강하다. 또, 풍력 에너지는 지리적으로는 북쪽으로 갈수록 강해지고 남으로 갈수록 약해진다. 이와 같은 경향은 더 확대하여 지구를 놓고 봐도 같다. 지구상에서 지리적으로는 위도가 높은 지역일수록 바람이 강하게 불고, 계절적으로는 겨울에 계절풍이 강하게 부는 것을 알 수 있다. 즉, 바람은 위도가 높고 추운 지역의 겨울에 강하게 불지만 이것은 난방이나 가온(加溫) 등의 열에너지 수요와 일치한다.

즉, 동계의 풍력 에너지를 열로 변환해서 이용할 수 있다면 매우 적절하다 할 수 있을 것이다.

1 풍력 열변환 방식의 종류와 특성

풍력과 같은 변동이 큰 입력에 대해서는 에너지의 저장이 불가결하지만, 이것을 열의 형태로 변환하면 저탕조(貯湯槽)에 안전하고 저렴한 가격에 비축할 수 있다. 한편, 현실의 에너지 수요 내용도 난방, 급탕(給湯) 등 비교적 저온의 열에너지 수요가 대부분을 차지하는 경우가 많다.

풍력 열변환의 또 한 가지 이점은 열역학의 제2법칙이 나타내는 것처럼 다른 형태의 에너지로부터 열에너지로 변환하는 경우의 변환 효율이 100%로 변환 효율이 높은 것이다. 즉, 풍력 열변환의 이점은 에너지 저장이 용이한 것, 에너지 변환 손실이 없는 것 2가지이다. 그러므로 최종 이용 목적이 열이용인 경우에는 일단 전기로 변환한 후 열로 교환하는 것이 아니라 풍력을 직접 열로 변환하는 쪽이 도중의 에너지 손실이 없고, 고효율 시스템이기 때문에 풍력을 직접 열변환하는 것이 유리하다고 할 수 있다.

풍력을 직접 열로 변환하는 방법으로는 다음과 같은 것이 있으며 각각 특징과 문제점이 있다.

① 고체와 고체의 마찰에 의한 방식
② 고체와 액체의 마찰에 의한 방식
③ 기체와 기체 또는 기체와 고체의 마찰에 의한 방식
④ 유압 펌프와 오리피스를 조합한 방식
⑤ 과전류를 이용한 방식

먼저 ①의 방식은 **그림 9.6(a)**와 같이 풍차로 구동되는 브레이크 드럼 또는 브레이크 디스크에 브레이크 슈를 꽉 눌러, 마찰면에 발생하는 마찰열을 물 등의 유체에 흡수시켜서 이용하는 방식이다. 이 방식의 이점은 저속 회전으로도 큰 토크를 흡수할 수 있기 때문에 증속하지 않고도 풍차와 부하를 직결시킬 수 있는 것에 있다.

한편 마찰면의 마모가 있으며 보수를 필요로 한다. 마찰면의 열을 운반하기 위한 유체 시스템이 별도로 필요하고, 이것이 고장 나면 화재로 연결된다. 또한 브레이크 토크는 마모, 발열 등의 조건 변화에 의해 불안정해지기 쉬운 것 등의 결점이 있다.

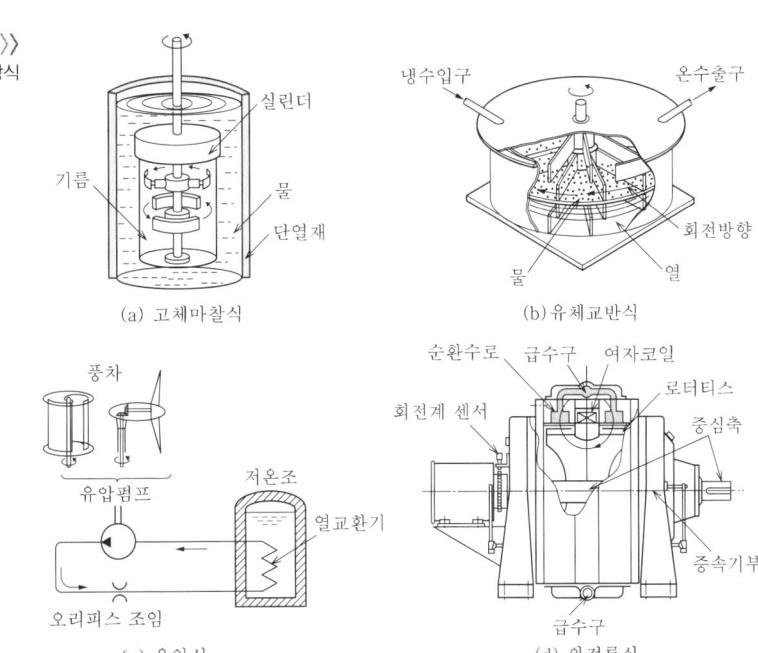

그림 9.6 대표적인 열변환 방식

②의 방식은 그림 9.6(b)와 같이 방해판이 부착된 축을 액체 속에서 회전시키는 유체 교반 방식이다. 이것은 열의 일당량을 구한, 줄(Joule)의 고전적인 실험 장치와 같은 원리이다. 이 방식은 ①의 방식과 비교하여 마모나 타서 눌러 붙을 걱정이 없는 이점과 토크-회전 특성이 2승 특성을 가지는 특징이 있다. 한편, 저속에서는 충분한 흡수 토크를 얻을 수 없기 때문에 증속(增速)을 필요로 하는 경우가 많다. 또 토크는 회전수의 2승에 비례하지만 고속에서는 유체가 고체로부터 박리되어 캐비테이션(cavitation)에 의한 부식이나 손상의 우려가 있기 때문에 회전수의 범위를 확대할 수 없는 결점이 있다. 이 방법은 많이 시도되고 있고, 예를 들면 유체 조인트를 교반조로 이용하고, 그 가운데 교반 유체로서의 물을 다른 원심 펌프로 강제 순환시키는 방식노 있다.

③의 방식은 공기의 단열 압축을 이용한 것, 혹은 기체와 고체의 마찰을 이용하는 방식 등이다. 소규모인 것은 피스톤식 압축기, 대규모인 것은 터보식 압축기를 사용하지만 잡음 발생 및 부하 제어법 등의 문제가 있다. 터보식에서는 증속기가 필요하다.

④의 방식은, 말하자면 액체끼리의 마찰에 의한 방식이다. 간단하고 합리적인 방법이다. 그림 9.6(c)와 같이 풍차로 고정 용량형의 유압 펌프를 구동한다. 유압 펌프는 저속에서도 큰 토크를 흡수할 수 있기 때문에 직결 구동이 가능하다. 또한 풍차로부터의 바람 에너지가 기계

에너지로 변환하고 다음에 기계 에너지는 유압 펌프에 의해 압력 에너지로 변환된다. 또한 압력 에너지는 오리피스(얇은 원반의 중앙에 작은 구멍을 뚫은 듯한 것)에 의해 운동 에너지로 변환되어 그 출구 유로의 운동 에너지는 열에너지로 변환된다. 이와 같은 경우에도 유압 펌프의 부하 토크는 회전수의 2승에 비례하기 때문에 풍차와의 정합성(整合性)이 좋은 특징이 있다. 이 방식은 국내외 몇몇 곳에 실용(實用)으로 공급된 예가 있다.

⑤의 방식은 지금까지 설명한 기계적 열변환 방식과 달리 과전류를 이용하는 방식이다. 그림 9.6(d)와 같이 여자 코일에 흐르는 미소 전류로 인하여 여자되는 자장 속을 로터가 회전하기 때문에 자속의 맥동(palsation)이 일어나 과전류(過電流)가 발생한다. 과전류는 로터에 회전 저항을 주어 동력이 흡수되므로 외부에 회수된다. 이 부하 제어(회전 제어)는 전기적으로 이루어지므로 응답성이 좋고 풍차 로터의 회전 제어를 정밀하게 실시할 수 있는 이점이 있다.

2 풍력 열변환 시스템의 구체적인 예

일본 풍력발전의 개발, 이용은 유럽과 미국의 풍력 선진국에 비해 조금 늦어지고 있지만 1980년경부터 시작된 풍력 열변환에 관해서는 세계에서 가장 선진적인 구조를 보이고 있다. 다음에 그 예를 소개한다.

(1) 훗카이도 농업 시험장에서 농림수산성 그린 에너지 계획의 일환으로서 1980년도부터 풍력 열변환 시스템에 의한 온실 가온(加溫)의 연구가 이루어졌다. 높이 25m의 타워 위에 직경 4m의 프로펠러형 풍차와 유압식 열변환 시스템을 설치한 것으로 풍력 발열의 평균 효율은 35.5%를 얻고 있다. 계속해서 1981년도에는 로터 직경 10m, 출력 20kW인 2호기의 실증 시험을 시행하여 종합 효율은 35~45%를 얻고 있다.

(2) 과학기술청에서 '바람토피아 계획'에 이어, 1980년도부터, 2기 6년에 걸친 '풍력-열에너지 이용 기술에 관한 특정 종합 연구'를 실시하고, 1985년 12월 이후 아키타현 오가타마을에서 실증 시험을 시행했다. 이것은 수소 흡장(occlusion) 금속을 이용해서 열에너지를 저장하는, 세계적으로도 찾아볼 수 없는 풍력 열변환·저장 시스템이다. 풍차 로터 직경 14m, 출력 20kW, 최고 효율 45%의 고성능을 가진 것으로, 열변환에는 공기 압축기를 이용하여 단열

압축으로 170°의 고온 공기를 얻고 있다. 또한 축열 시스템의 수소 흡장 금속에는 철-티탄-산소 합금을 이용, 축열기에는 이 금속 2.4t을 충전하여 열효율 70% 이상, 공급 열량 53,000kcal를 얻고 있다.

(3) 시즈오카(静岡)현 농업수산부 수산과에서는 1980년부터 1982년까지 시즈오카현 류우요 마을의 일본 장어 양식어업 협동조합의 장어 양식장에 그림 9.7과 같은 풍력 열변환 시스템을 설치하고 풍력 열변환에 의한 온수를 장어 양식업에 응용하기 위한 하드웨어 및 소프트웨어의 개발에 착수했다. 풍차는 3매 블레이드의 프로펠러형으로 직경 15m이다. 발열 장치에는 당초 물교반식을 이용하였지만 급격한 풍속 변동에 대한 응답성 문제와 회전 제어가 곤란한 경우가 있었기 때문에 도중에 과전류식으로 교체되었다. 정격 출력은 25kW(8m/s), 최대 출력 70kW(20m/s)이다. 온수 탱크 용량은 $2m^3$인 것을 2기 사용하고, 면적 $100m^3$, 수심 50cm의 양식장 온도를 가열한 결과, 풍력의 가온(加溫)에 대한 기여율은 평균 48%였다. 하루에 석유 $35l$를 절약하는 것과 비슷하다.

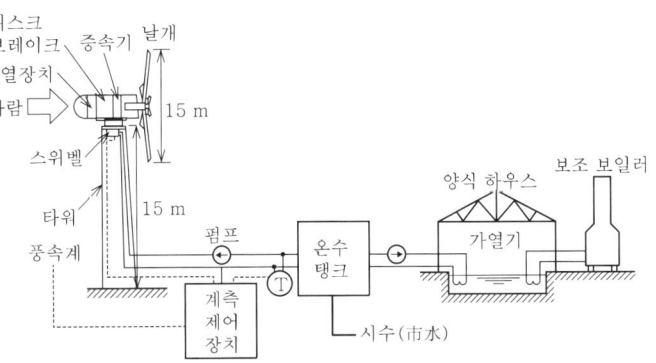

그림 9.7 풍력 열이용 장어 양식지 가온 시스템

(4) 해외 사례를 보면 고위도의 북유럽 등에서 풍력 열변환의 몇 가지 예를 볼 수 있다. 덴마크 유틀랜드반도 북서부의 울프보르그에 있는 트빈학원에서는 1978년에 로터 직경 54m, 출력 2,000kW라고 하는 사상 최대의 수작업으로 만든 풍차를 완성하였다.

풍력발전에 의한 발생 전력은 사이클과 전압의 변동이 다소 있기 때문에 '중질 전원'으로서 80%를 난방용 온수 탱크 가온에 사용하고, 나머지 20%는 인버터를 통하여 '고품질 전원'으로서 상용 배전망에 접속하고 있다. 이 시스템은 벌써 20년 이상 실용 운전하고 있다.

같은 덴마크의 스키브에는 1976년에 '저에너지 하우스'가 건설되었다. 수풍 면적 25m²인 직선 날개 수직축 풍차를 사용하여 4m³의 온수 저장 탱크 가운데 직경 45cm의 물 브레이크식 변환 장치에 의해 풍차의 파워를 흡수함으로써 2kW의 열출력을 발생했다.

또 핀란드의 라펜란타 대학에서도 1984년 이래 온실 온도를 높이거나 건물 난방용으로서 직경 40m의 직선 날개 수직축 풍차에 의해 200MW·h의 열에너지를 발생시키는 유압열 변환 장치를 구동하는 시스템을 개발하였다.

3 풍력 열변환의 전망

북유럽과 같이 고위도에 위치하고, 동계 난방용 에너지 소비가 많은 곳에서는 '북풍 난방'이라고도 하는 풍력 열변환은 지극히 유효한 풍력 이용의 형태이다. 자연 조건을 바꾸는 것이 불가능한 이상, 인류는 그 조건을 살려 생활 방식을 바꿀 필요가 있다. 그런 의미에서 바람이 강한 동계는 열수요의 피크와 일치하며 바람의 자원 특성을 살린 것으로도 적합하고, 축열에 의해 바람의 변동을 평활화시킨다.

풍력 열변환 방식에 한해서 일본은 세계적으로도 가장 선진적인 단계에 도달하였다. 겨울의 계절풍이 탁월한 일본에서는 온실 가온(warming), 양어장의 가온, 축사의 난방, 건물 내부의 난방이나 급탕, 곡물이나 수산물의 건조, 발효조의 가온, 도로나 지붕의 눈을 녹이는 것 등, 다방면에서의 실용화를 기대하고 있다. 단, 여름은 열수요가 적기 때문에 연간 이용 효율이 내려가 버리는 것이 과제라 할 수 있다.

9.5 하이브리드 시스템

하이브리드 발전 시스템이란 풍력+태양광 등 2종류 이상의 전원을 조합하여 발전하는 시스템이다. 그 목적은 약풍시에는 태양광에 의해 전력을 보완하는 등 한 전원을 다른 전원과 조합함으로써 얻을 수 있는 전력을 안정화시켜 발전 비용을 절감하는 것에 있다.

2종류 이상의 전원을 조합시켰다고 해도 발생 전력의 월변동, 일변동, 시간 변동을 완전히 제거하는 것은 어렵기 때문에 일반적으로 축전지 등의 평준화 장치와 조합시켜서 독립 전원 시스템을 구성하거나 계통 연계 시스템으로서 이용되는 경우가 많다. 풍력과의 하이브리드 시스템으로서는 풍력+태양광, 풍력+소수력(小水力), 풍력+내연 기관, 풍력+바이오매스 등을 들 수 있다.

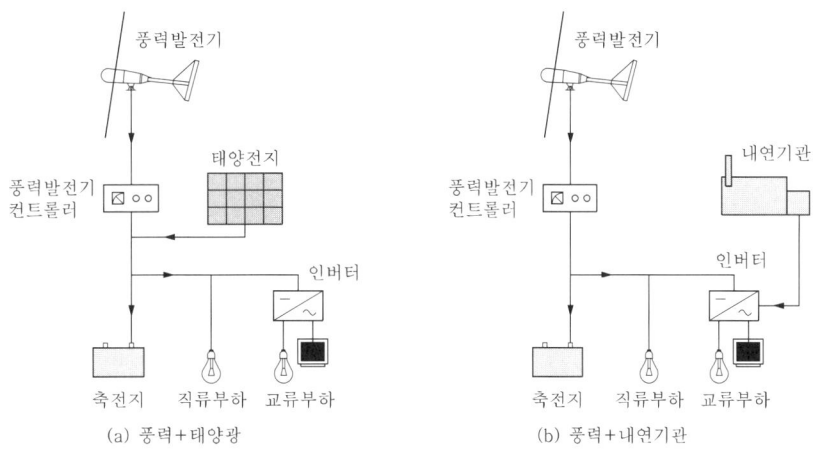

그림 9.8 하이브리드 시스템의 구성 예

(a) 풍력+태양광 (b) 풍력+내연기관

1 각 하이브리드 시스템의 특징

(1) 풍력+태양광

시가지의 조명등, 등산객을 위한 대피소 등 상용 전원이 없는 장소에서 독립 전원으로서 현재 가장 많이 보급되고 있는 풍력 하이브리드 시스템이다.

저풍속역(연평균 풍속 4m/s 이하)에 설치된 풍력 조명등의 경우, 풍력만으로 충분한 전력을 확보하기 위해서는 설치 비용이 너무 커지지만 태양광에 의해 이것을 보완함으로써 시스템 비용을 대폭 낮출 수 있다. 그러나 일본의 내륙 지역에서 보이는 여름철 약풍, 흐린 날씨, 겨울철 강풍, 맑은 날씨의 기후 아래에서는 풍력과 태양광에 의한 연간 상호 보완 효과를 별로 기대할 수 없는 경우가 있다.

(2) 풍력+소수력

수리권(水利權)의 문제 등으로 인해 소수력의 보급이 진행되고 있지 않아 일본 내에서의 이용 예는 적다. 계절에 따라 하천의 수량이 크게 변화하는 부지(건기·우기가 있는 지역, 혹은 겨울철 동결에 의해 수량을 기대할 수 없는 지역)에서는 유효한 시스템이라고 생각된다.

(3) 풍력+내연 기관

외딴 섬, 산속의 대피소 등 원격지의 전원으로서 도입되고 있는 하이브리드 시스템이다. 외딴 섬에서는 본래 내연 기관(디젤) 발전에 의해 전력이 공급되고 있지만, 본토에서의 수송 비용을 고려하지 않으면 안되기 때문에 연료비가 꽤 비싸지고 있다. 풍력+디젤에 의한 하이브리드 발전 시스템에서는 풍력에 의해 이 연료비를 절감할 수 있다.

또한 디젤 발전의 운전 시간을 절대적으로 줄임으로써 보수・연료 보급에 필요로 하는 인건비도 절감할 수 있다. 개발도상국 등 화석 연료의 가격이 상대적으로 높은 곳에서도 유효한 시스템이라고 할 수 있다.

(4) 풍력+바이오매스

바이오매스란 생물 자원을 의미하며 지구상의 모든 동식물과 동식물 유래(由來)의 폐기물을 포함한 개념이다. 바이오매스를 에너지원으로서 이용하기 위해서는 ① 연소, ② 열분해 가스화, ③ 메탄 발효, ④ 에탄올 발효 등 여러 가지 방법이 있는데, 삼림을 지속적으로 유지할 수 있는 방식으로 이용한다면 이산화탄소 등의 지구 온난화 가스를 발생시키지 않는 것이 큰 특징이다. 또한 풍력이나 태양광 등 다른 재생 가능 에너지와 달리 연료의 형태로 저장할 수 있기 때문에 부하에 따라서 인위적으로 발전량을 바꿀 수 있다. 이 때문에 풍력+바이오매스의 조합을 이용한 경우 지구 온난화 가스를 발생시키지 않고 전력의 안정 공급을 도모할 수 있으므로 앞으로 주목해야 할 하이브리드 시스템이라고 할 수 있다.

2 실시 예

(1) 풍력+태양광[6]

풍력+태양광 하이브리드 발전 시스템으로는 특히 출력 1kW 이하의 마이크로 풍력발전기와 태양광 발전 장치를 조합한 예가 많다(그림 9.9). 각 사에서 여러 가지 시스템이 판매되고 있다. 이들 시스템은 시가지에서 조명등・광고탑 용 혹은 산속의 대피소 등 원격지 전원으로서 사용되는 경우가 많고, 특히 시가지에서 사용할 경우에는 안정된 풍력을 얻는 것이 어렵기 때문에 태양광과 축전지를 조합함으로써 안정된 전력을 얻을 수 있다.

그림 9.9 마이크로 풍력·태양광 하이브리드 발전 시스템의 예

정격출력(풍력)
400W(12.5m/s 시)
최대출력(태양광)
62 W

(a) Zephyr(주)

정격출력(풍력)
340~1,360W(12m/s 시)
최대출력(태양광)
100W

(b) 신코(神鋼)전기(주)

정격출력(풍력)
23W(10m/s 시)
최대출력(태양광)
24W

(c) 나스(那須) 전기철공(주)

정격출력(풍력)
23W(8m/s 시)
최대출력(태양광)
22W

(d) (주)후케이(風憩)세코로

그림 9.10 일본대학 공학부 풍력·태양광 하이브리드 발전 시스템 개략도

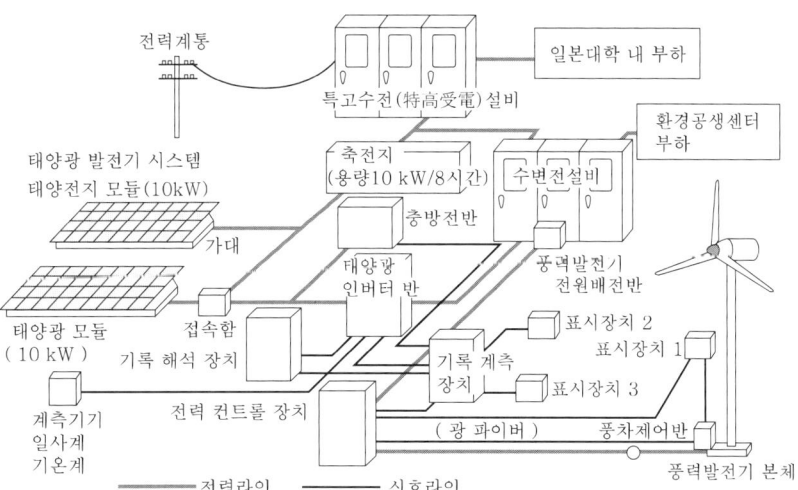

풍력+태양광 하이브리드의 다른 예로서 코오리야마시의 일본대학 공학부 내에 건설된 '풍력·태양광 하이브리드 발전 시스템'을 들 수 있다(그림 9.10).

이것은 문부과학성·학술 프론티어 추진 사업의 인가를 받아 건설된 것으로 시스템은 40kW의 풍력발전기, 20kW(10kW×2)의 태양광 발전 장치 및 10kW/8h의 축전지로 구성되어 있다.

발전된 전력은 학내의 전력 계통에 접속하여 학내 사용 전력의 절감을 도모하고 있다. 설치 부지는 중산간지(中山間地)에 위치하지만 건설

에 앞서서 시행한 예상 발전량 시뮬레이션 결과에 따르면 풍력으로는 연간 18,000kW·h, 태양광으로는 연간 57,600kW·h의 발전량이 예측되고 있고, 축전지가 있어서 안정된 전력 공급이 가능하다.

장래적으로는 소수력을 추가해 풍력·태양광·소수력 하이브리드 발전 시스템도 구상 중이며(그림 9.11) 향후 전개가 기대된다.

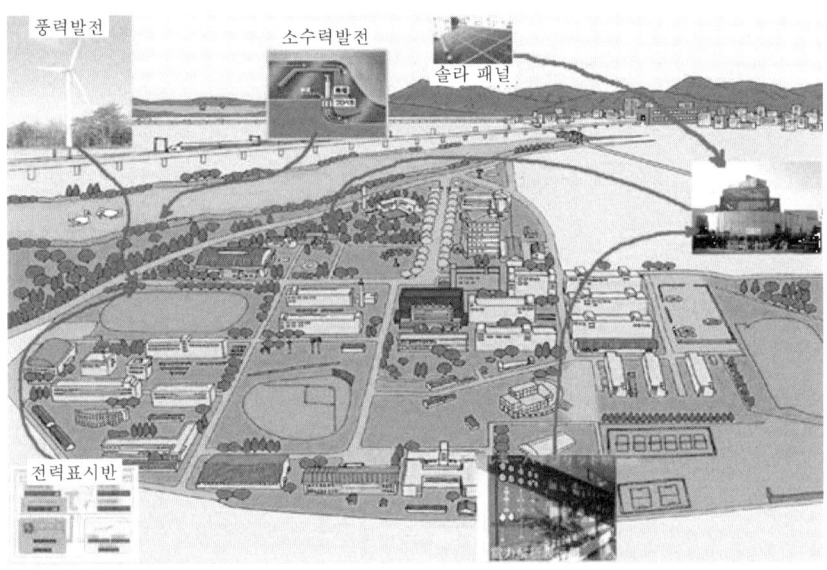

그림 9.11 》》
일본대학 공학부
바람·물·태양광
하이브리드 발전 시스템
구상도

(2) 풍력 + 내연 기관[7),8)]

풍력 + 내연 기관 하이브리드의 예로서 NEDO · 후지(富士)중공업이 신 선샤인 계획의 일환으로서 1999년~2002년에 걸쳐 개발·검증 시험을 실시한 '낙도용 풍력발전 시스템'이 있다(그림 9.12). 이것은 현재 전력을 고비용의 내연 기관(디젤) 발전에 의존하고 있는 중소규모의 낙도용으로 다음의 4가지를 목표로 풍력발전 시스템을 개발한 것이다.

① 수송·건설하기 쉬운 것(10t 트럭 및 20t 미만의 크레인으로 수송·건설 가능)
② 빈도가 잦은 태풍에 견딜 수 있는 것(내풍속 80m/s)
③ 현재의 디젤 발전 비용보다 충분히 낮은 비용으로 실현할 수 있는 것(설비 이용률 30%를 목적으로 20엔/kW·h 이하)
④ 디젤 발전 계통의 전력 품질을 유지하면서도 높은 비율로 병입(倂入)할 수 있는 것(계통 병입 비율 40%)

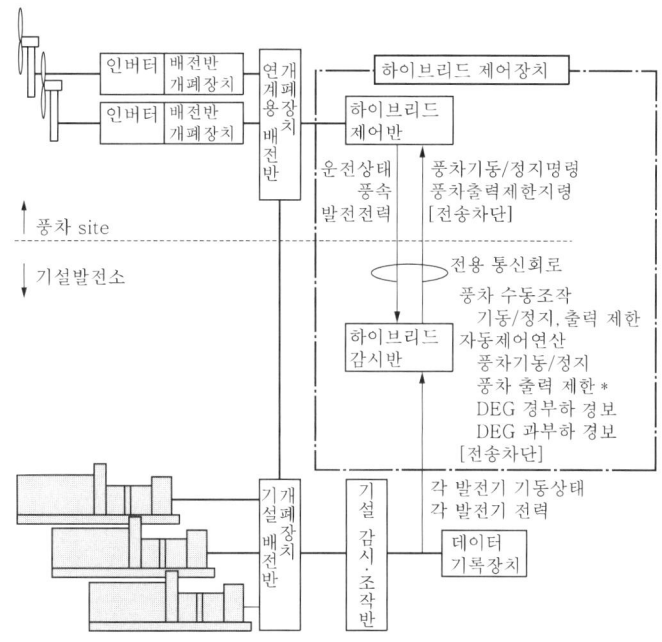

그림 9.12 디젤 발전기와의 하이브리드 시스템 개요

* : 디젤발전기 운전상태로부터 풍차출력 제한치를 연산

이들 목표를 만족할 수 있도록 100kW의 풍력발전 시스템 2기를 오키나와(沖繩)현 이제나(伊是名) 섬의 시험 계통(기존 300kW 디젤 발전기+이동용 240kW 디젤 발전기로 구성)에 접속하여 디젤 발전기와의 하이브리드 제어 운전을 시행하고 있다. 그 결과 출력 변동 49kW 이하·출력 변동의 변화율 16kW/s 이하의 소폭 변동에 대해서는 축전지 없이 기존 디젤 계통의 전력 품질을 유지하는 것이 가능하다고 결론지었다.

표 9.1 병렬 시험 데이터로부터의 풍차 출력의 변화율 및 변화폭(풍차 2기분)

No.	풍속 조건	평균 풍속 [m/s]	평균 병입 비율 [%]	출력 변화율 [kW/s]	출력 변화폭 [kW]
A	정격 풍속 이상	13.5 12.8	44.9%	−15.6~+12.7	43.7
B		12.0 11.6	42.6%	−13.9~+13.6	48.8
C	정격 풍속 이하	10.4 10.3	30.6%	−10.2~+12.6	42.9
D		7.34 8.03	17.9%	−9.51~+8.70	31.1

한편으로 이 이상의 대폭적인 변동에 대해서는 축전지 등의 보상 장치가 필요하며 그 경우 설비 비용이 증대하기 때문에 이 점에 대해서는 앞으로 해결해야 할 기술과제라고 할 수 있다.

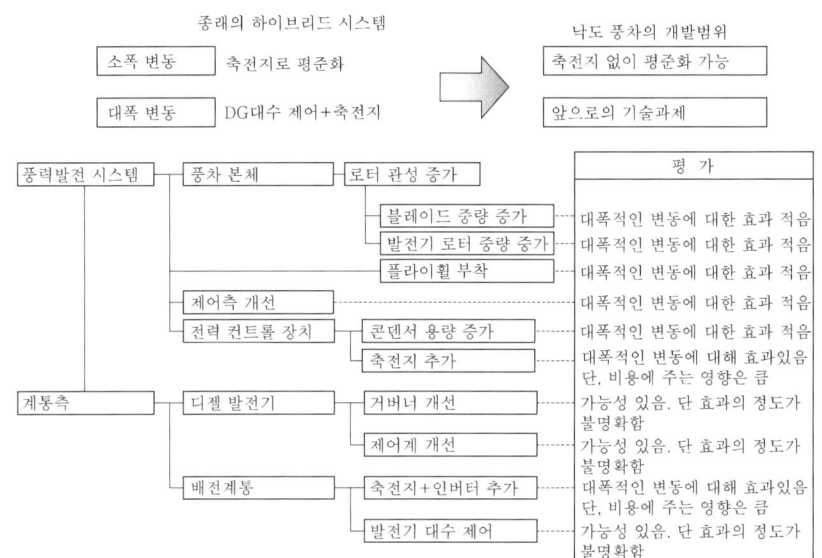

그림 9.13 앞으로의 기술 과제

(3) 풍력 · 태양광 · 바이오매스[9)]

풍력 · 태양광 · 바이오매스 하이브리드 발전 시스템으로서 2004년 3월에 아시카가(足利)공업대학 종합연구센터 내에 건설된 '자연 에너지 이용 트리플 하이브리드 발전 시스템'을 소개한다(그림 9.14 및 그림 9.15).

그림 9.14 자연 에너지 이용 트리플 하이브리드 발전 시스템 개관

발전 시스템은 정격 출력 40kW의 풍력발전기, 20kW의 태양광 발전 장치, 20kW의 바이오매스 발전 장치로 구성되어 있다. 풍력발전기에는 후지(富士)중공업(주) 제품 SUBARU 15/40이 사용되었다. 설치 부지 근교는 저풍속지이며, 주택지이기도 하기 때문에 높은 정재성(靜齋性)이 요구되므로 2m/s의 저풍속에서 발전할 수 있는, 또 세계 최고 레벨의 정재성이 확보되어 있는 이 기기를 채용하게 되었다.

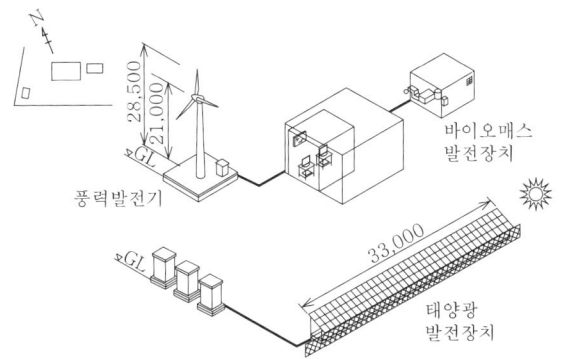

그림 9.15 시스템의 레이아웃 그림

태양광 발전 장치로는 산요(三洋)전기(주) 제품 HIT-190B2가 사용되었다. 설치 공간을 가능한 한 작게 좁히고, 기초 공사 경비의 삭감을 도모하는 필요성에서 2003년 시점에서 세계 제일의 고효율 모듈이었던 HIT(Hetero-junction with Intrinsic Thin-Layer) 태양 전지인 이 모듈이 채용되게 되었다.

바이오매스 발전 장치는 목질계 바이오매스를 부분 연소로 가스화하고 엔진 발전기를 구동하는 것에 의해 발전하는 것으로(그림 9.16), 아시카가 공업대학과 후지 전기 시스템즈(주)의 공동 연구에 의해 개발된 것을 채용하고 있다.

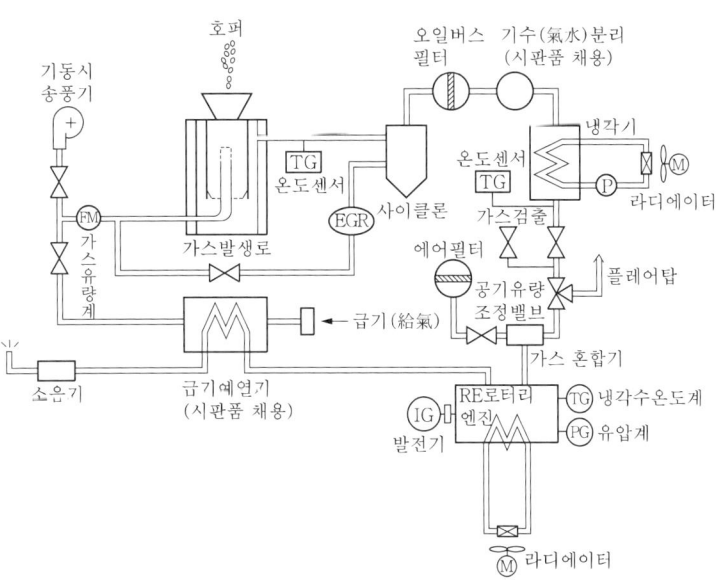

그림 9.16 바이오매스 발전 장치의 개요

또한 이들 시스템으로 얻은 전력은 현재 학내 계통에만 공급되며 전력회사에 역조류는 없는 시스템으로 되어 있다. 이 시스템 도입에 앞서 실시한 발전량 예측의 계산 결과는 다음과 같다.

풍력발전 시스템의 예상 발전량은 아시카가 공업대학 '바람과 빛의 광장'에 설치되어 있는 풍속계의 실측치에 거듭제곱의 법칙에 의해 높이 보정을 실시한 데이터를 이용, 레일리 확률 함수로 풍속 출현율을 산출하고 속도 계급별 연간 출현율에 발전량을 곱하여 구한 것이다. 연간 예상 발전량은 18,545kW·h가 되는 것, 또 아시카가 지역 근방의 지역풍인 '아카기 오로시'의 영향에 의해 11월~3월에 걸쳐 월별 발전량이 1,600kW·h/월 이상으로, 특히 3월에는 2,850kW·h/월로 되고 있는 것에 비해, 4월~10월까지는 1,200kW·h/월 이하로 떨어지는 경향이 있는 것으로 판명되었다.

태양광 발전 시스템의 발전량 예측은 산요전기(주) 홈페이지(http://www.sanyo.co.jp/clean/solar/hit_j/solar_hit/hit.html)의 전국 일사량 산출 시스템을 이용하여 실시했다. 이 계산 시스템은 발전 시스템의 용량, 지역별 일조 조건, 시스템의 각 손실을 고려한 발전량을 시뮬레이션할 수 있는 것이다(그림 9.17). 그 결과 연간 예상 발전량은 21,479kW·h가 되는 것, 또 연간 약 1,500~2,100kW·h/월의 비교적 안정된 발전량을 얻을 수 있는 것이 판명되었다.

다음으로 풍력·태양광 하이브리드에서의 계산을 하면 월별 예상 발전량이 최대가 되는 것은 6월이고, 4,939kW·h/월(약 5,000kW·h/월)으로 되는 것을 알 수 있다.

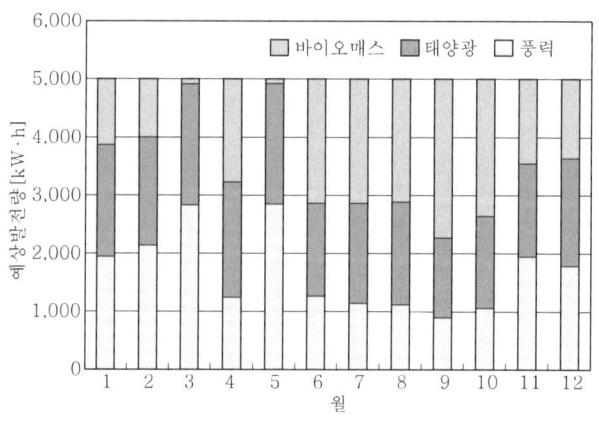

그림 9.17 예상 발전량의 시뮬레이션 결과

이 시스템에서는 이 5,000kW·h/월을 기준으로 하고 그것에 부족한 만큼을 목질 바이오매스로 보완하여 운용했다. 그래서 바이오매스 발전 장치에서 필요 발전량 및 필요 연료 중량을 산출한 결과, 6월~10월에 걸쳐 2,000kW·h/월 이상의 발전량이 필요하게 되며, 9월에는 최대로 2,500kW·h/월의 발전량이 필요한 것으로 판명되었다. 이 발전량은 일일 평균 4.25시간 가동시키는 것으로 달성할 수 있는 발전량인

점에서 아시카가 공업대학에서는 풍력 40kW, 태양광 20kW, 바이오매스 20kW라는 이 시스템의 설비 용량은 적당하다고 결론내렸다.

이 시스템은 문부과학성의 2003년도 사립대학 대형 시험 설비 보조를 받아 2004년 3월에 설치되어 4월부터 가동을 시작하였다.

MEMO

CHAPTER
10

풍력 이용의
경제성 평가

풍력 이용의 경제성 평가

풍력발전 프로젝트를 계획할 때에는 그 프로젝트의 채산성을 조사하여, 확실하게 이익을 거둘 수 있는 프로젝트인 것을 확인해야 한다. 물론 풍력발전 프로젝트는 15~20년이라는 장기간에 걸친 사업이기 때문에 그 동안 사회나 경제의 변화에 따라서 중도에 사업 운영을 조정하여도 이상하지 않지만 적어도 프로젝트 개시 전에 얻을 수 있는 정보를 모두 감안하여 냉정한 판단을 내리지 않으면 안 된다. 또한 프로젝트 중에서 풍차 건설은 풍력 발전의 시작에 지나지 않고, 그 후 수십 년 간의 운전을 계획대로 계속할 수 있는 지가 프로젝트의 성패를 좌우한다는 것을 잊어서는 안 된다.

발전사업자가 중요시하는 것은 최종적인 에너지 비용이다. 즉, 발전 사업의 수익은 전력 계통에 송전해서 매각하는 전력 1kW·h당 비용으로, 이 발전 비용과 전기 판매 단가의 차가 이익의 원천이다.

풍차를 설계할 때에는 바람의 운동 에너지를 얼마나 효율적으로 풍차 로터의 회전력으로 변환하고 전기 에너지로서 얻어낼 것인지, 그 변환 효율에만 주목하는 경향이 있다. 풍력발전에서는 화력발전 등의 '연료'에 상당하는 에너지원이 자연 바람으로 직접적인 비용이 들지 않기 때문에 에너지 변환 효율이 낮아도 기기나 그 유지 보수에 필요한 비용이 낮거나, 고장이 적고 장기간 안정적으로 운전할 수 있는 시스템이면 최종적인 발전 비용을 낮출 수 있으며 프로젝트의 채산성을 향상시킬 수 있는 가능성이 있다.

이와 같은 풍력발전의 특성 때문에 프로젝트에 필요한 비용이 대부분이 초기에 고정되어, 그 후에는 필요한 비용의 변동이 작다는 이점이 있다. 이것은 국제적인 정치나 경제 정세에 가격이 크게 좌우되는 화석 연료를 사용하는 발전 방식과는 다른 점이다.

그러나 일단 풍차를 설치하고 나면, 그 후에 얻을 수 있는 발전량은 부지의 풍황에 좌우되는 면이 강하고 기기의 개량 등으로 발전량을 늘려서 사업성을 개선하는 것은 곤란하다. 그러므로 풍황 관측이나 풍황 해석을 충분히 하여 건설 예정지의 풍력 에너지 부존량 및 기대 가채량(可採量)을 파악하는 것이 가장 중요한 과제라 할 수 있다. 프로젝트의 채산성을 검토할 때에는 여러 가지 사항을 조사할 필요가 있지만, 이 장에서는 예상 발전량을 산출하는 방법에 대해서 설명한다.

10.1 연간 발전량의 예측 계산

1 빈(bin)법에 의한 발전량 계산

풍차의 연간 발전량은 기본적으로 어떠한 속도의 바람이 어떠한 확률(발생 빈도)로 설치 장소에 부는가와 풍차의 성능(파워 커브)이 어떠한지에 의해 결정된다. 풍차 업체는 설계 데이터나 실제 기기의 성능 계측 데이터를 기초로 파워 커브를 결정하여 발전 사업자에게 제시하기 때문이다.

발전량을 계산하는 데는 '빈법(bin, 큰 상자)'이 사용된다. 이것은 연속적으로 변화하는 풍속을 일정한 폭을 가진 풍속역마다 종합하여 계산하는 것으로, 그 풍속 영역의 범위를 빈 폭이라 한다. 업체가 제시한 파워 커브가 1.0m/s마다 데이터로서 주어지는 경우가 많기 때문에 발전량 계산을 위해 빈 폭도 그것에 맞춰서 1.0m/s로 하는 경우가 많다.

빈 폭을 1.0m/s으로 하고 풍속 V[m/s]일 때의 풍차 출력을 $P(V)$[kW], 그 풍속의 발생 빈도(확률)를 $p(V) = p(V-0.5 \leq V \leq V+0.5)$로 하면 그 풍속(범위)에서의 연간 발전량 $e(V)$[kW·h]는

$$e(V) = 8,760 \times P(V) \cdot p(V) [\text{kW·h}] \tag{10.1}$$

이 된다.

여기서, 8,760은 1년간의 시간수(24[h/일]×365[일/연])로, 8,760 $p(V)$는 풍속 V[m/s]가 발생하는 시간수가 된다. 모든 풍속에서의 연간 발전량 E[kW·h]는 이것을 누적하면 곧

$$E = \sum e_i(V) = 8,760 \times \sum_i \{P_i(V) \cdot p_i(V)\} [\text{kW·h}] \tag{10.2}$$

이 된다. 실제 풍차에서는 발전 출력이 있는 컷인 풍속에서 컷아웃 풍속까지를 계산하면 충분하다.

2 와이블 분포에서의 발전량 계산

풍속의 발생 빈도 분포는 '와이블 분포(Weibull distribution)'와 거

의 같다고 잘 알려져 있다. 와이블 분포는 식 (10.3)으로 나타낸다.

$$f(V) = \frac{k}{C}\left(\frac{V}{C}\right)^{k-1} \exp\left\{-\left(\frac{V}{C}\right)^k\right\} \tag{10.3}$$

여기서, $f(V)$: 풍속 V에서의 확률 밀도 함수(probability distribution function)
C : 와이블 분포의 척도 계수
k : 와이블 분포의 형상 계수

와이블 분포의 척도 계수와 평균은 식 (10.4)의 관계에 있다.

$$\overline{V} = C \cdot \Gamma\left(1 + \frac{1}{k}\right) \tag{10.4}$$

여기서, Γ : 감마(gamma) 함수

계획지의 풍황 데이터가 충분하지 않고 풍속 빈도 분포(풍황 곡선)가 분명하지 않으며, 평균 풍속만을 알고 있는 경우에는 그 분포를 와이블 분포나 레일리 분포(Rayleigh distribution : 와이블 분포에서 $k=2$인 경우)라고 가정하는 경우가 있다. 특히 레일리 분포에서는 평균 풍속만 안다면 쉽고 편하지만 얻을 수 있는 예상 발전량에는 무시할 수 없는 오차가 포함될 가능성이 있기 때문에 사전 검토를 할 때에 참고하는 데이터 정도로 그치는 것이 무난하다.

식 (10.3)을 사용할 때에 주의해야 할 것은 $f(V)$가 '확률'이 아닌 '확률 밀도'를 준다는 점이다. 어떤 풍속의 발생 확률을 구하고 싶을 때에는 식 (10.3)에서 직접 계산하는 것은 불가능하고 독립 변수(풍속)의 범위를 정해서 그 구간에서 식 (10.3)을 적분할 필요가 있다. 예를 들면, 풍속 V_1에서 V_2까지의 발생 확률(빈도) $p(V_1 \leq V \leq V_2)$은

$$p(V_1 \leq V \leq V_2) = \int_{V_1}^{V_2} f(V) dV = F(V_2) - F(V_1) \tag{10.5}$$

가 된다.

여기서, $F(V)$는 와이블 분포의 누적 분포 함수(cumulative distribution function)로 '풍속이 V 이하일 확률'을 나타내며 식 (10.6)으로 구할 수 있다.

$$F(V) = 1 - \exp\left\{-\left(\frac{V}{C}\right)^k\right\} \tag{10.6}$$

식 (10.6)의 $F(V)$는 그 미분인 식 (10.3)의 $F(V)$보다도 단순한 식이며 확률을 직접 주는 식이기 때문에 실제 계산에도 사용하기 쉬운 형태라 할 수 있다.

이 와이블 분포에서 평균 풍속 7.0m/s, 형상 계수 $k=1.9$인 경우를 생각한다. 풍속의 범위는 전항의 빈법과 마찬가지로 0.5m/s 또는 1.0m/s로 하는 경우가 많지만 여기에서는 1.0m/s로 한 풍속 5m/s의 발생 확률을 구하는 경우, 형상 계수는 식 (10.4)로부터

$$C = \frac{\overline{V}}{\Gamma\left(1+\frac{1}{k}\right)} = \frac{7.0}{\Gamma\left(1+\frac{1}{1.9}\right)} = \frac{7.0}{0.8874} = 7.889 [\text{m/s}] \quad (10.7)$$

로 결정되며, 이것을 식 (10.5)에 대입하면

$$\begin{aligned} p(5.0) &= p(4.5 \leq V \leq 5.5) \\ &= F(5.5) - F(4.5) \\ &= \left[1 - \exp\left\{-\left(\frac{5.5}{7.889}\right)^{1.9}\right\}\right] - \left[1 - \exp\left\{-\left(\frac{4.5}{7.889}\right)^{1.9}\right\}\right] \\ &= 0.3959 - 0.2912 \\ &= 0.1047 \end{aligned} \quad (10.8)$$

이 된다.

3 실측 데이터의 와이블 분포에서의 근사(近似)

실측된 풍속 데이터를 그림 10.1과 같이 와이블 분포로 근사할 수 있으면 그 분포를 연속 함수로 나타낼 수 있어 실용적이다. 풍황 해석 소프트웨어인 'WAsP'도 풍속 빈도 분포를 와이블 분포로 근사하고 있다.

통계용 소프트웨어를 사용하면 관측 데이터를 와이블 분포에 근사시킬 수 있지만, 표계산 소프트웨어 등을 사용해 직선으로 회귀 계산이 가능한 경우에는 아래와 같은 방법으로 와이블 분포를 1차 함수로 변환한 뒤에 근사식을 결정할 수 있다.

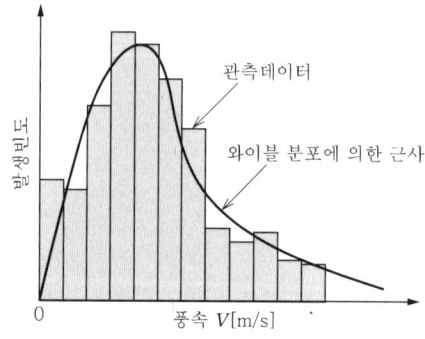

그림 10.1 와이블 분포에 의한 근사

와이블 분포의 누적 확률 함수는 식 (10.6)에서 주어지지만 이것을 변형하면

$$\frac{1}{1-F(V)} = \exp\left(\frac{V}{C}\right)^k \tag{10.9}$$

가 된다. 이 양변의 자연 대수를 취하면

$$\ln\frac{1}{1-F(V)} = \ln\left\{\exp\left(\frac{V}{C}\right)^k\right\} = \left(\frac{V}{C}\right)^k \tag{10.10}$$

다시 양변의 대수를 취하면

$$\ln\left\{\ln\frac{1}{1-F(V)}\right\} = \ln\left(\frac{V}{C}\right)^k = k\ln V - k\ln C \tag{10.11}$$

그러므로

$$Y = \ln\left\{\ln\frac{1}{1-F(V)}\right\} \tag{10.12}$$

$$X = \ln V \tag{10.13}$$

$$B = -k\ln C \tag{10.14}$$

라고 한다면 식 (10.11)은

$$Y = kX + B \tag{10.15}$$

로 바꿔 쓸 수 있고 와이블 분포를 1차 함수로 대치할 수 있다. 관측 데이터에서 X와 Y를 구해서 최소 2승법에 의해 회귀 직선을 구하면 그 직선의 기울기가 와이블 분포의 형상 계수 k가 된다. 또한 척도 계수 C는 직선의 절편 B가 결정되면 식 (10.14)를 이용해서

$$C = \exp\left(-\frac{B}{k}\right) \tag{10.16}$$

로 구할 수 있다.

4 예상 발전량 수정

연간 풍황 데이터와 파워 커브로부터 발전량을 계산했지만 실제의 풍력발전소에서는 이 결과를 다음과 같이 수정해서 오차를 줄일 필요가 있다.

(1) 웨이크의 영향

복수기의 풍차가 설치되어 있는 윈드팜에서는 풍상측에 위치한 풍차 로터에서 흐름이 흐트러진 영역(웨이크, wake)이 풍하측으로 흘러

나가 하류의 풍차에 영향을 미친다. 웨이크의 내부에서는 풍상측의 풍차에 의해 에너지를 빼앗겨 풍속이 낮아지기 때문에 풍하측에서의 발전량이 저하된다. 또한 흐름의 흐트러짐이 증가하기 때문에 로터의 피로수명에 악영향을 주는 경우도 고려해 두어야 한다.

(2) 이용 가능률(가동률, availability)

정기 점검이나 기기의 이상으로 풍차를 정지시킬 수 밖에 없는 사태가 자주 발생하기 때문에 운전 기간 중에 예상된 풍차의 정지 시간에 맞추어서 예상 발전량을 수정해야 한다. 풍차 업체와의 유지 보수 계약 등에 의해 이용 가능률이 보증되고 있는 경우(예를 들면 95%)는 이 값을 사용할 수도 있지만, 이용 가능률의 보증이 운전 개시 직후의 수년간 밖에 안 되는 경우도 있기 때문에 주의가 필요하다. 실제 운용에서는 풍속이 낮은 시기에 정기 점검을 실시해서 발전량의 감소를 억제할 것을 고려할 필요가 있다.

(3) 컷아웃에서 시스템 복귀까지의 시간 지연(히스테리시스)

풍속이 컷아웃 풍속을 넘으면 풍차는 발전을 정지하지만 그 후에 풍속이 저하하여 컷아웃 풍속을 하회(下回)하게 되어도 안전을 위해 풍차는 곧바로는 운전 상태로 복귀하지는 않고, 컷아웃 풍속보다도 낮은 복귀 풍속이 되기까지 운전을 정지하도록 운전 조건이 설정되어 있는 경우가 있다. 이와 같은 풍차를 사용할 때에는 지연에 의한 발전량의 감소를 예상해 두어야 한다.

(4) 계통 연계 설비의 손실

풍력발전소 구내의 변압기, 송전선 등의 설비에서 전력의 손실이 발생하여 풍차가 발전한 전력량보다도 매전(売電) 전력량이 작아진다. 이 손실은 전력 설비의 사양에 따라서도 달라지므로 적절한 손실을 예상해 둘 필요가 있다.

(5) 기타 손실

날개에 착빙·착설, 날개 표면의 오염이나 변형에 의한 날개 성능의 저하 등에 의해 본래의 파워 커브만큼 성능을 얻을 수 없게 되는 경우가 있다. 이들 손실을 고려하면 예상되는 연간 발전량은 식 (10.17)로 수정할 수 있다.

$$E' = E \times \eta_{\text{wake}} \times \eta_{\text{availability}} \times \eta_{\text{hysterisis}} \times \eta_{\text{loss}} \times \eta_{\text{other}} [\text{kW} \cdot \text{h}]$$
(10.17)

여기서, E : 수정 전의 예상 연간 발전량
η_{wake} : 웨이크 손실을 고려한 효율
$\eta_{\text{availability}}$: 풍차의 이용 가능률
$\eta_{\text{hysterisis}}$: 컷아웃 후의 히스테리시스에 의한 손실을 고려한 효율
η_{loss} : 계통 연계 설비의 손실을 고려한 효율
η_{other} : 기타 손실을 고려한 효율

10.2 장기 풍황 예측

풍력 에너지 자원에는 연간 계절적인 변동뿐만 아니라 해마다의 변동 등 많은 변동 요인이 있어, 장래의 풍황을 완벽하게 예측하는 것은 원리적으로 불가능하다. 그래서 통계적인 수법을 사용해서 프로젝트의 경제성에 관한 견적 오차를 수용 가능한 범위 내에서 억제하는 방법을 실시한다.

1 평균 풍속의 변동

풍력발전소 계획지에서의 풍황 관측은, 예를 들면, 1년간 등 특정 기간의 데이터 값에 불과하기 때문에 그 계측 기간이 장기적인 평균 풍황과 비교해서 어떠했었는가를 검증할 필요가 있다. 계측 기간이 우연하게 바람이 강한 해가 된다면 데이터상으로는 많은 발전량을 기대할 수 있고, 풍력발전에 적합한 장소라 생각되어도, 그 후의 풍속이 계측 데이터보다도 낮은 추이가 계속되어 버린다. 그렇게 된다면 기대된 연간 발전량을 얻을 수 없게 되고 프로젝트의 채산성이 의심되는 사태가 되어버릴 가능성도 있다.

그래서 풍력발전소 계획지의 근린에서 기상청 등이 계측하고 있는 장기간의 기상 데이터로부터 주변 지역의 연평균 풍속의 변동을 평가하고 계측한 기간의 풍속이 높은 시기였는지, 아니면 낮은 시기였는지를 평가함으로써 발전량의 예측 정밀도를 향상시켜 경제성을 보다 정확하게 평가하는 것을 고려할 수 있다. 예로서 연평균 풍속을 이용해 평가하는 경우를 생각해 보자.

어느 관측점에서 N년간의 관측 데이터가 구해지면 그 데이터로부터 N개의 연평균 풍속 $\overline{V_1}, \overline{V_2}, \cdots, \overline{V_N}$을 얻을 수 있다.

이들 데이터의 평균 μ(mean) 및 격차를 나타내는 표준 편차 σ(standard deviation)은 식 (10.18) 및 식 (10.19)로 구할 수 있다.

$$\mu = \frac{1}{N}(\overline{V_1} + \overline{V_2} + \cdots + \overline{V_N}) = \sum_{i=1}^{N} \overline{V_i} \tag{10.18}$$

$$\sigma^2 = \frac{1}{N}\{(\overline{V_1} - \overline{\mu})^2 + (\overline{V_2} - \overline{\mu})^2 + \cdots + (\overline{V_N} - \overline{\mu})^2\}$$

$$\therefore \sigma = \sqrt{\frac{1}{N}\sum_{i=1}^{N}\{\overline{V_i} - \overline{\mu})^2\}} \tag{10.19}$$

통상 얻을 수 있는 데이터는 길게 잡아 30년 정도($N=30$)일 것이기 때문에, 샘플 수가 충분하지 않고 그림 10.2와 같이 데이터의 분포가 정규 분포(normal distribution)에 근사할 수 있다고는 말하기 힘든 경우도 있을지 모르지만 샘플 수가 많아지면 중심 극한 정리에 의해 정규 분포에 가까워지는 것을 기대할 수 있으므로 여기서의 추정에서도 연평균 풍속의 분포는 정규 분포에 근사한다고 가정한다. 그 경우, 그 분포는 식 (10.20)으로 나타낼 수 있다.

$$f(\overline{V_i}) = \frac{1}{\sqrt{2\pi}\sigma} \exp\left\{-\frac{(\overline{V_i} - \mu)^2}{2\sigma^2}\right\} \tag{10.20}$$

정규 분포는 그 평균 μ과 표준 편차 σ의 값으로 분포가 결정되며 변수가 어느 특정 범위에 들어갈 확률은 그 값이 평균에서 얼마나 떨어져 있는가로 결정된다. 어느 해의 연평균 풍속 $\overline{V_i}$의 값이 포함된 범위는 평균 μ과 표준편차 σ에 의해 다음과 같이 된다.

$$\mu - \sigma \leq \overline{V_i} \leq \mu + \sigma \text{에 포함된 확률} = 68.2\% \tag{10.21}$$

$$\mu - 2\sigma \leq \overline{V_i} \leq \mu + 2\sigma \text{에 포함된 확률} = 95.4\% \tag{10.22}$$

그림 10.2 〉〉〉
연평균 풍속의 분포

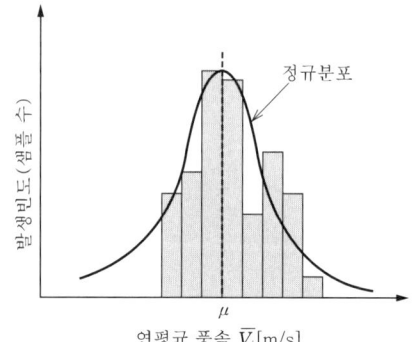

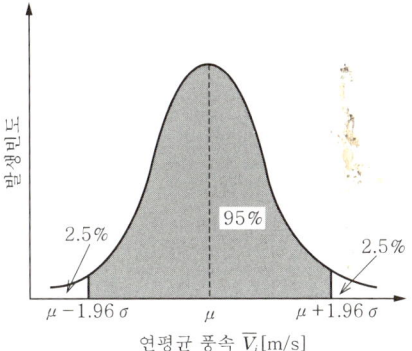

그림 10.3 정규 분포에 의한 95%의 신뢰 구간

$$\mu - 3\sigma \leq \overline{V_i} \leq \mu + 3\sigma \text{에 포함된 확률} = 99.7\% \tag{10.23}$$

또한 자주 사용되는 위험률 5%, 즉 95%의 샘플이 포함된 범위는

$$\mu - 1.96\sigma \leq \overline{V_i} \leq \mu + 1.96\sigma \tag{10.24}$$

로 구할 수 있다(그림 10.3).

2 기후 변동

해마다 풍속의 격차와는 별도로 예를 들면, 온실 가스에 의한 지구의 온난화로 인한 기후의 변동은 과거의 기상 데이터만으로는 알아낼 수 없는 면이 있다.

그러나 일본에서도 평균 기온이 상승 경향에 있는 것은 이미 알려진 사실이며 이것이 계속된다면 바람 자원의 분포에도 실제로 관측될 정도의 영향을 미칠 가능성이 있다.

10.3 풍속의 연직 분포 견적

풍력발전 프로젝트의 경제성 평가 시 발전량 예측을 위해서는 풍차 허브 높이에서의 평균 풍속이 중요한 지표로서 사용된다. 최근에는 풍차의 정격 출력이 커져서 허브 높이가 60~80m인 대형 풍차가 주류가 되고 있지만 이 높이에서 풍황을 관측하는 것은 쉬운 일은 아니다. 관측탑이 높아지면 그것을 지지하기 위한 와이어를 뻗기 위해 공간이 커지기 때문에 탑 주변에 장해물이 없는 넓은 공간이 필요해진다. 특히 60m를 넘는 탑에서는 항공법상의 제약도 부과하게 된다.

일반적으로 풍황을 관측하는 높이는 허브 높이 80% 이상의 높이가 바람직하다고 하지만 일본에서는 토지를 넓게 확보하는 것이 쉽지 않은 경우가 많고 낮은 고도에서의 관측만이 가능한 경우가 있다. 그와 같은 경우에는 관측한 풍속을 몇 가지 방법으로 고도에 대한 보정을 하여 낮은 고도에서의 관측치로부터 허브 높이에서의 풍속을 추정할 수 밖에 없지만 이 과정에서 오차가 생길 가능성이 높다.

고도 보정을 할 때에는 '거듭 제곱 법칙'이 이용되는 경우가 많다. 식 (10.25)에 거듭 제곱 법칙을 나타냈다.

$$V(z) = V_0 \left(\frac{z}{z_0}\right)^{1/n} \tag{10.25}$$

여기서, $V(z)$: 지상 높이 z에 있어서의 수평 방향의 풍속
V_0 : 기준이 되는 지상 높이 z_0에 있어서의 수평 방향의 풍속
n : 지수

를 나타낸다.

지수가 연직 방향의 분포를 결정할 중요한 파라미터이며 지수가 작을수록 윈드시어가 커지고 지표 부근과 상공의 풍속차가 큰 상태를 나타낸다.

해상 등 지표면이 평활한 장소에서는 윈드시어가 작아지고 지수가 커진다. 이 법칙은 식이 단순하기 때문에 사용하기 쉬운 계산식이지만 높이 방향의 분포를 결정하는 지수 n을 정확하게 결정하는 것이 실제 풍력발전소 계획지에서는 쉽지 않음에 주의를 요한다.

그림 10.4와 같이 어느 관측높이 z_0에서의 풍속이 V_0이더라도 윈드시어의 강도에 따라 허브 높이 z_H에 있어서의 예측 풍속이 달라진다. 윈드시어가 큰 경우에는 허브 높이에서의 풍속이 V_{H2}가 되지만 윈드시어가 작으면 허브 높이에서의 풍속은 V_{H1}에 그친다.

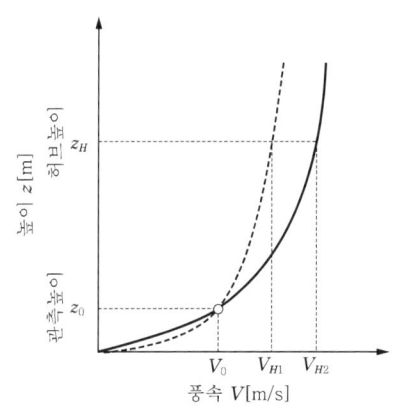

그림 10.4
윈드시어의 허브 높이가 풍속에 주는 영향

특히 지상 높이 10~20m라는 낮은 고도의 풍속은 지표면의 조도뿐만 아니라 식생이나 건축물 등 장해물의 영향을 강하게 받고 있을 가능성이 있고 이 풍속을 지수의 산정에 이용하면 윈드시어를 크게 잡게 됨에 따라 허브 높이에서의 풍속을 매우 낙관적으로 추산하게 된다. 또한 능선 위나 급경사면 부근에서는 지형의 영향을 받아, 흐름의 분포가 거듭 제곱 법칙으로 모델화할 수 없는 경우도 있다.

중고도에서는 지형의 영향으로 흐름이 압축되어 속도를 높여도, 상공에서는 그러한 지형의 영향이 작은 경우를 생각할 수 있다. 그와 같은 경우에 흐름은 연직 분포가 거듭 제곱 법칙이라고는 말하기 어렵고 무리하게 거듭 제곱 법칙을 적용해버린다면 상공(허브 높이)에서의 풍속을 너무 크게 추산하게 되므로 피해야 한다.

10.4 풍속 센서의 교정(캘리브레이션)

모든 계측을 할 때에는 센서의 출력(전압, 전류, 주파수 등)을 실제의 물리량과 결부시키는 작업이 필요해진다. 보통의 센서는 공업적으로 대량 생산되고 있으며 다수의 샘플이 평균적인 특성이 주어져 있지만 실제로는 개별 특성이 조금씩 다르다.

풍황 관측에 이용하는 풍속 센서에는 IEC 규격(IEC 61400-12)[1]에서 정한 '삼배식(三杯式) 풍속 센서'를 이용하는 경우가 많다. 풍동이나 주행하는 자동차 위에 이 풍속 센서를 설치해 미리 교정된 피트관 등과 동시에 계측하여 풍속 센서의 출력을 실제의 풍속과 결부하는 작업을 '캘리브레이션(calibration : 교정)'이라 한다. 같은 풍속에서도 풍속 센서에 따라 출력 신호에 수 %의 차이가 있으며, 예측된 발전량에 무시할 수 없는 오차가 발생한다. 그래서 각각의 센서에 캘리브레이션을 시행하여 풍속 계측 시의 오차를 최소한으로 억제하는 작업을 빼놓아서는 안 된다. 또한 풍황 관측은 1년 이상 장기간에 걸쳐 실시하지만 그 사이에 센서는 비바람이 심한 환경에 노출되어 특성이 변해버리는 경우도 있기 때문에 계측 기간 내에 몇 도인가를 계측하는 것이 바람직하다. 풍황 관측탑을 세우고 무너뜨리는 데는 많은 비용이 필요하기 때문에 현실적으로 계측 개시 전후 각 1회의 캘리브레이션을 권장하고 있다.

MEMO

CHAPTER
11

풍력 이용의
환경 영향

11 풍력 이용의 환경 영향

11.1 소음

1 영향의 현상

풍력발전기에서 발생하는 소음은 주로 너셀 내부에서 발생하는 기계음과 블레이드에서 발생하는 바람 가르는 소리로 크게 구분된다. 기계음은 주로 블레이드의 회전을 발전기에 전하는 기어의 맞물림에 의해 발생하며, 기종마다 그 발전 구조에 따라 차이가 생긴다고 한다[1].

한편 바람 가르는 소리는 블레이드의 회전으로 발생하기 때문에 회전 속도나 블레이드의 사이를 통과하는 기류의 질(풍속이나 흐트러짐 강도 등)에 의존한다.

제조회사에서 제시한 풍력발전기의 파워 레벨(power level)은 위에 기술한 2종류의 소리가 포함되어 나타나 있다. 그 산출 방법은 국제 규격인 IEC 61400-11에 규정되어 있고, 타워의 높이와 로터 직경에 의해 결정되는 일정한 거리에서 현지 측정된 데이터로부터 강제적으로 운전을 정지시켜 얻을 수 있는 암소음의 영향을 빼서 구할 수 있다. 여기서 나타난 파워 레벨은 지상 높이 10m에서의 평균 풍속이 8m/s일 때의 수치인 것으로 보아 최근 주류가 되고 있는 대형기는 거의 정격 운전에 가까운 상태를 나타내고 있다고 생각해도 좋다.

풍력발전기에 국한하지 않고 일반적인 소리의 전파 계산은 다음의 이론 계산식에 따른다.

$$L_{pA} = L_{WA} - 20\log_{10} r - 8 - \Delta L_{air} \tag{11.1}$$

여기서, L_{pA} : 풍력발전기에서 수평 거리 l [m] 떨어진 지점에서의 소음 레벨[dB]
L_{WA} : 풍력발전기의 A특성 파워 레벨[dB]
r : 풍력발전기에서 예측 지점까지의 거리[m]
　　$r = (l^2 + h^2)^{1/2}$
l : 풍력발전기에서 소음 예측지점까지의 수평 거리[m]
h : 풍력발전기 블레이드 중심까지의 거리[m]
ΔL_{air} : 공기 흡수에 의한 소리의 감쇠항[dB]

식 (11.1)로 구한 소음 레벨은 어디까지나 풍력발전기에서 발생하는 소음만을 나타내고 있다. 그러므로 실제로 도입된 이후 주변 지역의 소음은 해당 지역에 설치하기 전부터 존재하고 있던 소음 레벨(암소음)에, 위에서 기술한 예측 결과를 합쳐서 구한다. 암소음은 측정 시의 기상 조건에 따라 크게 달라지지만 식 (11.1)에 의해 산출된 소음 레벨은 어느 특정한 기상 조건 시에 한정된다. 게다가 소정의 시간대에 평균화된 상태를 나타내고 있는 것에 주의해야 한다.

그림 11.1은 강풍 지역에서 볼 수 있는 암소음과 풍력발전기에서 발생하는 소음 레벨에 대한 각각의 변화를 시계열로 나타낸 것이다. 대표적인 암소음인 나무가 부딪치며 나는 소리는 풍력발전기의 운전 상태를 결정하는 너셀 부근의 바람보다도 수음측(受音側), 즉 가옥 근방에 부는 바람에 따라 달라진다. 지표 부근의 바람은 지표물(나무 및 건축물)에 의해 크게 흐트러져, 풍속은 일정하지 않다. 그러므로 **그림 11.1**에서 볼 수 있듯이 암소음은 작게 나누어지고 변동폭이 크지만, 한편 바람의 흐트러짐이 작은 너셀 부근에서 발생하는 잡음 레벨의 변화량은 비교적 작다. 결과적으로 풍력발전기의 잡음이 나무 부딪치는 소리에 덮여지는 '마스킹 효과' 시간대와 숨겨지지 않고 수신측에 들리는 시간대가 생긴다. 그 결과 나무 부딪치는 소리와 풍력발전의 소음이 서로 번갈아 바뀌는 등 서로 다른 소음이 형성되고, 그 정도가 클 경우에는 수면 장해로까지 발전하는 것이다.

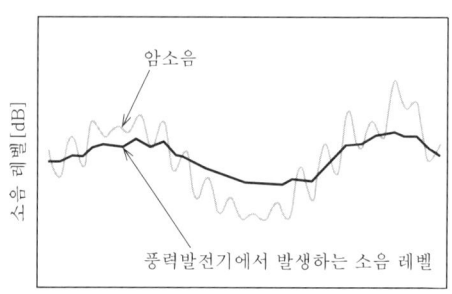

그림 11.1
소음 레벨 변화의 개념

이와 같은 현상은 풍력발전소에서 충분히 떨어진 지역에서도 마찬가지로 일어날 수 있다. 소리를 구성하는 3요소로는 크기(소음 레벨), 높이(주파수), 음색이 있지만 해당 지역에 지금까지 존재하지 않았던 "음색"이 새로이 더해짐으로써 산간의 정온(靜穩) 지역 등지에서는 저레벨임에도 불구하고 '소리가 신경 쓰인다'라는 불만으로까지 발전하는 경우가 있다.

풍력발전기에서 발생하는 소음에는 지향성과 더불어 **표 11.1**에 나타낸 것처럼 일반적인 전파의 특성으로서 소리는 풍하측으로 전파되기 쉽기 때문에 예측하지 못했던 먼 곳까지 영향이 미치므로 주의가 필요하다.

표 11.1 》》 바람에 의한 소리 전달 방법의 차이[2]

벡터 풍속[m/s]	음원에서의 거리[m]		
	50	100	200
±1	±0.5dB	±0.5dB	±1.0dB
±3	±1.5dB	±2.0dB	±3.0dB
±5	±2.5dB	±3.5dB	±5.0dB

그림 11.2는 가동 직후의 풍력발전소 주변 지역에 있어서 풍력발전기에서 발생하는 소음에 의하여 수면 장해가 발생하게 된 집의 실내·외에서 측정한 결과를 보여주고 있다. 그림 속의 ■와 ▲를 각각 연결하는 꺾은 선은 소음 장해의 지표가 되는 NC 곡선(noise criteria curves)으로, 수면 장해에 대하여 고통이 발생하기 시작하는 지표가 되는 NC25~NC30을 플롯(plot)하고 있다. 풍력발전기로부터의 소음이 비교적 높은 상태에서 전파된 날에 실내·외에서의 측정 결과는 음압 레벨(sound pressure level)이 125Hz, 500Hz, 1kHz 대에서 NC30을 넘고 있어 주민의 고통을 입증하는 결과가 되었다.

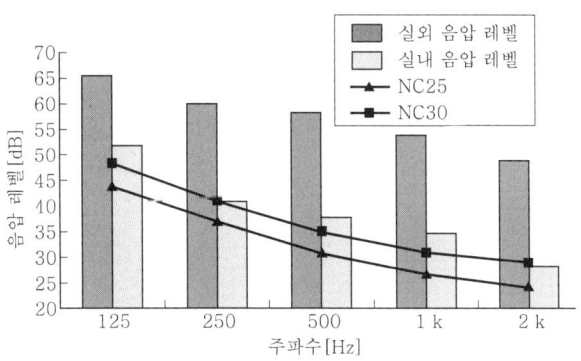

그림 11.2 》》 실내·외의 소음의 측정 사례

2 영향의 회피·저감책

소음 영향이 생긴 경우의 저감책은 저감하는 대상을 기계음과 바람 가르는 소리 중 어느 것으로 할 것인가에 따라 크게 달라진다. 기계음에 대해서는 발생원 측의 대처가 가능하며 너셀 내부에 흡음재(유리섬유 등)의 부착, 통기구(通氣口)에 방음 처리 등이 일반적이다. 단 이 경우에는 너셀 내부의 온도 상승을 억제하기 위한 폐열 처리도 필요한 경우가 있어 대책 비용의 증가는 불가피하다.

한편 바람 가르는 소리에 대해서는 수음측 즉, 개별 가옥에 방음 대책을 하는 경우가 많다. 구체적인 대책으로는 새시의 방음화나 이중화, 환기구의 방음 처리 등, 풍력발전에 국한되지 않은 일반적인 내용을 많이 볼 수 있다. 그림 11.2의 측정 결과를 예로 본다면 지표치를 초과하고 있는 주파수 대역에 대해서 방음 성능이 높아진 새시 등을 선정하면 되고, 그러한 의미에서 주파수 분석의 필요성은 높다.

또한 운전 조건면에서의 저감책으로서 주변 가옥의 분포 상황에 따라 섹터 관리(sector managament)를 시행하는 것도 유효하다. 섹터 관리는 그림 11.3의 왼쪽 그림과 같이 원래는 풍상측에 위치한 풍력발전기의 후방 난류(後方亂流) 영향을 피하는 것을 목적으로, 풍향에 대응해서 풍하(風下)측이 되는 풍력발전기를 정지시키는 기술이다. 이 기술을 응용해서 풍하측으로 전파되기 쉽다고 하는 소리의 일반적 성질에 입각하여 그림 11.3의 오른쪽 그림과 같이 근방의 주변 가옥이 풍하측에 위치하게 되는 풍향 시에, 일부의 풍력발전기를 정지시킴으로써 소음의 영향을 줄이게 된다. 정지시키는 풍력발전기를 보다 가옥에 소음 기여율이 높은 것으로 한정하여, 운전 제한으로 인한 발전량의 저하를 최소한으로 억제할 수도 있다.

그림 11.3 >>>
섹터 매니지먼트 이용의 예

 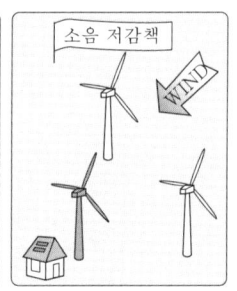

↟ : 가동시키는 풍력발전기　↟ : 정지시키는 풍력발전기

11.2 전파 장해

1 영향의 현재 상황

풍력발전에 의한 전파 장해로서는 일반적으로는 가옥의 TV 전파로 인한 영향을 검토하고 있다. 한편으로 전파법상의 중요 무선 회선으로서 신고된 고정국 간의 송수신에 대해서는 전파의 이용 목적에 관계없이 주파수가 890MHz 이상인 것을 대상으로 하고 있다.

전파법에 기초한 종합통신국에 신고된 중요 무선 회선은 종합통신국이나 (사)전파산업회에서 열람이 가능하다. 계획지 주변에 송수신 경로가 존재하는 경우에는 해당 전파의 프레넬 존(fresnel zone) 등을 계산하여 이것과 저촉되지 않도록 계획을 변경할 필요가 있다. 프레넬 존이란 그림 11.4와 같은 전파의 퍼짐이며 송수신점에서 떨어질수록 단면적은 커진다. 송수신기 간의 거리, 송수신 주파수 등을 알 수 있다면 비교적 쉽게 계산되기 때문에 사업 계획의 자유도가 큰 조기 단계에서의 확인이 바람직하다.

그림 11.4 ≫
프레넬 존의 개념

한편으로 일반 가옥의 TV 수신에 대한 전파 장해에 관해서는 전파의 송신점과 수신점(집) 및 풍력발전기와의 위치 관계에 의해 차폐 장해나 반사 장해 혹은 플러터(flutter) 장해가 발생한다. 풍력발전기는 빌딩 등의 일반적인 건조물과 비교해서 전파 도달 방향에 대한 투영 면적이 작기 때문에 수신 장해의 원인으로 되기 힘들다고 여겨지지만 풍력발전소 주변의 수신 상황이나 사업 계획(설치 기수, 풍력발전기의 규모) 등에 의해 실제 영향으로 나타나고 있는 사례가 여기저기서 보인다.

이들 장해 중 풍력발전 가동에 따르는 발생 사례가 가장 많은 것이 플러터 장해이다. 플러터 장해는 비행기 등의 이동체에 의해 전파가 반사되거나 차폐되는 것으로, 화면의 밝기나 고스트가 시간에 따라 달라지는 장해를 말하는 총칭이다. 건조물을 우회해서 생긴 위상이 다른 전파(이하 '투과파')가 직접 수신하고 있는 전파(이하 '직접파')와의 사이에서 화상의 열화를 생기게 하는 것이며 풍력발전기의 경우에는 블레이드의 회전에 맞추어 정상적인 상태와 스노 노이즈가 걸린 상태가 반복되기 때문에 장해로서 인지되기 쉬운 특징이 있다.

직접파의 수신 전계가 강한 경우에 장해는 나타나기 어렵지만 약한 경우(일반적으로는 수신점에 있어서 전계 강도가 50dB를 밑도는 듯한 지역)에는 투과파에 의한 변동을 무시할 수 없어, 플러터 장해가 발생하기 쉬워진다. 풍력발전소는 산 능선의 정상부에 입지하는 경우가 많고 그 주변 거주 지역에서는 대부분의 경우 해당 능선을 등진 방향의 송신국에서 수신을 하고 있다. 단, 어느 방향이나 산지로 둘러싸인 지역이나 해안부의 벼랑 아래에 있는 지역에서는 그림 11.5와 같이 어쩔 수 없이 능선을 회절(diffraction)해서 전해지는 전파를 수신하고 있는 예도 많이 볼 수 있으므로, 입지 장소 선정 시에 주의가 필요하다.

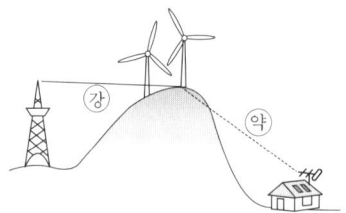

그림 11.5 플러터 장해가 생기기 쉬운 지형

한편, 반사 장해에 관해서는 풍력발전기 특유의 복잡한 형상이나 풍향·풍속에 의한 반사면의 변위라는 특징으로 인해 명확한 장해로서 인지되기 어렵다. 반사 장해의 발생 구조를 그림 11.6에 개념도로 나타냈다. 반사 장해의 정도를 나타내는 척도로서는 희망파(desire)와 반사파(undesire)의 비율을 데시벨로 표시한 DU비가 자주 이용되고 있고 반사파가 차지하는 비율이 높아질수록 수신 강도는 약해진다. 그러나 감쇠는 희망파와 반사파에 각각 동등하게 발생하기 때문에 수신 가옥에서 보아 송신점의 배후에 풍력발전기가 입지되는 경우에는 먼 곳까지 같은 DU비가 유지되는 경우가 있고, 장해가 생기더라도 풍력발전에 의한 것이라고는 인지되지 않는 경우도 있다.

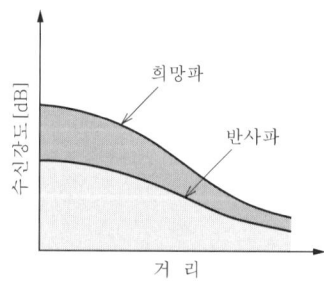

그림 11.6 반사 장해의 발생 구조 개념

풍력발전기에 의한 차폐 장해는 주로 타워부에서 발생한다. 최근의 대형기는 타워 기부(基部)의 직경이 4~5m에 달하지만 이 경우에 있어서도 차폐 장해가 생길 가능성이 있는 범위는 타워 위치보다 100m 정도의 근거리 내로 계산되어 실질적인 영향이 미치는 경우는 거의 없다.

현재 풍력발전에 따른 전파 장해의 검토는 (재)NHK 엔지니어링 서비스에 의뢰하도록 장려하고 있다. 여기서 얻은 검토 결과를 토대로 영향이 생길 가능성이 있는 가옥 집합 지역을 추출하여, 그림 11.7과 같은 전파 측정차를 이용해서 풍력발전소 설치 전의 수신 상황을 확인해 두는 것이 중요하다.

그림 11.7 》》 전파 측정차

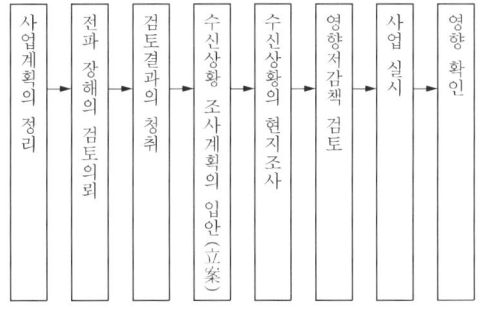

그림 11.8 》》 전파 장해에 관한 조사 절차

사업계획의 정리 → 전파 장해의 검토의뢰 → 검토결과의 청취 → 수신상황 조사계획의 입안(立案) → 수신상황의 현지조사 → 영향저감책 검토 → 사업 실시 → 영향 확인

2 영향의 회피·저감책

본 절의 첫머리에서 언급한 중요한 무선 회로에 관해서는 해당 회선의 관리자와 개별로 협의를 진행하면서 기본적으로는 프레넬 존에 저촉되지 않도록 레이아웃을 변경하고 영향을 회피하는 것이 적합한 대책일 것이다.

한편으로 TV 전파 장해에 대한 영향 저감책은 장해의 발생 상황에 맞게 검토한다. 약한 반사 장해에 대해서는 안테나의 고성능화나 부스터의 설치 등 전파 장해가 발생한 각각의 가옥에 대한 대처로 개선이 가능하지만 강한 장해에는 고스트 제거 기능이 딸린 수신기 등이 필요하게 되는 경우도 있다. 한편, 플러터 장해에 대해서는 장해가 미치지 않는 구역에 별도로 설치한 수신 시설에서 유선에 의해 복수의 가옥으로 보내는 것으로 대처한다. 이것을 공동 수신 방식이라고 하며, 이 방식을 채용하는 경우에는 공동 수신 시설을 설치하기 위한 부지를 별도로 확보해야 하는 것 외에, 시설 자체의 설치 비용과 장거리에 미치는 케이블의 부설 비용이 올라간다.

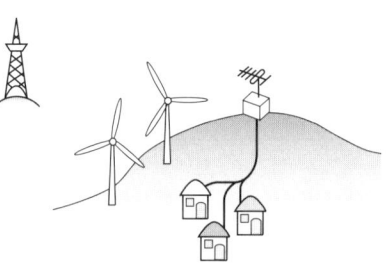

그림 11.9
공동 수신 시설의 설치에 의한 수신 영상의 개선

풍력발전기의 설치로 인해 전파 장해가 발생할 '가능성'은 계획지의 범위나 레이아웃이 다소 변경되는 정도로는 거의 달라지지 않는다. 그러므로 사업 계획으로 가능한 한 초기 단계에서 장해의 '가능성'을 검토하고 그 결과에 의해서 장해가 생긴 경우에 필요한 대책 비용의 산정까지를 사전에 해 두는 것이 바람직하다.

11.3 생태계

1 영향의 현재 상황

생태계에 미치는 영향은 해당 지역에서 자라고 있는 식생의 개변(改變), 그 위에 살고 있는 소동물, 그리고 그것을 포식하는 맹금류 등의 생식 환경 변화라는 광범위하게 많은 항목에 걸친 것이다. 최근에는 이들을 걱정하는 소리도 들려오지만 그 영향의 정도를 실제로 확인한 사례는 일본에서는 극히 적다.

해외에서 주로 조류에 미치는 영향에 착안한 조사 사례에 지식과 견문을 의지해야 하는 것이 현재 상황이다. 최근에는 일본에서도 겨우 가동 후의 사후 조사가 이루어지기 시작했지만 공적인 장소에서 발표된 사례는 지극히 적다.

표 11.2는 「풍력발전을 위한 환경 영향 평가 매뉴얼」(신에너지·산업기술 종합 개발기구, 2003년 7월)에 나타난 동물에 미치는 환경 영향 요인 매트릭스이다.

표의 상단 4항목은 대상이 되는 종(種)의 생식 환경 악화, 감소, 상실이라는 영향을 고려한 것이며, 풍력발전에 한정되지 않은 일반적인 개변(改變)을 따르는 개발 행위로서의 영향 요인이기 때문에 이것을 회피 또는 저감하는 대책은 다른 개발 사례를 참고하는 것으로 비교적 쉽게 검토할 수 있다. 한편, 회색으로 칠해진 2항목은 주로 회전하는 블레이드에 접촉 사고라는 사상(事象)으로 인한 영향을 구체적으로 나타내는 것으로, 풍력발전 특유의 영향 요인이라 할 수 있다.

그림 11.10은 일반적인 풍력발전소의 개변 구역을 나타내고 있다. 풍력발전기의 설치에 따른 주요 개변 구역은 기초부를 포함한 작업 야드 및 반입로라 할 수 있으며 이 중 반입로는 그림 11.10과 같이 기존 도로의 폭을 넓히는 정도에 그치는 경우가 많다. 생태계에 미치는 영향을 예측하기 위해서는 가장 먼저 동물·식물의 생식·생육 환경의 직접적인 감소 정도 혹은 귀중한 식물의 소멸 유무에 대해서 개변 구역을 근거로 검토를 진행할 필요가 있다.

표 11.2 》〉 동물에 대한 환경 영향 요인

영향 요인 \ 망(網)	포유류	조류	양생류 파충류	곤충류
개변(改變)에 의한 생식 환경의 감소·상실	○	○	○	○
소음에 의한 생식 환경의 악화	○	○	○	-
소음에 의한 먹이 자원의 도피·감소	○	○	-	-
번식·사냥과 관련된 이동 경로의 차단·저해	○	○	-	-
블레이드, 타워 등으로의 접근·접촉	-	○	-	-
야간 조명에 의한 유인	○*	○	-	○

* : 박쥐류 중에는 야간 조명을 보고 날아드는 곤충류를 포식하기 위해 접근할 가능성이 있다.

그림 11.10 》〉 개변 구역의 예

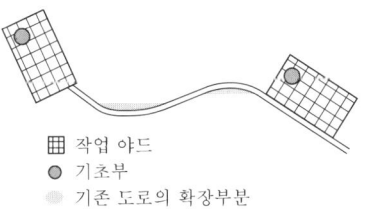

▦ 작업 야드
● 기초부
▨ 기존 도로의 확장부분

표 11.3은 지금까지 계획지 내에서 확인된 적이 있는 귀중한 종(種)의 일례를 나타낸 것이다. 이들 중 다수가 앞에서 기술한 개변 구역을 생식·생육지에서 격리하는 것으로 영향의 회피를 도모하고 있다.

또한 앞서 서술한 '생식 환경'이란 집짓기 환경과 먹이활동 환경을 포함한 넓은 의미로 사용되고 있기 때문에 집짓기 환경이 근처에 존재하지 않아도 먹이활동 환경으로서 계획지를 이용함으로써 사업에 따른 영향을 염려한 사례도 있다.

환경성의 레드데이터북에 멸종 위기종 IB류로 지정되어 있는 검둥수리는 목초지 등의 열린 환경을 사냥터로 한다. 어떤 사례에서는 적어도 계획지에서 수 km의 범위 내에는 둥지가 존재하지 않았지만 비

번식기인 가을에는 계획지의 일부로 날아와 야생 토끼를 사냥하고 있는 것이 확인되었다.

이 사례에서는 먹이활동 환경으로서 보전이 필요했으므로 먹이 자원으로 야생 토끼의 생식 환경을 주변 지역도 포함하여 일정 규모를 확보하는 데 주력했다.

표 11.3 풍력발전의 계획 지역 내에서 확인된 주요 희귀종

망(網)	종 명	랭 크	주요 생식·생육 환경
조류	대매	멸종 위기종 II류	수림
	붉은 해오라기	준 멸종 위기종	수림
양생류	숲 청개구리	-	습지
곤충류	팔랑나비	멸종 위기종 I류	목초지
식물	새우 난초	멸종 위기종 II류	수림

[주] 랭크는 환경성 편 「레드데이터북」에 따름. [4]~[7]

조류나 일부 포유류(박쥐류)에 대해서는 회전하는 블레이드와의 충돌사, 소위 버드 스트라이크가 염려되고 있다.

블레이드 충돌사는 NWCC의 보고에서도 드러난 것처럼 자동차나 건물(및 유리창), 송전선, 통신 철탑 등의 다른 인공 구조물에 대한 사고와 같이 인류가 사회 활동을 계속하는 한 피할 수는 없다. 주의해야 할 점은 해당 지역의 동물 개체군(혹은 철새 등에서는 보다 광범위한 개체군)이 풍력발전소 설치 구역을 무언가 중요한 이용지로 삼고 있는 경우에 사고를 일으키기 쉬운 지리적 요인, 풍력발전 설비의 구조적 요인이나 배치상의 요인 등에 악운이 겹쳐 충돌사 발생 건수가 증가하는 것이다.

미국 애팔래치아 지방의 북부에서 2003년 가을에 적어도 400마리의 박쥐가 풍력발전기에 충돌하여 사망한 사례가 있었다. 이는 대규모 이동을 하는 특수한 박쥐에게 해당 지역이 이동 경로의 하나로 이용되고 있었고, 풍력발전기의 구조적 요인 등이 겹쳐 발생했다고 여겨지며 전문에 의해 원인을 특정(特定)하는 작업이 진행되고 있다.

일본에 있어서도 조류의 충돌 사고가 적지만 서서히 보고되기 시작하고 있다.

현시점에서는 충돌 사례의 경향을 정리할 수 있을 정도까지의 데이터 수는 축적되어 있지 않지만 그림 11.11에 나타난 것처럼 ① 시야 불량이 되기 쉽고, ② 먹이 자원이 풍부, ③ 사냥에 이용하는 상승 기류가 발생하기 쉬운 지형 등에서는 사고 보고가 많아지고 있음을 확인할 수 있다.

그림 11.11 〉〉
조류의 충돌이 일어나기 쉬운 요인

그림 11.12 〉〉
풍력발전소의 설치 전후의 철새 비행 경로(상 : 건설 전, 하 : 건설 후)

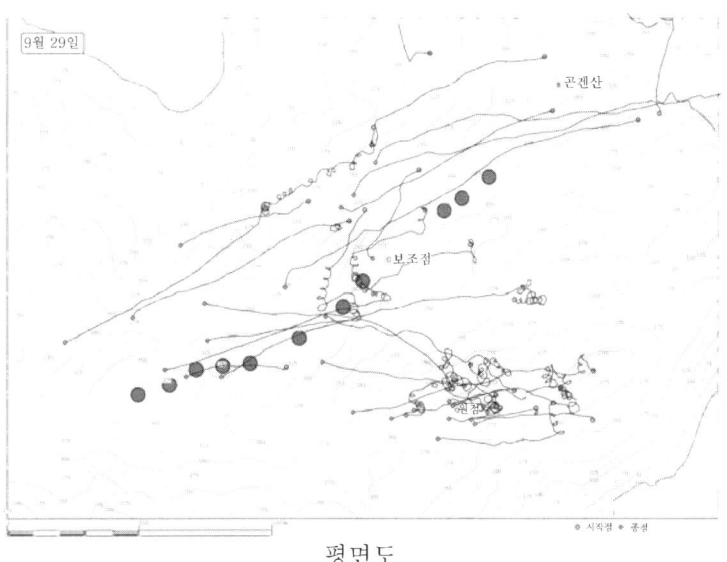

11.3 생태계

한편 철새의 회피 행동을 정교하고 치밀한 현지 조사로 확인한 사례도 있다.

그림 11.12는 팔각매 등으로 대표되는 맹금류의 대규모 이동에서 주요 경로에 해당되는 반도부의 풍력발전소 설치 전후에 실시한 비상 경로 조사의 결과이다. 맹금류가 풍력발전기의 존재를 인식하고 회피 행동을 하는 모습을 확인할 수 있다[9].

이 조사 사례에서는 세오돌라이트(theodolite)를 이용함으로써 철새의 3차원적인 위치 정보를 정량적으로 파악하고 있다. 측정 원리는 그림 11.13에 나타난 것처럼 삼각 측량의 응용이며, 양질의 비상 데이터를 얻을 수 있다.

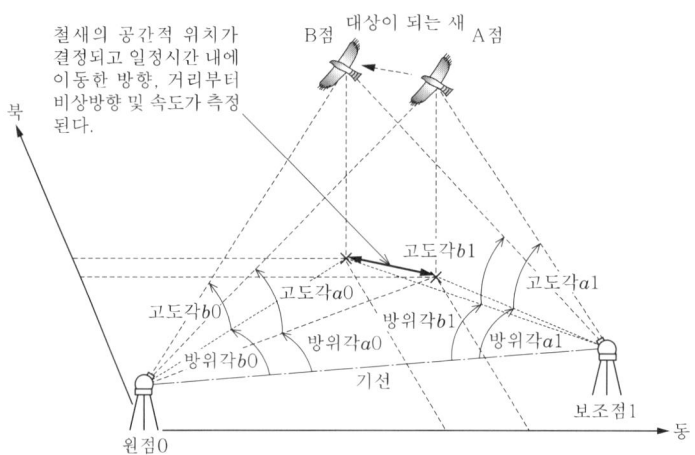

그림 11.13 〉〉〉
세오돌라이트 조사의 측정 원리

소개한 사례는 어디까지나 특정 지역, 특정 종(種)에 한정된 것이지만 상당수의 충돌 사고가 발생한 사례와 그렇지 않은 사례가 정리되어 그것을 야기하는 몇 가지 원인을 밝혀냄으로써 구체적인 영향 저감 대책을 입안할 수 있다.

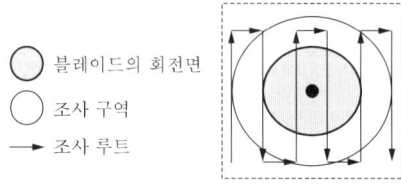

그림 11.14 〉〉〉
버드 스트라이크의 조사 구역

해외에서는 그림 11.14에 나타난 것처럼 조사 구역을 설정하고, 정기적으로 순회하면서 가동 후의 충돌 사례에 대한 모니터링을 실시하고 있다. 월 1회의 빈도로 모니터링한 경우 합계 12회의 조사로 얻은 충돌 개체수로부터 추정되는 연간 사망 총수 N은 다음과 같이 계산된다.

$$N = \sum N_m \times (30/D)/RB$$

여기서, N_m : m월의 충돌 개체수

D : 사체의 소실 일수(사망한 조류가 포식자 등의 존재에 의해 소실되기까지 걸리는 일수를 말한다. 일반적으로 5일~2주간 정도가 된다.)

RB : 발견 효율(소조류의 사체가 수풀 등에 의해 간과될 수 있기 때문에 일반적으로 발견 효율은 30~50% 정도가 된다.)

모니터링에서는 충돌사한 개체의 종, 발견 위치, 주위의 상황(지표면의 피복 상태 등), 기상 조건 등을 가능한 한 상세하게 기록해 두는 것이 바람직하다.

2 영향의 회피·저감책

표 11.3에 나타난 참매가 확인된 사례에서는 둥지가 계획지 내에서 발견된 것에 입각해서, 설치할 풍력발전기의 위치를 그림 11.15와 같이 변경하고 참매의 번식 활동에 미치는 영향을 줄이고자 노력했다. 확보한 비개변 구역은 참매의 둥지 중심 지역을 참고로 설정되어 있다.

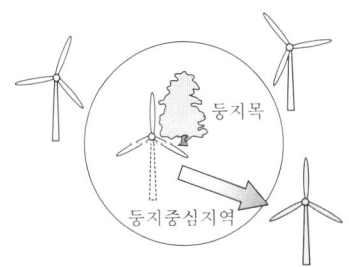

그림 11.15 >>>
둥지 활동에 대한 영향 저감책

마찬가지로 당초의 계획으로는 기존 도로의 폭을 넓히는 것으로 반입로를 확보할 예정이었지만 흰점 팔랑 나비의 생식지가 이 기존의 도로 부근에서 확인되었기 때문에 목초지 내를 우회하도록 반입로를 신설하는 계획으로 변경한 사례도 있다.

이와 같이 귀중한 동식물의 생식 혹은 생육지가 확인된 경우에는 먼저 영향을 회피해야 하고 계획 변경을 검토하는 것이 중요하다. 그것이 어떠한 이유로 불가능한 경우에는 영향을 최소한으로 억제하도록 저감책을 검토한다. 개변 면적을 최소한으로 그치게 하는 것은 영향의 저감책의 하나이다.

저감책의 실시도 곤란한 경우에는 대상 조치를 검토한다. 대상 조치의 예로서는 소실하는 것과 같은 환경을 계획지의 밖에 새롭게 창조하는 것 등을 들 수 있다.

조류 충돌(bird strike)에 대해서는 개별적으로 실시된 조사 결과에 기초해서 검토된 영향 저감책이 이미 일부 도입되어 효과를 얻고 있다. NWCC의 보고에서는 캘리포니아의 대규모 윈드팜 내에서 래티스 타워식의 풍력발전기를 둥지로 이용하고 있던 맹금류가 먹이를 쫓던 중에 블레이드에 충돌했다. 이 때문에 현재 이용되고 있는 모노폴식 풍력발전기로 대체하여 충돌수의 감소가 기대되고 있다.

스페인의 Tarifa에서는 1993년 운전을 시작하여 1년 동안 조류의 충돌사가 다수 확인되었기 때문에 상세한 조사를 실시한 결과, 부근의 불법 폐기물 처분장이 조류의 좋은 사냥터로 되고 있는 것으로 판명되었다.

이 때문에 조류가 윈드팜을 가로질러 이동하는 빈도가 높아지고 있다고 추측되었다. 쓰레기 처리장을 폐쇄한 후에 재조사한 결과, 충돌사는 감소하였고 해당 윈드팜은 새의 비행이나 둥지에는 영향을 미치지 않게 되었다[10].

다른 인공 구조물의 조류 충돌사에 관한 회피책도 참고가 된다. 예를 들면 미국 내무성은 야간에 이동하는 조류가 대규모의 통신 철탑(communications tower)에 충돌하는 것을 막기 위해 백색 섬광등(white strobe light)의 설치를 가이드라인에 추가하도록 하고 있다[11].

한편 상시 점등하고 있는 적색등(solid red light)은 오히려 조류를 유인하기 쉽기 때문에 피하도록 호소하고 있다.

이상과 같이 풍력발전이 동물에 주는 영향 요인 중 회전하는 블레이드 접촉에 대해서는 상당수의 사례를 축적시킨 뒤에 발생 요인을 인자 분석으로 규명하고, 다른 인공 구조물에 대한 충돌 회피책 등도 참고하면서 실시 가능한 범위 내에서 우선도가 높은 보전 조치부터 실행하는 것이 중요하다.

일본에서도 일부 사업자는 앞서 기술한 해외의 모니터링 수법을 배워 자주적으로 사고 사례를 축적하기 시작했다. 그것들이 축적되어 전문가에 의해 객관적인 분석이 실시됨으로써 사고가 일어나기 쉬운 지형이나 지표면 피복 상태, 기상 조건 등이 확실해 질 것이다. 블레이드 접촉 사고에 대한 유효한 회피·저감책은 그와 같은 기초적 연구가 축적되어야 비로소 제안되게 된다.

11.4 경관

1 영향의 현재 상황

예전에는 드물게 관광객들의 관심을 끄는 역할을 했었던 풍력발전이지만 도입이 본격화되면서 자주 볼 수 있게 되어 다음 세대를 담당하는 전원의 하나로서 일상 생활에 스며들고 있다. 이 경향은 풍력발전이 인간의 삶을 풍요롭게 해준다는 긍정적인 측면도 있지만, 특정 지역에 대규모의 풍력발전이 죽 늘어서게 됨에 따라 경관상의 악영향을 염려하는 목소리도 높아지고 있다.

환경 영향 평가를 위해 경관 조사를 실시하는 경우에는 그림 11.16에 나타난 것처럼 가시 영역도를 먼저 작성한다. 이것은 지형적으로 풍력발전을 눈으로 확인할 수 있다고 판별된 지역을 그림으로 나타낸 것으로 평가를 위한 주요 조망점 선정의 근거도 된다. 주요 조망점은 불특정 다수의 사람이 이용하는 것 등을 감안해서 선정하지만 전망지, 경승지, 역 주변 등인 경우가 많다. 주관론에 빠지기 쉬운 경관의 평가이지만 위치한 시군면 등이 책정하고 있는 경관 형성 기본 방침 등과의 정합성을 도모하는 것이 우선되어야 할 것이다. 또한 다음에 소개하는 검토회의 협의 내용도 경관 영향의 사고 방식을 정리하는 데에 참고가 된다.

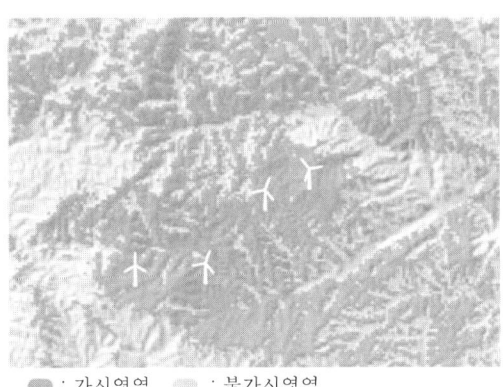

그림 11.10 가시 영역도

● : 가시영역   ● : 불가시영역

2003년에 일본 환경성이 개최한 '국립·도립 공원 내에 있어서의 풍력발전 시설 설치 방법에 관한 검토 회의'는 풍력발전이 경관에 미치는 영향에 대해 공식적인 의논이 이루어진 일본 내 최초의 사례였다.

이 검토 회의에서는 풍력발전기는 지구 온난화 방지 대책의 상징적 존재로서 간주되는 것을 비롯해 송전선 철탑 등 유사한 형상 특성을 가진 대규모의 공작물과 비교해서 경관상 좋은 인상을 주기 쉬운 한편, 일반적으로는 산능선이나 해안선, 곶의 위 등, 전망 좋은 장소에 위치하기 때문에 그 자체가 풍경의 주 대상이 되는 등, 자연 경관을 바꾸게 할 염려가 있다고 지적하고 있다.

그 때문에 국립·도립 공원 내에 있어서는 다음과 같이 각종 보전 조치가 필요하다고 하고 있다[12].

- 자연 경관의 보호상 핵심적인 지역을 피한다.
- 조망 대상인 산능선 등 경관상 눈에 띄는 장소에 설치하는 것을 피한다.
- 중요한 전망 지점으로부터 멀리한다.
- 중요한 조망 대상을 포함한 시야에서 벗어난다.
- 배경의 지형 스케일을 손상시키지 않는 규모로 한다.
- 배경에 융화하기 쉬운 색채를 쓴다.

그림 11.17
능선 분석의 예

또한 이바라키현에서는 「자연 공원에 있어서의 풍력발전 시설의 신축, 개축 및 증축에 따른 허가·조치 명령·지도 지침」을 발표해 현립 자연 공원 내에서의 풍력발전 시설의 설치에 관한 일정한 기준을 제시했는데, 이 중에서 전망이나 조망에 대한 정량적 기준치로서 풍력발전기가 차지하는 시야각이 1° 미만, 시야 점유율이 0.02% 미만일 것을 요구하고 있다[13].

여기서 시야각이란 풍력발전기의 타워 기부부터 블레이드의 최상부까지 중 지형에 의해 차폐되지 않는, 시야에 들어오는 부분의 각도를 말한다. 그리고 시야 점유율이란 블레이드의 회전면을 구(球) 모양으로 모델화하고 타워부도 포함한 투영면이 60°의 시야 범위 내에 차지하는 비율을 말한다.

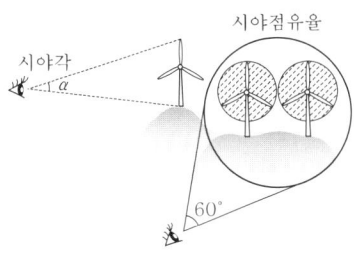

그림 11.18 시야각(角)과 시야 점유율

시야각이 각 조망점에 있어서 가장 크게 보이는 풍력발전기를 대상으로 하는데 비해 시야 점유율은 60°의 시야 범위 내에 보이는 모든 풍력발전기의 투영면의 합(和)을 대상으로 하기 때문에 대규모의 윈드팜에서는 일반적으로 후자의 기준이 달성하기 쉽다고 여겨진다. 또한 구조물을 볼 때에 사람이 느끼는 압박감의 정도[14]로서는 표 11.4에 나타난 송전선 철탑을 볼 때의 지표치가 참고가 된다.

표 11.4 경관 영향의 지표치[14]

시각[°]	거리[m]	철탑의 경우
0.5	8,000	윤곽을 겨우 알 수 있다. 계절과 시간(여름 오후)의 조건은 나쁘고 가스의 탓도 있다.
1	4,000	충분히 보이지만 경관적으로는 거의 신경 쓰이지 않는다. 가스 때문에 잘 안 보인다.
1.5~2	2,000	실루엣만은 잘 보이며 경우에 따라서 경관적으로 신경 쓰이게 된다. 실루엣이 되지 않고, 게다가 환경 친화 도색이 되어 있는 경우에는 거의 신경 쓰이지 않는다. 광선의 가감에 의해서 보이지 않게 되는 경우도 있다.
3	1,300	비교적 세부까지 잘 보이게 된다. 압박감은 느껴지지 않는다.
5~6	800	조금 크게 보이며 경관적으로도 큰 영향이 있다(구도를 어지럽힌다). 가선(架線)도 잘 보이게 된다. 압박감은 별로 느껴지지 않는다(상한가).
10~12	400	눈에 가득찰 정도로 크게 보이고 압박감을 받게 된다. 평탄한 곳에서 수직 방향의 경관 요소로서는 두드러진 존재가 되어 주위의 경관과 소화를 이룰 수 없다.
20	200	올려다 볼 정도로 앙각(仰角 : angle of elevation)이며 압박감이 강하다.

경관 평가에 객관성을 부여하는 또 한 가지의 접근으로서는 제3자에 의한 설문 조사를 들 수 있다. 여기서 '제3자'란 사업에 대해 이해관계가 없는 자를 가리키며 일반적으로 주변 거주자 등은 적당하지 않다. 또한 설문 조사 방법도 여러 가지가 있겠지만 의미 미분법이라고도 하는 SD법(semantic differential method) 등이 효과적이다. 본래는 심리학의 분야에서 이용되어 왔던 수법이지만 풍력발전에 국한하지 않고 도시 경관 등의 의미를 평가하는 데에도 유효하다.

표 11.5에 나타난 것과 같은 형용사 띠를 다수 준비하여, 피험자가 받은 인상의 정도에 대한 대답을 듣는다. 그 결과를 '개방성'이나 '미관성'이라는 인자 분석을 거쳐 피험자가 중요시하고 있는 인자를 파악할 수 있다.

예를 들면 '개방성'이 중시된다면 풍력발전기의 설치 간격을 넓히는 것 등이 우선적으로 실시해야 할 보전 조치가 된다.

표 11.5 SD법으로 이용하는 형용사대(對)의 예

나쁜 인상	좋은 인상
호감이 안 간다.	호감이 간다.
차갑다.	따뜻하다.
압박감이 있다.	압박감이 없다.
복잡하다.	질서 정연하다.

2 영향의 회피 · 저감책

전항에서 소개한 환경성의 기본적인 개념이나 이바라키현의 지침은 경관상의 환경 영향에 대한 회피 · 저감책을 검토하는 데에도 참고가 된다. 산간 건설이 예정된 경우에는 산 능선상에 설치되는 것이 일반적이므로, 일부 달성하기 힘든 항목도 있을 수 있지만 색채상의 배려 사항으로서 요구되고 있는 '무광택의 엷은 회색' 등은 비교적 채용하기 쉬운 보전 조치이다.

그림 11.19는 덴마크 미들그룬덴의 해상 풍력발전소(2MW×20기)이다. 호를 그린 듯한 특징적인 배치는 복수의 레이아웃 안건 중에서 시민 투표에 의해 선정된 것이다. 레이아웃의 선정 시에는 지형적인 제약에, 발전 효율이 가장 중시되는 것이 일반적이지만 이들을 다소 희생하더라도 풍력발전기가 늘어선 해당 지역의 조망 경관을 시민과 함께 창조해가는 대처가 필요한 시대가 되었다.

그림 11.19 미들그룬덴의 해상 풍력발전소

CHAPTER 12

풍력발전의 미래

풍력발전의 미래

최근 몇 년간 에너지를 둘러싼 정세는 크게 변해가고 있다. 특히 지구 온난화 문제를 대하는 관점에 있어서 2004년 11월에는 러시아 정부가 '교토의정서'를 비준, 2005년 2월에는 선진국에 온실 가스의 삭감 의무를 부과한 교토의정서가 발효되었다. 이에 따라 신에너지 도입을 촉진하는 움직임이 한층 가속될 것으로 기대되고 있다.

이와 같은 정세 가운데 일본의 풍력발전은 몇 해 사이에 판매 사업용 윈드팜을 주체로 하여 급속하게 도입량이 확대되고 있다. 한편, 태풍이나 낙뢰 등 일본 특유의 험한 환경 조건으로 인해 풍차가 넘어지는 사고, 블레이드의 손상, 요 제어 모터의 손상 등 품질 관리상의 문제가 대두되고 있다. 일본에서 풍력발전기의 인증 제도, 인증 기관의 필요성이 요구되고 있는 것이다.

본 장에서는 풍력발전의 현재 상황과 장래의 전망을 주제로 '풍력발전의 표준화와 인증'에 관한 상황 및 '풍력발전의 미래 전망'으로서 풍력발전 산업의 장래상과 달성 목표, 시나리오를 구체화한 로드맵에 관한 개요를 소개한다.

12.1 풍력발전의 표준화와 인증

풍력발전의 보급을 촉진하기 위한 가장 중요한 요소 중 하나가 비용 절감인 것은 말할 것도 없으며, 표준 규격·기술 기준의 제정은 이 문제에 매우 효과적인 사업 중 하나이다. 그 근거로는 특히 안전성과 관련하여 오버스펙을 피함과 동시에 표준화로 부품의 호환성을 제공하고, 대량 생산을 가능하게 함으로써 비용을 절감할 수 있다.

현재 제품의 유통 시장은 세계적 규모로 생각해야 하며, 이 점으로부터 일본의 규격·표준도 국제적으로 정합해야 한다.

풍력발전 시스템의 국제 표준화 책정 활동이 시작된 것은 1988년이었다. 1980년대에는 풍력발전 시스템이 상업화 단계에 돌입하여 시장이 형성되고, 미국·캘리포니아주에서는 대규모 윈드팜 개발이 시작되었다.

1990년대 전후에는 지구 온난화 문제가 국제적 정치 과제가 되어 클린 에너지로서의 풍력발전 기술에 대한 기대가 한 단계 높아졌다. 1980년대 초에는 50kW 정도였던 상업 풍차의 출력 규모는 현재 600~3,600kW가 되었다. 그러므로 풍력발전 시스템의 국제 규격은 어떤 의미로는 국제적으로 집약된 풍력 기술의 체계라고도 할 수 있다. 그러나 한편으로 기술은 나날이 발전하는 것이며 새로운 과제가 계속해서 발생하고 있다.

또한 풍력발전기는 복잡한 하중을 받으면서 장기간에 걸쳐 운전되는 기계로, 일반 구조물보다도 복잡한 강도 설계 프로세스가 필요하다. 이것은 너셀, 블레이드 등의 본체뿐만 아니라, 타워나 기초를 포함한 풍력발전 시스템 전체를 일체화하여 검토하지 않으면 안 된다.

최근 풍력발전 시스템은 대형화의 흐름 속에서 중량 증가에 따른 비용 증가를 최대한 억제하고 합리화하기 위해, 설정 하중과 설계 강도 계산에 있어 허점없는 기계 장치로 발전했다. 그 때문에 상세한 하중 계산과 재료 강도의 확립에 빼놓을 수 없는 피로 수명 계산을 시행하고 있다. 이와 같은 풍차 강도 설계의 타당성 평가에는 고도의 전문 기술이 요구된다.

독일 및 덴마크에서는 법률로 정해진 전문 지식을 가진 인증기관이 법적 강제력을 가지며 엄밀한 검사를 실시함으로써 설계의 타당성을 확인하고 있다. 해외에는 그와 같은 인증기관이 존재하지만 일본에서는 현재 설치 단계에서 건축기본법 및 전기사업법에 기초한 확인 정도만이 행정의 주된 허·인가 행위이며, 기계 설계의 타당성 평가는 주로 제조업자에게 일임된 상황이다.

한편, 설계의 타당성 평가에는 고도의 전문 기술을 필요로 하기 때문에 국산 기술의 경쟁력 향상을 위해서라도 일본 내에 풍력발전기의 설계 인증을 시행하는 기관이 개설되는 것이 바람직하다는 의견도 있다. 여기에서는 풍력발전의 표준화와 인증에 관한 상황을 소개한다.

1 풍력발전 시스템 표준화의 경위

(1) IEA Wind R&D의 중요 역할

석유 파동 후의 1977년, IEA(국제 에너지 기관)는 선진국 여러 나라를 중심으로 풍력연구 개발협력 실시협정(IEA Wind R&D)을 개시했다. 일본은 다음 해인 1978년부터 참가하였다.

이 IEA의 연구 협력은 지금까지 각 국 간에 상호 합의 가능한 시험 방법에 대한 장려 기준을 책정하고, IEC 국제 표준의 토대가 될만한 연구 성과를 발표하고 있다. 이것은 일련의 「풍력발전 시스템 시험·평가의 추천·장려 기준」으로서 정리되었다.

지금까지 11개의 문서가 출판되었으며, 특히 주목해야 할 것은 IEC/TC88의 국제 표준에 대한 기술적인 기초를 제공하고 어떤 의미로는 풍력 기술의 체계화에 선구적인 역할을 하고 있다는 것이다. 표 12.1에 출판물 목록을 나타냈다.

최초의 출판물은 「Power Performance Testing」(풍차 성능 시험 방법)이며 여기서 주장된 빈(Bin)의 방법은 IEC 성능 시험 방법의 기초가 되고 있다. 또한 「Acoustics Measurement of Noise Imission from Wind Turbines」(풍력발전 시스템의 소음 측정 방법)의 내용은 IEC 61400-11에 전폭적으로 도입되었다. 1999년에는 「풍속 계획과 컵식 풍속계의 이용」이 발행되었다.

표 12.1 풍력발전 시스템 시험·평가의 추천·장려 기준(IEA Wind R&D)

No.	표 제	1판	2판	3판
1	Power Performance Testing (풍차 성능 시험 방법)	1982	1990	
2	Estimation of Cost of Energy from Wind Energy Conversion Systems (풍력 변환 시스템 에너지 비용의 추정법)	1983	1994	
3	Fatigue Loads (피로 하중)	1984	1990	
4	Acoustics. Measurement of Noise Emission from Wind Turbines (풍차의 소음 측정법)	1984	1988	1994
5	Electromagnetic Interference (전자파 장해)	1986		
6	Structural Safety (구조의 안전성)	1988		
7	Quality of Power. Single Grid-Connected WECS (계통 연계·단일 풍차의 전력 품질)	1984		
8	Glossary of Terms (용어)	1987	1993	
9	Lightning Protection (낙뢰 보호)	1997		
10	Measurement of Noise Imission from Wind Turbines at Receptor Locations (풍차의 환경 소음 측정 방법)	1997		
11	Wind Speed Measurements and Use of Cup Anemometry (풍속 계측과 컵식 풍속계의 이용)	1999		

(2) IEC의 발족

IEC(International Electrotechnical Commition ; 국제전기표준회의, 가맹국 64개국)는 ISO(International Oraganization for Standardization ; 국제표준화기구, 가맹국 146개국)와 나란히 2대 국제 표준화 기관의 하나이다.

IEC/TC88 '풍력발전 시스템의 표준화에 관한 전문위원회 TC(Technical Committee)'는 1988년에 설치되어 WG (워킹 그룹), MT(유지 보수 팀) 및 PT(프로젝트 팀)의 3곳에서 지지하고 있다. 풍력발전 시스템의 국제규격(IS), 기술사양서(TS) 또는 기술보고서(TR)는 시리즈로서 IEC 61400의 번호가 주어져 있다.

2004년까지 제정된 국제규격(IS), 기술사양서(TS) 또는 기술보고서(TR)는 다음의 8건이다.

- IEC 61400-1 제2판(1999) 제1부 : 안전 요건(IS)
- IEC 61400-2 제1판(1996) 제2부 : 소형 풍차의 안전성(IS)
- IEC 61400-11 제2판(2002) 제11부 : 소음 측정 방법(IS)
- IEC 61400-12 제1판(1998) 제12부 : 풍차의 성능 계측 방법(IS)
- IEC 61400-13 제1판(2001) 제13부 : 기계적 하중의 계측 방법(IS)
- IEC 61400-21 제1판(2001) 제21부 : 계통 연계 풍차의 전력 품질특성 측정 및 평가(IS)
- IEC 61400-23 제1판(2001) 제23부 : 풍차의 실제 날개 구조 강도 시험(TS)
- IEC 61400-24 제1판(2002) 제24부 : 풍차의 낙뢰 보호(TR)

또, 인증제도에 관한 다음의 문서가 IEC 적합성평가평의회(CAB : Conformity Assessment Board)에서 발행되었다.

- IEC WT01 제1판(2001) IEC 풍차인증적합시험제도-규칙과 순서
- 제1부 : 설계 요건(IS, 제3판, 2005년 7월)
- 제2부 : 소형 풍차의 설계 요건(IS, 제2판, 2005년 10월)
- 제3부 : 해상 풍력발전 시스템의 설계 요건(IS, 제1판, 2005년 9월)
- 제4부 : 풍력발전 시스템 기어 박스의 설계 요건(IS, 제1판, 2007년 5월)
- 제11부 : 소음 측정 방법(IS, 추가 보충, 2005년 4월)
- 제121부 : 계통 연계 풍차 성능 계획 방법(IS, 제2판, 2005년 10월)

- 제14부 : 풍차의 영향 파워 레벨 및 순음성(純音性) 평가치 표시 (TS, 제1판, 2005년 9월)
- 제21부 : 계통 연계 풍차의 전력 품질 특성의 측정 및 평가(IS, 제2판, 2007년 9월)
- 제23부 : 풍차의 실제 날개 구조 강도 시험(IS, 제2판, 2007년 9월)
- 제25부 : 풍력발전소의 원격 제어·감시를 위한 통신(IS, 제1판, 2005년 7월)
- IEC WT01 : IEC 풍차 인증 적합 시험 제도-규칙과 순서(제2판, 2009년 5월)
- 가맹국 : 오스트레일리아, 중국, 체코, 덴마크, 이집트, 핀란드, 프랑스, 독일, 그리스, 이탈리아, 일본, 한국, 네덜란드, 노르웨이, 포르투갈, 러시아, 남아프리카, 스페인, 스웨덴, 미국, 영국(21국 정식 멤버)

2005년 7월 말 현재 IEC/TC88의 각 WG, MT 및 PT에 있어서의 국제 표준화 활동 상황을 **표 12.2**에 나타냈다. 진행 중인 프로젝트는 약간 두꺼운 글자로 표기하고 밑줄을 그었다.

(3) 일본 내 풍력 표준화의 상황

풍력발전 시스템의 표준화에 관한 조사 연구는 제1기 5개년 계획의 최종 연도인 1990년도부터 시작하여 1991년도~1994년도까지의 제2기 4개년 계획, 1995년~2000년도까지의 제3기 6개년 계획, 2001년도~2002년도까지의 제4기 5개년 계획(2년으로 종료)으로 실시해 왔다.

JIS의 책정에 대해서는 IEC 규격과의 국제 정합성에 유의하고 동시에 풍력발전 시스템의 비용 절감을 목표로 한 표준화 항목의 검토도 시행해 왔다. 지금까지 안전성, 신뢰성, 성능, 전력 품질 등의 확보에 필요한 '용어', '소형 풍력발전 시스템의 안전 기준', '안전 요건', '소음 측정 방법' 및 '풍차의 성능 계측 방법'의 JIS C 1400 시리즈를 제정하고 성과를 거두었다.

그리고 그 동안 풍력발전과 관련된 법규, 장려 기준, 가이드라인 등의 개정을 거쳐 국내외의 동향을 반영하여 정합성과 통일성을 갖춘 표준화를 추구하고 있다.

표 12.2 IEC/TC88의 WG, MT, PT의 활동 상황(2005년 7월 말 현재)

체제	과제	IEC 규격·초안	활동 상황
종료 구 WG1	안전 요건	IEC 61400-1. Ed.1(1994-12) Wind turbine generator systems-Part 1 : Safety requirements	1994-12 제정(제1판) 풍력발전 시스템의 국제 규격 제1호
종료 구 WG2	풍력발전 시스템의 기술적 통합		
종료 구 WG3	풍력발전 시스템의 조립, 설치, 보수 운전		
MT1	안전 요건 ↓ 설계 요건	IEC 61400-1. Ed.2(1999-02) Wind turbine generator systems-Part 1 : Safety requirements 88/228/FDIS : IEC 61400-1. Ed.3 Wind turbines-Part 1 : Design requirements	1999-02 개정(제2판) 복잡지형에서의 풍황, 난류에 의한 풍황이나 윈드팜에서 공력 간섭 등의 검토를 위해 MT1에서 심의 중 2005-07-15 기한 : FDIS 투표제
MT2	소형 풍차의 안전성 ↓ 소형 풍차의 설계 요건	IEC 61400-2. Ed.1(1996-04) Wind turbine generator systems-Part 2 : Safety of small wind turbines 88/191/CDV : IEC 61400-2. Ed.2 Wind turbines-Part 2 : Design requirements for small wind turbines	1996-04 제정(제1판) IEC 61400-1에 대한 정합화 및 적용 범위의 확대 (수풍 면적을 40m^{2}부터 200m^2)를 위해 MT2에서 심의 중 2004-07-16 기한 : CDV 투표제
WG3	해상 풍차의 설계 요건	IEC 61400-3. Ed.1 Wind turbines-Part 3 : Design requirements for offshore wind turbines	2000-5-31 기한 : NP 투표제 WG3에서 심의 중
JWG1 : IEC TC88/ISO TC60	풍차 기어 박스의 설계 요건	ISO/IEC 81400-4. Ed.1 Wind turbines-Part 4 : Gearboxes for turbines from 40kW to 2MW and larger	2005-05-06 기한 CDV 투표제 JWG1에서 심의 중
MT11 구 WG5	소음 측정 방법	IEC 61400-11. Ed.2(2002-12) Wind turbines-Part 11 : Acoustic noise measurement techniques Amend.1 to IEC 61400-11. Ed.2 Wind turbine generator systems-Part 11 : Acoustic noise measurement techniques	1998-09 측정(제1판) MT110에서 순음성 평가법 등의 재검토 심의 완료 2005-09-16 기한 : CDV 투표심의 중
MT12	풍차의 성능 계측 방법 ↓ 계통 연계 풍차의 성능 계측 방법(IS) 단일 풍차의 성능 평가 (TR) 윈드팜 전체의 성능 계측 방법(TS)	IEC 61400-12. Ed.1(1998-02) Wind turbine generator systems-Part 12 : Wind turbine power performance testing 88/185/CDV : Wind turbines-Part 121 : power performance measurements of grid connected wind turbines Part 122 : Verification of power performance of individual wind turbines Part 123 : Power performance measurements of wind farm	1998-02 제정(제1판) 풍차의 성능 계측 방법으로 복잡지형, 윈드팜에의 적용을 위해 MT12에서 계속 심의 중 2004-05-14 기한 : CDV 투표제
종료 구 G11	기계적 하중의 계측 방법	IEC 61400-13. TS, Ed.1(2001-06) Wind turbine generator systems-Part 13 : Measurement of mechanical loads	2001-06 TS 발행(제1판)

체제	과제	IEC 규격·초안	활동 상황
PT14	풍차의 음향 파워 레벨 및 순음성 평가치의 표시	88/193/DTS : **IEC 61400-14**, Ed.1 Wind Turbines-Part 14 : Declaration of apparent sound power level and tonality values of wind turbines	2004-05-14 기한 : DTS 투표제
MT21	계통 연계 풍차의 전력 품질 특성의 측정 및 평가	**IEC 61400-21**, Ed.1(2001-12) Wind turbine generator systems-Part 21 : Measurement and assessment of power quality characteristics of grid connected wind turbines	2001-12 제정(제1판) 2004년 MT21이 재검토 활동 개시
MT22	풍차 인증 제도	**IEC WT01**, Ed.1(2001-04) IEC System for Conformity Testing and Certification of Wind Turbines-Rules and procedures	IEC/CAB(적합성 평가 평의회)로 이관되어 IEC WT01 Ed. 10I 2001-04에 문서로서 발행(제1판) 2004년 MT22가 재검토 활동 개시
MT23	풍차의 실익(實翼) 구조 강도 시험	**IEC 61400-23** TS, Ed.1(2001-04) Wind turbine generator systems-Part 23 : Full-scale structural testing of rotor blades	2001-04 TS 발행(제1판) 2004년 MT23이 재검토 활동 개시
MT24	풍차의 낙뢰 보호	**IEC 61400-24** TR, Ed.1(2002-07) Wind turbine generator systems-Part 24 : Lightning protection for wind turbines	2002-07 TR 발행 (제1판) 2004년 MT24가 재검토 활동 개시
PT25	풍력발전소의 원격 제어·감시를 위한 통신 25-1 : 원칙 및 모델의 전체 기술	88/213/CD : **IEC 61400-25-1**, Ed.1 : Wind turbines-Part 25-1 : Communications for monitoring and control of wind power plants-Overall description of principles and models	2005-1-21 기한 : 5CD 심의 중
	25-2 : 인포메이션 모델	88/214/CD : **IEC 61400-25-2**, Ed.1 : Wind turbines-Part 25-2 : Communications for monitoring and control of wind power plants-Information models	
	25-3 : 인포메이션 교환 모델	88/215/CD : **IEC 61400-25-3**, Ed.1 : Wind turbines-Part 25-3 : Communications for monitoring and control of wind power plants-Information exchange models	
	25-4 : XML베이스의 통신 프로파일에 대한 매핑	88/216/CD : **IEC 61400-25-4**, Ed.1 : Wind turbines-Part 25-4 : Communications for monitoring and control of wind power plants-Mapping to XML based communication profile	
	25-5 : 적합성 시험	88/217/CD : **IEC 61400-25-5**, Ed.1 : Wind turbines-Part 25-5 : Communications for monitoring and control of wind power plants-Conformance testing	

그림 12.1에는 풍력발전 표준화의 국내 심의 체제를 나타냈고 그림 12.2에는 풍력발전 JIS의 규격 체계를 나타냈다.

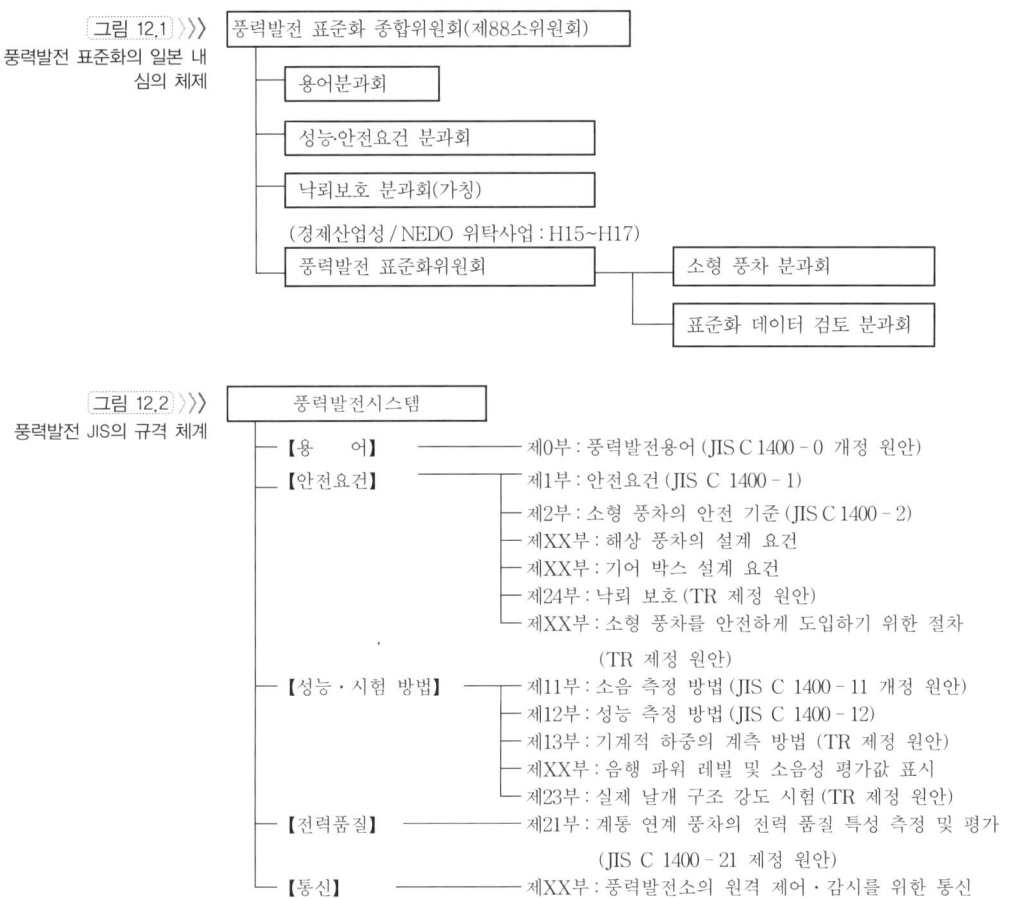

그림 12.1 풍력발전 표준화의 일본 내 심의 체제

그림 12.2 풍력발전 JIS의 규격 체계

2 기존 규격의 개요 · 심의의 경과

(1) 풍력발전 용어

풍력발전 시스템 표준화 종합 위원회/풍력발전 표준화 위원회/용어 분과회에서는 8년에 걸친 검토를 통해 풍력발전 시스템에 관한 용어의 추출·선택·분류를 시행하여 195개의 단어로 구성된 JIS 제정 원안을 종합함으로써, 1999년 7월 20일에 'JIS C1400-0, 풍력발전 용어'를 제정하기에 이르렀다. '풍력발전 용어'의 책정에 있어서 용어의 선정 방침으로서는 다음과 같은 용어를 선택하였다.

- 풍력발전 기술 고유의 용어 및 신조어
- IEC에서 다루고 있는 용어
- 일반적 용어라도 이 용어집에 있어서 개념 구축에 중요한 용어

또한 'JIS C 1400-0, 풍력발전 용어' 제정 후 재검토 작업의 진행 방식으로서는, 다음의 관점에서 검토 대상으로 하는 용어를 모두 리스트업했다.
- 현행 JIS C 1400-0(풍력발전 용어)에 정의되어 있는 용어 재검토
- 최근의 IEC 규격 및 IEC 초안(FDIS, CDV 단계까지의 최종판에 가까운 것)에 정의되어 있는 용어 추가
- 현 시점에서 널리 사용되고 있는 신기술에 대응한 용어 추가

현행 JIS C 1400-0(풍력발전 시스템-제0부 : 풍력발전 용어)를 기초로 기술의 진전, 사회 정세의 변화에 대응하여 재검토하고 현행 규격의 개정 원안을 작성했다.

(2) 풍력발전 시스템의 안전 요건

IEC 61400-1 : Wind turbine generator systems-Part 1 : Safety requirements는 수년간의 의논, 검토를 거쳐 1994년 12월에 제정된 것이다. 이 규격에서는 풍력발전 시스템의 안전 사상, 품질 보증 및 기술적 완전성의 취급, 설계, 설치, 보수 및 지정(指定) 환경 하에서의 운전을 포함한 안전성 관련 요구 사항을 규정한다. 그 목적은 이들 시스템의 계획 수명 기간에 생기는 모든 위험성에 대해서 적절한 보호를 하는 것이다.

또한 본 규격은 풍력발전 시스템에 관련된 기계 시스템, 내부 전기 시스템, 지지 구조물, 제어 기구, 보호 기구 등과 같은 모든 서브 시스템도 취급한다. 그 내용의 대부분은 풍력발전의 기준으로 국제적으로 리드하고 있던 덴마크의 원안에 가까운 것으로 성립했다. 그러나 성립에 이르기까지는 긴 의논의 경과로 알 수 있듯이 미국의 강한 반대도 있었다.

이와 같은 상황에서, 제1판 규격이 성립하자마자 이번에는 미국 주도로 개정안 검토가 시작되었다. 본 개정에는 미국 외에 이탈리아, 일본도 찬성하고 있다. 제1판 규격은 거의 실제 데이터에 기초한 의논이 아닌 몇 가지가 제안된 후 다수결의 원리에 의한 채결 방법을 사용했기 때문에 실제로 미국, 이탈리아, 일본에서 풍황 데이터를 적용해 보고, 본 규격에 부적합함이 드러났기 때문이다.

1998년의 개정 제2판에서는 풍차 클래스의 난류 강도를 A, B의 2레벨(수치는 0.18과 0.16)로 나누었다. 풍차가 보급됨에 따라 보다 난류 강도가 큰 복잡지형 등에서도 건설되어, 이와 같은 필요가 발생한

것이다. 바람 모델의 정밀화도 같은 이유이며 그 때문에 작업 그룹을 설치하고 전 세계의 바람 특성 데이터를 수집하여 이들에 기초한 바람의 시간 변동을 기술하는 수식 모델을 개발했다.

본 규격을 일본에 적용할 경우의 문제점 조사·검토와 함께 Boulder 회의(1998년 3월)의 심의결과를 토대로 한 FDIS 문서(88/ 98/FDIS) 번역본을 종합 정리해서 검토했다. 참고로, 이 FDIS 문서는 1998년 12월에 투표를 실시하여 의장국(덴마크)의 반대 등이 있었지만 승인되어 1999년 2월에 IEC 61400-1 Ed.2로서 개정판이 발행되었다.

1999년도부터는 IEC의 제정 개혁을 수락하여 발족한 유지 보수팀 IEC/TC88/MT1(안전 요건)이 IEC 61400-1 Ed.2의 재검토를 진행했다. MT1에서 심의 중인 주요 심의 과제는 복잡한 지형에서의 풍황, 난류에 의한 풍황이나 윈드팜에서의 공력(空力) 간섭 등이다. 이와 같이 IEC에서는 제3판을 위한 개정 작업을 진행했으나 제2판에서 국제표준으로서의 기본은 확립되어 있었고 조기에 JIS화를 시행할 필요가 있다는 관점에서 1999년도에 JIS C 1400-1(안전 요건) 제정 원안을 작성했다.

JIS C 1400-1(안전 요건) 은 2000년 11월 20일의 일본공업표준조사회의 전기부회에서 심의되어 2001년 3월 20일자로 제정되었다.

2004년 3월 말에는 88/184/CDV : IEC 61400-1 Ed.3 Wind turbines-Part 1 : Design requirements 가 2004년 5월 14일 기한으로 CDV로서 발행되었다.

(3) 소형 풍력발전 시스템의 안전 기준

1990년대 중기 이후에 이르러 일본에서의 풍력발전은 수백 kW급의 풍차뿐만 아니라 소형 풍차, 특히 정격 출력 1kW 미만의 마이크로 풍차도 급속히 보급되었으며 일본 전체의 누적 설치 대수는 수천 대 규모에 이르렀으리라 추정된다. 이들 풍차의 대부분은 해외에서 수입된 것이며 설치자가 기술적인 배경을 갖지 못한 경우가 많았고 문제를 발생시키는 경우도 많았다. 이와 같은 상황에서 소형 풍력발전 시스템의 안전 기준이 요구되고 있었고, 1999년 7월 20일 자로 JIS C 1400-2 (풍력발전 시스템-제 2부 : 소형 풍력발전 시스템의 안전 기준)가 제정된 것은 매우 시의적절했던 것이라 할 수 있다. 이 JIS C 1400-2는 IEC 61400-2와의 국제 규격 일치를 목적으로 신규 제정된 것이다.

이 규격을 기초로 한 IEC 61400-2 : Wind turbine generator

systems-Part 2 : Safety of small wind turbines는 IEC/TC88(풍력 발전 시스템) WG4에 의해 심의되어, 1996년 4월에 국제 규격으로서 제정되었다. 소형기의 정의는 로터의 수풍(受風) 면적이 40m² 미만인 것으로 독립 시스템 또는 계통 연계 시스템으로서 사용되는 경우를 상정하고 있다.

같은 시기에 일본에서는 전기사업법의 개정에 따른 성령(省令)이 반포되어 출력 20kW 미만의(소출력) 풍력발전 설비는 이전의 자가용 전기 공작물에서 일반용 전기 공작물로 취급이 변경되었다.

JIS화 검토에 즈음해서 일본의 주요 소형 풍차 업체의 의견을 청취하기 위해 IEC 번역문을 첨부해서 JIS화에 대한 의향을 확인했는데 특별히 반대 의견이 없었기 때문에 이 IEC 번역문을 토대로 JIS C 1400-2(풍력발전 시스템-제2부 : 소형 풍력발전 시스템의 안전 기준) 제정 원안을 작성했다. IEC 61400-2는 대형 풍차도 포함한 풍차의 안전성을 다루는 IEC 61400-1과 비교해서 사용 빈도가 낮았던 것 같지만 미국의 A. Craig Hansen(Windward Engineering, LLC, Salt Lake City, Utah)이 중심이 되어 국립 재생 가능 에너지 연구소(NREL : National Renewable Energy Laboratory)의 전문가들과 함께 보다 명확하게 기술적으로 불가결한 사항을 모두 포함한 규격이 될 수 있도록 IEC 61400-2의 개정 작업을 진행했다.

이 MT2는 공식 회합만 11회나 개최되었다. NREL이 스폰서였기 때문에 미국에서의 개최가 많았지만 2002년 10월에는 10회째 회의를 도쿄에서 개최했다((사)일본전기공업회가 후원). IEC 61400-2 개정 원안은 CDV(Committee Draft for Voting)로서 각 국으로 넘겨져 투표 심의했다. 그림 12.3에 IEC 61400-2 개정안의 개요를 나타냈다.

IEC 61400-2 개정 원안(88/191/CDV)의 일본어 번역자료 취급에 대해서는 다음과 같이 하였다.

- 풍력 관련 용어(JIS C 1400-0)에 대한 성합화를 체크한다.
- IEC 61400-2 개정 초안의 내용을 이해하기 위해 활용한다.
- 내년도는 IEC 61400-2의 정식 개정에 맞추어서 JIS C 1400-2 개정안의 심의 시 기초로 한다.

2002년 개정에서는 대형 풍차의 규격인 IEC 61400-1과의 정합성을 염두에 두고 소형 풍차만의 특별한 요건을 고려한 개정이 이루어졌다. 특히 큰 개정 사항으로는 '소형'의 범위가 변경된 것을 들 수 있다.

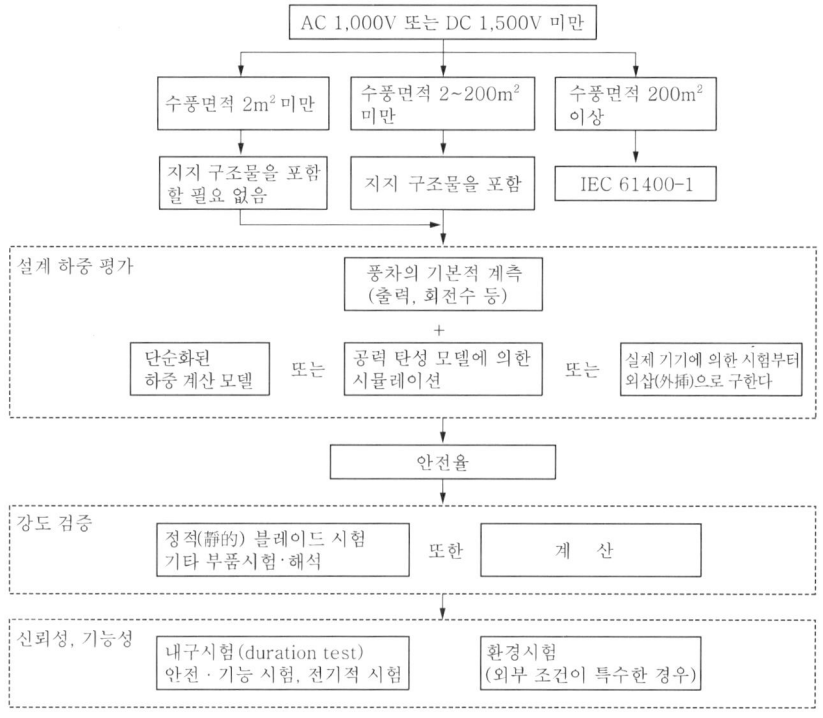

그림 12.3
IEC 61400-2 (소형 풍차의 설계 요건)
제2판 : 개정안의 개요

IEC 61400-2 개정안은 다음의 조건을 만족시키는 풍차에 적용된다.

(a) 로터 수풍(受風) 면적

로터의 수풍 면적(swept area)은 제1판에서 정의했던 $40m^2$ 미만에서 $200m^2$ 미만으로 대폭 확대되었다. 새로운 규격에서는 로터 직경이 16.0m 미만의 풍차는 '소형'으로 분류된다. 이것은 정격 출력이 대략 50kW급에 상당한다. 일반적인 감각으로는 이 사이즈의 풍차를 '소형'으로 분류하는 것에 다소 위화감이 들지만 로터 직경이 60m를 넘는 메가와트급의 거대한 풍차가 일반적이 된 오늘날에는 어쩔 수 없는 일이다.

(b) 발전기 출력 전압

발전기의 전압이 교류 1,000V 미만, 또는 직류 1,500V 미만일 것

(c) 마이크로 풍차의 특례

로터의 수풍 면적이 $2m^2$ 미만의 풍차(로터 직경 1.6m 미만에 상당)인 '마이크로 풍차'는 지지 구조물(타워마스트)을 요구 사항에서 제외할 수 있다. 이 클래스의 초소형 풍차의 경우에는 풍차 본체의

제조 업체가 아니라, 사용자 자신이 타워마스트를 선정하고 설치하는 경우를 고려한 특례이다.

(4) 소음 측정 방법

「풍력발전 시스템의 소음 측정법」에 관한 TC88의 WG가 설치된 것은 1992년으로 1993년 12월 및 1995년 9월에 TC88 회의에서 CD 문서의 심의를 실시했지만 모두 WG에서 재검토하게 되었다. 1996년 10월 발행된 88/67/FDIS 문서가 투표로 거절된 후 다시 한번 WG가 개최되어 88/96/FDIS를 재발행, 1998년 8월의 투표에 의해서 정식으로 규격 "IEC 61400-11 : Wind turbine generator systems-Part 11 : Acoustic noise measurement techniques"로서 1998년 9월에 출판되었다. 최종판인 88/96/FDIS의 내용에 관해서도 문제 제기가 있었고 1998년 3월의 TC88 Boulder 회의에서도 그 문제가 논의되었지만 최신의 FDIS를 규격으로서 인정하고 문제가 있는 부분은 새로이 WG5 (그 후 Maintenance Team 12가 된다)를 개최, 그 부분의 재검토를 진행하는 것으로 합의되었다. 그 즈음 지적된 문제에 관해서는 문서 88/96/FDIS의 서문 중에서 "순음성의 측정법을 이용한 결과의 정합성 문제는 앞으로 검토하여 장래 개정에 있어서 특정된 결점을 개선하는 데 다룰 것이다."를 삽입하는 것으로 합의되었다.

IEC 61400-11 Ed.1(1998)의 문제점은 순음성의 평가법에 관련된 것이다. 이 문서 중 순음이 들리는지의 여부를 평가하는 수법은 "Joint Nordic method"라 부르는 방법에 기초한 것이지만 이것을 실제로 사용해 보면 반드시 재현성이 좋은 것은 아니라는 비판이 있었다. 이 때문에 IEC/TC88은 IEC 61400-11 Ed.1(1998)의 재검토를 결정하고 1999년부터 TC88/MT11이 순음성 평가법을 제외한 나머지 필요한 재검토 작업을 시행했다. 1999년 2월에 제1회가 개최된 이후 총 4회 개최됨으로써 IEC 61400-11(1998) 문서의 수정 부분에 관해 합의했고, TC88에 수정 초안 문서를 제출했다. 이 초안은 88/130/CD 문서로서 각국에 배포, 2000년 12월 15일 마감까지 의견을 요구했는데 일본에서는 전부 21개의 의견을 제출했다.

제1판에서의 주요 개정 사항은 다음과 같다.

(a) 순음성의 평가법 재검토

대상이 되는 순음의 레벨 ΔL_{pt}와 순음이 존재하는 임계대역 내의 마스킹 음 $\Delta L_{pn,ave}$의 레벨 차 $\Delta L_{tn} = \Delta L_{pt} - \Delta L_{pn,ave}$를 결정한다. ΔL_{tn}이 다음 식의 ΔL_m보다 크다면 순음이 들린다고 판정한다.

$$\Delta L_m = -2 - \log[1 + (f/502)^{2.5}] \tag{12.1}$$

여기서, f : 순음의 주파수[Hz]

풍차에서 발생하는 순음의 레벨은 변동하므로 그 레벨의 결정은 동특성 F를 사용하여 얻은 200개 이상의 연속된 스펙트럼으로부터, 가장 높은 레벨의 25%를 지정하여 산술 평균에 의해 실시한다. 순음성의 평가법에 관해서는 재현성이 나쁘다는 등의 이유로, 출판 때부터 그 재검토가 요구되었고 앞서 기술한 IEC 61400-11(1998) 중의 순음성 평가법 재검토의 중심은 재현성이 우수한 평가법의 개발이 되었다.

$L_{70\%}$법, L_5법 및 Noise pause법이라고 불리는 방법이 제안되어 MT11의 멤버 간 라운드 로빈 테스트에 의해서 비교 검토되었다. 어떠한 방법이든지 순음(純音)과 순음 주위의 임계대역 내 마스킹(masking)음 레벨과의 차이를 구함으로써 식 (12.1)과 비교해 순음이 들리는지 아닌지를 판정한다. L_5법은 라운드 로빈 테스트를 실시한 사람 사이의 격차가 커서 부적합했다.

$L_{70\%}$법에서는 목표 풍속에 가까운 둘의 1분간 기록 중에 연속 10초마다 평균의 협대역 스펙트럼 합계 12개를 대상으로 한다. 각 스펙트럼 가운데 순음에 대해서, 임계대역 내의 성분 가운데 낮은 레벨 70% 부분의 에너지 평균 $L_{70\%}$을 결정한 뒤에 $L_{70\%}+6$의 기준 레벨을 정하여, 이보다 큰 성분은 순음, 그 이하의 성분은 마스킹음으로서 이 레벨의 차이인 순음성 ΔL_i을 결정한다. 또, 12개의 ΔL_i에너지 평균과 식 (12.1)의 차를 구한다. 이에 대해 Noise Pause법은 협대역 스펙트럼 데이터를 계산기로 순음성을 자동적으로 판정하는 것으로서, 순음의 특정 및 순음과 마스킹음의 레벨을 결정하는 순서를 포함한다.

실제 풍차의 측정 데이터를 사용한 라운드 로빈 테스트의 결과에서는 $L_{70\%}$법이 재현성이 우수했기 때문에, $L_{70\%}$법이 최종 초안 88/166/FDIS에 채택되었다. 그러나 $L_{70\%}$법이 어떠한 경우에도 적용 가능하고 재현성이 있는 방법이라고 인정된 것은 아니다. 순음성의 평가가 곤란하고 재현성이 부족한 것은 협대역 스펙트럼 가운데 순음 성분의 레벨이 끊임없이 변동하는, 가변속기의 경우에는 그 주파수도 변화하는, 또 순음과 마스킹음의 구별이 쉽지 않은 경우 등이며, 보다 안정적인 평가가 가능한 수법의 개발이 요구되고 있다.

(b) 기타 재검토 사항

순음성 평가 이외의 점에 대해서도 재검토 대상으로 여겨, MT11의 회합에서 심의해 왔다. 주요 재검토 대상과 구체적인 내용은 다음과 같다. 이 밖에도 세부적으로 재검토하고 수정이 이루어지고 있다.

① 측정점을 풍하측의 한 점만을 표준으로 하고, 지향성 측정을 임의(옵션)로 한다.
② 지금까지의 10m 높이 8m/s에서의 외관의 음향 파워 레벨을 6, 7, 8, 9 및 10m/s의 일정한 풍속치에 대해 구한다.
③ 발전 출력으로 풍속을 결정하는 순서

이와 같이 IEC에서는 제2판을 위한 개정 작업을 진행했지만 제1판에서 국제 표준으로 기본은 확립되었고, 조기에 JIS화를 시행할 필요가 있다는 관점에서 1999년도에 JIS C 1400-11(소음 측정 방법) 제정 원안을 작성했다. JIS C 1400-11(소음 측정 방법)은 2000년 11월 20일 일본 공업표준조사회의 전기부회에서 심의되어 2001년 3월 20일자로 제정되었다. 또 2000년도~2002년도에 제2판에 대응해서 재검토 작업을 진행하여, JIS C 1400-11 Ed.2(2002) 발행에 따라 개정 원안을 작성했다.

현안 사항으로는 증속 기어의 맞물림 주파수에서 발생하는 것 같은 순음이 들릴 경우, 같은 레벨의 순음을 포함하지 않는 소리보다 시끄럽게 느껴지기 때문에 국가별로 순음이 들리는 소리의 레벨에는 패널티가 가산되었다. 일본에서는 이와 같은 규정은 없지만 풍차의 소음에 순음이 포함될 경우에는 환경 영향상 문제가 될 가능성이 있기 때문에 이 규격에 기초해 측정할 때에는 순음성 평가를 실시하는 것이 바람직하다.

그 후 2002년 2월의 MT11 도쿄회의에서 정리한 최종 초안이 같은 해 5월에 TC88로 송부되어 9월에 88/166/FDIS로서 배포되었다. 그러나 참가국 중 일부에서 이 FDIS 문서 발행 전의 단계에서 그 내용의 일부에 대해 이의가 제기되었기 때문에, 2002년 11월에 개최된 TC88회의에서 그 취급에 관한 논의가 이루어져 이 FDIS 문서가 투표로 채택될 경우, 곧바로 제2판의 수정 문서(Amendment 1 to IEC

61400-11 Ed.2 : Wind turbine generator systems-Part 11 : Acoustic noise measurement techniques)의 작성을 검토하기로 합의했다.

2003년 8월에 수정 문서 작성을 위한 MT11회의가 개최되어 다음의 수정 내용을 포함하는 것으로 합의되었다.

2004년 2월에 IEC 61400-11 Ed.2의 내용을 수정하는 초안(88/190 /CD)이 TC88로부터 발행되었다. 구체적인 수정 내용은 다음과 같다.

① 정격 출력의 95%를 넘는 측정은 강제로 하지 않는다.
② 각 정수(整數) 풍속에서 외관의 음향 파워 레벨 결정은 최대 4차까지의 회귀 분석에 의해 실시한다.
③ 순음성 평가는 A특성 보정 스펙트럼를 이용해 실시한다.
④ 회전수나 피치각 등 제어 파라미터의 동시 측정을 권장한다.

상기 ①에 관해서는 정격 출력의 95%를 넘는 측정에서는 정밀도가 악화될 우려가 있기 때문이다. ②는 측정 데이터 세트를 토대로 정수 풍속치에서의 외관의 음향 파워 레벨을 결정할 때, 측정 데이터에 의해서 제2판이 규정한 2차 회귀 분석에서는 문제가 있음을 알 수 있기 때문에 여러 가지 데이터 세트를 토대로 방법을 재검토한 결과이다. ③은 제2판에서 규정한 리니어 스펙트럼을 이용해서 순음성 평가를 시행할 때의 문제로서 임계대역의 최저 주파수역(20~120Hz)에서는 그 대역 내 순음의 주파수 차이에 의해 순음성의 수치가 달라지는 폐해가 있을 수 있지만, 스펙트럼을 A 특성 보정하면 이 문제가 개선되어 적절하기 때문이다. ④는 발생음의 레벨은 이들 파라미터와 관계가 있기 때문이다.

(5) 풍차의 성능 계측 방법

이 규격의 기초가 된 IEC 61400-12는 IEC/TC88(풍력발전 시스템)에 의해 제정되어 풍차의 성능 계측 방법의 국제 룰(rules)을 규정한 것으로, 단순히 공학적 견지에서 신뢰할 수 있는 측정 방법을 규정함에 그치지 않고 풍력 시장에서 다른 풍차의 성능을 평가하기 위한 공통 룰의 확립을 도모하고 있다. 또한 풍차의 국제 시장이라는 경제 활동면에서도 중요한 역할을 해내는 규격이다. 즉, 공학적이고 경제적으로 공평하고 유용한 것이 기본적으로 요구된다. 그러나 일본은 시험 부지 확보 등 자연 조건에서 불리하다는 점이, 이 규격의 원래 국제 규격에 상당하는 IEC 61400-12의 책정 과정의 당초부터 분명했고, 이 중요한 심의 과제는 워킹 그룹(IEC/TC88/WG6 : 현 MT12)에서 심의되었다.

일본은 많은 복잡한 지형을 포함하고 있기 때문에 IEC 61400-12 책정의 최초 단계에서 문제점을 지적했다. 그러나 시장이 유럽 중심이며 기술도 유럽이 리드하고 있었기 때문에, 많은 공학적인 번잡한 문제는 뒤로 제쳐 놓게 되었다.

그러나 유럽 풍차가 덴마크, 네덜란드, 독일 등의 평탄지에서 그리스, 미국, 스페인 등의 복잡 지형지로 확대되면서, 일반적으로 여러 가지 지형의 세계 시장에 도입됨에 따라 현행 IEC 61400-12의 문제점이 분명해졌다. 그것들을 해결하기 위해 1999년도부터는 IEC의 제도 개혁을 받아 발족한 유지 보수팀 IEC/TC88/MT12가 IEC 61400-12 Ed.2의 재검토를 진행했다.

개정의 포인트는 다음 3가지 점이었다.
① 계통 연계 풍차의 성능 계획 방법(현행 규격의 개정)
② 단일 풍차의 성능 평가(verification)
③ 윈드팜 전체의 성능 계측 방법

88/185/CDV : Wind turbines-Part 121 : Power performace measurements of grid connected wind turbines가 2004년 5월 14일 기한으로 CDV로서 발행되어 심의되었다. 이와 같이 IEC에서는 제2판을 위한 개정 작업을 진행했으나 제1판에서 국제 표준으로서의 기본은 확립되어 있었으며, 조기에 JIS화를 시행할 필요가 있다는 관점에서 2000년도에 JIS C 1400-12(풍차의 성능 계측 방법) 제정 원안을 작성했다. JIS C 1400-12(풍차의 성능 계측 방법)는 2001년 11월 19일의 일본 공업표준조사회의 전기부 회합에 심의되어 2002년 3월 20일자로 승인되었다.

(6) 소형 풍차를 안전하게 도입하기 위한 길잡이(TR 제정안)

1998년도에 소형 풍력발진 시스템의 일본 설치 사례를 대상으로 제작업체, 사용자 및 시공업자로부터 시공 방법, 작업성, 안전성, 신뢰성, 보수성 및 환경성 등에 관한 실태 조사를 실시하고 「소형 풍력발전 시스템 등의 설치 실태 조사」 보고서를 정리했다. 2002년도까지 그동안 시행했던 일본 내의 소형 풍력발전 시스템의 실태 조사에 근거하여 설치상의 문제점과 과제를 추출하여 소형 풍력발전 시스템으로서 필요한 표준을 조사하고 검토했다. 2003~2004년까지 소형 풍력발전 시스템을 도입할 때에 풍차·기기의 선정을 용이하게 하고 안전한 시스템의 도입·운용·관리에 출자하기 위한 표준 등에 대해서 조사·검토하고 "소형 풍차를 안전하게 도입하기 위한 길잡이"인 TR 제정안을 작성하였다.

3 풍력발전의 인증

(1) 풍차 인증 제도의 개요

인증이란 적합성 평가라고도 하며 제품, 공정 또는 서비스가 특정된 요구 사항에 적합한지를 제3자 기관이 서면으로 보증하는 절차이다. 이 인증의 정의는 국제전기표준회의(IEC)에서「풍차의 적합성 시험 및 인증을 위한 IEC시스템-규칙 및 순서」라고 이름 붙여진 출판물 IEC WT01 : 2001에 따른다.

풍차 인증은 북유럽의 몇몇 나라(덴마크, 네덜란드, 독일 등)에서 풍력발전 프로젝트의 보조금 자격을 얻기 위해 최초로 요구하게 되었다. 이들 나라에서는 인증이 법적 요구 사항 또는 건축인가를 얻기 위해 필요한 요구 사항이 되고 있다. 또한 규칙 및 규격이 인증의 기초로서 책정되어 제조업자가 사용하는 설계 계산 및 절차를 위한 수법에 직접 영향력을 가지고 있다.

풍차의 인증은 20년 이상의 역사를 가지며, 유럽뿐만 아니라 법적으로 규제하고 있지 않은 미국의 시장이나 남미, 아시아 및 오세아니아에서 출현하고 있는 시장과 같은 새로운 현장에서도 풍력발전 산업에 있어 점점 중요한 요구 사항으로 되고 있다.

법적인 요구 사항이 없는 시장에서는, 인증은 풍력발전 프로젝트에 투자 및 보험을 유리하게 하기 위해 종종 상업적으로 필요해지고 있다. 유럽 여러 나라에서 각각 다른 인증 시스템이 적용된다. 예를 들어 독일에서의 인증은 연방법이 아닌 주법에 의해 관할된다. 독일연방건설기술연구소(DIBt)에 의해 공표된 풍차 하중, 타워 및 기초에 관한 공통 규칙(Richtlinie für Windkraftanlagen)이 있다. 풍력발전기의 시험이 기초가 되는 일반적으로 승인된 규칙은 없지만 실제 대부분의 풍차 설계는 GL-Wind(Germanicher Lloyd WindEnergie)의 규칙에 의해 승인되고 있다.

덴마크의 형식 인증은 덴마크 에너지성에서 공표한「덴마크 풍차의 형식인가 및 인증의 기술적 기초 : "Technical Basis for Type

Approval and Certification of Wind Turbines in Denmark"]를 기초로 한다. 네덜란드에서는 NVN 11400/0에 형식 인증을 위한 규칙을 정의하고 있다.

(2) IEC WT01(IEC 풍차인증적합시험제도-규칙과 순서)의 개요

국제전기표준회의(IEC)의 지침하에 1995년 풍차 인증 분야에서의 국제 표준화 활동이 시작되었다. 이 활동으로 풍차의 인증 시스템을 정의한 IEC WT01, 2001-04 : IEC System for conformity Testing Certification of Wind Turbines-Rules and procedures가 출판되었다. IEC WT01의 개요는 다음과 같다.

(a) 일반 사항
- 이 문서는 IEC/TC88(풍력발전 시스템)에 의해 준비되어 IEC/CAB(Conformity Assessment Board : 적합성평가평의회)에서 2000년 11월에 승인되었고 2001년 4월에 IEC WT01 Ed. 1 : IEC System for Conformity Testing and Certification of Wind Turbines-Rules and procedures(IEC 풍차인증적합시험제도-규칙과 순서)로서 발행되었다.
- 각 국 사이의 상호 승인을 전제로 한 것으로 IEC/TC88에 감시 그룹을 두고 매년 CAB에 보고한다.
- 풍력발전 시스템에 관한 규격과 기술적 요구에 대해 적합성 평가를 시행하는 순서와 취급의 규칙을 규정하고 있다.
- 다른 기술 규격이나 기준 문서와 함께 이용되도록 의도하고 있으며, 필요한 경우에는 기술적인 요구 사항이나 시험 순서를 규정하고 있다.
- 이 문서에 대한 적합성은 어떠한 인물, 조직, 기업에 대해서도 다른 적용 가능한 규칙을 지킬 책임을 면제하는 것은 아니다.

(b) 적용 범위
이 문서는 풍차(IEC WT)의 인증 시스템을 정의한다. 안전성, 신뢰성, 성능, 시험 및 전력 계통과의 상호 작용에 대해서 특정 규격 및 그 외의 기술적 요구 사항에 관해 풍차의 적합성 평가를 내리기 위한 순서와 취급의 규칙을 명기한다. 이 문서에는 다음 사항이 포함되어 있다.

- 풍차 인증 프로젝트에 있어서 각 요소의 정의
- 풍차 인증 시스템에 있어서 적합성 평가의 순서
- 적합성 서베일런스(surveillance)의 순서
- 적합성 평가를 받는 측이 제공해야 할 서류에 관한 규칙
- 인증 및 감사기관, 시험기관에 대한 요구 사항

이 문서는 특정 크기 또는 형식의 풍차에 한정된 것은 아니다. 이 문서에는 설계, 제조, 조립, 설치, 운전, 보수 및 해체에 관한 순서에 대해서 설명한다. 순서에는 부하 및 안전에 관한 평가, 시험, 성능 계측 및 제조, 설치, 운전에 관한 지도를 포함한다. 인증 항목에는 절대적으로 필요한 것도 있다면 특히 임의적으로 실행하면 좋은 것도 있다. 이 문서의 목적은 인증하는 운용기관의 승인과 인증을 상호 인정하기 위한 기반을 포함해 풍차의 인증에 관한 공통의 기반을 제공하는 것이다. 이 문서는 적절한 IEC/ISO 규격 및 가이드와 함께 사용해야 한다.

(c) 인증의 범위

인증의 범위는 IEC WT01에 의하면 세 가지의 다른 인증 레벨이 있다.

① 컴포넌트(component) 인증 : 블레이드 또는 기어 박스와 같은 풍차의 주요 컴포넌트를 커버한다. 컴포넌트 인증은 다음의 모듈을 포함한다. 또한 컴포넌트 인증은 최종 평가보고서의 완전성 및 정확성에 기초해 발행된다.
- 설계 평가
- 형식 시험
- 제조 평가
- 최종 평가

② 형식 인증 : 풍차 전체를 커버한다. 형식 인증의 목적은 풍차의 형식이 설계의 가정 조건, 특정 규격 및 다른 기술적인 요구 사항에 따라 설계되어, 문서화되고 제조되는 것을 확인하는 것이다. 똑같이 설계 문서에 따라 풍차를 설치하고, 운전하고, 보수할 수 있는 것이 실증되어야 한다. 형식 인증은 공통의 설계와 제조에 의한 일련의 풍차에 적용된다. 형식 인증은 다음 모듈로부터 성립한다.

그림 12.4는 각 모듈을 그림으로 나타낸 것이다. 각 모듈 평

가에 합격하면 평가보고서 및 적합성 선언이 작성된다. 또한 형식 인증서는 최종 평가보고서의 완전성 및 정확성에 기초해서 IEC WT01 및 IEC 61400-1 또는 IEC 61400-2의 기술 요구 사항에 적합하게 설계되고 평가된 풍차에 대해 발행된다.

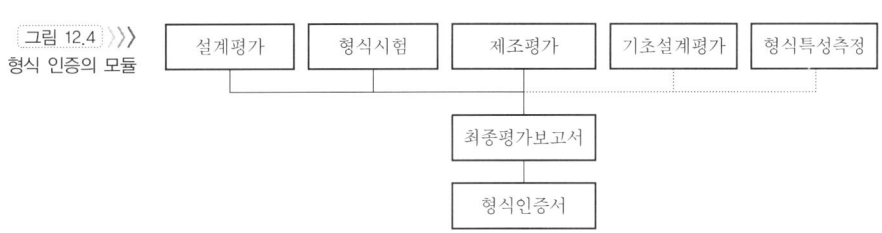

그림 12.4 형식 인증의 모듈

- 설계 평가
- 형식 시험
- 제조 평가
- 기초 설계 평가(옵션)
- 형식 특성 계측(옵션)
- 최종 평가

③ 프로젝트 인증 : 특정한 외부 조건하에서 평가하고 기초를 포함하여 1기 이상의 풍차를 커버한다. 프로젝트 인증(부지 특정)의 목적은 형식 인증을 받은 풍차 및 특정 기초 설계가 환경 조건, 적용해야 할 건설이나 전기의 규정 및 특정 현장에서 필요한 다른 조건에 적합한지 아닌지를 평가하는 데 있다. 인증기관은 현장 바람의 조건, 그 외의 환경 조건, 전력 계통 조건 및 토양의 특성이 풍차의 형식과 기초 설계 문서의 정의에 적합한지 아닌지를 평가한다. 이 평가는 다음의 필요한 모듈로 구성된 형식 인증된 풍차의 프로젝트 인증이 포함된다.

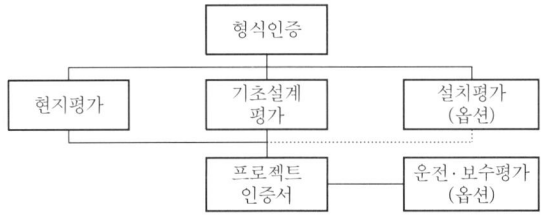

그림 12.5 프로젝트 인증의 모듈

그림 12.5는 각 모듈을 그림으로 나타낸 것이다. 각 모듈의 평가에 합격하면 평가보고서 및 적합성 선언이 작성된다. 프로젝트 인증서는 모든 필요한 모듈에 대해서 적합성을 문서로 증명하고 둘 중 하나 또는 쌍방의 임의 모듈에 대해서도 추가로

적합성 선언이 따르는 경우가 있다.

인증서는 평가보고서 및 적합성 선언의 완전성 및 정당성을 토대로 발행된다. 또한 해상 풍차의 프로젝트 인증에서는 해양 환경 조건을 고려해야 한다.

- 부지 평가 : 부지 조건에 기초한 풍차의 구조적인 안전성 검증
- 기초 설계 평가
- 설치 평가(옵션)
- 운전 보수(O&M) 평가(옵션)

(d) 형식 인증의 개요

① 설계 평가 : 설계 평가의 목적은 풍차 형식이 설계의 가정, 특정 규격 및 그 외의 기술적 요구 사항에 맞추어서 설계되고 문서화되어 있는지의 여부를 평가하는 것이다. 보통 설계 평가는 그림 12.6에 나타난 모든 요소를 커버하지만 IEC 61400-2에 맞추어 설계된 소형 풍차에서는 다음의 요소가 최저 조건으로서 평가된다.

- 제어 및 보호 시스템
- 부하 또는 부하 케이스
- 구조 컴포넌트
- 기계적 및 전기적 컴포넌트

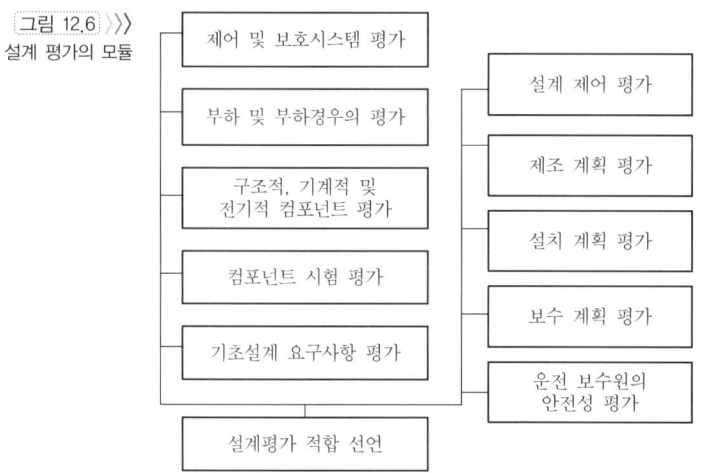

그림 12.6 설계 평가의 모듈

② 형식 시험 : 형식 시험의 목적은 발전 성능을 검증하기 위해 필요하며 안전성 입증을 위해 매우 중대한 항목이다. 추가로 실험적 검증이 필요한 풍차 설계의 관점을 확인하고 해석에서

는 신뢰하고 평가할 수 없는 관점을 확인하기 위해 필요한 데이터를 제공하는 것이다. 형식 시험의 각 모듈을 그림 12.7에 나타냈다.

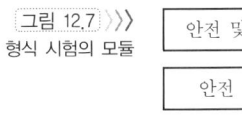
그림 12.7 형식 시험의 모듈

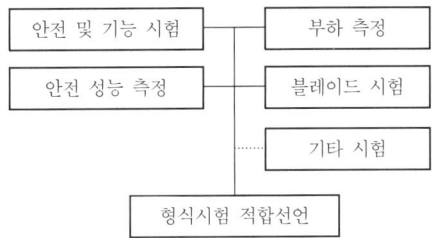

③ 제조 평가
  - 품질 시스템 평가
  - 제조 검사
④ 기초 설계 평가(옵션)
  - 풍차의 형식과 기초의 특정
  - 상정된 토양 및 그 외의 외부 조건 설명
  - 타워 구성의 특정
⑤ 형식 특성 계측(옵션)
  - 전력 품질 시험
  - 소음 계측

(e) 현지 평가 항목
  - 풍황
  - 그 외 환경 상태
  - 전력 계통 상태
  - 지질 상태

(3) 나라별 적합성 평가(인증) 관련 현황

독일, 덴마크 및 그리스에서는 풍차 인증 제도를 법제화하고 있고, 이 나라에 설치한 풍차에는 인증 취득을 법적으로 의무화하고 있다.

IEC 61400 시리즈 등의 시험 순서에 따른 인증 시험에 의해 안전성이 확인된 기기의 도입이 의무화되어 있다. 이 제도는 같은 형식의 기종을 다수 설치하는 풍력발전에서 매우 유효하게 기능하고 있다. 형식 인증(type certificate)에는 설계 평가(design evaluation)와 최저 1년간의 형식 시험(type test)이 있다. 이들 일련의 확인이 완료되고 허가가 내려진다. 보통 일련의 확인이 완료되기까지 3년 정도가 걸린다.

한편 네덜란드, 스페인, 미국 등은 법제화는 하고 있지 않기 때문에 법적으로 풍차의 형식 인증은 필요하지 않다. 단, 법적으로 인증이 의무화되지 않은 나라에서도 투자, 은행, 보험을 유리하게 하기 위해서 자주적으로 인증을 가지는 것이 일반적이다.

인증은 나라별로 풍차 형식 인증의 여부와 건축 인허가의 여부로 구별된다. 각국의 인증은 반드시 자국 내의 인증기관에 의해서만 취득할 수 있는 것은 아니며 외국의 인증기관에서도 취득할 수 있다(예 : 덴마크의 인증을 독일의 GL-Wind에서도 취득할 수 있다). 또한 IEC WT01(2001-04) 「IEC 풍차인증 적합시험제도-규칙과 순서」의 취급은 아직 정착되어 있지 않다.

형식 인증의 시험 기관은 인증 취득 신청자(풍차 제작회사)가 지정할 수 있다. 이것은 ISO/IEC 17025(시험소로서 만족해야 할 요건)의 인정 취득이나 IEC 61400 시리즈의 시험 순서에 따르는 것이 전제가 된다. 형식 인증 시험은 기본적으로 IEC 61400 시리즈(제1부 : 안전 요건, 제2부 : 소형 풍차의 안전 기준, 제11부 : 소음 측정 방법, 제12부 : 성능 계측 방법, 제13부 : 기계적 하중의 계측 방법, 제21부 : 계통 연계 풍차의 전력 품질 특성 측정 및 평가, 제23부 : 실제의 날개 구조 강도 시험, 제24부 : 낙뢰 보호 등)의 순서에 따라 실시되고 있다. 또한 각 시험기관은 ISO/IEC 17025에 기초해 심사되어 인정받고 있다.

각국의 풍차 인증 제도의 개요를 **표 12.3**에 나타냈다. 그리고 **그림 12.8**에는 세계적으로 인증된 바가 많은 GL-wind를 예로 들어서 인증 기관의 구체적인 예를 나타냈다. 또 인정 인증 제도에 있어서 각 순서의 내용을 **표 12.4**에 나타냈다.

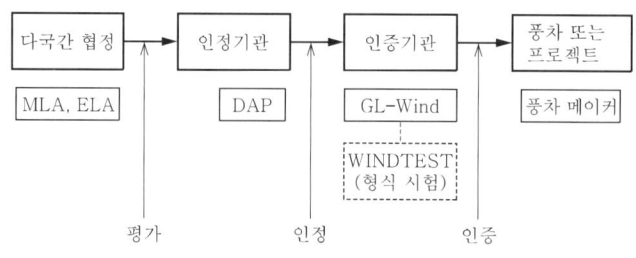

그림 12.8 〉〉
인증기관의 인정(조직명은 GL-Wind의 경우의 예)

표 12.3 각국 풍차 인증제도의 개요

국가	개요	인증기관
덴마크	• 형식 인증 취득이 법적으로 의무화되어 있다.	DNV(Det Norske Veritas), GL-Wind
독일	• 형식 인증 취득이 법적으로 의무화되어 있다. • 건축 인가가 필요. 하나의 인증 또는 형식 인증을 필요로 한다.	GL-Wind, DNV, TÜV NORD 등
그리스	• 형식 인증 취득이 법적으로 의무화되어 있다. 그러나 독자의 인증 제도는 없고 유럽 전체의 제도를 이용하고 있다. 즉 국내에는 인증기관은 없고 CRES가 GL-Wind 등의 인증을 취득한 기종의 체크를 시행하는 것으로 대행한다.	CRES(DNV, GL-Wind 등의 EN45011에 따라 인정된 인증기관의 인증을 체크)
스웨덴	• 형식 인증 취득이 법적으로 의무화되어 있다. • 형식 인증에는 2가지 방법이 있다. 문서에 의한 체크와 다른 한 가지는 이미 취득한 형식 인증을 기초로 실시한다. • 인증 신청에 필요한 문서 : ① 환경 상태(바람, 온도 등)의 설명을 포함한 개요 설명서 ② 잘 알려진 인증기관 또는 적절한 국가/국제기구의 형식 증명서 ③ 지정된 형식증명서에 관련한 검사 보고 ④ 다른 인증기관에 의한 형식증명서의 기초가 되는 모든 문서 리스트 ⑤ 사용자/소유자에 대한 운전·정비에 관련 스웨덴어의 매뉴얼 • 건축인가는 필요.	스웨덴 풍력발전소 형식 인증위원회(The Committee on Type Approval of Wind Power Stations in Sweden)
네덜란드	• 법적으로는 풍차의 형식인증이 필요 없다. 단 투자자, 은행, 보험 등에 대해서는 인증을 가지고 있는 쪽이 유리하기 때문에 실질적으로 인증을 가지고 있는 것이 대부분이다. • 건축인가는 필요(인증이 건축인가의 전제 조건으로서 필요하지는 않다).	없음(ECN 산하 CIWI가 인증 업무를 시행하고 있었지만 인증 시장이 장래적으로 유망하지 못하고 수입 규모도 작기 때문에 현재는 실시하고 있지 않다)
미국	• 법적으로는 풍차의 형식인증이 필요 없다. 단 투자자, 은행, 보험 등에 대해서는 인증을 가지고 있는 쪽이 유리하기 때문에 실질적으로 인증을 가지고 있는 것이 대부분이다.	UL(Underwriters Laboratories, Inc. : 미국 보험업자 안전시험소)
오스트리아, 벨기에, 핀란드, 노르웨이, 포르투갈, 스위스	• 법적으로는 풍차의 형식인증이 필요 없다. 단 투자자, 은행, 보험 등에 대해서는 인증을 가지고 있는 쪽이 유리하기 때문에 실질적으로 인증을 가지고 있는 것이 대부분이다. • 건축인가는 필요.	없음
스페인, 프랑스, 아일랜드, 영국, 오스트레일리아	• 법적으로는 풍차의 형식인증은 필요 없다. 단 투자자, 은행, 보험 등에 대해서는 인증을 가지고 있는 쪽이 유리하기 때문에 실질적으로 인증을 가지고 있는 것이 대부분이다.	없음
중국, 인도 등	• 형식 인증 취득이 법적으로 의무화되어 있다. • 건축인가는 필요.	중국선급사(CCS), 인도 : C-WET(Centre for Wind Energy Technology : 풍력에너지기술센터)
일본	• 법적으로는 풍차의 형식 인증은 필요 없다. 단 사업자, 투자가, 고객이 GL-Wind와 같은 실적이 있는 인증기관의 인증을 요구하는 경우가 있다.	없음

표 12.4 인정인증제도에 있어서의 각 수순의 내용

순 서	내 용
평가(Evaluation)	다국간 협정(Multilateral Agreement), 상호 승인의 형태를 취한 경우도 있다.
인정(Accreditation)	인증기관(Accreditation Body)에 의해 인정을 받는다.
인증(Certification)	인정(Accreditation)을 받은 인증기관(Accreditation Body)이 신청에 기초해 적합성에 대해 인증을 준다.

[비고] 유럽에서는 일반적으로 인증기관을 인정 받는데, 반드시 인정을 받지 않아도 된다. 인정을 받지 않은 인정기관도 있다.

12.2 풍력발전의 미래[1]

일본에서는 1997년 「신에너지 이용 등의 촉진에 대한 특별 조치법」의 시행으로 신에너지 도입 촉진책을 강화하고 더불어 「에너지 기본법」의 제정에 기초한 2003년 「에너지 기본 계획」이 내각에서 결정되었다. 「에너지 기본 계획」에서는 신에너지와 관련하여 "당면한 보완적 에너지로서는 자리매김했지만 장기적으로는 에너지원의 중요한 부분을 담당하는 것을 목표로 해 시책을 추진한다"고 되어 있으며, 공무원과 민간인의 적극적인 대처가 진행되고 있다. 특히 풍력발전은 최근에 판매 사업용 대규모 풍력발전 시설(윈드팜)의 도입을 주체로 급속하게 도입량이 확대되고 있는 분야이다. 그러나 도입이 확대됨에 따라 여러 가지 과제도 두드러지게 나타나고 있으며, 풍력발전이 앞으로 산업으로서 자립하기 위해서는 이들 과제를 어떻게 극복할 것인가가 중요한 포인트가 된다.

본 절에서는 신에너지 산업회의 풍력위원회가 조사한 결과에 입각하여 풍력발전에 관한 주요 과제와 풍력발전의 장래 전망으로서 「신에너지 산업 비전」(2004년 6월, 경제산업성 자원에너지청)에 기초한 풍력발전 산업의 장래상 및 「풍력발전 로드맵」(2005년 7월, NEDO 기술개발기구)에 기초한 장기 도입 목표, 대응책 등의 검토 결과 개요를 소개한다.

1 풍력발전의 주요 과제[2]

풍력발전의 특징은 에너지를 얻을 때에 화력발전소 등에서 볼 수 있는 이산화탄소 등 환경 오염 물질의 배출이 없고, 바람이라는 재생 가능 에너지를 이용하기 때문에 에너지 자원이 영원히 고갈되지 않는다는 것을 들 수 있다. 그러나 바람의 에너지 밀도가 작기 때문에 발전 비용이 비교적 비싸진다는 점이나 바람은 항상 변화하고 있고 지역적으로도 풍황에 혜택받은 곳이 편재되어 있는 등 '바람의 특성'에 기인하는 과제를 떠안고 있다. 그림 12.9에 요인의 주요 과제를 나타냈다.

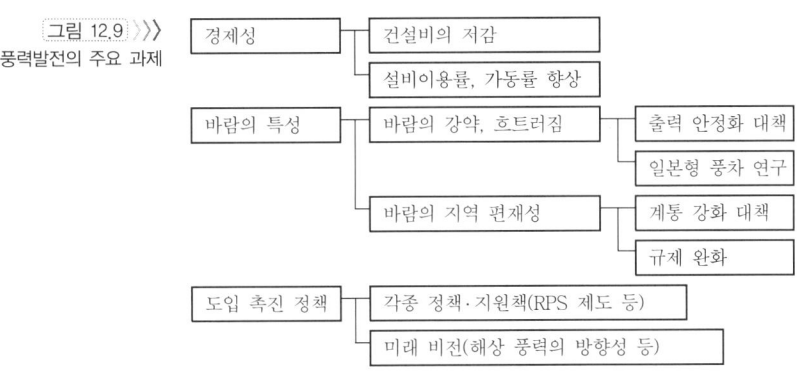

그림 12.9 풍력발전의 주요 과제

(1) 경제성

풍력발전 시설의 건설 비용, 발전 비용에 대해서는 최근의 풍력발전 시설의 대형화, 대규모화로 경제성이 제법 향상되고 있다고 생각된다. 그러나 그림 12.10에 나타난 것처럼 발전 비용은 10엔/kWh~14엔/kWh 정도(대규모 시설)이며, 다른 신에너지 중에서는 저비용이라 할 수 있지만 기존의 화력 발전 등과 비교해 보면 아직 높은 수준이며 각종 지원 제도에 의존할 수 밖에 없는 상황이다. 앞으로 비용 저감을 향한 대처로서 건설비의 저감은 물론 계획 발선 선력량의 확보를 위한 설비 이용률·가동률 향상 등을 포함한, 더 많은 난관이 남아 있다.

(2) 바람 특성 관련 과제(바람의 강약, 흐트러짐, 지역 편재성)

(a) 계통 연계 대책

풍력발전은 풍황에 의존하기 때문에 출력이 불안정해지며, 특히 대규모로 도입됨에 따라 전력 계통에 대한 영향이 지적되고 있다. 앞으로 더욱 도입을 촉진하기 위해서는 전력 계통에 대한 주파수 변동의 영향이나 조정 전원, 축전지를 조합한 출력 안정화에 관한 실증 연구 등의 대응이 필요하다.

한편, 풍황 조건에서 본 경우 일본에서 풍력발전 건설 적지(풍황이 좋은 지점)는 편재되어 있는 경향이 있다. 이들 풍력 건설 적지는 전력 계통이 충분히 준비되어 있지 않은 원격지에 있는 경우나 기존 송전 용량에 여유가 없는 경우 등이 많기 때문에, 기존 계통의 증강(增强)을 포함한 설치 환경의 정비가 필요하다.

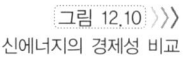

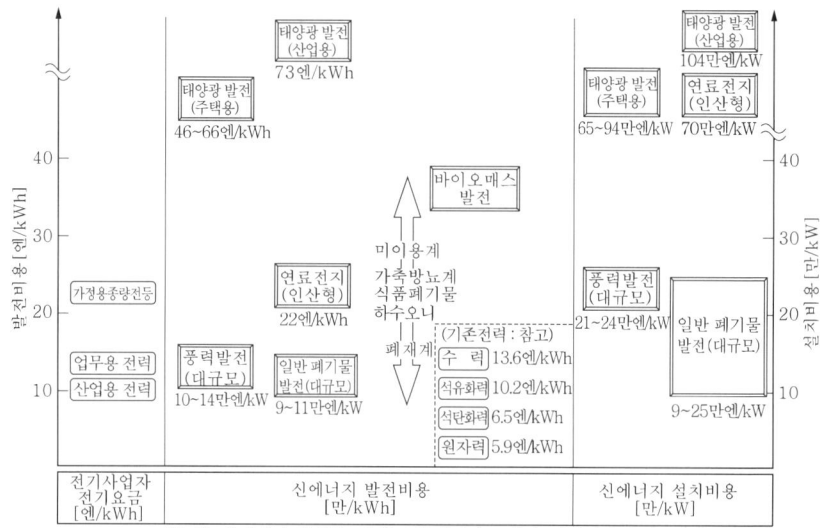

그림 12.10 신에너지의 경제성 비교

(b) 일본형 풍력발전 시스템

일본에서는 태풍 등의 열대 저기압이나 산악 지형 때문에 평지가 많은 유럽에서는 볼 수 없는 흐트러짐이 강한 바람 또는 낙뢰가 발생한다. 현재 일본에 설치되어 있는 대부분의 풍력발전 장치는 유럽에서 제조되고 있으며 풍차 선진국인 덴마크, 독일 등의 운용 경험을 기본으로 한 설계 기준에 의해 설계되었기 때문에 일본의 기후에 충분히 적합하지는 않다. 바람의 흐트러짐이나 태풍, 낙뢰가 원인으로 추정되는 큰 고장이나 파손이 발생하여, 일본 독자적인 설계 기준 구축과 반영이 요구되었다.

(c) 규제 완화

일본은 산악지가 많고 평야가 적은 반면, 사방이 바다로 둘러싸여 있으며 바람 자원으로는 평지에 비해 산악지, 연안 지역이 큰 잠재력을 가지고 있다. 그러나 거의 절반이 자연 공원, 보호림 등의 입지 규제를 받고 있어 실질적으로, 풍황 적지로서의 풍차 설치가 곤란한 상황이다.

앞으로는 풍력발전과 자연 환경의 공생을 어떻게 도모할 것인가 등에 관해서 관계자와의 협의에 입각하여 풍차 설치에 관한 규제 내용의 탄력적인 운용 혹은 규제 완화 등의 대응이 필요하다.

(3) 해상 풍력발전

해상(오프쇼어) 풍력발전은 대규모의 풍력 개발 잠재성을 가지고 있으며 이미 유럽에서는 비교적 얕은 수역에서 해상 풍력발전이 실시되고 있다. 앞으로 일본에서도 더욱 풍력발전을 촉진시키기 위해서는 세계에서 손꼽히는 해안선의 길이를 가진 해양 국가로서의 특징을 살려서 바람의 흐트러짐이 적고 풍황이 양호한 해상 지역을 개발해야 할 것이다. 그러나 해상 풍력발전이 사업으로서 성립하기 위해서는 경제면, 사회 조건면, 자연 환경면 등 많은 과제가 있다.

유럽에서는 해상 풍력발전의 초기 단계로서 기술적인 검증이나 조류, 어류에 미치는 영향 등을 조사하기 위해 시범 사업으로 시작하여, 상용 운전을 목적으로 한 본격적인 도입을 진행하는 순서를 밟고 있다. 일본에서도 각종 과제의 도출, 대책을 검토하는 등 본격 도입을 위해 실증 시험 설비의 설치에 의한 시범 사업이 시작되어야 한다. 특히 해상 풍력발전에서는 어떻게 어업과의 협조를 도모할 것인가가 큰 과제이며, 최초의 안건을 향후 범례(규범, 규격)로 삼을 수 있기를 기대하고 있다.

2 풍력발전의 미래

(1) 풍력발전 산업의 장래상

2004년 6월, 일본 경제산업성 자원에너지청은 자립적이고 지속 가능한 신에너지 산업의 발전을 위해서「신에너지 산업 비전」을 발표했다. 이에 따르면, 신에너지를 산업으로 파악하여, 산업 정책적인 시점에서 경쟁력 있는 상태로 자립할 수 있도록 보급해 갈 것이며, 신에너지 산업에 대한 전망과 기대를 다음과 같이 서술하고 있다.

신에너지 산업의 시장 규모는 태양광, 풍력, 바이오매스 이용을 포함해 2030년 약 3조엔, 고용 규모는 약 31만 명으로 확대될 것으로 기대되고 있다. 이와 같이 신에너지는 단순히 에너지원의 다양화, 환경 보전에의 그치지 않고, 경제적인 효과나 고용 기회의 창출이라는 측면에서의 공헌이 크게 기대되는 분야이다.

이「신에너지 산업 비전」에 있어서의 풍력발전 산업의 장래상(~2030년)을 그림 12.11에 나타냈으며 그 요점을 다음에 소개한다.

그림 12.11 풍력발전 산업의 장래상

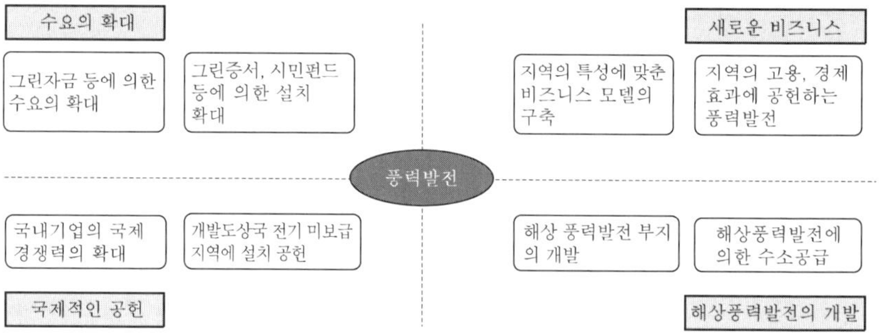

수요의 확대			새로운 비즈니스	
그린자금 등에 의한 수요의 확대	그린증서, 시민펀드 등에 의한 설치 확대	지역의 특성에 맞춘 비즈니스 모델의 구축	지역의 고용, 경제 효과에 공헌하는 풍력발전

풍력발전

국내기업의 국제 경쟁력의 확대	개발도상국 전기 미보급 지역에 설치 공헌	해상 풍력발전 부지의 개발	해상풍력발전에 의한 수소공급
국제적인 공헌		해상풍력발전의 개발	

〈출전〉 신에너지 산업 비전 : 신에너지 산업 비전 검토회(2004.6)

(a) 수요의 확대

일본의 자연 환경에 적응한 저비용의 풍력발전 기기가 보급되고 풍력발전 산업이 자립한 지속적인 비즈니스로서 발전하고 있다. 또한, '공급 push형'으로 진전해 온 풍력발전 산업이 풍력에 의한 전력 수요의 확대와 수용가 공급(需要家供給) 측면에서의 참가 등을 통해 '시장에 의한 풀(pull)형' 비즈니스로 성장하고 있다.

(b) 새로운 비즈니스

윈드팜을 거점으로 한 지역의 관광 진흥이나 환경 교육 실천의 장 만들기가 전개되어 풍력발전 산업이 지역 활성화와 지역 발전에 공헌하고 있다. 또한 지역의 기업이나 주민과 연대한 다각적인 풍력발전 산업도 전개되고 있다.

(c) 국제적인 공헌

일본과 공통된 자연 환경에 있는 아시아에 적합한 풍력발전기가 개발되어 아시아 여러 나라에서의 도입이 진행됨으로써 아시아 지역의 경제 활성화에도 공헌하고 있다.

(d) 해상 풍력발전

해상 윈드팜의 건설이 시작되고 풍력발전에 의한 전력 공급량이 더욱 확대되면서 수소(水素) 사회 기반 만들기의 일환으로 계통 독립형 풍력발전에 의한 수소 제조도 시도되었다.

(2) 풍력발전의 로드맵

2005년 7월 NEDO 기술개발기구에 의해 '풍력발전의 로드맵'으로서 장기적 시점에 입각한 도입 목표와 목표 달성을 향한 대응책의 검토 결과가 공표되었다. 이 로드맵은 앞서 서술한 풍력발전의 과제, 도입 상황 및 신에너지 산업 비전에서 풍력발전의 장래상에 입각해 구체적인 목표와 대응책을 검토한 것이다. 그림 12.12에 풍력발전의 로드맵을 나타냈고 그 요점을 다음에 소개한다.

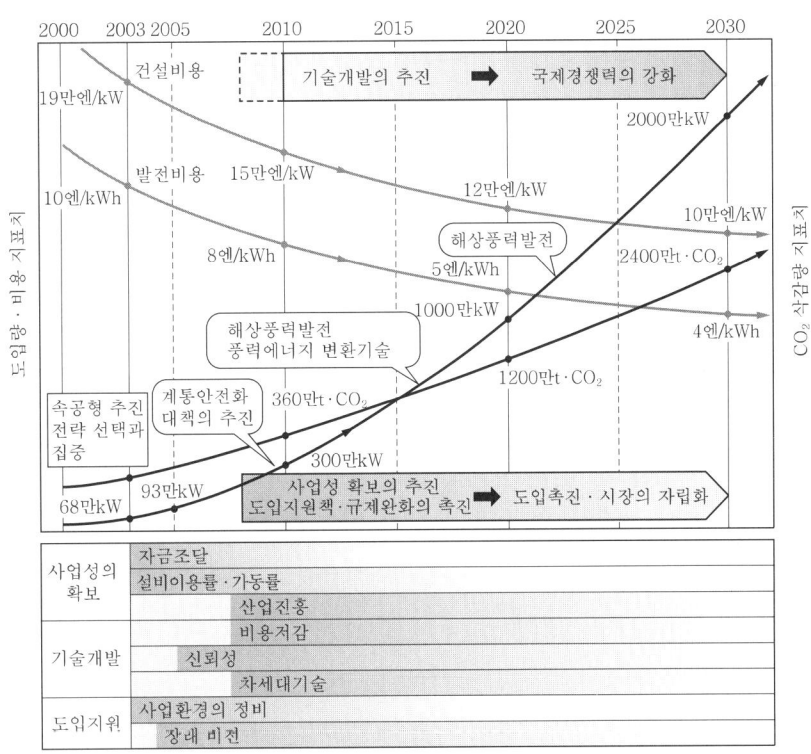

그림 12.12 풍력발전의 로드 맵

주) 본 시나리오는 현 상황에서의 검토 결과이고, 향후 상황에 따라 변경될 수도 있다.

〈출전〉 (독) NEDO 기술개발기구

(a) 풍력발전의 도입 목표

도입 목표는 2030년도를 장기 목표 연도로 상정하고 2010년도(단기 목표년), 2020년도(중기 목표 년도) 각각의 목표 연도에 맞는 도입 시나리오를 검토함과 동시에 도입 가능량(육상, 해상)에 입각하여 도입량을 예측하고 있다. 연도마다의 도입 예측치는 표 12.5와 같다.

표 12.5 풍력발전의 도입 목표

연 도	도입 목표	비 고
2010년도	300만kW	현 시점에 있어서 국가의 설정 목표(육상(陸上)만)
2020년도	1,000만kW	육상 620만kW, 해상 380만kW를 예측
2030년도	2,000만kW	육상 700만kW, 해상 1,300만kW를 예측

(b) 풍력발전의 경제성

2030년경까지 풍력발전의 건설 비용은 유럽 및 미국과 나란한 수준, 발전 비용은 경합 에너지와 나란한 수준으로 하는 것을 목표로 해서 해마다 예측하고 있다. 해마다의 경제성에 관한 예측치는 표 12.6과 같다.

표 12.6 풍력발전의 경제성 목표

연 도	건설 비용	발전 비용
2010년도	14.5만엔/kW	7.8엔/kWh
2020년도	12.2만엔/kW	4.6엔/kWh
2030년도	9.9만엔/kW	4.4엔/kWh

(c) 목표 달성을 위한 대응책

표 12.7 풍력발전의 과제와 대응책

풍력발전의 과제		대응책의 키워드	비 고
대분류	중분류		
사업성의 확보	자금 조달의 곤란함	융자 환경의 정비	(주)에 씀
		투자 촉진을 위한 환경 정비	(주)에 씀
	설비 이용률과 가동률의 저하	인증 제도의 확립	(주)에 씀
		인증 기관의 설립	(주)에 씀
		인증 시험 기관의 설립	(주)에 씀
		제3자 기관의 설립	(주)에 씀
	산업 진흥의 필요성	지역 경제의 활성화(생산지에서 소비)	민간 주도
		국내 기업의 경쟁력 강화	민간 주도
		국제 공헌의 촉진	(주)에 씀
기술 개발	비용 문제	저비용화 기술	민간 주도
		높은 내구성(장수명화)	민간 주도
		양산화 시스템	민간 주도
		리사이클/리유스	민간 주도
	신뢰성 결여	일본형 풍차	(주)에 씀
		전력 안정화	(주)에 씀
		환경 배려형 풍차	민간 주도
	차세대 기술의 필요성	풍황	(주)에 씀
		해상 풍력발전	(주)에 씀
		풍차의 설계 기술	민간주도
		에너지 변환/저장 기술	(주)에 씀
도입 촉진	사업 환경	규제 완화	(주)에 씀
		정책·지원책	(주)에 씀
	장래 비전	환경 정비	(주)에 씀

[주] 「관(官)」도 어느 정도의 역할을 맡는 것으로 생각되는 대응책

상기 목표 달성을 향한 과제와 대응책에 관해서 '사업성의 확보', '기술 개발', '도입 촉진(정책)'의 관점에서 도출, 정리하고 있으며

각 대응책에 관한 산관학의 역할을 포함해서 검토하고 있다. 대응책의 일람을 **표 12.7**에 나타냈다.

풍력발전의 현재 상황은 사업성이 향상되고 도입이 확대되고는 있지만 아직 산업으로서 자립한 상태는 아니고, 정부 등 관계기관에서의 각종 정책, 지원책에 의존하는 경우가 많다. 풍력발전 산업으로서의 장래 비전 실현을 위해서는 본 절에서 설명한 각종 과제의 극복을 비롯하여 자립적인 산업을 목표로 한 각종 정책의 제정, 실행, 평가 및 관계 산업계의 자주 노력 등 산관학에 걸친 연대 체제에서의 치밀한 대처가 필요하다.

특히 본 절에서 소개한 것처럼 NEDO 기술개발기구가 풍력발전의 로드맵 중에서 장기적 목표, 대응책을 검토하고 있다. 본 내용에 대해서는 신에너지 산업회의 풍력위원회에서의 조사 결과 등을 포함해 검토한 것이며 장기적인 목표(정책)가 없는 현재 상황을 생각해 보면 중요한 성과라 할 수 있다. 앞으로는 이들 검토 결과를 평가하여 정책에 반영할 것을 기대한다.

참 고 문 헌

■ chapter 1

1) D. A. Spera (ed.) : Wind Turbine Technology, ASME Press (1995)
2) J. D. Anderson, Jr. : A History of Aerodynamics, Cambridge University Press (1998)
3) R. W. Righter : Wind Energy in America, A History, University of Oklahoma Press (1996)
4) Elmuseet (ed.) : Som Vinden Blaeser (1993)
5) The British Wind Energy Association, Using Wind for Clean Energy (1990)
6) E. Rogier : Les pionniers de electricite eolienne, Systemes Solaires, janvier-fevrier, No.129 (1999)
7) F. L. Smidth Co. : Instruction for FLS-Aeromotor, Internal Memo.7050 (April 1942)
8) J. Juul : Wind Machines, Proc. of Wind and Solar Energy, New Delhi Symposium, UNESCO (1956)
9) P. C. Putnum : Power from the Wind, Van Nostrand Reinhold (1948)
10) U. Huetter : Die Entwicklung von Windkraftanlagen zur Stromerzeugung in Deutschland, Bd.6, Nr.7, BWK (1954)
11) M. L. Jacobs : Experience with Jacobs Wind-Driven Electric Generating Plant, Proc. of 1st Wind Energy Conversion Systems Conference, NSF/RANN-73-106, National Science Foundation (1973)
12) A. Betz : Das Maximum der theoretisch moeglichen Ausnutzung des Windes durch Windmotoren, Zeitschrift fuer das gesamte Turbinenwesen 20 (Sept. 1920)
13) S. J. Savonius : The S-Rotor and Its Applications, Mechanical Engineering, Vol.53, No.5 (1931)
14) F. M. Darrieus : Turbine Having its Rotating Shaft Transverse to the Flow of Current, U.S. Patent, No.1,834,018 (1931)
15) 牛山泉：風車工学入門，森北出版（2002）

■ chapter 2

1) Van der Hoven : Power Spectrum of Horizontal Wind Speed in the Frequency Range from 0.0007 to 900 Cycles per Hour, J. Meteor., 14, pp.160-164 (1957)
2) 永井紀彦：風力エネルギー活用の観点から見た沿岸域洋上風の特性，港湾空港技術研究所資料，No.1034，独立行政法人港湾空港技術研究所，p.34 (2002)
3) 近藤純正：水環境の気象学，朝倉書店 (1994)
4) 石崎溌雄，光田寧：強風時における突風の拡がりと突風率について，京都大学防災研究所報告，第5 A (1962)
5) 吉野正敏：気候学，自然地理学講座 2，大明堂 (1978)
6) 斉藤和雄：山越え気流について（おろし風を中心として），天気，Vol.41，pp.731-750 (1994)
7) 日本気象協会：離島用風力発電システム等技術開発「局所的風況予測モデルの開発」平成 14 年度報告書，NEDO (2003)

■chapter 3

1) 小倉義光：一般気象学，東京大学出版会，p.156（1999）
2) 竹内清秀：風の気象学，東京大学出版会，p.172（1999）
3) 山口敦，石原孟，藤野陽三：力学統計的局所化による新しい風況予測手法の提案と実測による検証，土木学会論文集（2005）
4) 中尾徹，杉谷照雄，加藤秀樹，小林洋平：風力発電計画のための風況変動特性の検討，風力エネルギー，Vol.28，No.4，pp.95-99（2005）
5) NEDO：風力発電導入ガイドブック 第8版，p.166（2005）
6) 気象庁ホームページ：http://www.jma.go.jp/JMA_HP/jma/index.html
7) NEDOホームページ：http://www2.infoc.nedo.go.jp/nedo/top.html
8) 気象協会：風力発電タービンの最適立地探査法，急峻な地形に対応する風況予測システムの開発（2002）
9) N. G. Mortensen, L. Landberg, I. Troen and E. L. Petersen : Wind Atlas Analysis and Application Program（WAsP），Riso National Laboratory, Denmark（1993）
10) 石原孟：非線形風況予測モデルMASCOTの開発とその実用化，日本流体力学学会誌，第22巻，第2号，pp.387-396（2003）
11) 村上周三ほか：局所風況予測システムLAWEPSの開発と検証，日本流体力学会誌，第22巻，第2号，pp.375-386（2003）
12) 内田孝紀，大屋裕二：風況予測シミュレータRIAM-COMPACTの開発，日本流体力学会誌，第22巻，第2号，pp.417-428（2003）
13) 谷川亮一ほか：「風力発電機位置決定方法及び風力発電量予測方法」に基づく風況評価，第24回風力エネルギー利用シンポジウム，pp.119-122（2002）
14) MASCOT：http://aquanet21.ddo.jp/mascot/
15) 石原孟，山口敦，藤野陽三：複雑地形における局所風況の数値予測と大型風洞実験による検証，土木学会論文集，No.731/I-63，pp.195-221（2003）
16) 新エネルギー・産業技術総合研究機構：「風力発電システム導入のための風況予測手法に関する検討」報告書，NEDO技術情報データベース，p.108（2003）
17) 石原孟：我が国の風力開発における技術課題と将来展望，電力土木，No.314，pp.3 9（2004）
18) 石原孟，飯塚悟：CFDと風力開発，ターボ機械，No.2，pp.52-56（2005）
19) 石原孟，山口敦：天気予報技術を利用した風環境評価手法の提案，風環境フォーラム，pp.79-83（2005）
20) 石原孟，山口敦，佐々木庸平，藤野陽三：気象モデルと地理情報システムを利用した洋上風力賦存量の評価，風力エネルギー，Vol.29，No.1，pp.73-76（2005）
21) 石原孟：地域気象モデルを利用した局地風のリアルタイム予測システムの構築と実測による検証，平成14～15年度科学研究費補助金（基盤研究（B）（2））研究報告書（2004）
22) 石原孟，山口敦：風力発電の出力予測技術の現状と将来展望，第5回風力エネルギー利用総合セミナー，pp.140-143（2005）

■chapter 4

1) 牛山泉：風車工学入門，森北出版（2002）
2) A. Betz : Das Maximum der theoretisch moeglichen Ausnuetzung des Windes durch Windmotoren, Zeitschrift fuer das gesamte Turbinenwesen, Heft 26（Sept.26, 1920）

3) F. W. Lanchester : Contribution to the Theory of Propulsion and the Screw Propeller, Transactions of the Institution of Naval Architects, Vol. LVII, pp.98-116 (March 25, 1915)
4) R. E. Wilson, P. B. S. Lissaman and S. N. Walker : Aerodynamics Performance of Wind Turbines, Oregon State University, Corvallis, OR, NTIS, USA (1976)
5) E. H. Lysen : Introduction to Wind Energy, Consultancy Services Wind Energy Developing Countries, The Netherlands (1983)

■chapter 5

1) 関和市, 大谷勇：直線翼垂直軸風車の性能, 太陽エネルギー, Vol.16, No.3 (1990)
2) 関和市：低レイノルズ数での高性能を示す垂直軸風車用翼型の開発研究, 日本機械学会論文集（B編）, Vol.57, No.536 (1991.4)
3) 関和市：小形風車論, 三重大学地域共同研究センター高度技術研修 (2000)
4) 堀内健司, 関和市：風力発電用の直線翼垂直軸風車の流れ解析, 電気学会論文集B, Vol.123, No.12 (2003)

■chapter 6

1) 牛山泉：風力工学入門, 森北出版 (2002)
2) Tony Burton, et al. : Wind Energy Handbook, John Wiley & Sons, London (2001)
3) Guidelines for Design of Wind Turbines, 2nd Edition, DNV/Risø (2002)
4) Vestas 社カタログ
5) Enercon 社カタログ
6) Nordex 社カタログ
7) GEwind 社カタログ
8) 三菱重工カタログ
9) 富士重工カタログ
10) IEC 61400-1 1999 および 2003, Wind turbine generator systems - Part 1 : Safety requirements
11) Germanischer Lloyd Regulation for the Certification of Wind Energy Conversion Systems 1993, 94 Edition
    Germanischer Lloyd Guideline for the Certification of Wind Turbines, Edition 2003
12) 勝呂幸男：ターボ機械協会第61回セミナー〈日本の風車の課題と取り組み〉(2003.3.4)
13) 勝呂幸男, 岡俊蔵, 本田明弘：「風力発電と環境問題」本州・北海道架橋シンポジウム「津軽海峡からのメッセージ2004」論文発表会 (2004.6.4)
14) 勝呂幸男：日本風力エネルギー協会風力シンポジウム「大型風車の課題と取り組み」(2004.10)
15) 勝呂幸男：ターボ機械協会第32回講習会〈日本の風車の課題と取り組み〉(2005.3.4)
16) 川邊和正ほか：開繊された強化繊維束の樹脂含浸挙動, 材料, Vol.47, No.7, p.735 (1998)
17) 西村明ほか：炭素繊維扁平糸織物の開発, 日本複合材料学会誌, Vol.26, No.2, p.69 (2000)
18) 勝呂幸男：日本風力エネルギー協会風力発電システム講習会「風車の機械要素設計・製造について」(2005.6)
19) 軸受メーカカタログ
20) J. Brandlein, L. Hasbargen, P. Eschmann, K. Weignd, 吉武立雄 訳：ころがり軸受実用ハンドブック－設計の基礎から使いかたまで, 工業調査会

21) 岡本順三, 角田和雄：転がり軸受ーその特性と実用設計, トライボロジー叢書(4), 幸書房
22) 歯車強さの設計資料, 日本機械学会 (1979)
23) 仙波正壮：歯車, 日刊工業新聞社 (1967)
24) 明山, 歌川：歯車の設計, オーム社 (1965)
25) Lloyd's Resistor of Shipping : Rule Book for classification
26) IEC 61400-12 : Wind Turbine Power Performance Testing
27) 建築基準法, 塔状鋼構造設計指針・同解説など
28) 富士重工業株式会社：ニューサンシャイン計画：離島用風力発電システム等技術開発「離島における風力発電システムの開発」, NEDO 報告書 H11 ～ H14
29) Toru Nagao, et al.: Development of Advanced Wind Turbine Systems for Remote Islands, Wind Engineering, Vol.28, No.6 (2004)
30) Robert Harrison, et al.: Large Wind Turbines Design and Economics, John Wiley & Sons, LTD (2000)

■chapter 7

1) 本間琢也 (編)：風力エネルギー読本, オーム社, p.64 (1979)
2) Siegfried Heier : Wind Energy Conversion Systems, John Wiley & Sons Ltd., p.110 (1998)
3) Jacques Courault, et al.: Integration of Offshore Wind Farm in The Power System, CA-106, Session, CIGRE (2004)
4) Siegfried Heier : Wind Energy Conversion Systems, John Wiley & Sons Ltd., p.160 (1998)
5) Nengheng Bao, et al.: Active Pitch Control in Larger Scale Fixed Speed Horizontal Axis Wind Turbine Systems, Wind Engineering, Vol.25, No.6, p.339 (2001)
6) O. Wsynczuk, et al.: Dynamic Behavior of A Class of Wind Turbine Generator During Random Wind Fluctuations, IEEE Trans. on PAS-100, Vol.100, No.6, p.2837 (1981)
7) 小玉成人, 松坂知行, 山田佐住：NEDO 500kW 風力発電機のモデリングと特性解析, 電気学会論文誌, Vol.120-B, No.2, p.211 (2000)
8) M. Maureen Hand, et al.: Systematic Controller Design Methodology for Variable-speed Wind Turbines, Wind Engineering, Vol.24, No.3, p.169 (2000)
9) Lewis Kendall, et al.: Application of Proportional-Integral and Disturbance Accmmodating Control to Variable Speed Pitch Horizontal Axis Wind Turbines, Wind Engineering, Vol.21, No.1, p.21 (1997)
10) O. Wsynczuk, et al.: Dynamic Behavior of A Class of Wind Turbine Generator During Random Wind Fluctuations, IEEE Trans. on PAS-100, Vol.100, No.6 (1981)
11) T. Matsuzaka, et al.: A Variable Wind Generating System and its Test Results, Proc. of EWEC, PART Two, Glasgow, p.608 (1989)
12) E. A. Bossanyi : Adaptive Pitch Control for a 250 kW Wind Turbine, Proc. of BWEC, p.85 (1987)
13) W. E. Leithead, et al.: Optimal Control and Performance of Constant Speed HAWT, EWEC, PART1, p.85 (1991)
14) R. Chedid, et al.: Intelligent Control for Wind Energy Conversion Systems, Wind Engineering, Vol.22, No.1, p.1 (1998)

15) 小玉成人，松坂知行，猪股登：確率最適制御による風力発電機の出力変動抑制，電気学会論文誌，Vol.121-B, No.1, p.22（2001）
16) N. Kodama and T. Matsuzaka : Power variation control of a wind turbine generator using probabilistic optimal control, including feed-forward control from wind speed, Wind Engineering, Vol.24, No.1, p.13（2000）

■chapter 8

1) 誘導発電機を用いた小水力用新可変速発電システムの開発，電気学会，回転機研究会資料，RM-00-11（2000.10.19）
2) 電力品質に関する動向と将来展望，電気共同研究，第55巻，第3号
3) 分散型電源と電力系統の将来展望，電気共同研究，第56巻，第4号
4) (社)日本電機工業会：平成12年度「離島用風力発電システム等技術開発」（離島地域等における洋上風力発電システムの技術開発課題および今後の方向性に関する調査），平成12年度新エネルギー・産業技術総合開発機構委託業務成果報告書（2001）
5) H. Matsumiya, T. Kogaki, N. Takahashi, Y. Kato and T. Nagao : Proceedings of the Global Wind Power Conference-2002（2002）
6) (財)新エネルギー財団　新エネルギー産業会議　風力委員会：風力発電の導入促進に関する調査報告書（2004）
7) 斉藤利光，奥田裕久，林英輝，桝本恵太：名立町コンクリートタワー風力発電施設，第25回風力エネルギー利用シンポジウム（2003）
8) 永井紀彦：風力エネルギー活用の観点から見た沿岸域洋上風の特性，港湾空港技術研究所資料，No.1034（2002）
9) 永井紀彦，小川英明，中村篤，鈴木靖，額田恭史：観測データに基づく沿岸域風力エネルギーの出現特性，土木学会海岸工学論文集，第50巻（2003）
10) 長井浩，牛山泉：日本沿岸のオフショア風力発電の可能性，太陽/風力エネルギー講演論文集（2002）
11) 長井浩：洋上風力発電について（特集　風力発電の普及状況と技術開発），電気学会誌，第124巻，第1号（2004）
12) (社)日本機械工業連合会，(社)日本海洋開発産業協会：平成13年度「海洋資源・エネルギーを複合的に活用する沖合洋上風力発電等システムの開発」調査研究報告書（2002）
13) 鈴木英之，橋本崇史，関田欣治：スパー型浮体による洋上風車の動揺特性改善に関する研究，土木学会，海洋開発論文集，第30巻（2004）
14) 村上光功：浮体型洋上風力発電システムについて，日本造船学会，第17回海洋工学シンポジウム（2003）
15) 太田真，本田明弘，矢野州芳，中谷眞二，藤川卓爾：箱形浮体式洋上風力発電設備の耐波性能に関する検討，日本造船学会　第17回海洋工学シンポジウム（2003）
16) 井上憲一，宮部宏彰，上田聡，小林日出雄：半潜水浮体式洋上風力発電システムの開発，洋上風力発電フォーラム，東京大学山上会議所（2004）
17) 大川豊，矢後清和，太田真，山田義則，高野宰，関田欣治：代替燃料創出を目指した浮体式風力発電施設に関する基礎的研究，土木学会　海洋開発論文集，第30巻（2004）
18) 欧州風力エネルギー協会，グリーンピース・インターナショナル：Wind Force 12（2002）

■chapter 9

1) 牛山泉：風車工学入門，森北出版，pp.166-174（2002）
2) J. van Meel and P. Smulders：Wind Pumping, A Handbook, World Bank Technical Paper, No.101（1989）
3) Paul Gipe：Wind Power, Chesire Books, pp.259-260（2003）
4) Bernard Cain：Wind-Powered Bubbler, Popular Science, p.15（Dec. 1979）
5) 牛山泉：風力熱変換，日本の科学と技術，Vol.27，No.239，pp.48-55（1986）
6) 渡部弘一，佐藤晴夫，長井浩，牛山泉：太陽光・風力・小水力の新エネルギーによるハイブリッド発電システム構想，太陽/風力エネルギー講演論文集2002，pp.431-434（2002）
7) 富士重工業，平成14年度ニューサンシャイン計画・離島用風力発電システム等技術開発「離島における風力発電システムの開発」，NEDO成果報告書（2003）
8) 吉田茂雄，永尾徹，加藤祐司：離島用風力発電システムの開発，日本エネルギー学会創立80周年記念大会講演論文集，pp.290-291（2002）
9) 根本泰行，西沢良史，牛山泉：自然エネルギー利用トリプル・ハイブリッド発電システムの研究開発，太陽/風力エネルギー講演論文集2003，pp.377-380（2003）

■chapter 10

1) IEC 61400-12：Wind Turbine Power Performance Testing

■chapter 11

1) 二井義則：発電用風車の騒音，騒音制御，Vol.25，No.5，pp.316-319（2001）
2) 日本音響学会道路交通騒音調査研究委員会，道路交通騒音の予測モデル"ASJ Model 1998"，日本音響学会誌，Vol.55，No.4，p.313（1999）
3) 新エネルギー・産業技術総合開発機構，風力発電のための環境影響評価マニュアル（2003）
4) 環境省（編）：改訂・日本の絶滅のおそれのある野生生物—レッドデータブック—（鳥類）（2002）
5) 環境省（編）：改訂・日本の絶滅のおそれのある野生生物—レッドデータブック—（爬虫類・両生類）（2000）
6) 環境庁（編）：レッドデータブック（環境庁編，1991年）見直しに基づくレッドリスト（昆虫類）（1998）
7) 環境庁（編）：改訂・日本の絶滅のおそれのある野生生物—レッドデータブック—植物Ⅰ（維管束植物）（2000）
8) Wallace P. Erickson and Gregory D. Johnson：Avian Collisions with Wind Turbines：A Summary of Existing Studies and Comparisons to Other Sources of Avian Collision Mortality in the United States（2001）
9) 向井正行，竹岳秀陽：セオドライトを用いた風力発電所設置前後の渡り鳥の経路比較，第4回風力エネルギー利用総合セミナーテキスト，pp.118-125（2004）
10) F. R. Vizcaino：Environmental Impact of Spanish Wind Farm on Birds, EWEC97, Dubrin（1997）
11) United States Department of Interior, Guidance on the Siting, Construction, Operation and Decommissioning of Communications Towers（2000）
    http://migratorybirds.fws.gov/issues/towers/comtow.html

12) 環境省自然環境局：国立・国定公園内における風力発電施設設置のあり方に関する基本的考え方（2004）
13) 茨城県：自然公園における風力発電施設の新築，改築及び増築に係る許可・措置命令・指導指針（2004）
14) UHV送電特別委員会環境部会立地分科会：景観対策ガイドライン（案）（1981）

■chapter 12

1) 新エネルギー財団：風力発電システム導入促進検討の手引き（2005）
2) 新エネルギー財団ホームページ（新エネルギー提言）：http://www.nef.or.jp/

찾아보기

숫자/영문

10분간 평균 풍속	44
1년간 극치 풍속	146
2발전기 방식	166
2차 여자 가변속 제어	182
2차 유도 여자 전류	185
50년간 극치 풍속	146
AEP	40
AFRP	121
AGMA	126
AMeDAS	24, 43
ASME	142
CFRP	117
DC 링크	138
FRP	106
GFRP	117
HAWT	75
IEC	102, 312
IGBT	185
ISO	126, 312
LAWEPS	24
LFC	216
MASCOT	49, 51
NACA	61, 90, 115
NASA	115
NC 곡선	291
NEDO	24
NEMA	142
NPSH	141
NREL	115, 158
PID 제어	170
RPS	202
SD법	305
T-bolt	117
TEMA	142
UL	158
VDI	126
VDI2330	146
WAsP	51, 278

ㄱ

가동률	280
가변 전압	175
가변 주파수	175
가변 피치 허브	122
가변속 로터	11
가변속 운전	165
가변속 제어	136
가속도 포텐셜법	11
가시 영역도	303
감마 계수	20
감마 함수	277
강화 플라스틱	106
거듭 제곱 법칙	18, 47
거버너 프리 영역	218
거버너 프리	216, 217
건축기본법	310
게슬 풍력발전기	7
게슬 풍차	8
겔코트	106
경관 조사	303
계급별 빈도 분포	38
계절풍	34
계측 성능 곡선	151, 152
계통 연계 기술 요건 가이드라인	181, 186
계통 연계 대책	182, 335

계통 연계 방식	7	극치 환경 조건	105
계통 연계형	207, 209	기계 하중	150
계획 운전 시간	110	기류 감속률	85
고립봉	49	기류의 감속률	74
고속 커플링	130	기상 모델	44
고속 풍차	5	기상 시뮬레이션	48, 51, 52
고속 플라이휠	220	기압 경도력	17
고속형 풍차	5	기어리스 다극 동기 발전기	182
고압 연계	187	기어리스 풍력발전기	138
고정 피치 허브	122	기어장착 권선형 유도 발전기	182
고정 피치	7	기어장착 농형 유도 발전기	182
고정속 운전	165	기준 풍속	103, 146
고정속 유도 발전기	170		
고정속 제어	165		
고품질 전원	261	**ㄴ**	
곡판 날개	6		
공기 압축기 구동 방식	253	나비에-스톡스 방정식	49
공기역학	4	나스오로시	22
공동 수신 방식	295	난류 모델	24
공력 특성	162	날개 피치 구동 기구	133
공진 풍속	150	너셀	50, 98, 124
공학 모델	44	네스팅	24, 44
과도 응답 계산	110	농형 유도 발전기	135, 136, 182
과부하 검출 장치	197	높새바람	22
과전류 보호	199	뇌우	15
관성 모멘트	107	누적 분포 함수	277
관절 허브	122	누적 확률 분포 함수	20
구름베어링	124		
구상 흑연 주철	123	**ㄷ**	
국소 순환법	11		
국소 풍황 예측	54	다극 동기 발전기	138
국소 풍황	53	다리우스형 풍차	60
국소적 풍황 예측 모델	24, 44	다시	35
국제전기표준회의	102	다운윈드형 풍차	60
국제표준화기구	312	다이렉트 드라이브	11, 205
국지풍	21, 22, 35	다익형 풍차	4
굴절 날개	6	단기 출력 변동	16
권선형 유도 발전기	136	단방향 클로스	118
권선형 저항 제어	136	단일유관 이론	84
극대수	165, 167	단조품	123
극수 전환	184	단주기 성분	222
극치 풍속	104	대기 경계층	15, 17
		대기 안정도	17

대수 법칙	17
독본형	117
돌입 여자 전류	197
돌입 전류	184
돌풍 영향 계수	147
돌풍	22, 130
돌풍률	110
동기 각속도	172
동기 발전기	137
동기 회전수	134
동점도	62
디스크 브레이크	132, 164
디젤 발전	6

ㄹ

라우스카제	22
라쿠르	5
라플라스 방정식	11
레이놀즈 수	12, 61, 115
레일리 분포	20
로빙 클로스	118
로터	10, 67
로터 수풍 면적	320
롤러베어링	124
롯코오로시	22
루이스식	127

ㅁ

마스킹 음	322
마스킹 효과	290
마이크로 풍차	204
마찰 속도	17
마츠보리카제	22
메소 스케일 기상 모델	52
메소 스케일	53
모노폴(monopol)	100
모멘트	64
무효 전력 보상 장치	184
무효 전력	136
미국기계학회	142

미끄럼베어링	124
미노상오로시	22
미소 변동분	218, 220

ㅂ

바람 스펙트럼	15
바이어스 클로스	118
박리(剝離)	49
반사 장해	293
반사파	294
발사 재료	117
발전기 여자 전류	175
발전기 토크	172
방사 냉각	23
방위 제어	59
백색 섬광등	302
베르누이의 식	67
베어링	124
베츠 계수	68
베츠 한계	68, 74, 77
변동 계수	55
변환 밸브	142
볼베어링	124
부체형 오프쇼어 풍력발전 시스템	236
분산 전원 계통 연계	186
브레이크 시스템	108, 130
비동기식 발전기	134
비상 정지용 브레이크	130
비선형 풍황 예측 모델	49, 51
빈 처리법	153
빈법	276
빙결(氷結)	105

ㅅ

사이리스터 소프트스타터	184
산곡풍	15, 34
산멘다시	22
산악파	23
상대 누적 도수	19
상대 유입 풍속	85

상전압	105	슬래브식 기초	150
샌드위치 구조	116	슬립 가변속 제어	182
샘플링 오차	19	슬립	135
서보 밸브	142	시간 가동률	41
서보니우스형 풍차	63, 81	시계열	52
선로 무전압 확인 장치	187	시뮬레이션 계산	111
선형 모델	51	시뮬레이션 해석	235
선형 풍황 예측 모델	49	신에너지 특별조치법	202
선회 베어링	122	실속 제어	7
설비 이용률	41	실속 현상	162
성능 수정 곡선	155		
세오돌라이트	300		
섹터 관리	292	○	
셰어웹	116	아라미드 섬유 강화 플라스틱	121
소용돌이 이론	11, 75	아라시	22
소음 레벨	289	아라카와다시	22
소음	289	아카기오로시	22
속도 저감률	67	안티프릭션	124
속도압	147	알 마스우디(Al-Masudi)	3
솔리디티	65	암(arm)	85, 86, 87
수지전이법	120	암소음	289, 290
수직축 풍차	3, 10, 81	액티브 스톨 제어	101
수직축	59	액티브 요 제어 방식	131
수차	3	야마지카제	23
수치유체역학	24	양력계수	90
수평축 풍차	75	양력형 풍차	60
수풍 면적	73, 74	양수	3
순시 컷아웃 풍속	101	양항비	12, 62
순음성 평가	313	업윈드형 풍차	59, 98, 162, 163
슈링크 핏	123, 129	에너지 밀도	32
슈퍼 커패시터	219	에너지 보존법칙	84
스노 노이즈	293	에너지 부존량	20
스미스 패트넘 풍차	8	에어로모터	7
스즈카오로시	22	역전층	23
스츠다시카제	22	역지 밸브	142
스츠초다시가제	22	연계점 차단기	197
스코어링	126, 128	연락 보안 체제	195
스탠드 얼론형	207	연직 분포	147, 283
스톨 제어	99	연평균 풍속	24
스파(spa)	116	열대류 서멀	16
스피너캡	121	영구자석형 동기 발전기	205
슬래브	150	예상 성능 곡선	152

예상 연간 에너지 발생량	151
오로시	35
오로시카제	23
오일 냉각기	139, 142
오프쇼어 풍력발전	12, 227
온실가스	3
와이블 분포	19, 20, 38, 55
와이블 파라미터	24
외부 동력 공급	108
외피 두께	115
요 구동 장치	98
요 베어링	132
요 브레이크	131
요 시스템	131
요 에러	131
요 작동 속도	132
요 제어	109
요 회전수 카운터	132
용장성	108
용적식 펌프	140
운동량 이론	11, 66, 75, 84
원심식 펌프	140
웨이크	31, 279
웹(web)	116
윈드셰어	175
윈드포스 12	247
유관	75
유도 발전기	10, 134
유리 섬유 강화 플라스틱	117
유성기어	126
유효 전력 변동	217, 218
유효 전력	136
율(J. Juul)	7
음압 레벨	291
응답 해석 계산 코드	110
이나미카제	22
이스타크리(Al-Istakhri)	3
이용 가능률	280
익소 이론	77
익소/운동량 이론	11
인디셜 응답	223
인버터	11
인볼류트 기어	126
인장응력	10
일본기상협회	26
일양류 이론	83

ㅈ

자기 베어링	222, 226
자동 재폐로 방식	196
자유 대기	17
작동 원반	75, 77
장기 변동 스펙트럼	15
장주기 성분	220, 226
적응 제어	176
적합성 평가	315, 326
전기사업법	102, 310
전달 함수	173
전동 펌프 구동 방식	253
전력 계통	11
전력 변환 장치	137
전력 안정화 장치	215
전송 차단 장치	187
전자 유도 장해 대책	196, 198
점근 전개법	11
접지경계층	46
접지계	202
접촉 강도	127
정격 풍속	41
정압 변화	67
제어 밸브	142
제어유 계통	139
제이콥스 풍차	9
조도(粗度)	18
조류 충돌	302
주 베어링	123
주물 구조	143
주속비	64
주축 브레이크	130
주파수 조정 용량	217
중성점 접지 장치	189, 198
중심 극한 정리	282
중앙 급전 지령소	216

지락 과전류 검출	199
지수 법칙	18
지수함수	20
지진 하중	150
지표면 마찰	18
지표면 조도	49
지형인자법	44
직선 날개형 풍차	81
진공 백 방식	120
질량 보존의 법칙	66

ㅊ

차단 밸브	142
차폐 장해	293, 294
차폐 효과	48
착상형 오프쇼어 풍력발전 시스템	229
척도 계수	38, 39
초고속 플라이휠	219, 220
최대 파워 계수	66
최소 2승법	47
최적 제어	176
추력 계수	64
출력 계수	63
출력 곡선	40
충방전 가능 전력량	226
충방전 사이클	225
츠쿠바오로시	22

ㅋ

카르만 정수	18
카르만	150
캐노피	49
캘리브레이션	285
커플링	123, 129
컷아웃 풍속	40, 41
컷인 풍속	40, 41
케이슨형	236
코닝각	163
코리올리력	17
크로스 플로형 풍차	81

키리스 방식	129
키요가와다시	22

ㅌ

타임 어베일러빌리티	152, 156
탄소 섬유 강화 플라스틱	117
테이네오로시	22
토카치카제	22
토크 계수	64
토크	64
트러스(truss)	144
특별 고압 송전선	181, 186, 197
특별 고압 연계	187, 195
특성치	75
티터 허브	122

ㅍ

파라미터	17, 18
파워 계수	63, 64
파워 레벨	289
파워 어베일러빌리티	156
파워 커브	276
파워 트랜지스터	185
파일(pile)	150
파일식 기초	150
파킹 브레이크	130
퍼링(furling)	206
퍼지 제어	176
페더링	113
편서풍	33
평판 날개	6
표면 박리	124
표면 접촉	125, 129
표면 피로	125
표준 풍황	53
표준편차	282
풍동 실험	6
풍력 계수	147
풍력 양수 펌프	252
풍력 에너지 밀도	32, 36, 39

풍력 에너지 부존량	275
풍력 열변환 방식	258
풍력 터빈	6, 73
풍력 표준화	313
풍력발전 로드맵	334
풍배도	24, 37
풍속 계급	38, 42, 52
풍속 발생 빈도 분포	152
풍속의 경년 변화	26
풍속의 계급별 빈도 분포	38
풍속의 고도 분포	17
풍속의 도수 분포	19
풍차 이상	113
풍차 인증 제도	315, 326
풍차 타워	100
풍차 토크	172, 251
풍차 항력 계수	85
풍차 효율	74
풍하중	112, 123, 144
풍향별 빈도 분포	37
풍황 곡선	19, 24
풍황 관측	27, 42
풍황 시뮬레이션	27
풍황 예측 모델	31, 44
풍황맵	24
풍황지도	15
프레넬 존	293
프로펠러형	60
프리프레그법	120
플러터(flutter)	293
피드백 제어	170
피로 강도	110, 149
피로 수명 계산	310
피스톤 펌프 구동 방식	252
피치 제어	10
피치각 제어	163, 165
필라멘트/테이프 와인딩법	119
필터레이션	143

ㅎ

하루나오로시	22
하이브리드 시스템	207
하중 조건	106, 110, 124
한류 리액터	198
항력계수	85, 86, 90
항력형 풍차	60
해륙풍	15, 33
해상 풍력발전	16
핸드 레이업 법	120
허브	17
허용치	146, 197
헤르츠의 식	127
형상 계수	20
확률 밀도 함수	277
회전력	60, 64, 81
회전수 제어	153, 162
회전식 펌프 구동 방식	252
회전식 풍차	4
후지카와오로시	22
휨 강도	127
흡음재	291
희망파	294
히가타카제	22
히다카시모카제	22
히라핫코	22
히로토카제	23
히스테리시스	167, 280

풍력 에너지 독본

원 제 | 風力 エネルギ- 讀本

2012년 4월 2일 초판 1쇄 인쇄
2012년 4월 15일 초판 1쇄 발행

편 자 | Ushiyama Izumi(牛山 泉)
번 역 | 김필호
펴낸이 | 이종춘
펴낸곳 | BM 성안당
주 소 | 경기도 파주시 문발로 112
전 화 | 031-955-0511
팩 스 | 031-955-0510
등 록 | 1973. 2. 1. 제13-12호
홈페이지 | www.cyber.co.kr

ISBN 978-89-315-2395-9(93560)
정가 23,000원

이 책을 만든 사람들
교 정 | 김현하
편 집 | 홍신기획
영 업 | 변재업, 정창현, 차정욱
표 지 | 이진주
제 작 | 구본철

이 책은 Ohmsha와 성안당의 저작권 협약에 의해 공동 출판된 서적으로, 성안당 발행인의 서면 동의 없이는 이 책의 어느 부분도 재제본하거나 재생 시스템을 사용한 복제, 보관, 전기적·기계적 복사, DTP의 도움, 녹음 또는 향후 개발될 어떠한 복제 매체를 통해서도 전용할 수 없습니다.